21世纪全国高职高专机电系列技能型规划教材

液压传动与气动技术（第2版）

主　编　曹建东　龚肖新
主　审　芮延年

北京大学出版社
PEKING UNIVERSITY PRESS

内容简介

本书是根据职业技术教育的教学要求，结合现代企业技术发展的需要编写的。全书共18章，主要内容包括：液压传动概述、液压传动基础知识、液压泵和液压马达、液压缸、液压控制阀、液压辅助元件、液压基本回路、典型液压系统、气动基础知识、气源及气源处理系统、气动执行元件、气动控制阀、气动辅助元件、真空元件、气动回路、典型气动系统、气动系统的使用与维护和气动实训项目。每章末均附有习题，本书还增加了气动实验课题及相应解答，并配有附录。本书简明扼要地阐述工作原理，系统全面地介绍常用元件，联系实际列举典型回路，开拓创新地设计实训项目，充分体现了职业技术教学内容的实用性、时代性和拓展性。

本书可作为职业技术院校机械制造、机电一体化、模具、数控、自动化等专业的教材，也可作为相关专业人员和相关技术人员的参考用书。

图书在版编目(CIP)数据

液压传动与气动技术/曹建东，龚肖新主编. —2版. —北京：北京大学出版社，2012.8

(21世纪全国高职高专机电系列技能型规划教材)

ISBN 978-7-301-20752-9

Ⅰ.①液… Ⅱ.①曹…②龚… Ⅲ.①液压传动—高等职业教育—教材②气压传动—高等职业教育—教材 Ⅳ.①TH137②TH138

中国版本图书馆CIP数据核字(2012)第120807号

书　　　名：液压传动与气动技术(第2版)

著作责任者：曹建东　龚肖新　主编

策 划 编 辑：赖　青　张永见

责 任 编 辑：李婷婷

标 准 书 号：ISBN 978-7-301-20752-9/TH・0294

出　版　者：北京大学出版社

地　　　址：北京市海淀区成府路205号　100871

网　　　址：http://www.pup.cn　http://www.pup6.cn

电　　　话：邮购部62752015　发行部62750672　编辑部62750667　出版部62754962

电 子 邮 箱：pup_6@163.com

印　刷　者：三河市北燕印装有限公司

发　行　者：北京大学出版社

经　销　者：新华书店

787毫米×1092毫米　16开本　21.25印张　498千字

2006年1月第1版

2012年8月第2版　2015年12月第3次印刷（总第8次印刷）

定　　　价：40.00元

第 2 版前言

本书是职业技术院校机械制造、机电一体化、模具、数控、自动化等专业的教学用书，是编者结合现代工业自动化飞速发展的需求，经过多年的教学、科研及生产的实践，引用最新技术资料编写而成的。

在编写本书时，我们遵循的指导思想是：阐明工作原理，拓展专业知识，引入先进技术信息，强化实验实践环节，注重理论联系实际，培养学生理解、分析、应用的综合能力。

本书主要由三大部分组成：第一部分为液压传动的基本概念、常用液压元件的类型和特点、液压基本回路和典型液压系统的功能及应用；第二部分为气压传动的基础知识、多种类型气动元件的结构和特性、常用气动回路的应用特点、典型气动系统的设计与应用、故障诊断与排除方法；第三部分为气动实验课题及解答。

由于现代企业大量引进气动设备和技术，相关专业的技术人员和职业技术院校的学生在接受专业培训和教育过程中需要配套教材，而目前市场上的相关教材中液压部分内容所占比重大，气动部分资料比较欠缺。为此，本书做了重大改进：将液压传动与气动技术两部分内容有机整合，在精简液压传动理论知识的基础上，大量引入现代实用气动技术资料，并附有气动系统常见故障诊断与排除、与自动化生产设备相关的气动实验课题及解答等内容，同时还提供了符合最新国家标准的常用液压与气动图形符号的附录。

本书不仅可以作为职业技术院校相关专业的实用教材或培训资料，还可以供教师、学生、企业技术人员课内处学习，拓展视野或进一步提高时参考。

本书由苏州工业职业技术学院曹建东、龚肖新主编，苏州大学芮延年主审。本书第 1～8 章、16～18 章、引例、附录由龚肖新编写，第 9～15 章由曹建东编写。

在本书的编写过程中，苏州瑞思机电科技有限公司、苏州维捷自动化系统有限公司、苏州工业职业技术学院自控研发中心等部门给予了极大支持和帮助，编者在此一并表示衷心感谢。

限于编者的水平和经验，书中不足之处在所难免，敬请读者批评指正。

编　者

2012 年 4 月

目　录

第1章 液压传动概述

教学目标	了解液压传动与其他传动方式之间的不同之处，熟悉其优缺点；掌握液压传动系统的工作原理、组成部分及各组成部分的作用；认识图形符号及其功用。

引例

1795年，英国约瑟夫·布拉曼在伦敦用水作为工作介质，以水压机的形式将其应用于工业上，诞生了世界上第一台水压机；第一次世界大战(1914—1918年)后，液压传动广泛应用于军事工业；第二次世界大战(1941—1945年)后，液压技术迅速转为民用，在美国机床中有30%应用了液压传动。目前，液压传动技术几乎渗透到现代工程机械的各个领域，例如，机床工业(组合机床、数控机床)、工程机械(挖掘机、装载机)、运输机械(港口龙门吊、叉车)、矿山机械(盾构机、破碎机)、建筑机械(打桩机)、农业机械(拖拉机、平地机)、汽车工业(自卸汽车、转向器、减振器)、智能机械(机器人)等。液压传动技术的应用实例如图1.1所示。

(a)工业机器人　(b)数控机床　(c)航空设备　(d)打桩机

(e)自卸汽车　(f)龙门吊　(g)盾构机　(h)挖掘机

图1.1　液压传动技术的应用实例

1.1 液压传动的工作原理

液压传动是利用静压传递原理来工作的，其传动模型如图 1.2 所示。密封容器中盛满液体，当小活塞在作用力 F 足够大时即下压，小缸体内的液体流入大缸体内，依靠液体压力推动大活塞，将重力为 W 的物体举升。这种力和运动的传递是通过容器内的液体实现的。

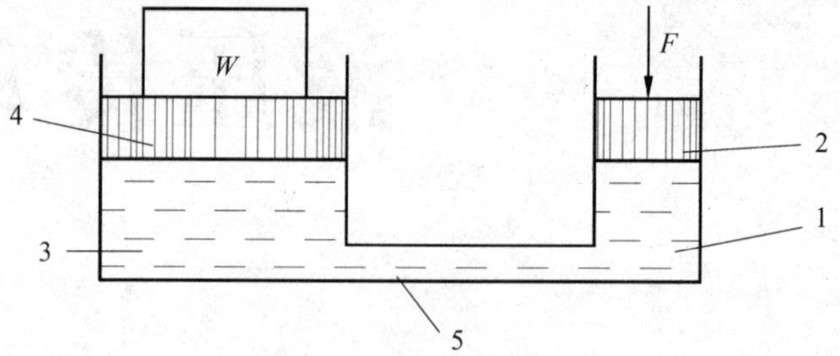

图 1.2 液压传动模型

1、3—缸体；2、4—活塞；5—连通管；W—重物重力；F—作用力

如图 1.3 所示是磨床工作台液压系统工作原理图。油液由油箱 1 经滤油器 2 被吸入液压泵 3，由液压泵输出的压力油经过节流阀 5、换向阀 6 进入液压缸 7 的左腔(或右腔)，液压缸的右腔(或左腔)的油液则经过换向阀后流回油箱，工作台 9 随液压缸中的活塞 8 实现向右(或向左)移动，当换向阀处于中位时，工作台停止运动。工作台实现往复运动时，其速度由节流阀 5 调节，克服负载所需的工作压力则由溢流阀 4 控制。图 1.3 中(a)、(b)、(c)分别表示了换向阀处于 3 个工作位置时，阀口 P、T、A、B 的接通情况。

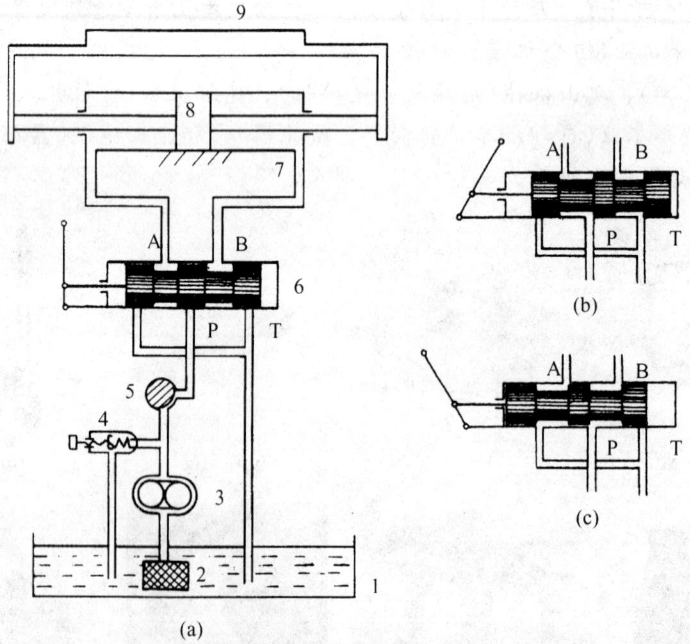

图 1.3 磨床工作台液压传动系统工作原理图

1—油箱；2—滤油器；3—液压泵；4—溢流阀；

5—节流阀；6—换向阀；7—液压缸；8—活塞；9—工作台

1.2　液压传动系统的组成

根据磨床工作台液压系统的工作原理可知，液压传动是以液体为工作介质的，一个完整的液压传动系统还必须由动力元件、执行元件、控制元件、辅助元件4部分组成，见表1-1。

表1-1　液压传动系统组成

组成部分	功用	举例
动力元件	将机械能转换为液体的压力能	液压泵
执行元件	将液体的压力能转化为机械能	液压缸、液压马达
控制元件	控制流体的压力、流量和方向，保证执行元件完成预期的动作要求	方向阀、压力阀、流量阀等
辅助元件	起连接、储油、过滤、测量等作用	油管、油箱、滤油器、压力表等

1.3　液压传动系统的图形符号

图1.3所示的液压传统系统工作原理图较直观，容易理解，但图形较复杂，难以绘制。在实际工作中，常用图形符号来绘制，如图1.4所示。图形符号不表示元件的具体结构，只表示元件的功能，使系统图简化，原理简单明了，便于阅读、分析、设计和绘制。

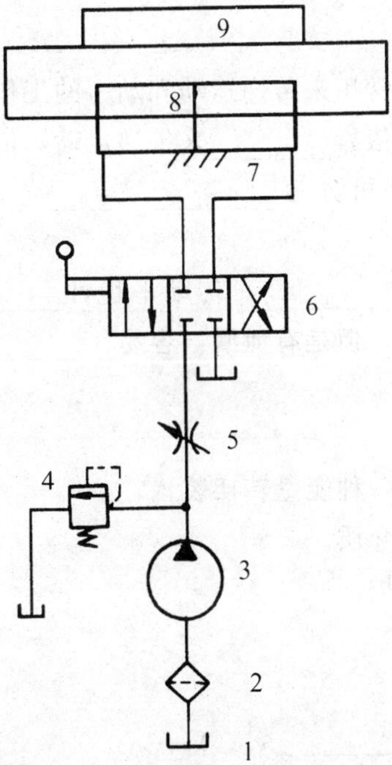

图1.4　液压传动系统图形符号图

1—油箱；2—滤油器；3—液压泵；4—溢流阀；5—节流阀；6—换向阀；7—液压缸；8—活塞；9—工作台

1.4 液压传动的优缺点

液压传动与机械传动、电气传动相比有以下主要优点。

(1) 液压传动的传递功率大，能输出大的力或力矩。即在同等功率下，液压装置的体积小，重量轻，结构紧凑。

(2) 液压执行元件的速度可以实现无级调节，而且调速范围大。

(3) 液压传动工作平稳，换向冲击小，便于实现频繁换向。

(4) 液压装置易于实现过载保护，能实现自润滑，使用寿命长。

(5) 液压装置易于实现自动化的工作循环。

(6) 液压元件易于实现系列化、标准化和通用化，便于设计、制造和推广使用。

液压传动也存在如下缺点。

(1) 液压传动中的泄漏和液体的可压缩性使传动无法保证严格的传动比。

(2) 液压传动能量损失大，因此传动效率低。

(3) 液压传动对油温的变化比较敏感，不宜在较高或较低的温度下工作。

(4) 液压传动出现故障时不易找出原因。

1.5 习　题

一、填空题

1. ________是液压传动中常用来传递运动和动力的工作介质。
2. 液压传动的工作原理是依靠________来传递运动，依靠________来传递动力。
3. 液压传动系统除油液外可分为________、________、________、________4 个部分。
4. 液压传动具有传递功率________，传动平稳性________，能实现过载________，易于实现自动化等优点。但是有泄漏，容易________环境，传动比不________。

二、判断题

1. 液压传动装置实质上是一种能量转换装置。 (　　)
2. 液压传动以流体为工作介质。 (　　)
3. 液压传动可实现过载保护。 (　　)

三、选择题

1. 液压系统的辅助元件是________。

   A. 电动机　　B. 液压泵　　C. 液压缸或液压马达　　D. 油箱

2. 换向阀属于________。

   A. 动力元件　　B. 执行元件　　C. 控制元件　　D. 辅助元件

3. 可以将液压能转化为机械能的元件是________。

A. 电动机　　B. 液压泵　　C. 液压缸或液压马达　　D. 液压阀

4. 液压传动的特点是________。

A. 可与其他方式联用，但不易自动化

B. 不能实现过载保护与保压

C. 速度、扭矩、功率均可实现无级调节

D. 传动准确、效率高

四、问答题

1. 什么是液压传动？
2. 液压传动系统由哪几部分组成？各组成部分的主要作用是什么？
3. 绘制液压系统图时，为什么要采用图形符号？
4. 简述液压传动的主要优缺点。

第2章

液压传动基础知识

教学目标	了解液压系统中工作介质的主要性质及其选用和污染控制；掌握液压传动中压力、流量的基本概念、主要特性和实际应用；初步认识液体流动中的能量转换、液压冲击和空穴现象。

引例

机械设备总故障有40%发生在液压系统中，其中70%是因油液污染和选油不当造成的。液压油对液压设备犹如血液对生命，清洁的液压油在机械内循环流动是保证设备正常运行和润滑的重要条件。另外，为了适应绿色制造技术发展新要求，节能环保型的工作介质目前有两个发展方向：一是以无污染的纯水(或海水)为工作介质，开发出相应的水液压系统；二是开发以食用油为基础的环保型生物基液压油。

2.1 液压传动的工作介质

在液压系统中，使用的工作介质有石油基液压油、难燃型液压液、高水基液和水介质(海水、淡水)等，一般称为液压油。液压油的基本性质和合理选用对液压系统的工作状态影响很大。

1. 液压油的主要性质

1）黏性

液体分子之间存在内聚力，液体在外力作用下流动时，液体分子间的相对运动导致内摩擦力的产生，液体流动时具有内摩擦力的性质被称为黏性。

液体黏性的大小用黏度来表示，黏度是液压油划分牌号的依据。例如，N32液压油是指这种油在40℃温度时的运动黏度平均值为$32mm^2/s$。

表2-1是常用液压油的新、旧黏度等级牌号的对照，旧标准是以50℃的黏度值作为液压油的黏度值。

表2-1 常用液压油的牌号和黏度

ISO 3448—92 黏度等级	40℃时运动黏度/(mm^2/s)	现牌号(GB/T 3141—94)	过渡牌号(1983—1990年)	旧牌号(1982年以前)
ISO VG15	13.5～16.5	15	N15	10
ISO VG22	19.8～24.2	22	N22	15
ISO VG32	28.8～35.2	32	N32	20
ISOVG46	41.4～50.6	46	N46	30
ISOVG68	61.2～74.8	68	N68	40
ISOVG100	90～110	100	N100	60

影响液体黏度的主要因素是温度和压力。

当液体所受的压力增加时，分子间的距离将减小，于是内摩擦力将增加，即黏度也将随之增大，但一般在中、低压液压系统中压力变化很小，因而通常压力对黏度的影响忽略不计。

液压油的黏度对温度的变化十分敏感，温度升高，黏度下降，液压油的黏度随温度变化的性质称为黏温特性。一般高温应选择黏度大的液压油，以减少泄漏；低温应选择黏度小的液压油，以减小摩擦。

2）可压缩性

液体受到压力后容积发生变化的性质称为液体的可压缩性。

对于一般中、低压液压系统，液体的可压缩性很小。因而可以认为液体是不可压缩的。而在压力变化很大的高压系统中，就需要考虑液体可压缩性的影响。当液体中混入空气时，可压缩性将显著增加，并将严重影响液压系统的工作性能，因而在液压系统中应使油液中的空气含量减少到最低限度。

2. 液压传动介质的选用

选用液压传动介质的种类要考虑设备的性能、使用环境等综合因素。例如，一般机械可采用普通液压油；设备在高温环境下，就应选用抗燃性能好的介质；在高压、高速的工程机械上，可选用抗磨液压油；当要求低温时流动性好，则可用加了降凝剂的低凝液压油。液压油黏度的选用应充分考虑环境温度、工作压力、运动速度等要求。例如，温度高时选用高黏度油，温度低时选用低黏度油；压力越高，选用的黏度越高；执行元件的速度越高，选用的黏度越低。

在液压传动装置中，液压泵的工作条件最为恶劣，较简单实用的方法是按液压泵的要求确定液压油，见表2-2。

表 2-2 液压泵用油黏度范围及推荐用油表

名称		黏度范围/(mm^2/s)		工作压力/MPa	工作温度/℃	推荐用油
		允许	最佳			
叶片泵(1200r/min)		16～220	26～54	7	5～40	L－HM 液压油 32，46，68
					40～80	
叶片泵(1800r/min)				7 以上	5～40	L－HM 液压油 46，68，100
					40～80	
齿轮泵		4～220	25～54	12 以下	5～40	L－HL 液压油 32，46，68
					40～80	
				12 以上	5～40	L－HM 液压油 46，68，100，150
					40～80	
柱塞泵	径向	10～65	16～48	14～35	5～40	L－HM 液压油 32，46，68，100，150
					40～80	
	轴向	4～76	16～47	35 以上	5～40	L－HM 液压油 32，46，68，100，150
					40～80	
螺杆泵		19～49		10.5 以上	5～40	L－HL 液压油 32，46，68
					40～80	

注：液压油牌号 L－HM32 的含义是：L 表示润滑剂；H 表示液压油；M 表示抗磨型；32 表示黏度等级为 VG32。

3. 工作介质的污染及控制

工作介质的污染对液压系统的可靠性影响很大，液压系统运行中的大部分故障是因为油液不清洁引起的。因此，正确使用和防止液压油的污染尤为重要。

油液的污染是指油液中含有固体颗粒、水、微生物等杂物，这些杂物的存在会导致以下问题。

(1) 固体颗粒和胶状生成物堵塞滤油器，使液压泵吸油不畅、运转困难、产生噪声；堵塞阀类元件的小孔或缝隙，使阀类元件动作失灵。

(2) 微小固体颗粒会加速有相对滑动的零件表面的磨损，使液压元件不能正常工作；同时还会划伤密封件，使泄漏流量增加。

(3) 水分和空气的混入会降低液压油液的润滑性，并加速其氧化变质，产生气蚀，使液压元件加速损坏；使液压传动系统出现振动、爬行等现象。

控制油液的污染常采用以下措施。

(1) 减少外来的污染：液压传动系统的管路和油箱等在装配前必须严格清洗，用机械的方法除去残渣和表面氧化物，然后进行酸洗；液压传动系统在组装后要进行全面清洗，最好用系统工作时使用的油液清洗，特别是液压伺服系统最好要经过几次清洗来保证清洁；油箱通气孔要加空气滤清器，给油箱加油要用滤油装置，对外露件应装防尘密封，并经常检查，定期更换；液压传动系统的维修、液压元件的更换及拆卸应在无尘区进行。

(2) 滤除系统产生的杂质：应在系统的相应部位安装适当精度的过滤器，并且要定期检查、清洗或更换滤芯。

(3) 控制液压油液的工作温度：液压油液的工作温度过高会加速其氧化变质，产生各种生成物，缩短它的使用期限。

(4) 定期检查更换液压油液：应根据液压设备使用说明书的要求和维护保养规程的有关规定，定期检查更换液压油液；更换液压油液时要清洗油箱，冲洗系统管道及液压元件。

2.2　液压传动的主要参数

液压传动中的主要参数是压力和流量，了解这两大参数的概念、基本特性和应用，有助于深入理解液压传动的基本工作原理和特性。

2.2.1　压力

1. 压力的概念

液体在单位面积上所受的法向力称为压力(在物理学中称为压强)，压力通常用 p 表示。若在液体的面积 A 上受到均匀分布的作用力 F，则压力可表示为

$$p=\frac{F}{A}$$

压力的国标单位为 N/m^2(牛/米^2)，即 Pa(帕)，工程上常用 MPa(兆帕)、bar(巴)和 kgf/cm^2，它们的换算关系为

$$1\ MPa=10bar=10^6Pa=10.2kgf/cm^2$$

2. 静压传递

据帕斯卡原理可知，在密闭容器中的静止液体，由外力作用在液面上的压力能等值地传到液体内部的所有各点。

如图 2.1 所示，A_1、A_2分别为液压缸 1 和 2 的活塞面积，两缸用管道连通。大活塞缸 2 内的活塞上有重力 W，当给小活塞缸 1 的活塞上施加力 F_1时，液体中就产生了 $p=\frac{F_1}{A_1}$的压力。随着 F_1的增加，液体的压力也不断增加，当压力 $p=\frac{W}{A_2}$时，大活塞缸 2 的活塞开始运动。

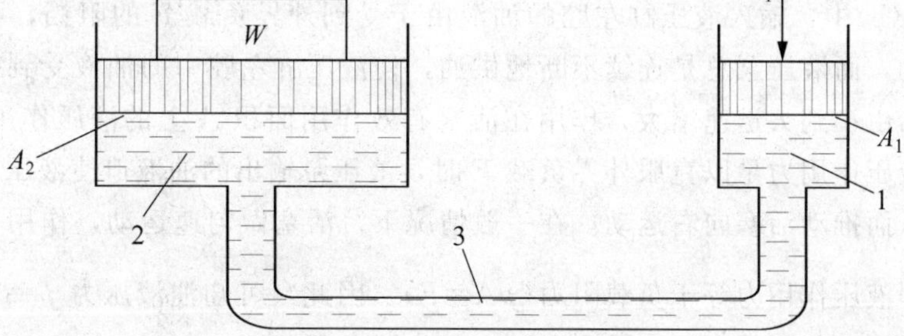

图 2.1　帕斯卡原理的应用

1—小活塞缸；2—大活塞缸；3—管道

可见，静压力传动有以下特点。

(1) 传动必须在密封容器内进行。

(2) 系统内的压力大小取决于外负载的大小。也就是说，液体的压力是由于受到各种形式的阻力而形成的，当外负载 $W=0$ 时，则 $p=0$。

(3) 液压传动可以将力放大，力的放大倍数等于活塞面积之比，即

$$\frac{F_1}{A_1}=\frac{W}{A_2}$$

或

$$\frac{W}{F_1}=\frac{A_2}{A_1}$$

3. 液压传动系统中压力的建立

密闭容器内静止油液受到外力挤压而产生压力(静压力)，对于采用液压泵连续供油的液压传动系统，流动油液在某处的压力也是因为受到其后各种形式负载(如工作阻力、摩擦力、弹簧力等)的挤压而产生的。除静压力外，油液流动还有动压力，但在一般液压传动中，油液的动压力很小，可忽略不计。因此，液压传动系统中流动油液的压力主要考虑静压力。下面就如图 2.2 所示的液压传动系统中压力的形成进行分析。

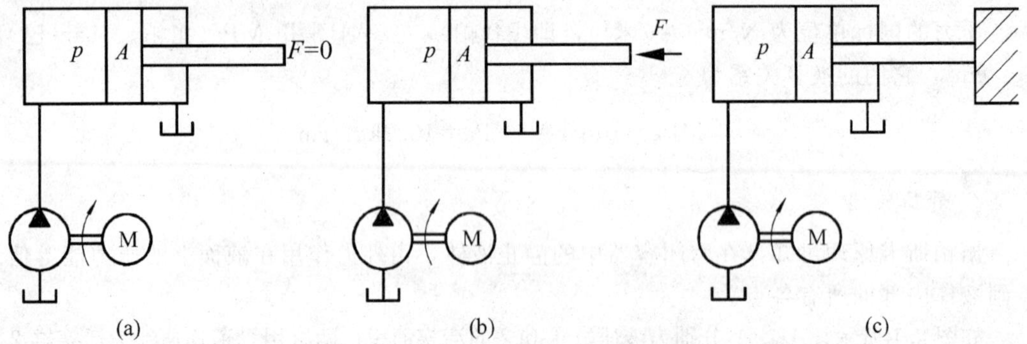

图 2.2　液压传动系统中压力的形成

在图 2.2(a)中，假定负载阻力为零(不考虑油液的自重、活塞的质量、摩擦力等因素)，由液压泵输入液压缸左腔的油液不受任何阻挡就能推动活塞向右运动，此时，油液的压力为零($p=0$)。活塞的运动是由液压缸左腔内油液的体积增大引起的。

在图 2.2(b)中，输入液压缸左腔的油液由于受到外界负载 F 的阻挡，不能立即推动活塞向右运动，而液压泵总是连续不断地供油，使液压缸左腔中的油液受到挤压，油液的压力从零开始由小到大迅速增大，作用在活塞有效作用面积 A 上的液压作用力(pA)也迅速增大。当液压作用力足以克服外界负载 F 时，液压泵输出的油液迫使液压缸左腔的密封容积增大，从而推动活塞向右运动。在一般情况下，活塞做匀速运动，作用在活塞上的力相互平衡，即液压作用力等于负载阻力($pA=F$)。因此，可知油液压力 $p=\dfrac{F}{A}$。若活塞在运动过程中负载 F 保持不变，则油液不会再受到更大的挤压，压力就不会继续上升。也就是说，液压传动系统中油液的压力取决于负载的大小，并随负载大小的变化而变化。

图 2.2(c)所示的是向右运动的活塞接触固定挡铁后，液压缸左腔的密封容积因活塞运动受阻停止而不能继续增大。此时，若液压泵仍继续供油，油液压力会急剧升高，如果液压传动系统没有保护措施，则系统中薄弱的环节将损坏。

在图 2.3 中，液压泵出口处有两个负载并联。其中负载阻力 F_c 是溢流阀的弹簧力，另一负载阻力是作用在液压缸活塞(杆)上的力 F。在油液压力较小时，溢流阀阀芯在弹簧力 F_c 的作用下，处于阀的最下端位置，将阀的进油口 P 和出油口 T 的通路切断。

随着液压泵的连续不断供油，油液压力迅速增加，当油液压力达到 p_c 时，作用于溢流阀阀芯底部的液压作用力 p_cA_c(A_c 为阀芯底部有效作用面积)将克服弹簧力 F_c 使阀芯上移，这时进油口 P 与出油口 T 连通，液压泵输出的油液由此通路流回油箱，液压泵出口处的压力为 p_c。

假设使液压缸活塞运动所需的油液压力为 p，若 $p_c<p$，液压泵出口处压力的形成过程为：压力由零值开始上升，当升到 p_c 值时，溢流阀阀芯上移，使 P 口和 T 口连通，油液由此通路流回油箱，由于 $p_c<p$，作用在液压缸活塞上的液压作用力 p_cA 不足以克服负载阻力 F，此时活塞不运动。若 $p_c>p$，液压泵出口处的压力由零值开始上升，当升到 p 值时，液压作用力 pA 克服负载阻力 F，使液压缸活塞向右运动，由于 $p<p_c$，溢流阀阀芯不动，此时液压泵出口处压力为 p。当活塞运动被阻(如接触固定挡铁)，负载阻力 F 增大，液压泵出口压力又随之继续增大，至油液压力达 p_c 时，溢流阀阀芯上移，P 口与 T 口连通，压力油液流回油箱，液压泵出口处压力保持为 p_c。

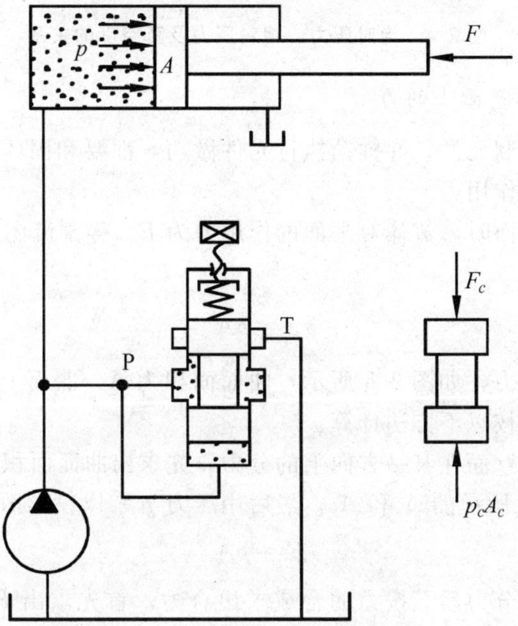

图 2.3 液压系统中负载并联

综合上面的分析，可知液压传动系统中某处油液的压力是由于受到各种形式负载的挤压而产生的，压力的大小取决于负载，并随负载的变化而变化，当某处有几个负载并联时，压力的大小取决于克服负载的各个压力值中的最小值。应特别注意的是，压力形成的过程是从无到有、从小到大迅速进行的。

4. 压力的表示方法

压力的表示方法有绝对压力和相对压力两种。

以绝对真空($p=0$)为基准，测得的压力为绝对压力；以大气压 p_a 为基准，测得的压力为相对压力。

若绝对压力大于大气压，则相对压力为正值，由于大多数测压仪表测得的压力都是相对压力，所以相对压力也称为表压力；若绝对压力小于大气压，则相对压力为负值，比大气压小的那部分称为真空度。

图 2.4 清楚地给出了绝对压力、相对压力和真空度三者之间的关系。

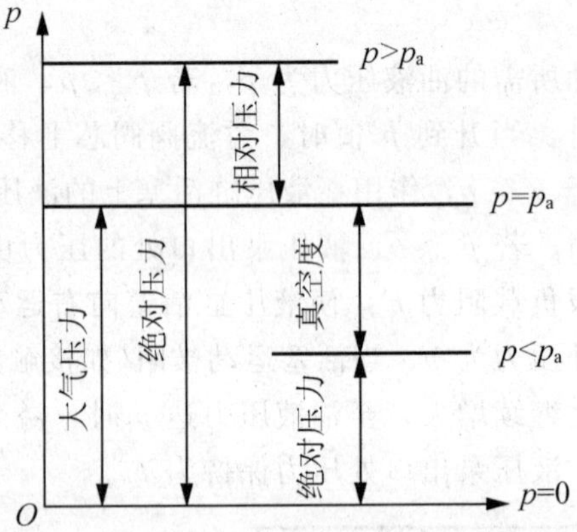

图 2.4　绝对压力、相对压力及真空度的关系

5. 液体作用在固体壁面上的力

液体流经管道和控制元件．并推动执行元件做功，都要和固体壁面接触。因此，需要计算液体对固体壁面的作用力。

当固体壁面为一平面时，流体对平面的作用力为 F，等于流体的压力 p 乘以该平面的面积 A，即

$$F=pA$$

液体对曲面的作用力，如图 2.5 所示，曲面面积为 A，曲面上作用的压力为 p，则液体对固体壁面的作用力按以下方法计算。

(1) 求液体对固体壁面在某一方向上的分力，先求出曲面面积 A 投影到该方向垂直面上的面积 A_i，如图 2.5 所示的 A_x 和 A_y，然后用压力 p 乘以投影面积 A_i，即

$$F_i=pA_i$$

(2) 求出各方向的分力后，按力的合成求出合力。首先求出 F_x，F_y 和 F_z，然后按下式计算出合力。

$$F=\sqrt{F_x^2+F_y^2+F_z^2}$$

【例 2.1】

如图 2.6 所示的液压缸筒，已知缸筒半径为 r，最大工作压力为 p，试求压力油对缸筒右半壁内表面在 x 方向上的作用力 F_x。

解：取长度为 L，宽度为 ds 的一个微小面积 dA，$dA = Lds = Lrd\theta$，则压力油对 dA 的作用力 $dF = pdA$，dF 沿 x 方向的分力为

$$dF_x = dF\cos\theta = prL\cos\theta d\theta$$

$$F_x = \int_{\frac{\pi}{2}}^{\frac{\pi}{2}} prL\cos\theta d\theta = prL\left[\sin\left(\frac{\pi}{2}\right) - \sin\left(-\frac{\pi}{2}\right)\right] = 2prL\theta$$

从该例题可以看出，液压力在 x 方向的作用力 F_x 等于油压力 p 与 $2rL$ 的乘积，而 $2rL$ 正好是缸筒右半壁在 x 方向上的投影面积。

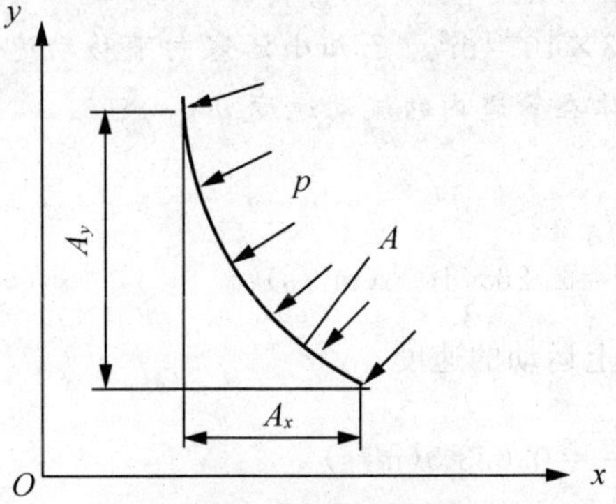

图 2.5 液体对曲面的作用力

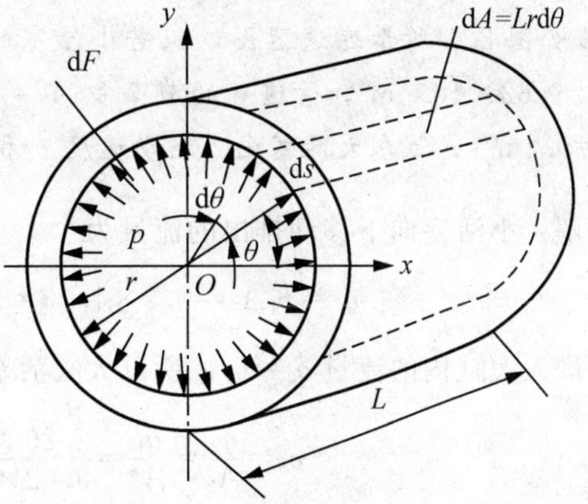

图 2.6 作用力在缸筒上的力

2.2.2 流量

1. 流量的概念

流量是指单位时间内流过某一通流截面的液体体积，用 q 表示。流量的国标单位为 m^3/s(米^3/秒)，工程上常用的单位是 L/min，它们的换算关系为

$$1m^3/s = 6\times10^4 L/min$$

油液通过截面积为 A 的管路或液压缸时，平均流速用 v 表示，即 $v=\dfrac{q}{A}$。

活塞或液压缸的运动速度等于液压缸内油液的平均速度，其大小取决于输入液压缸的流量。

2. 液流的连续性

在理想状态下，液体在同一时间内流过同一通道两个不同通流截面的体积相等。

如图 2.7 所示管路中，流过截面 1 和 2 的流量分别为 q_1 和 q_2，截面面积分别为 A_1、A_2，液体流经截面 1、2 时的平均流速分别为 v_1、v_2。根据液流连续性原理，$q_1=q_2$，即

$$v_1A_1 = v_2A_2 = 常量$$

上式表明，液体在无分支管路中稳定流动时，流经管路不同截面时的平均流速与其截面积大小成反比。管路截面积小的地方平均流速大；管路截面积大的地方平均流速小。

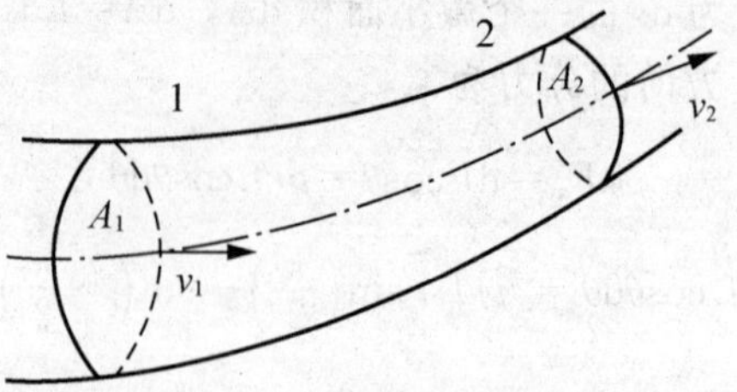

图 2.7　液流连续性原理

【例 2.2】

如图 2.1 所示连通器图，假若小活塞的面积 $A_1=1.13\times10^{-4}\text{m}^2$，大活塞的面积 $A_2=9.62\times10^{-4}\text{m}^2$，管道 3 的截面积 $A_3=0.13\times10^{-4}\text{m}^2$。已知小活塞向下移动速度 $v_1=0.2\text{m/s}$；试求大活塞向上运动速度 v_2 和流体在管道内的流动速度 v_3。

解：小活塞向下移动排出的流量为

$$q_1=v_1A_1=0.2\times1.13\times10^{-4}=2.26\times10^{-5}(\text{m}^3/\text{s})$$

进入大缸内的流量 $q_2=q_1$，所以大缸活塞向上运动的速度

$$v_2=\frac{q_2}{A_2}=\frac{q_1}{A_2}=\frac{2.26\times10^{-5}}{9.62\times10^{-4}}=0.0235(\text{m/s})$$

同理，通过管道的平均流速为

$$v_3=\frac{q_1}{A_3}=\frac{2.26\times10^{-5}}{0.13\times10^{-4}}=1.738(\text{m/s})$$

2.3　液体流动时的能量

液体流动时遵循能量守恒定律，而实际液体流动时具有能量损失，能量损失的主要形式是压力损失和流量损失。

2.3.1　理想液体流动时的能量

所谓理想液体是指既无黏性又不可压缩的液体。理想液体在管道中流动时，具有 3 种能量：液压能、动能、位能。按照能量守恒定律，在各个截面处的总能量是相等的。

如图 2.8 所示，设液体质量为 m，体积为 V，密度为 ρ。按流体力学和物理学可知，在截面 1、2 处的能量分别如下。

截面 1：体积为 V 的液体的压力能为 p_1V，动能为 $\frac{1}{2}mv_1^2$，位能为 mgh_1。

截面 2：体积为 V 的液体的压力能为 p_2V，动能为 $\frac{1}{2}mv_2^2$，位能为 mgh_2。

按能量守恒定律知

$$p_1V+\frac{1}{2}mv_1^2+mgh_1=p_2V+\frac{1}{2}mv_2^2+mgh_2$$

则单位体积的液体具有的能量为

$$p_1+\frac{1}{2}\rho v_1^2+\rho g h_1=p_2+\frac{1}{2}\rho v_2^2+\rho g h_2$$

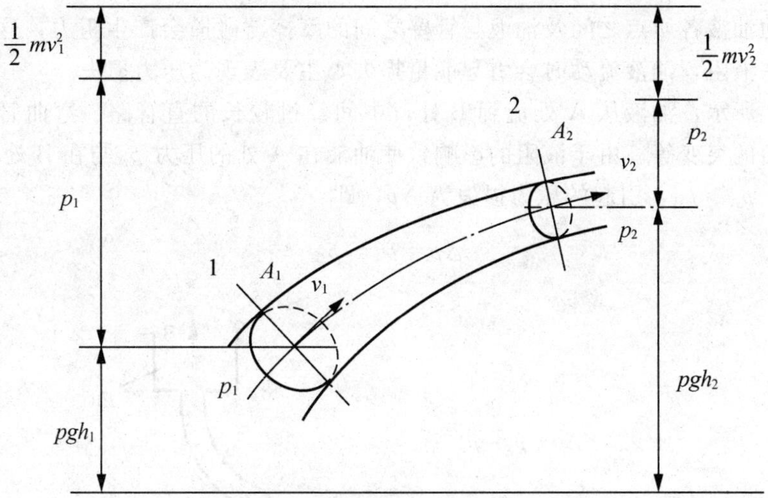

图 2.8 伯努利方程示意图

1、2—通流截面；A_1、A_2—截面面积；v_1、v_2—液体平均流速；p_1、p_2—液体压力

上式即为理想液体的伯努利方程式。由此可知，伯努利方程是能量守恒定律在流体力学中的一种表达形式。

2.3.2 实际液体流动时的能量

实际液体因为有黏性，所以就存在内摩擦力，而且因管道形状和尺寸有变化而使液体产生扰动，造成能量损失。因而实际液体在流动时的伯努利方程式为

$$p_1+\frac{1}{2}\rho v_1^2+\rho g h_1=p_2+\frac{1}{2}\rho v_2^2+\rho g h_2+\Delta p$$

式中：Δp——从通流截面 1 流到截面 2 的过程中的压力损失（Pa）。

在液压系统中，油管的高度 h 一般不超过 10m，管内油液的平均流速也较低(一般不超过 7m/s)，因此油液的位能和动能相对于压力能来说是微不足道的。

例如，若系统的工作压力为 $p=5\text{MPa}$，油管高度 $h=10\text{m}$，管内的平均流速为 $v=7\text{m/s}$，液体密度 $\rho=900\text{kg/m}^3$。下面对该系统中的 3 种能量进行比较。

压力能：$p=5\text{MPa}$

动能：$\frac{1}{2}\rho v_1^2=\frac{1}{2}\times 900\times 7^2\approx 23\text{kPa}=0.023\text{MPa}$

位能：$\rho g h=900\times 9.8\times 10\approx 90\text{kPa}=0.09\text{MPa}$

由此可见，在液压系统中，压力能比动能和位能的和大得多。所以，动能和位能一般是忽略不计的，液体主要依靠它的压力能来做功。因而，伯努利方程在液压系统中的应用形式为

$$p_1=p_2+\Delta p$$

2.3.3 液压系统的能量损失

1. 压力损失

由于流动油液各质点之间及油液与管壁之间的摩擦与碰撞会产生阻力，这种阻力叫液阻。系统存在液阻，油液流动时会引起能量损失，主要表现为压力损失。

如图 2.9 所示，油液从 A 处流到 B 处，中间经过较长的直管路、弯曲管路、各种阀孔和管路截面的突变等。由于液阻的影响致使油液在 A 处的压力 p_A 与在 B 处的压力 p_B 不相等，显然，$p_A > p_B$，引起的压力损失为 Δp，即

$$\Delta p = p_A - p_B$$

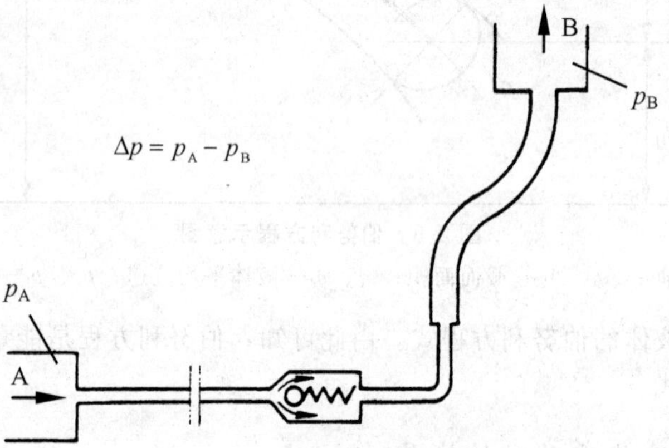

图 2.9 油液的压力损失

p_A—输入口处压力；p_B—输出口处压力；Δp—压力损失

压力损失包括沿程损失和局部损失。

1）沿程损失

液体在等径直管中流动时，因内、外摩擦力而产生的压力损失称为沿程损失，它主要取决于液体的流速、黏性、管路的长度以及油管的内径及粗糙度。管路越长，沿程损失越大。

2）局部损失

液体流经管道的弯头、接头、突变截面以及阀口时，由于流速或流向的剧烈变化，形成漩涡、脱流，因而使液体质点相互撞击而造成的压力损失称为局部损失。

在液压传动系统中，由于各种液压元件的结构、形状、布局等原因，致使管路的形式比较复杂，因而局部损失是主要的压力损失。

油液流动产生的压力损失会造成功率浪费，油液发热，黏度下降，泄漏增加，同时液压元件受热膨胀也会影响正常工作，甚至“卡死”。因此，必须采取措施尽量减少压力损失。一般情况下，只要油液黏度适当，管路内壁光滑，尽量缩短管路长度和减少管路的截面变化及弯曲，就可以使压力损失控制在很小的范围内。

影响压力损失的因素很多，精确计算较为复杂，通常采用近似估算的方法。

液压泵最高工作压力的近似计算式为

$$p_{泵} = K_{压}\ p_{缸}$$

式中：$p_{泵}$—— 液压泵最高工作压力（Pa）；

$p_{缸}$—— 液压缸最高工作压力（Pa）；

$K_{压}$—— 系统的压力损失系数，一般 $K_{压}=1.3\sim1.5$，系统复杂或管路较长时取较大的值，反之取较小的值。

2. 流量损失

在液压系统正常工作情况下，从液压元件的密封间隙漏过少量油液的现象称为泄漏。由于液压元件必然存在着一些间隙，当间隙的两端有压力差时，就会有油液从这些间隙中流过。所以，液压系统中的泄漏现象总是存在的。

液压系统的泄漏包括内泄漏和外泄漏两种。液压元件内部高、低压腔间的泄漏称为内泄漏。液压系统内部的油液漏到系统外部的泄漏称为外泄漏。图 2.10 表示了液压缸的两种泄漏现象。

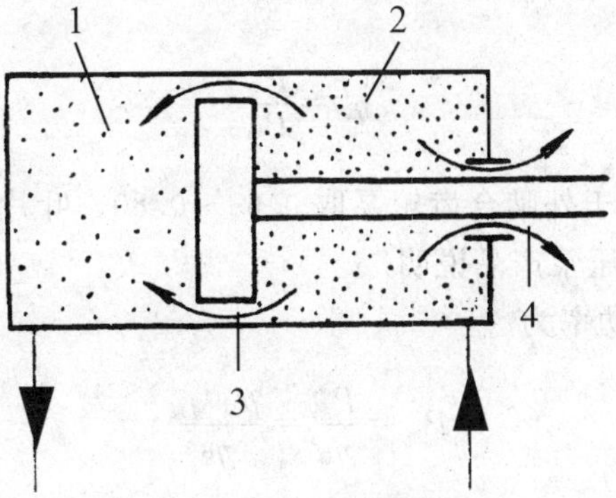

图 2.10　液压缸的泄漏

1—低压腔；2—高压腔；3—内泄漏；4—外泄漏

液压系统的泄漏必然引起流量损失，使液压泵输出的流量不能全部流入液压缸等执行元件。

流量损失一般也采用近似估算的方法，液压泵输出流量的近似计算式为

$$q_{泵}=K_{漏}\,q_{缸}$$

式中：$q_{泵}$—— 液压泵最大输出流量(m^3/s)；

$q_{缸}$—— 液压缸的最大流量(m^3/s)；

$K_{漏}$—— 系统的泄漏系数，一般 $K_{漏}=1.1\sim1.3$，系统复杂或管路较长时取较大的值，反之取较小的值。

3. 液压传动的功率计算

1）液压缸的输出功率 $p_{缸}$

功率等于力和速度的乘积。对于液压缸来说，其输出功率等于负载阻力 F 和活塞(或液压缸)运动速度 v 的乘积，即

$$p_{缸}=Fv$$

由于 $F=p_{缸}A$，$v=\dfrac{q_{缸}}{A}$，所以液压缸的输出功率为：

$$p_{缸}=p_{缸}\,q\,缸$$

式中：$P_{缸}$——液压缸的输出功率(W)；

$p_{缸}$——液压缸的最高工作压力(Pa)；

$q_{缸}$——液压缸的最大流量(m^3/s)。

2）液压泵的输出功率 $P_{泵}$

$$P_{泵}=p_{泵}\ q_{泵}$$

式中：$P_{泵}$——液压泵的输出功率(W)；

$p_{泵}$——液压泵的最高工作压力(Pa)；

$q_{泵}$——液压泵输出的最大流量(m^3/s)。

3）液压泵的效率和驱动液压泵的电动机功率

由于液压泵在工作中也存在因泄漏和机械摩擦造成的流量损失及机械损失，所以驱动液压泵的电动机所需的功率 $P_{电}$ 要比液压泵的输出功率 $P_{泵}$ 大。

液压泵的总效率为

$$\eta_{总}=\frac{P_{泵}}{P_{电}}$$

液压泵的总效率 $\eta_{总}$ 对于外啮合齿轮泵取 0.63～0.80，叶片泵取 0.75～0.85，柱塞泵取 0.80～0.90，或参照液压泵产品说明。

驱动液压泵的电动机功率为

$$P_{电}=\frac{P_{泵}}{\eta_{总}}=\frac{p_{泵}\ q_{泵}}{\eta_{总}}$$

【例 2.3】

在如图 2.11 所示的液压系统中，已知，外界负载 $F=30\text{kN}$，活塞有效作用面积 $A=0.01\text{m}^2$，活塞运动速度 $v=0.025\text{m/s}$，$K_{压}=1.5$，$K_{漏}=1.3$，$\eta_{总}=0.80$。试确定以下两个问题。

(1)选择液压泵的类型和规格。(齿轮泵流量规格为 $2.67\times10^{-4}\text{m}^3/\text{s}$、$3.33\times10^{-4}\text{m}^3/\text{s}$、$4.17\times10^{-4}\text{m}^3/\text{s}$，额定工作压力为 2.5MPa；叶片泵流量规格为 $2\times10^{-4}\text{m}^3/\text{s}$、$2.67\times10^{-4}\text{m}^3/\text{s}$、$4.17\times10^{-4}\text{m}^3/\text{s}$、$5.33\times10^{-4}\text{m}^3/\text{s}$，额定工作压力为 6.3MPa。)

(2) 与液压泵匹配的电动机功率。

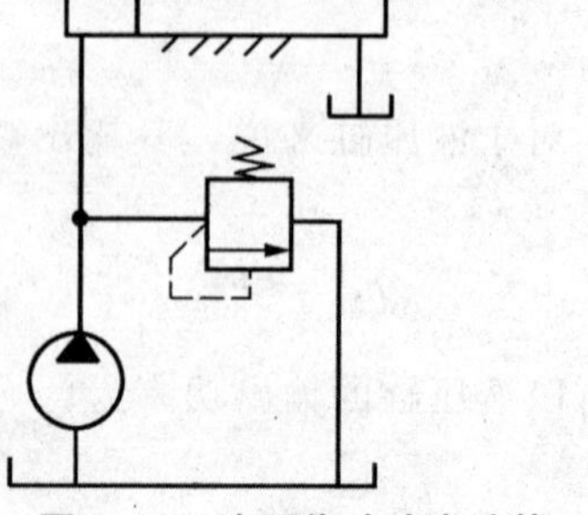

图 2.11 液压传动功率计算

解：(1)液压缸工作压力为

$$p_{缸}=\frac{F}{A}=\frac{30\times10^3}{0.01}=3\times10^6\ \text{Pa}$$

液压缸输入流量为

$$q_{缸}=vA=0.025\times0.01=2.5\times10^{-4}\text{m}^3/\text{s}$$

液压泵供油压力为

$$p_{泵}=K_{压}\ p_{缸}=1.5\times3\times10^6=4.5\times10^6\text{Pa}$$

液压泵供油流量为

$$q_{泵}=K_{漏}\ q_{缸}=1.3\times2.5\times10^{-4}=3.25\times10^{-4}\text{m}^3/\text{s}$$

选择泵类型：因为 $p_{泵}<p_{额}$，$q_{泵}<q_{额}$，$p_{额}=6.3\text{Mpa}$，$q_{额}=4.17\times10^{-4}\text{m}^3/\text{s}$，所以选择叶片泵。

(2) 与液压泵匹配的电动机功率为

$$\text{P}_{电}=\frac{\text{p}_{泵}\ \text{q}_{泵}}{\eta_{总}}=\frac{6.3\times10^6\times4.17\times10^{-4}}{0.80}=3\ 284\text{W}\approx3.2\text{kW}$$

2.4　液体流经小孔和间隙时的流量

许多液压元件都有小孔，如节流阀的节流口及压力阀、方向阀的阀口等，对阀的工作性能都有很大影响。在液压泵、液压缸和液压阀的液压元件中，只要有相对运动的表面就有间隙，间隙大小直接影响泄漏的大小，影响液压元件能否正常工作。因此，了解液体流经小孔和间隙的流量十分必要。

1. 液体流经小孔的流量

液压传动中常利用流经液压阀的小孔(称为节流口)来控制流量，以达到调速的目的。尽管节流口的形状很多，且人们还在不断探索，但根据理论分析和实验，各种孔口的流量压力特性均可用下面所列的通式表示。

$$q=KA\Delta p^m$$

式中：q —— 通过小孔的流量（m^3/s）；

A —— 节流口的通道截面积（m^2）；

K ——由孔口的形状、尺寸和液体性质决定的系数；

m —— 由孔的长径比(通流长度 l 与孔径 d 之比)决定的指数，图 2.12 所示的薄壁孔($\frac{l}{d}\leqslant0.5$)，$m=0.5$；图 2.13 所示的细长孔($\frac{l}{d}>4$)，$m=1$；其他类型的孔，$m=0.5\sim1$；

Δp —— 小孔前后的压力差。

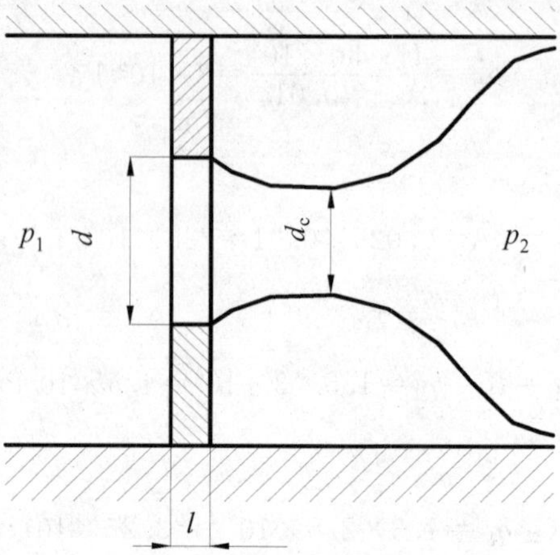

图 2.12　液体通过薄壁小孔图

p_1、p_2—小孔前后的压力；d—孔径；l—孔长；d_c—收缩截面处直径

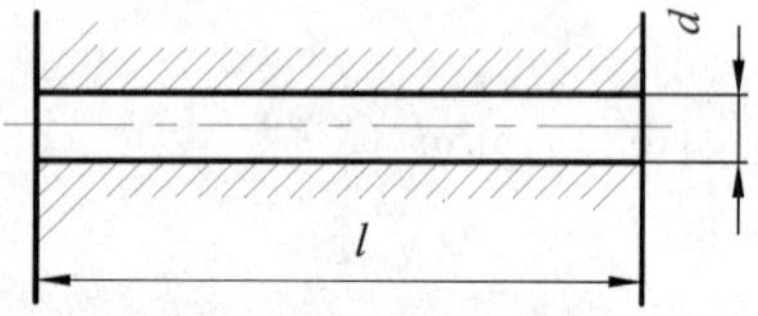

图 2.13　细长小孔

油液流经孔径为 d 的薄壁小孔时，由于液体的惯性作用，使通过小孔后的液流形成一个直径为 d_c 的收缩断面，然后再扩散，这一收缩和扩散过程产生了压力损失，即

$$\Delta p = p_1 - p_2$$

实际应用中，油液流经薄壁小孔时，流量受温度变化的影响较小，所以薄壁小孔常用做液压系统的节流元件，细长孔则常作为阻尼孔。

2. 液体流经间隙的流量

液压元件内各零件间要保证相对运动就必须有适当的间隙。间隙的大小对液压元件的性能影响极大：间隙太小会使零件卡死；间隙过大，会造成泄漏，使系统效率和传动精度降低，同时还污染环境。经研究和实践表明，流经固定平行平板间隙的流量(实际上就是泄漏)与间隙量 h 的三次方成正比；而流经环状间隙(如液压缸与活塞的间隙)的流量不仅与径向间隙量有关，而且还随着圆环的内外圆的偏心距的增大而增大。由此可见，液压元件的制造精度要求一般都较高。

2.5　液压冲击和空穴现象

在液压系统中，液压冲击和空穴现象给系统带来诸多不利影响，因此需要了解这些现象产生的原因，并采取措施加以防治。

1. 液压冲击

在液压系统中，由于某种原因使液体压力突然产生很高的峰值，这种现象称为液压冲击。

发生液压冲击时，由于瞬间的压力峰值比正常的工作压力大好几倍，因此对密封元件、管道和液压元件都有损坏作用，还会引起设备振动，产生很大的噪声。液压冲击经常使压力继电器、顺序阀等元件产生误动作。

液压冲击的产生多发生在阀门突然关闭或运动部件快速制动的场合。这时液体的流动突然受阻，液体的动量发生了变化，从而产生了压力冲击波。这种冲击波迅速往复传播，最后由于液体受到摩擦力作用而衰减。

现将减小压力冲击的措施归纳如下。

(1) 尽量延长阀门关闭和运动部件制动换向的时间。

(2) 在冲击区附近安装卸荷阀、蓄能器等缓冲装置。

(3) 正确设计阀口，限制管道流速及运动部件速度，使运动部件制动时速度变化比较平稳。

(4) 如果换向精度要求不高，可使液压缸两腔油路在换向阀回到中位时瞬时互通。

2. 空穴现象

对于流动的液体，如果压力低于其空气分离压时，原先溶解在液体中的空气就会分离出来，从而导致液体中充满大量的气泡，这种现象称为空穴现象。

空穴多发生在阀口和液压泵的入口处。因为阀口处液体的流速增大，压力将降低；如果液压泵吸油管太细，也会造成真空度过大，发生空穴现象。

当气泡进入高压部位，气泡在压力作用下溃灭，由于该过程时间极短，气泡周围的液体加速向气泡中心冲击，液体质点高速碰撞，产生局部高温，温度可达1149℃，冲击压力高达几百 MPa。在高温高压下，液压油局部氧化、变黑，产生噪声和振动，如果气泡在金属壁面上溃灭，会加速金属氧化、剥落，长时间会形成麻点、小坑，这种现象称为气蚀。

由此可见，空穴现象会引起流量的不连续和压力波动，空气中的游离氧对液压元件有很大的腐蚀(气蚀)作用。

为减少空穴现象带来的危害，通常采取下列措施。

(1) 减小孔口或缝隙前后的压力降，一般建议相应的压力比小于3.5。

(2) 降低液压泵的吸油高度，适当加大吸油管直径，对于自吸能力差的液压泵要安装辅助泵供油。

(3) 管路要有良好的密封，防止空气进入。

(4) 采用抗腐蚀能力强的金属材料，降低零件表面的粗糙度。

2.6　习　　题

一、填空题

1. 油液的两个最主要的特性是________和________。
2. 液压传动的两个重要参数是________和________，它们的乘积表示________。
3. 随着温度的升高，液压油的黏度会________，________会增加。
4. 压力的大小取决于________，而流量的大小决定了执行元件的________。

二、判断题

1. 作用在活塞上的推力越大，活塞的运动速度就越快。 （ ）
2. 油液流经无分支管道时，横截面积较大的截面通过的流量就越大。 （ ）
3. 液压系统压力的大小取决于液压泵的供油压力。 （ ）

三、选择题

1. 油液特性的错误提法是________。
   A. 在液压传动中，油液可近似看做不可压缩
   B. 油液的黏度与温度变化有关，油温升高，黏度变大
   C. 黏性是指当油液流动时，其内部产生摩擦力的性质
   D. 液压传动中，压力的大小对油液的流动性影响不大，一般不予考虑
2. 活塞的有效作用面积一定时，活塞的运动速度取决于________。
   A. 液压缸中油液的压力　　B. 负载阻力的大小
   C. 进入液压缸的流量　　D. 液压泵的输出流量
3. 当液压系统中有几个负载并联时，系统压力取决于克服负载的各个压力值中的________。
   A. 最小值　　B. 额定值　　C. 最大值　　D. 极限值
4. 水压机的大活塞上所受的力是小活塞受力的50倍，则小活塞对水的压力与通过水传给大活塞的压力比是________。
   A. 50　　B. 50∶1　　C. 1∶1　　D. 25∶1
5. 水压机大小活塞直径之比是10∶1，如果大活塞上升2mm，则小活塞被压下的距离是________mm。
   A. 100　　B. 50　　C. 10　　D. 200

四、问答题

1. 在工作中如何选取合适的液压油？
2. 液压系统中的油液污染有何不良后果？应如何预防？
3. 理想液体的伯努利方程的物理意义是什么？其应用形式是什么？
4. 液体流动中为什么会有压力损失？压力损失有哪几种？其值与哪些因素有关？
5. 什么是液压传动系统的泄漏？其不良后果是什么？如何预防？
6. 薄壁孔和细长孔有何区别及应用？
7. 空穴现象产生的原因和危害是什么？如何减小这些危害？
8. 液压冲击产生的原因和危害是什么？如何减小压力冲击？

五、计算题

如图2.14所示的液压千斤顶中，F是手掀动手柄的力，假定$F=300\text{N}$，两活塞直径分别为$D=20\text{cm}$，$d=10\text{cm}$，试求以下问题。

（1）作用在小活塞上的力 F_1；
（2）系统中的压力 p；
（3）大活塞能顶起重物的重量 G；
（4）大、小活塞的运动速度之比。

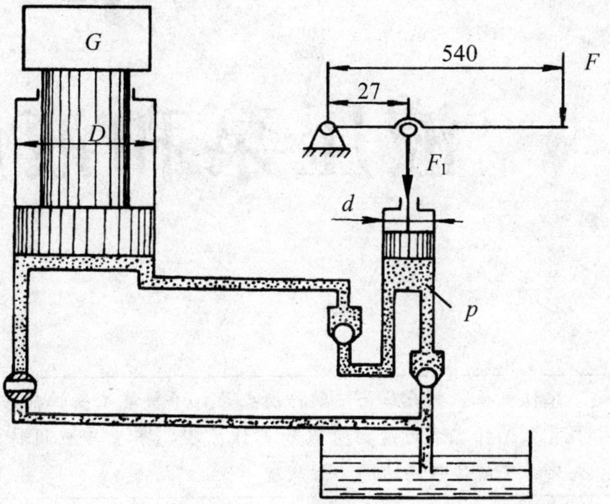

图 2.14　液压千斤顶

第3章 液压泵和液压马达

教学目标	比较液压泵和液压马达的异同之处，了解其主要性能参数；熟悉齿轮泵、叶片泵、柱塞泵的结构特点和工作原理，掌握其应用特点和液压泵的选用方法；了解液压马达的工作原理。

引例

液压泵和液压马达的典型元件结构见表3-1。

表3-1　液压泵和液压马达的典型元件结构

名称	典型元件结构	
液压泵	齿轮泵	
	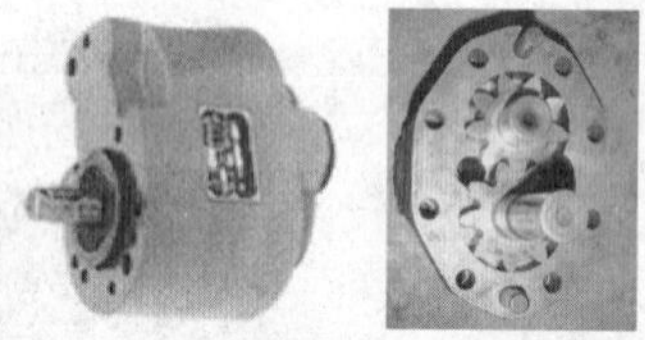 外啮合齿轮泵	 内啮合齿轮泵
	叶片泵	
	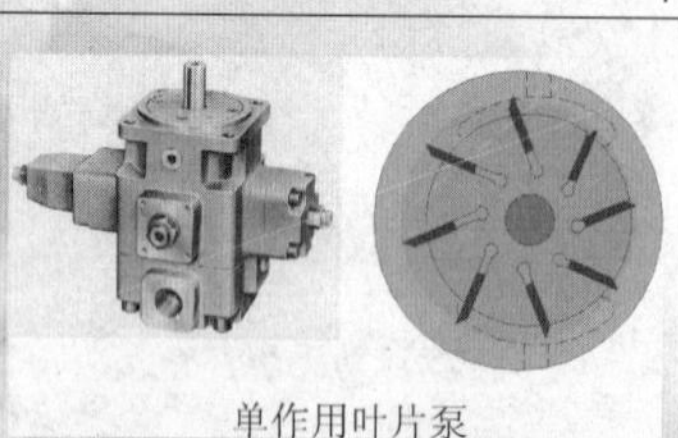 单作用叶片泵	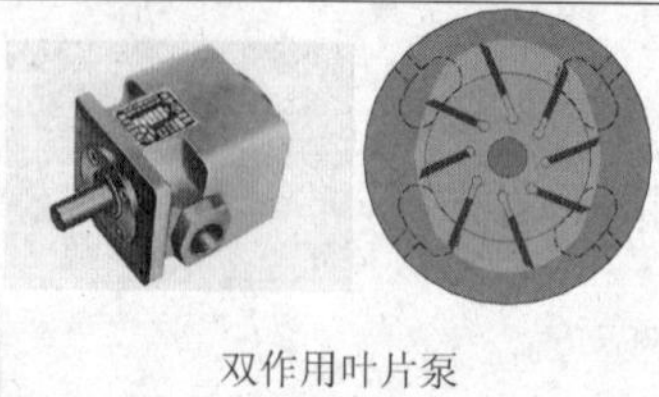 双作用叶片泵
	柱塞泵	
	 径向柱塞泵	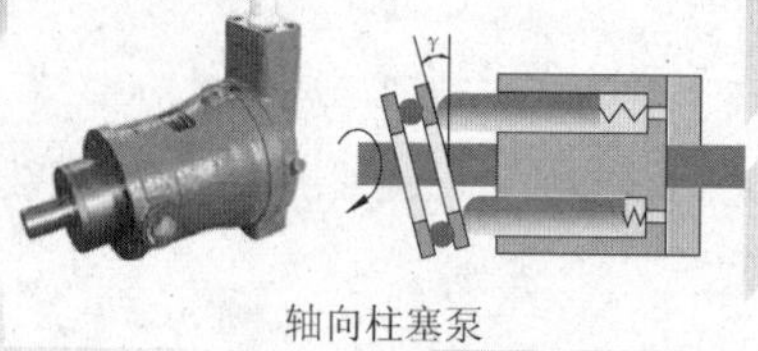 轴向柱塞泵

续表

名称	典型元件结构
液压马达	 齿轮式  叶片式 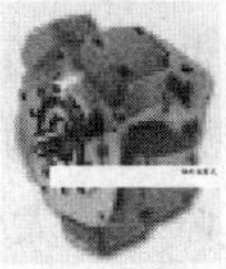 径向柱塞式  轴向柱塞式

3.1 液压泵和液压马达概述

液压泵是液压系统的动力元件，它可以将机械能转换为液压能，为液压系统提供一定流量和压力的液体。液压马达是一种执行元件，它将液压能转换为机械能，输出转矩和转速。液压泵和液压马达均是系统中的能量转换装置，从原理上讲液压泵和液压马达是可逆的，从结构上来看二者也基本相同，但由于功用不同，它们的实际结构是有差别的。

1. 液压泵的工作原理

液压泵的工作原理如图 3.1 所示，泵体 3 和柱塞 2 构成一个密封容积，偏心轮 1 由原动机带动旋转，当偏心轮由图示位置向下转半周时，柱塞在弹簧 6 的作用下向下移动，密封容积逐渐增大，形成局部真空，油箱内的油液在大气压作用下，顶开单向阀 4 进入密封腔中，实现吸油；当偏心轮继续再转半周时，它推动柱塞向上移动，密封容积逐渐减小，油液受柱塞挤压而产生压力，使单向阀 4 关闭，油液顶开单向阀 5 而输入系统，这就是压油，液压泵的供油压力为 p，供油流量为 q。

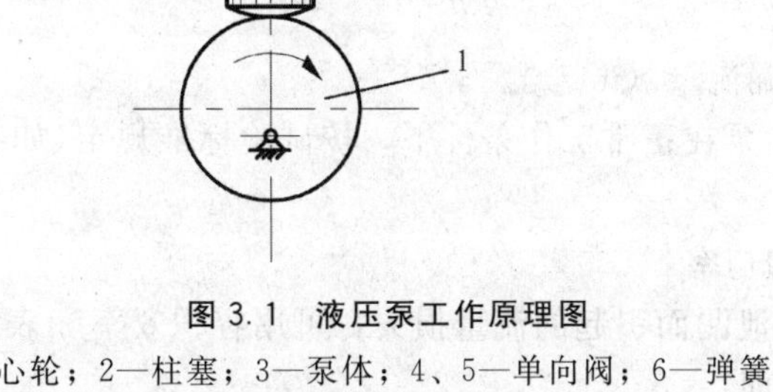

图 3.1 液压泵工作原理图

1—偏心轮；2—柱塞；3—泵体；4、5—单向阀；6—弹簧

上述液压泵是通过密封容积的变化来完成吸油和压油的，其排油量的大小取决于密封腔的容积变化值，因而这种液压泵又称为容积泵。

由上述分析可知，液压泵正常工作必备的条件如下所示。

(1) 应具有密封容积。

(2) 密封容积的大小能交替变化。

(3) 应有配流装置。配流装置的作用是保证密封容积在吸油过程中与油箱相通，同时关闭供油通路；压油时与供油管路相通而与油箱切断。图 3.1 中的单向阀 4 和 5 就是配流装置，配流装置的形式随着泵的结构差异而不同。

(4) 吸油过程中，油箱必须和大气相通。

2. 液压泵的性能参数

1) 压力

工作压力：是指泵在工作时输出油液的实际压力，其大小由工作负载决定。

额定压力：是指泵在正常工作条件下，连续运转时所允许的最高压力。液压泵的额定压力受泵本身的泄漏和结构强度制约，它反映了泵的能力，一般泵铭牌上所标的也是额定压力。

最高压力：泵的最高压力可以看作泵的能力极限，它比额定压力稍高，一般不希望泵长期在最高压力下运行。

由于液压传动的用途不同，系统所需的压力也不相等，液压泵的压力分为几个等级，见表 3-2。

表 3-2 压力分级

压力等级	低压	中压	中高压	高压	超高压
压力/MPa	≤2.5	>2.5～8	>8～16	>16～32	>32

2)流量

液压泵的流量有理论流量、实际流量和额定流量之分。

理论流量 $q_{理}$：是指在不考虑泄漏的情况下，泵在单位时间内排出液体的体积，其大小为泵每转排出的液体体积量 V(简称排量)和转速 n 的乘积，即

$$q_{理}=Vn$$

实际流量 $q_{实}$：是指泵在某一工作压力下实际排出的流量。由于泵存在泄漏，所以泵实际能提供的流量较理论流量小，即

$$q_{实}=q_{理}-\Delta q$$

式中：Δq —— 泵的泄漏流量（m^3/r）。

额定流量 $q_{额}$：是指泵在正常工作条件下，按试验标准规定(如在额定压力和额定转速下)必须保证的流量。

3) 液压泵的效率和功率

容积效率 η_v：泵因泄漏而引起的流量损失，可用容积效率 η_v 表示，其大小为泵的实际流量和理论流量之比，即：

$$\eta_V=\frac{q_{实}}{q_{理}}$$

机械效率 η_m：由机械运动之间的摩擦而产生的转矩损失，可用机械效率 η_m 表示。由

于驱动泵的实际转矩总是大于理论上需要的转矩，所以，机械效率为理论转矩($T_{理}$)与实际转矩($T_{实}$)之比，即：

$$\eta_{m}=\frac{T_{理}}{T_{实}}$$

总效率 η：泵的实际输出功率 $P_{出}$ 与驱动泵的输入功率 $P_{入}$ 之比，它也等于容积效率和机械效率的乘积，即

$$\eta=\frac{P_{出}}{P_{入}}=\eta_{V}\cdot\eta_{m}$$

泵的输出功率 $P_{出}$：液压泵的实际输出功率为泵的实际工作压力 p 和实际供油流量 q 的乘积，即

$$P_{出}=pq$$

泵的输入功率 $P_{入}$：也就是驱动液压泵的电动机的功率 $P_{电}$，即

$$P_{电}=\frac{pq}{\eta}$$

3. 液压马达的性能参数

1) 转速

若液压马达的排量为 V，欲使其以转速 n 旋转，在理想情况下，油液的流量只需要 $q_{理}$(即 Vn)，但因有泄漏存在，则液压马达的实际输入流量为 q，且 $q>q_{理}$，容积效率为 η_{v}，则

$$\eta_{V}=\frac{q_{理}}{q}=\frac{Vn}{q}$$

液压马达输出的转速 n 为

$$n=\frac{q}{V}\eta_{V}$$

2)转矩

液压马达的理论输入功率为 $pq_{理}$，输出功率为 $2\pi T_{理}n$。不考虑损失，根据能量守恒，则

$$pq_{理}=2\pi T_{理}n$$

$$pV=2\pi T_{理}$$

$$T_{理}=\frac{pV}{2\pi}$$

因为存在机械摩擦损失，所以液压马达的实际输出转矩为 T，且 $T<T_{理}$，若其机械效率为 η_{m}，则

$$\eta_{m}=\frac{T}{T_{理}}$$

液压马达实际输出的转矩为

$$T=T_{理}\ \eta_m=\frac{pV}{2\pi}\eta_m$$

4. 液压泵和液压马达的种类

液压泵和液压马达的种类很多，按结构形式的不同可分为齿轮式、叶片式、柱塞式等；按流量能否改变可分为定量式和变量式；按液流方向能否改变可分为单向式和双向式。

液压泵和液压马达的图形符号见表3-3。

表3-3 液压泵和液压马达的图形符号

类型	单向定量	双向定量	单向变量	双向变量
液压泵	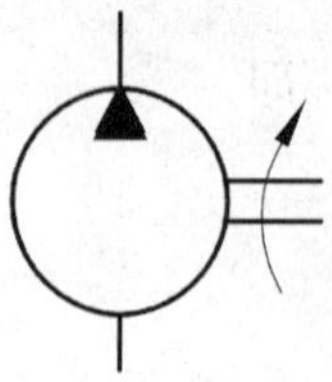	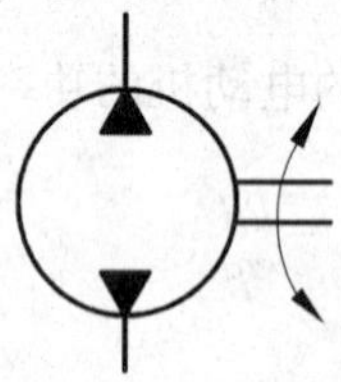	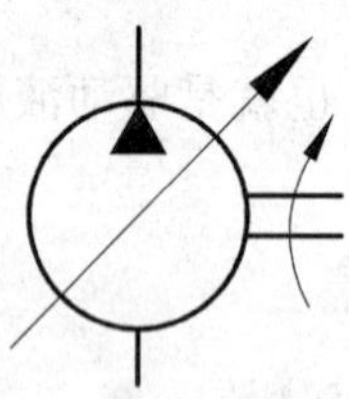	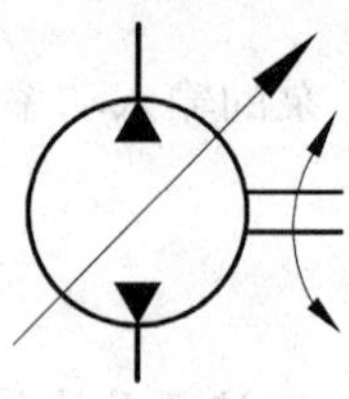
液压马达	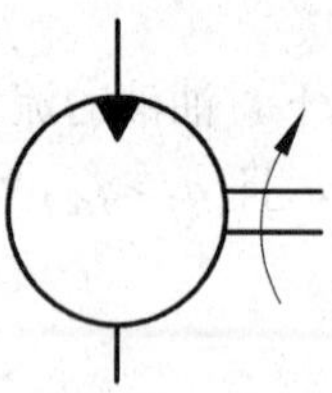	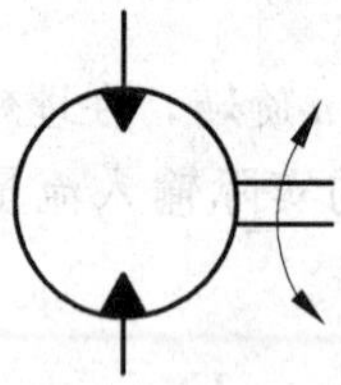	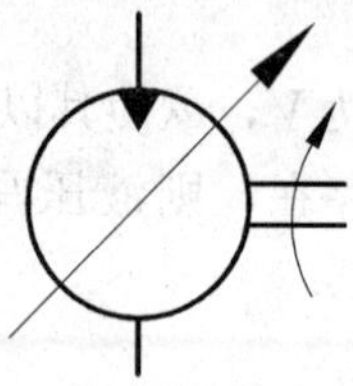	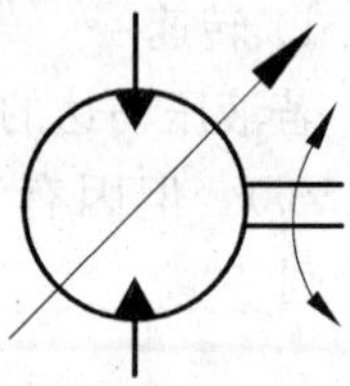

3.2 齿 轮 泵

齿轮泵按其结构形式可分为外啮合齿轮泵和内啮合齿轮泵。

3.2.1 外啮合齿轮泵

1. 工作原理

外啮合齿轮泵的工作原理如图3.2所示。在泵体内有一对模数相同、齿数相等的齿轮，当吸油口和压油口各用油管与油箱和系统接通后，齿轮各齿槽和泵体及齿轮前后端面贴合的前后端盖间形成密封工作腔，而啮合齿轮的接触线又把它们分隔为两个互不串通的吸油腔和压油腔。

当齿轮按图示方向旋转时，泵的右侧(吸油腔)轮齿脱开啮合，使密封容积逐渐增大，形成局部真空，油箱中的油液在大气压力作用下被吸入吸油腔内，并充满齿间。随着齿轮的回转，吸入到轮齿间的油液便被带到左侧(压油腔)。当左侧齿与齿进入啮合时，使密封容积不断减小，油液从齿间被挤出而输送到系统。

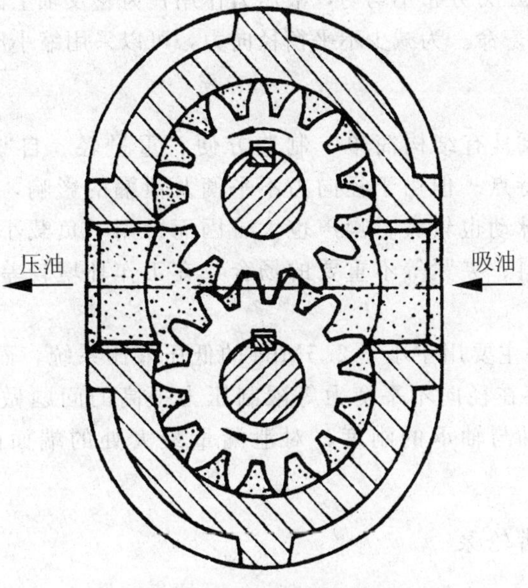

图 3.2 外啮合齿轮泵工作原理图

2. 流量计算

若假设外啮合齿轮泵中齿轮的齿槽容积等于轮齿体积，则当齿轮齿数为 z、模数为 m、节圆直径为 D、齿宽为 B、有效齿高 $h=2\mathrm{m}$、转速为 n 时，齿轮泵的排量近似为

$$V=\pi DhB=2\pi z\mathrm{m}^2B$$

实际上，齿间槽容积比轮齿体积稍大一些，所以通常用 3.33 取代 π 加以修正，因而齿轮泵的实际流量为

$$q=6.66z\mathrm{m}^2Bn\eta_\mathrm{V}$$

上式中的流量是指泵的平均流量，实际上齿轮泵的输油流量是有脉动的，并且齿数越少，流量脉动越大。

3. 结构问题

1）泄漏

外啮合齿轮泵中容易产生泄漏的部位有 3 处：齿轮外圆与泵体配合处、齿轮端面与端盖配合处及两个齿轮的啮合处，其中端面间隙处的泄漏影响最大，可以通过开封油卸荷槽和泄油孔等途径，使泄漏至间隙处的油液流回吸油腔。

2）困油

为使传动连续，要求齿轮重叠系数 $\varepsilon>1$，则在两对轮齿同时啮合的啮合点之间形成一个单独的密封容积。随着齿轮的回转，该密封容积会发生变化，它与泵的吸、压油腔不通，在容积缩小的阶段压力将急剧升高，而在容积增大阶段将产生气穴，这就是困油现象。困油引起噪声，并使轴承受到额外负载，为此在端盖上开两个困油卸荷槽，以便减轻困油的不良影响。

3）径向力不平衡

由于吸、压油区液压力分布不均匀，液压力作用在齿轮及轴上的合力使轴承所受负载增加，影响轴承的使用寿命。为减少不平衡径向力，可以采用缩小压油口的方法。

4. 应用特点

一般外啮合齿轮泵具有结构简单、制造方便、重量轻、自吸性能好、价格低廉、对油液污染不敏感等特点。但由于径向力不平衡及泄漏的影响，它一般使用的工作压力较低，另外其流量脉动也较大，噪声也大，因而常用于负载小、功率小的机床设备及机床辅助装置如送料、夹紧等不重要的场合，在工作环境较差的工程机械上也广泛应用。

一般外啮合齿轮泵主要用于小于 2.5MPa 的低压液压系统，而高压齿轮泵则针对一般齿轮泵的泄漏大、存在径向不平衡力等限制压力提高的问题做了改进，如尽量减小径向不平衡力，提高轴与轴承的刚度，对泄漏量最大处的端面间隙采用自动补偿装置等。

3.2.2 内啮合齿轮泵

内啮合齿轮泵有渐开线齿形和摆线齿形两种，其工作原理如图 3.3 所示。

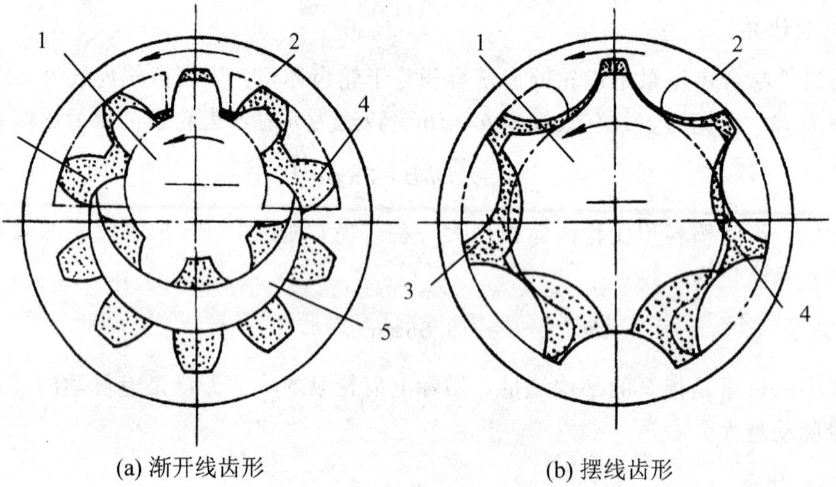

(a) 渐开线齿形　　(b) 摆线齿形

图 3.3　内啮合齿轮泵

1—主动小齿轮；2—从动外齿圈；3—吸油腔；4—压油腔；5—隔板

当小齿轮按如图 3.3 所示方向旋转时，轮齿退出啮合时容积增大而吸油，进入啮合时容积减小而压油。在如图 3.3(a)所示的渐开线齿形内啮合齿轮泵中，主动小齿轮 1 和从动外齿圈 2 之间要装一块月牙隔板 5，以便把吸油腔 3 和压油腔 4 隔开。如图 3.3(b)所示的摆线齿形内啮合泵又称摆线转子泵，由于小齿轮和内齿轮相差一齿，因而无须设置隔板。

内啮合齿轮泵具有结构紧凑、体积小、运转平稳、噪声小等优点，在高转速下工作有较高的容积效率。其缺点是制造工艺复杂，价格较贵。

3.3 叶 片 泵

叶片泵有双作用和单作用叶片泵两类，双作用叶片泵是定量泵，单作用叶片泵则往往做成变量泵。

3.3.1 双作用叶片泵

1. 工作原理

图 3.4 所示为双作用叶片泵的工作原理图。它主要由定子 1、转子 2、叶片 3、配油盘 4、转动轴 5 和泵体等组成。定子内表面由 4 段圆弧和 4 段过渡曲线组成，形似椭圆，且定子和转子是同心安装的，泵的供油流量无法调节，所以属于定量泵。

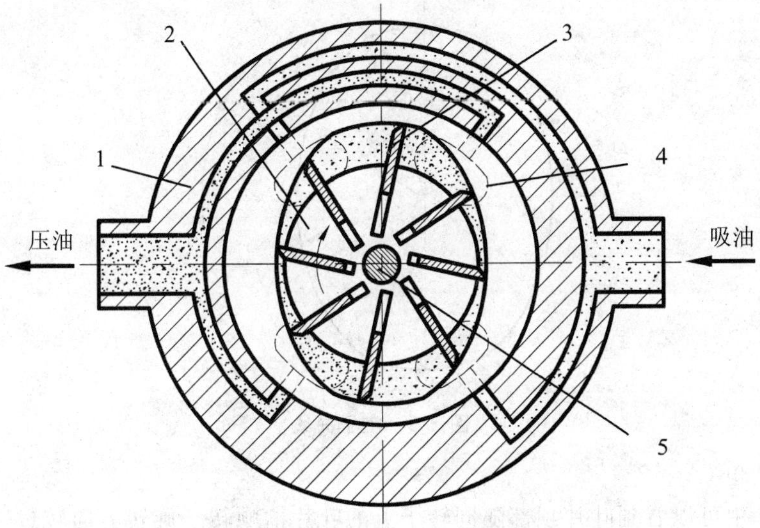

图 3.4 双作用叶片泵的工作原理

1—定子；2—转子；3—叶片；4—配油盘；5—转动轴

转子旋转时，叶片靠离心力和根部油压作用伸出并紧贴在定子的内表面上，两叶片之间和转子的外圆柱面、定子内表面及前后配油盘形成了若干个密封工作容腔。

当图 3.4 中转子顺时针方向旋转时，密封工作腔的容积在左上角和右下角处逐渐增大，形成局部真空而吸油，为吸油区；在右上角和左下角处逐渐减小而压油，为压油区。吸油区和压油区之间有一段封油区把它们隔开。这种泵的转子每转一周，每个密封工作腔吸油、压油各两次，故称双作用叶片泵。

泵的两个吸油区和两个压油区是径向对称的，因而作用在转子上的径向液压力平衡，所以又称为平衡式叶片泵。

2. 流量计算

在不计叶片所占容积时，设定子曲线的长半径为 R，短半径为 r，叶片宽度为 b，转子转速为 n，则泵的排量近似为

$$V=2\pi b\ (R^2-r^2)$$

双作用叶片泵的平均实际流量为

$$q=2\pi b\ (R^2-r^2)\ n\eta_V$$

3. 结构问题

1）定子曲线

图 3.5 所示的是定子曲线，定子内表面曲线实质上由两段长半径 R 圆弧（α 角范围）、两段短半径 r 圆弧（α′角范围）和 4 段过渡曲线（　角范围）8 个部分组成，泵的动力学特性很大程度上受到过渡曲线的影响。理想的过渡曲线不仅应使叶片在槽中滑动时的径向速度变化均匀，而且应使叶片转到过渡曲线和圆弧段交接点处的加速度突变不大，以减小冲击和噪声，同时，还应使泵的瞬时流量的脉动最小。

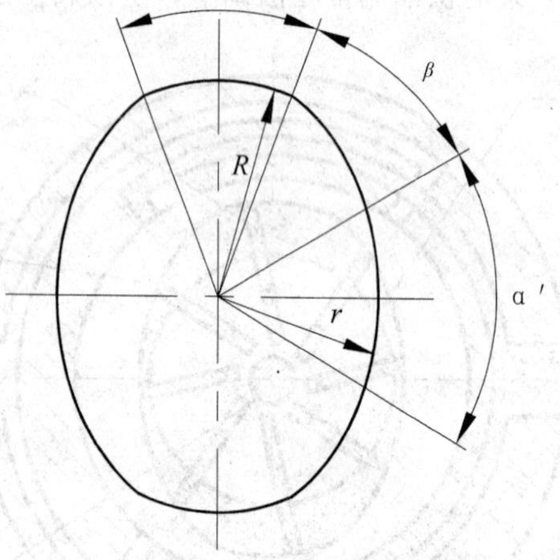

图 3.5　定子曲线

2)叶片倾角

从图 3.4 中可以看到叶片顶部随同转子上的叶片槽顺转子旋转方向转过一角度，即前倾一个角度，其目的是减小叶片和定子内表面接触时的压力角，从而减少叶片和定子间的摩擦磨损。当叶片以前倾角安装时，叶片泵不允许反转。

3）端面间隙

为了使转子和叶片能自由旋转，它们与配油盘两端面间应保持一定间隙。但间隙过大将使泵的内泄漏增加，容积效率降低。为了提高压力，减少端面泄漏，采取的间隙自动补偿措施是将配油盘的外侧与压油腔连通，使配油盘在液压推力作用下压向转子。泵的工作压力越高，配油盘就越加贴紧转子，对转子端面间隙进行自动补偿。

4. 应用特点

双作用叶片泵不仅作用在转子上的径向力平衡，且运转平稳、输油量均匀、噪声小。但它的结构较复杂，吸油特性差，对油液的污染较敏感，一般用于中压液压系统。

3.3.2　单作用叶片泵

1. 工作原理

单作用叶片泵的工作原理如图 3.6 所示，它与双作用泵的主要差别在于它的定子是一个与转子偏心放置的内圆柱面，转子每转一周，每个密封工作腔吸油、压油各一次，故称单作用叶片泵。

泵只有一个吸油区和一个压油区，因而作用在转子上的径向液压力不平衡，所以又称为非平衡式叶片泵。

由于转子与定子偏心距 e 和偏心方向可调，所以单作用叶片泵可作为双向变量泵使用。

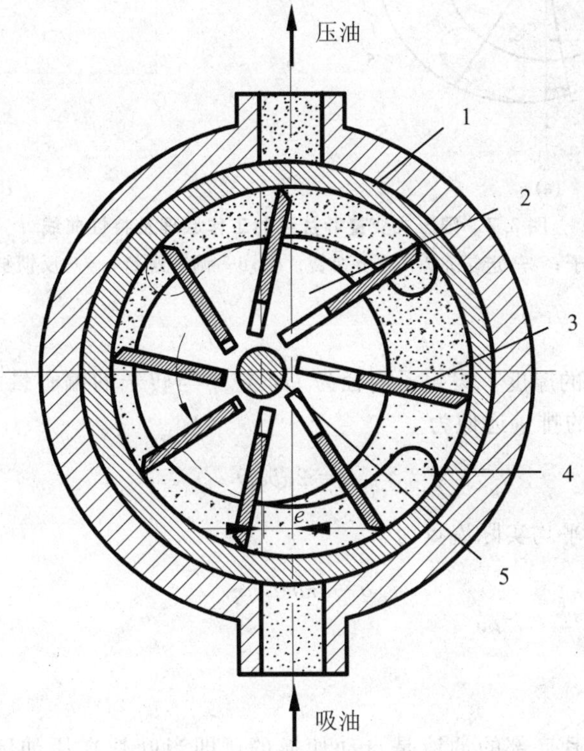

图 3.6　单作用叶片泵的工作原理

1—定子；2—转子；3—叶片；4—配油盘；5—转动轴

2. 变量特性

如图 3.7(a)所示表示限压式变量叶片泵的工作原理，如图 3.7(b)所示则表示其变量特性曲线。转子 1 的中心 O_1 是固定的，定子 2 可以左右移动，在限压弹簧 3 的作用下，定子被推向右端，使定子中心 O_2 和转子中心 O_1 之间有一初始偏心量 e_0，它决定了泵的最大流量。e_0 的大小可用螺钉 6 调节。泵的出口压力 p 经泵体内通道作用于有效面积为 A 的柱塞 5 上，使柱塞对定子 2 产生一作用力 pA。泵的限定压力 p_B 可通过调节螺钉 4 改变弹簧 3 的压缩量来获得，设弹簧 3 的预紧力为 F_s。

当泵的工作压力小于限定压力 p_B 时，则 $pA<F_s$，此时定子不移动，最大偏心量 e_0 保持不变，泵输出流量基本上维持最大，如图 3.7(b)所示，曲线 AB 段稍有下降是泵的泄漏引起的；当泵的工作压力升高而大于限定压力 p_B 时，$pA \geqslant F_s$，定子左移，偏心量减小，泵的流量也减小。泵的工作压力越高，偏心量就越小，泵的流量也就越小。当泵的压力达到极限压力 p_C 时，偏心量接近零，泵不再有流量输出。

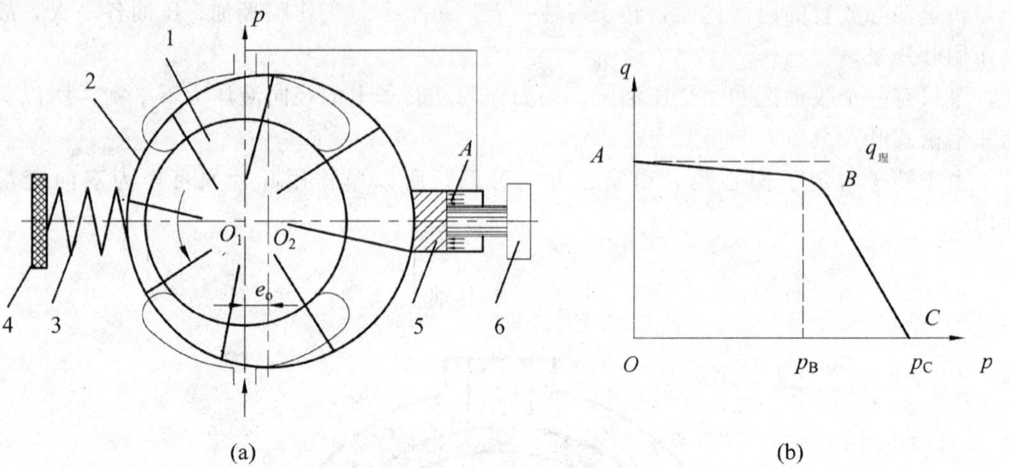

图 3.7 限压式变量叶片泵的工作原理及特性曲线

1—转子；2—定子；3—限压弹簧；4、6—调节螺钉；5—反馈缸柱塞

3. 流量计算

如果不考虑叶片的厚度，设定子内径为 D，定子与转子的偏心量为 e，叶片宽度为 b，转子转速为 n，则泵的排量近似为

$$V=2\pi beD$$

单作用叶片泵的平均实际流量为

$$q=2\pi beDn\eta_V$$

4. 结构问题

1）叶片底部

单作用叶片泵叶片底部的油液是自动切换的，即当叶片在压油区时，其底部通压力油；在吸油区时则与吸油腔接通。所以，叶片上、下的液压力是平衡的，有利于减少叶片与定子间的磨损。

2）叶片倾角

叶片倾斜方向与双作用叶片泵相反，由于叶片上、下的液压力是平衡的，叶片的向外运动主要依靠其旋转时所受到的惯性力，因此叶片后倾一个角度更有利于叶片在离心惯性力作用下向外伸出。

5. 应用特点

单作用式叶片泵易于实现流量调节，常用于快慢速运动的液压系统，可降低功率损耗，减少油液发热，简化油路，节省液压元件。

3.4 柱 塞 泵

柱塞泵依靠柱塞在缸体内的往复运动使密封容积产生变化，以此来实现吸油和压油的。由于柱塞与缸体内孔均为圆柱表面，因此加工方便，配合精度高，密封性能好，容积效率高。同时，柱塞处于受压状态，能使材料的强度得到充分发挥。另外，只要改变柱塞的工作行程就能改变泵的排量。所以柱塞泵具有压力高、结构紧凑、效率高、流量能调节等优点。

柱塞泵根据柱塞排列方向的不同可分为径向柱塞泵和轴向柱塞泵。

3.4.1　径向柱塞泵

1. 工作原理

如图 3.8 所示为径向柱塞泵的工作原理图。这种泵由柱塞 1、转子(缸体)2、定子 3、衬套 4、配油轴 5 等零件组成。衬套紧配在转子孔内随着转子一起旋转，而配油轴则是不动的。

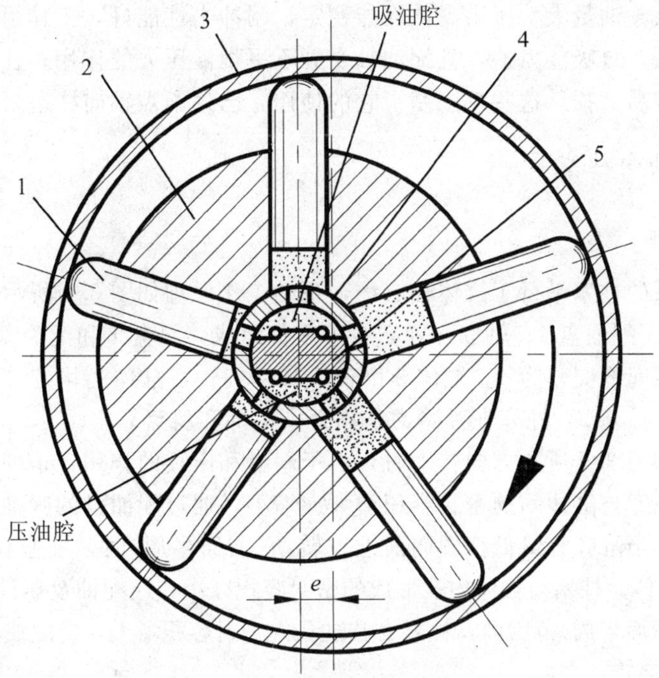

图 3.8　径向柱塞泵的工作原理图

1—柱塞；2—转子；3—定子；4—衬套；5—配油轴

当转子顺时针旋转时，柱塞在离心力或在低压油作用下，压紧在定子内壁上。由于转子和定子间有偏心量 e，故转子在上半周转动时柱塞向外伸出，径向孔内的密封工作容积逐渐增大，形成局部真空，吸油腔则通过配油轴上面的两个吸油孔从油箱中吸油；转子转到下半周时，柱塞向里推入，密封工作容积逐渐减小，压油腔通过配油轴下面的两个压油孔将油液压出。转子每转一周，每个柱塞底部的密封容积完成一次吸油、压油，转子连续运转，即完成泵的吸压油工作。

改变径向柱塞泵转子和定子间偏心量的大小，可以改变输出流量；若偏心方向改变，则液压泵的吸、压油腔互换，这就成为双向变量泵。

2. 流量计算

当转子和定子间的偏心量为 e 时，柱塞在缸体孔中的行程为 $2e$，若柱塞数目为 z、直径为 d，则泵的排量为

$$V=\frac{\pi}{4}d^2(2e)z$$

径向柱塞泵的实际流量为

$$q=\frac{\pi}{2}d^2 ezn\eta_V$$

3. 应用特点

径向柱塞泵输油量大，压力高，性能稳定，耐冲击性能好，工作可靠；但其径向尺寸大，结构较复杂，自吸能力差，且配油轴受到不平衡液压力的作用，柱塞顶部与定子内表面为点接触，容易磨损，这些都限制了它的使用，已逐渐被轴向柱塞泵替代。

3.4.2 轴向柱塞泵

1. 工作原理

轴向柱塞泵的柱塞平行于缸体轴心线，泵的工作原理如图 3.9 所示，它主要由斜盘 1、柱塞 2、缸体 3、配油盘 4、轴 5 和弹簧 6 等零件组成。斜盘 1 和配油盘 4 固定不动，斜盘法线和缸体轴线间的交角为 γ。缸体 3 由轴 5 带动旋转，缸体上均匀分布了若干个轴向柱塞孔，孔内装有柱塞 2，柱塞在弹簧力作用下，头部和斜盘靠牢。

当缸体按如图 3.9 所示方向转动时，由于斜盘和压板的作用，迫使柱塞在缸体内做往复运动，使各柱塞与缸体间的密封容积增大或缩小，通过配油盘的吸油窗口和压油窗口进行吸油和压油。当缸孔自最低位置向前上方转动(前面半周)时，柱塞在转角 $0\sim\pi$ 范围内逐渐向右压入缸体，柱塞与缸体内孔形成的密封容积减小，经配油盘压油窗口而压油；柱塞在转角 $\pi\sim2\pi$(里面半周)范围内，柱塞右端缸孔内密封容积增大，经配油盘吸油窗口而吸油。

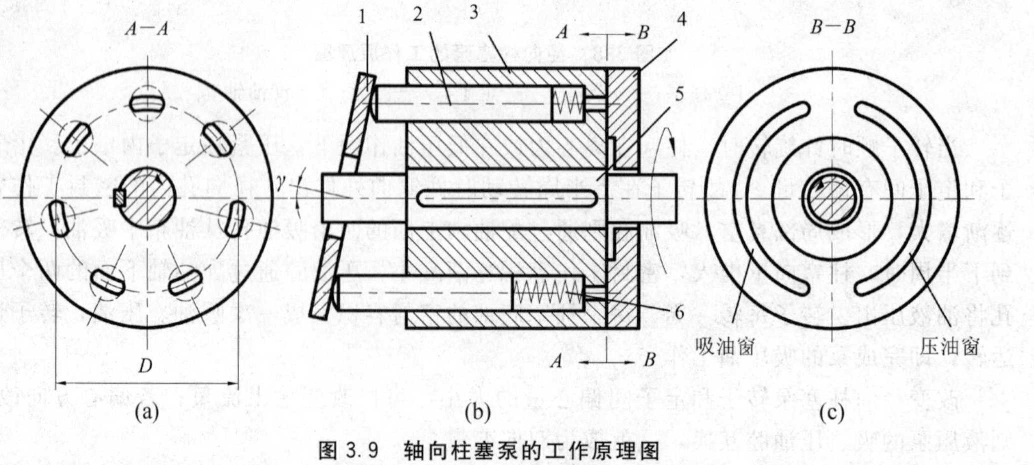

图 3.9 轴向柱塞泵的工作原理图

1—斜盘；2—柱塞；3—缸体；4—配油盘；5—轴；6—弹簧

如果改变斜盘倾角 γ 的大小，就能改变柱塞的行程长度，也就改变了泵的排量；如果改变斜盘的倾斜方向，就能改变泵的吸压油方向，而成为双向变量轴向柱塞泵。

2. 流量计算

若柱塞数目为 z、柱塞直径为 d、柱塞孔的分布圆直径为 D、斜盘倾角为 γ 时，泵的排量为

$$V=\frac{\pi}{4}d^2 D\tan\gamma z$$

轴向柱塞泵的平均实际流量为

$$q=\frac{\pi}{4}d^2 D\tan\gamma z n\eta_V$$

实际上，柱塞泵的排量是转角的函数，其输出流量是脉动的。就柱塞数而言，柱塞数为奇数时的脉动率比柱塞数为偶数时小，且柱塞数越多，脉动越小，故柱塞泵的柱塞数一般为奇数，从结构工艺性和脉动率综合考虑，常取 $z=7$ 或 $z=9$。

3. 结构特点

1）端面间隙

由图 3.9 可见，使缸体紧压配油盘端面的作用力除机械装置或弹簧的推力外，还有柱塞孔底部台阶面上所受的液压力，此液压力比弹簧力大得多，而且随泵的工作压力增大而增大。由于缸体始终受液压力作用，从而紧贴着配油盘，就使端面间隙得到了自动补偿。

2）滑靴及静压支承

如图 3.9 所示的柱塞以球形头部直接接触斜盘而滑动，这种轴向柱塞泵由于柱塞头部与斜盘平面理论上为点接触，因而接触应力大，极易磨损。一般轴向柱塞泵都在柱塞头部装一滑靴，如图 3.10 所示。滑靴是按静压轴承原理设计的，缸体中的压力油经过柱塞球头中间小孔流入滑靴油室，使滑靴和斜盘间形成液体润滑，改善了柱塞头部和斜盘的接触情况，有利于保证轴向柱塞泵在高压、高速下工作。

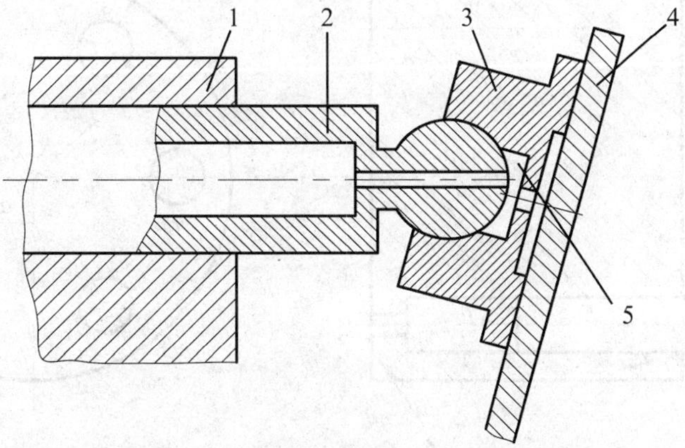

图 3.10 滑靴式结构

1—缸体；2—柱塞；3—滑靴；4—斜盘；5—油室

4. 优缺点及应用

轴向柱塞泵的柱塞与缸体柱塞孔之间为圆柱面配合，其优点是加工工艺性好，易于获得很高的配合精度，因此密封性能好，泄漏少，能在高压下工作，且容积效率高，流量容易调节。但不足之处是其结构复杂，价格较高，对油液污染敏感。一般用于高压、大流量及流量需要调节的液压系统中，多用在矿山、冶金机械设备上。

3.5 液压马达

液压马达属于液压系统的重要执行元件之一，它以转矩和转速的形式输出，下面以轴向柱塞式液压马达为例，对其工作原理做简单介绍。

图 3.11 中，当压力为 p 的压力油输入时，处在高压腔中的柱塞 2 被顶出，压在斜盘 1 上。设斜盘作用在柱塞上的反力为 F_n，它可分解为两个分力，轴向分力 F 和作用在柱塞上的液压作用力相平衡，另一个分力 F_r 使缸体 3 产生转矩。设柱塞直径为 d，柱塞在缸体中的分布圆半径为 R，斜盘倾角为 γ，柱塞和缸体的垂直中心线成 φ 角，则此柱塞产生的转矩为

$$T_i = F_r \cdot a = F_r R\sin\phi = F\tan\gamma R\sin\phi = \frac{\pi}{2} d^2 p\tan\gamma R\sin\phi$$

液压马达输出的转矩应该是处于高压腔中柱塞产生转矩的总和，即

$$T = \sum FR\tan\gamma\sin\phi$$

由于柱塞的瞬时方位角 ϕ 是变量，柱塞产生的转矩也发生变化，故液压马达产生的总转矩也是脉动的。

当液压马达的进、回油口互换时，液压马达将反向转动。当改变斜盘倾角 γ 时，液压马达的排量便随之改变，从而可以调节输出转矩或转速。

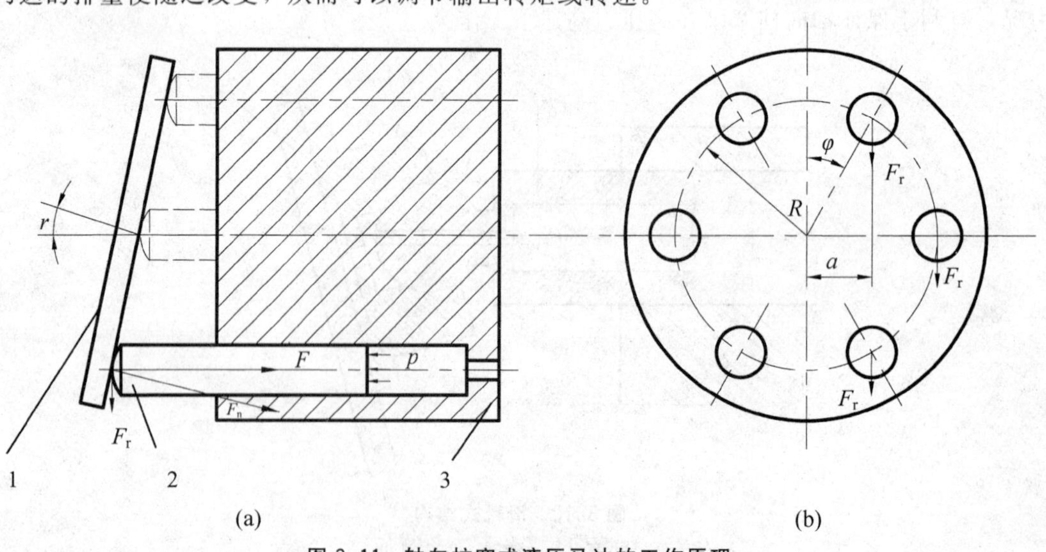

图 3.11　轴向柱塞式液压马达的工作原理

1—斜盘；2—柱塞；3—缸体

3.6 习 题

一、填空题

1. 液压泵是将电动机输出的________转换为________的能量转换装置。
2. 外啮合齿轮泵的啮合线把密封容积分成________和________两部分，一般________油口较大，为了减小________的影响。
3. 液压泵正常工作的必备条件是：应具备能交替变化的________，应有________，吸油过程中，油箱必须和________相通。
4. 输出流量不能调节的液压泵称为________泵，可调节的液压泵称为________泵。外啮合齿轮泵属于________泵。
5. 按工作方式的不同，叶片泵分为________和________两种。

二、判断题

1. 液压泵输油量的大小取决于密封容积的大小。 ( )
2. 在外啮合齿轮泵中，轮齿不断进入啮合的那一侧油腔是吸油腔。 ( )
3. 单作用式叶片泵属于单向变量液压泵。 ( )
4. 双作用式叶片泵的转子每回转 1 周，每个密封容积完成两次吸油和压油。 ( )
5. 改变轴向柱塞泵斜盘的倾角大小和倾向，则可使它成为双向变量液压泵。 ( )

三、选择题

1. 外啮合齿轮泵的特点是________。

   A. 结构紧凑，流量调节方便

   B. 价格低廉，工作可靠，自吸性能好

   C. 噪声小，输油量均匀

   D. 对油液污染不敏感，泄漏小，主要用于高压系统
2. 不能成为双向变量液压泵的是________。

   A. 双作用式叶片泵　　B. 单作用式叶片泵

   C. 轴向柱塞泵　　D. 径向柱塞泵
3. CB－B25 齿轮泵型号中的 25 表示该泵的________。

   A. 输入功率　　B. 输出功率　　C. 额定压力　　D. 额定流量
4. 双作用叶片泵实质上是________。

   A. 定量泵　　B. 变量泵　　C. 双联叶片泵　　D. 双级叶片泵
5. 通常情况下，柱塞泵多用于________系统。

   A. 10MPa 以上的高压　　B. 2.5MPa 以下的低压

   C. 6.3MPa 以下的中压

四、问答题

1. 液压泵在吸油过程中，油箱为什么必须与大气相通?

2. 液压泵和液压马达有何区别与联系？
3. 液压泵的工作压力和额定压力分别指什么？
4. 何谓液压泵的排量、理论流量、实际流量？它们的关系怎样？
5. 试述外啮合齿轮泵的工作原理，并解释齿轮泵工作时径向力不平衡的原因。

五、计算题

1. 某液压泵的输出油压 $p=6\text{MPa}$，排量 $V=100\text{cm}^3/\text{r}$，转速 $n=1\,450\text{r/min}$，容积效率 $\eta_v=0.94$，总效率 $\eta=0.9$，求泵的输出功率 P 和电动机的驱动功率 $P_{电}$。
2. 某轴向柱塞泵，柱塞直径 $d=20\text{mm}$，柱塞孔的分布圆直径 $D=70\text{mm}$，柱塞数 $z=7$，当斜盘倾角 $\gamma=22°$，转速 $n=960\text{r/min}$，输出压力 $p=18\text{MPa}$，容积效率 $\eta_v=0.95$，机械效率 $\eta_m=0.9$ 时，试求理论流量 $q_{理}$、实际流量 q 及所需电动机功率 $P_{电}$。
3. 某液压马达排量 $V=250\text{cm}^3/\text{s}$，入口压力为 8MPa，出口压力为 0.3MPa，其总效率 $\eta=0.8$，容积效率 $\eta_v=0.88$。当输入流量为 25L/min 时，试求液压马达的输出转速 n 和输出转矩 T。

六、分析题

图 3.12 是叶片式液压马达原理图，试解释当压力油通入进油腔后，转子能回转的原因，并说明向哪个方向回转。

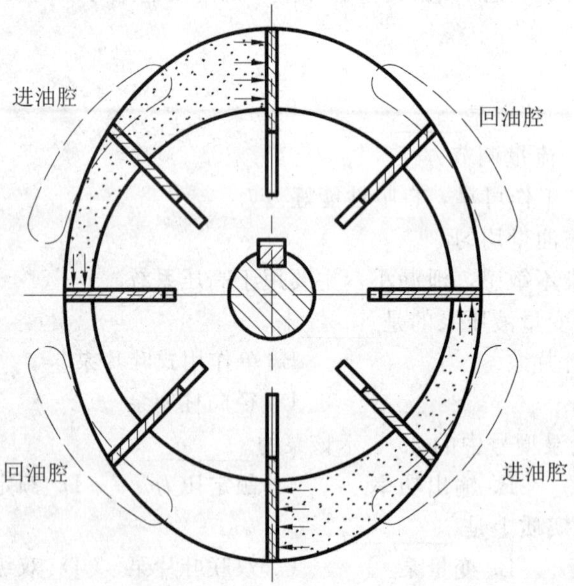

图 3.12 叶片式液压马达

第4章 液压缸

教学目标	了解液压缸的功用和类型；熟悉常用液压缸的工作原理和应用特点；初步认识液压缸的基本结构；熟练掌握其输出力和速度的计算；对液压缸的设计步骤等内容有所了解。

引例

液压缸的类型见表4-1。

表4-1 液压缸的类型

名称	结构类型		应用
活塞液压缸	 双作用式活塞缸	 单作用式活塞缸	 压力机
柱塞液压缸	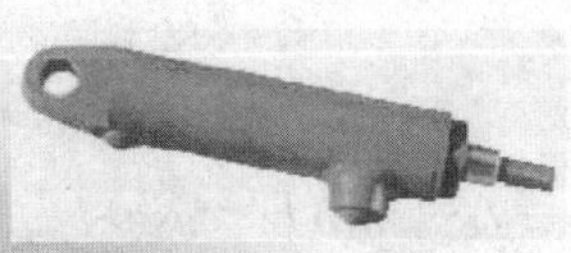		 升降台
伸缩液压缸	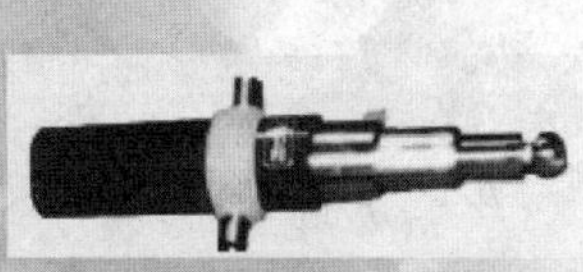		 自卸车
摆动液压缸	 叶片式摆动缸	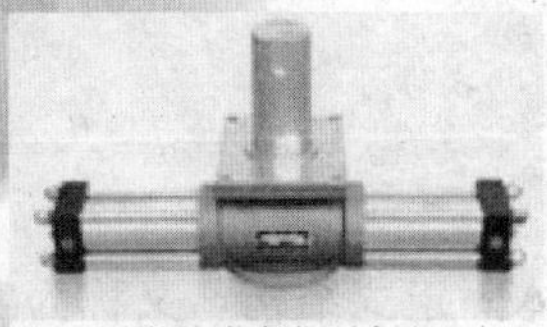 齿轮齿条摆动缸	 机械手

4.1 液压缸的类型和特点

液压缸是液压传动系统的执行元件之一，它是将油液的压力能转换为机械能，实现往复直线运动或摆动的能量转换装置。液压缸按结构形式的不同可分为活塞式、柱塞式、伸缩式、摆动式等类型。

4.1.1 活塞式液压缸

活塞式液压缸可分为单杆式和双杆式两种，其安装方式有缸体固定和活塞杆固定两种。

1. 双活塞杆式液压缸

图 4.1 所示为双活塞杆式液压缸的工作原理图，活塞两侧都有活塞杆伸出。当缸体内径为 D，且两活塞杆直径 d 相等，液压缸的供油压力为 p，流量为 q 时，活塞(或缸体)两个方向的运动速度和推力也都相等。

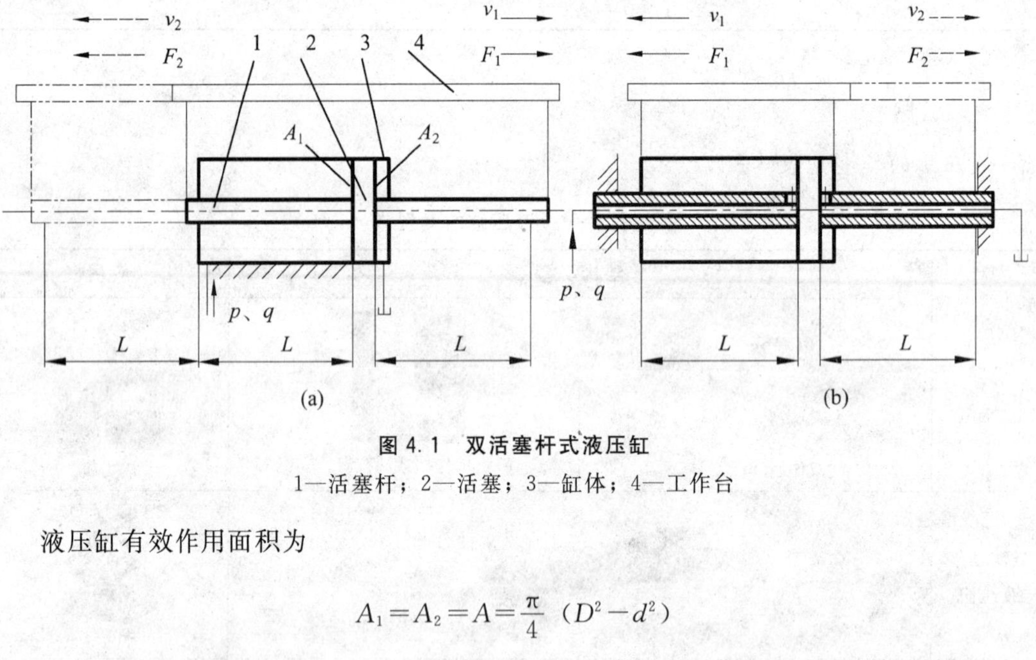

图 4.1 双活塞杆式液压缸

1—活塞杆；2—活塞；3—缸体；4—工作台

液压缸有效作用面积为

$$A_1 = A_2 = A = \frac{\pi}{4}\,(D^2 - d^2)$$

往复运动推力为

$$F_1 = F_2 = F = pA = p\,\frac{\pi}{4}\,(D^2 - d^2)$$

往复运动速度为

$$v_1 = v_2 = v = \frac{q}{A} = \frac{4q}{\pi\,(D^2 - d^2)}$$

图 4.1(a)所示为缸体固定式结构，又称为实心双活塞杆式液压缸。当液压缸的左腔进

油，推动活塞向右移动，右腔活塞杆向外伸出，左腔活塞杆向内缩进，液压缸右腔油液回油箱；反之，活塞向左移动。其工作台的往复运动范围约为有效行程 L 的 3 倍。这种液压缸因运动范围大，占地面积较大，一般用于小型机床或液压设备。

图 4.1(b)所示为活塞杆固定式结构，又称为空心双活塞杆式液压缸。当液压缸的左腔进油，缸体向左移动；反之，缸体向右移动。其工作台的往复运动范围约为有效行程 L 的 2 倍，因运动范围不大，占地面积较小，常用于中型或大型机床或液压设备。

2. 单活塞杆式液压缸

图 4.2 所示为单活塞杆式液压缸，仅一端有活塞杆，两腔有效作用面积不相等，当向液压缸两腔分别供油，且压力和流量都不变时，活塞在两个方向上的运动速度和推力都不相等。设缸筒内径为 D，活塞杆直径为 d，则液压缸无杆腔和有杆腔有效作用面积 A_1、A_2分别为

$$A_1=\frac{\pi D^2}{4}$$

$$A_2=\frac{\pi\ (D^2-d^2)}{4}$$

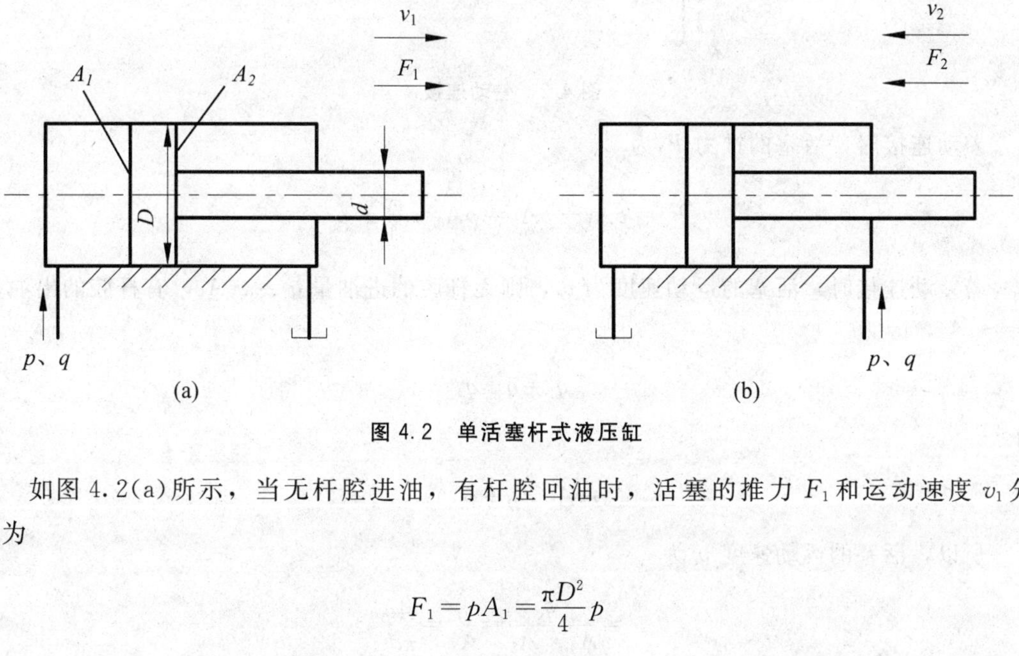

图 4.2 单活塞杆式液压缸

如图 4.2(a)所示，当无杆腔进油，有杆腔回油时，活塞的推力 F_1 和运动速度 v_1 分别为

$$F_1=pA_1=\frac{\pi D^2}{4}p$$

$$v_1=\frac{q}{A_1}=\frac{4q}{\pi D^2}$$

此时，活塞的运动速度较慢，能克服的负载较大，常被用于实现机床的工作进给。

如图 4.2(b)所示，当有杆腔进油，无杆腔回油时，活塞的推力 F_2 和运动速度 v_2 分别为

$$F_2=pA_2=\frac{\pi}{4}\ (D^2-d^2)\ p$$

$$v_2=\frac{q}{A_2}=\frac{4q}{\pi\ (D^2-d^2)}$$

此时，活塞的运动速度较快，能克服的负载较小，常被用于实现机床的快速退回。

在图 4.3 中，当单杆活塞式液压缸两腔同时进压力油时，由于无杆腔有效作用面积大于有杆腔有效作用面积，使得活塞向右的作用力大于向左的作用力，因此，活塞向右运动，活塞杆向外伸出；与此同时，又将有杆腔的油液挤出，使其流进无杆腔，从而加快了活塞杆的伸出速度，形成差动连接。

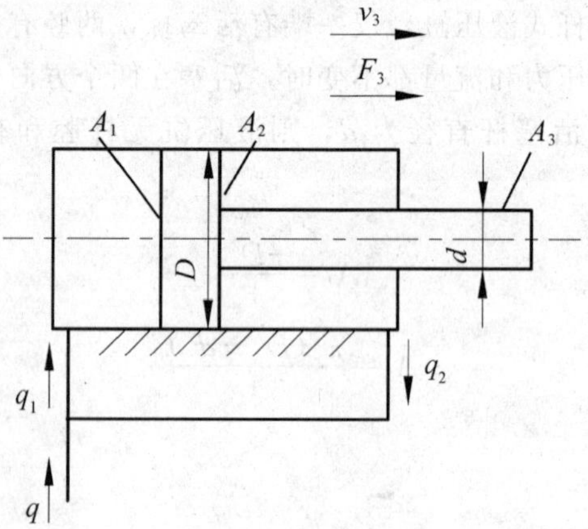

图 4.3　差动连接

差动连接时，活塞的推力 F_3 为

$$F_3=pA_1-pA_2=pA_3=\frac{\pi}{4}d^2p$$

若差动连接时，活塞的运动速度为 v_3，则无杆腔的进油量 $q_1=v_3A_1$，有杆腔的出油量 $q_2=v_3A_2$，因为

$$q_1=q+q_2$$

即

$$v_3A_1=q+v_3A_2$$

所以，活塞的运动速度 v_3 为

$$v_3=\frac{q}{A_1-A_2}=\frac{q}{A_3}=\frac{4q}{\pi d^2}$$

此时，活塞可获得较大的运动速度，常用于实现机床的快速进给。

单活塞杆式液压缸可以缸体固定，也可以活塞杆固定，工作台的移动范围都是活塞或缸体有效行程的两倍。

4.1.2　柱塞式液压缸

活塞缸的缸孔要求精加工，行程长时加工困难，因此，在长行程的场合，可采用柱塞式液压缸。如图 4.4 所示的柱塞式液压缸由缸筒、柱塞、导向套、密封圈等零件组成，其缸筒内壁不需要精加工，运动时由缸盖上的导向套来导向，而且结构简单，制造容易，所以它特别适用于龙门刨床、导轨磨床、大型拉床等大行程设备的液压系统中。

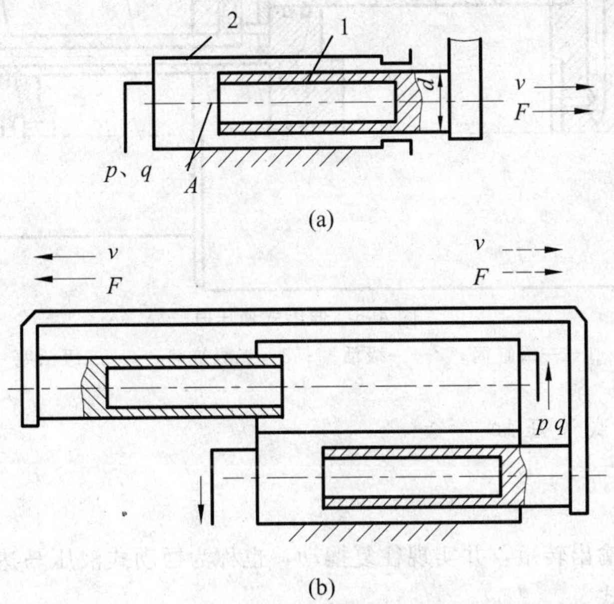

图 4.4 柱塞式液压缸

1—柱塞；2—缸筒

如图 4.4(a)所示，柱塞式液压缸在压力油推动下，只能实现单向运动，它的回程需借助自重或其他外力(如弹簧力)来实现。若柱塞直径为 d，则柱塞缸的有效作用面积为

$$A=\frac{\pi}{4}d^2$$

柱塞缸输出的推力 F 和速度 v 分别为

$$F=pA=\frac{\pi}{4}d^2 p$$

$$v=\frac{q}{A}=\frac{4q}{\pi d^2}$$

图 4.4(b)所示为成对使用的柱塞缸，它可以使工作台得到双向运动。

4.1.3 伸缩式液压缸

图 4.5 所示为伸缩式液压缸的结构示意图，它由二级或多级活塞缸套组合而成，图中前一级的活塞 2 与后一级的缸筒 3 连为一体。活塞伸出的顺序是先大后小，相应的推力也是由大到小，速度由慢到快；活塞缩回的顺序一般是先小后大。

伸缩式液压缸活塞杆伸出时行程大，而缩回后结构尺寸小，因而它适用于起重运输车辆等占空间小且可实现长行程工作的机械上，如起重机伸缩臂缸、自卸汽车举升缸等。

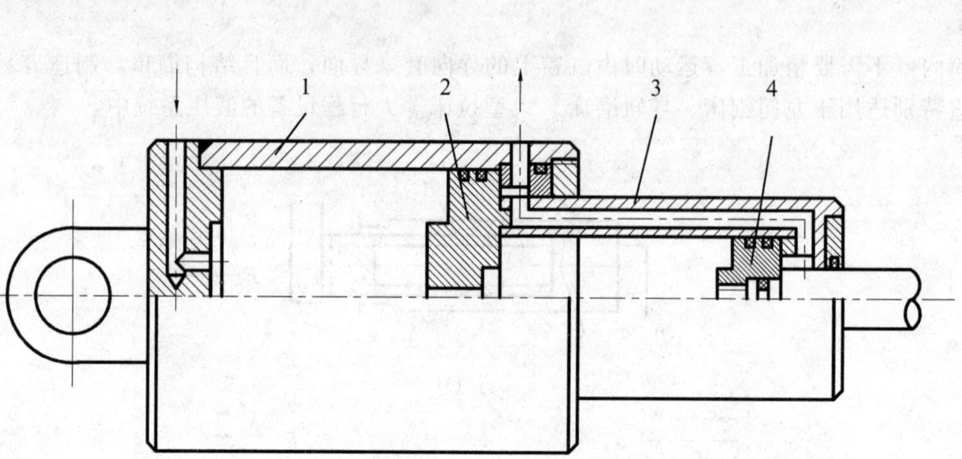

图 4.5　伸缩式液压缸

1——一级缸筒；2——一级活塞；3—二级缸筒；4—二级活塞

4.1.4　摆动式液压缸

1. 工作原理

摆动式液压缸输出转矩，并实现往复摆动，也称为摆动式液压马达，在结构上有单叶片和双叶片两种形式。

图 4.6 所示为摆动式液压缸的工作原理图，它由叶片 1、摆动轴 2、定子块 3、缸体 4 等主要零件组成。定子块固定在缸体上，而叶片和摆动轴联结在一起，当两油口相继通以压力油时，叶片即带动摆动轴做往复摆动。

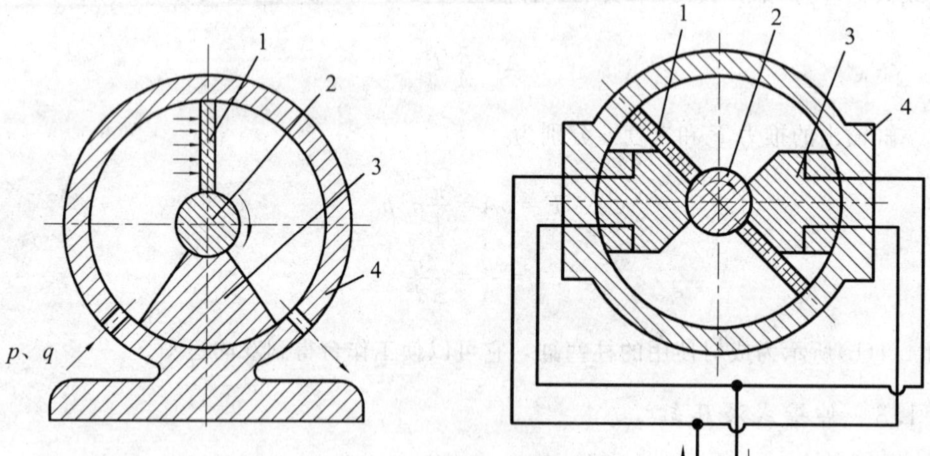

图 4.6　摆动式液压缸

1—叶片；2—摆动轴；3—定子块；4—缸体

2. 转矩和角速度

如图 4.6 所示，若叶片的宽度为 b、缸的内径为 D、输出轴的直径为 d，在进油压力

为 p、流量为 q 且不计回油腔压力时，摆动式液压缸输出转矩 T 和回转角速度 ω 为

$$T=\frac{p\ (D^2-d^2)\ b}{8}$$

$$\omega=\frac{8q}{b\ (D^2-d^2)}$$

3. 应用

图 4.6(a)所示的单叶片摆动液压缸的摆角一般不超过 280°，图 4.6(b)所示的双叶片摆动液压缸的摆角一般不超过 150°。此类液压缸常用于机床的送料装置、间歇进给机构、回转夹具、工业机器人手臂和手腕的回转机构等液压系统。

4.2　液压缸的结构

液压缸通常由端盖、缸筒、活塞杆、活塞组件等主要部分组成；为防止泄漏须设置密封装置；为防止活塞运动到行程终端时撞击缸盖，液压缸端部还须设置缓冲装置；有时还须设置排气装置。

图 4.7 是单活塞杆式液压缸的典型结构举例。分析图示结构可知：无缝钢管制成的缸筒 8 和缸底 1 焊接在一起，另一端缸盖 11 与缸筒则采用螺纹连接，以便拆装检修。

两端进出油口 A 和 B 都可通压力油或回油，以实现双向运动。活塞 5 用卡环 4、套环 3、弹簧挡圈 2 与活塞杆 13 连接。活塞和缸筒之间有密封圈 7，活塞杆和活塞内孔之间有密封圈 6，用以防止泄漏。导向套 10 用以保证活塞杆不偏离中心，它的外径和内孔配合处也都有密封圈。此外，缸盖上还有防尘圈 12，活塞杆左端带有缓冲柱塞等。

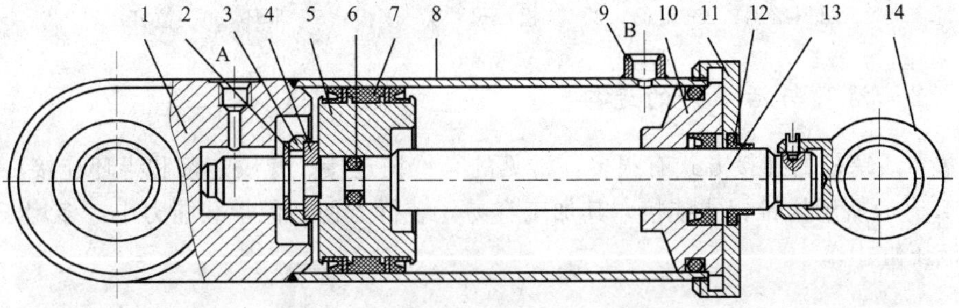

图 4.7　单活塞杆式液压缸结构

1—缸底；2—弹簧挡圈；3—套环；4—卡环；5—活塞；6、7—密封圈；8—缸筒；9—管接头；10—导向套；11—缸盖；12—防尘圈；13—活塞杆；14—耳环

4.2.1　缸筒与端盖的连接

如图 4.8 所示，液压缸缸筒与端盖的连接方式有很多，其结构形式和使用的材料有关，一般工作压力 $p<10$MPa 时使用铸铁；10MPa$<p<$20MPa 使用无缝钢管；$p>$20MPa 时使用铸钢或锻钢。

图 4.8(a)所示为法兰连接式，这种结构容易加工和装拆，其缺点是外形尺寸和重量都较大，常用于铸铁制的缸筒上。

图 4.8(b)所示为螺纹连接式，它的重量较轻，外形较小，但端部结构复杂，装拆要用专门工具，常用于无缝钢管或铸钢制作的缸筒上。

图 4.8(c)所示为半环连接式，它的结构简单，易装卸，但它的缸筒壁因开了环形槽而削弱了强度，为此有时要加厚缸壁，常用于无缝钢管或锻钢制作的缸筒上。

图 4.8(d)所示为拉杆连接式，缸筒易加工和装拆，结构通用性大，重量较重，外形尺寸较大，主要用于较短的液压缸。

图 4.8(e)所示为焊接连接式，其结构简单，尺寸小，但缸筒有可能变形，缸底内径不易加工。

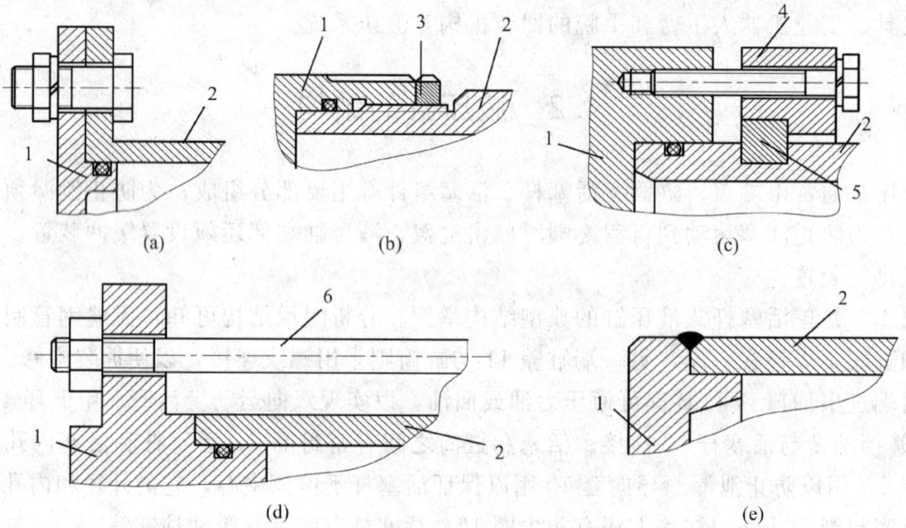

图 4.8　缸筒与端盖的连接形式

1—端盖；2—缸筒；3—防松螺母；4—压板；5—半环；6—拉杆

4.2.2　活塞与活塞杆的连接

活塞和活塞杆的连接方式有很多，常见的有锥销连接、螺纹连接和半环连接。

图 4.9(a)所示为锥销式连接，其加工容易，装拆方便，但承载能力小，多用于中、低压轻载液压缸中。

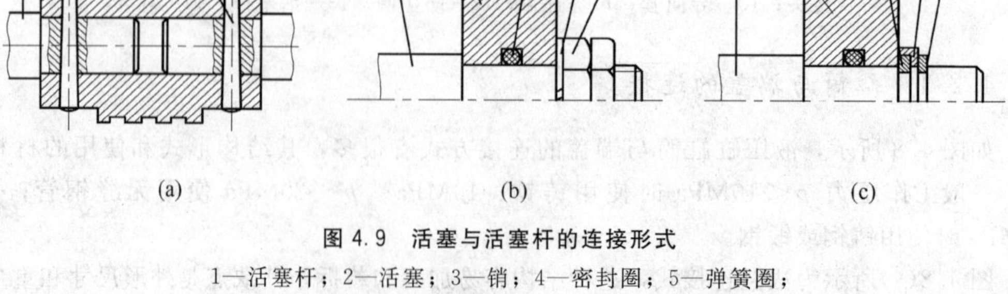

图 4.9　活塞与活塞杆的连接形式

1—活塞杆；2—活塞；3—销；4—密封圈；5—弹簧圈；

6—螺母；7—半环；8—套环；9—弹簧卡圈

图 4.9(b)所示为螺纹连接，其装卸方便，连接可靠，适用尺寸范围广，但一般应有锁紧装置。

图 4.9(c)所示为半环连接，其连接强度高，但结构复杂，装拆不便，多用于高压大负载和振动较大的场合。

4.2.3 液压缸的密封装置

液压缸的密封装置用以防止油液的泄漏，常用的密封方法有间隙密封和用橡胶密封圈密封。

1. 间隙密封

间隙密封是依靠相对运动零件配合面之间的微小间隙来防止泄漏的，如图 4.10 所示，是最简单的一种密封方法。

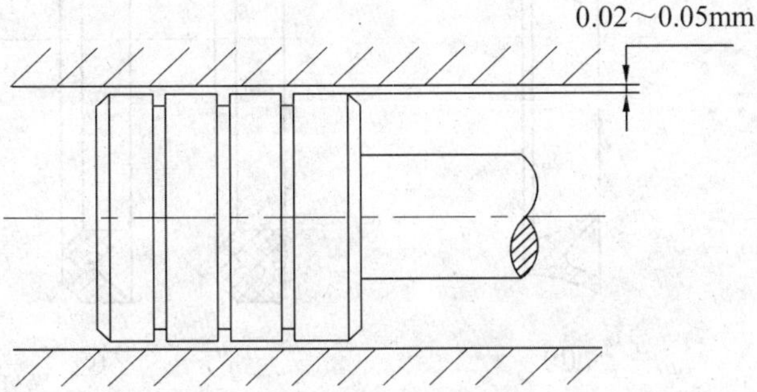

图 4.10 间隙密封

在圆柱形表面的间隙密封中，常在一个配合表面上开几条环形小槽，它有以下作用：①在开槽后，由于环形槽内的液压力能均匀分布，这就保证了活塞和缸体的同心，使摩擦力降低，泄漏量最小；②起密封作用，当压力油流经沟槽时产生涡流，从而产生能量损失，使泄漏减少。

间隙密封方法的摩擦阻力小，但密封性能差，加工精度要求高，因此，只适用于尺寸较小、压力较低、运动速度较高的场合。活塞与液压缸壁之间的间隙通常取 0.02～0.05mm。

2. 密封圈密封

密封圈密封是液压系统中应用最广泛的一种密封方法。密封圈用耐油橡胶、尼龙等材料制成，其截面通常做成 O 形、Y 形、V 形等，如图 4.11 所示的是常用的几种密封圈。

图 4.11(a)所示为 O 形密封圈，它是截面形状为圆形的密封元件，其结构简单，制造容易，密封可靠，摩擦力小，因而应用广泛，既可用于固定件的密封，又可用于运动件的密封。

图 4.11(b)所示为 Y 形密封圈，它的截面呈 Y 形，其结构简单，适用性很广，密封效果好，常用于活塞和液压缸之间、活塞杆与液压缸端盖之间的密封。一般情况下，Y 形密封圈可直接装入沟槽使用；但在压力变动较大、运动速度较高的场合，应使用支承环固定 Y 形密封圈。

图 4.11(c)所示为 V 形密封圈，它由形状不同的支承环 1、密封环 2 和压环 3 组合而成。V 形密封圈接触面大，密封可靠，但摩擦阻力大，主要用于移动速度不高的液压缸中(如磨床工作台液压缸)。

Y 形和 V 形密封圈在压力油作用下，唇边张开，贴紧在密封表面，油压越大密封性能越好，因此在使用时要注意安装方向，使其在压力油作用下能张开。

密封圈为标准件，选用时其技术规格及使用条件可参阅有关手册。

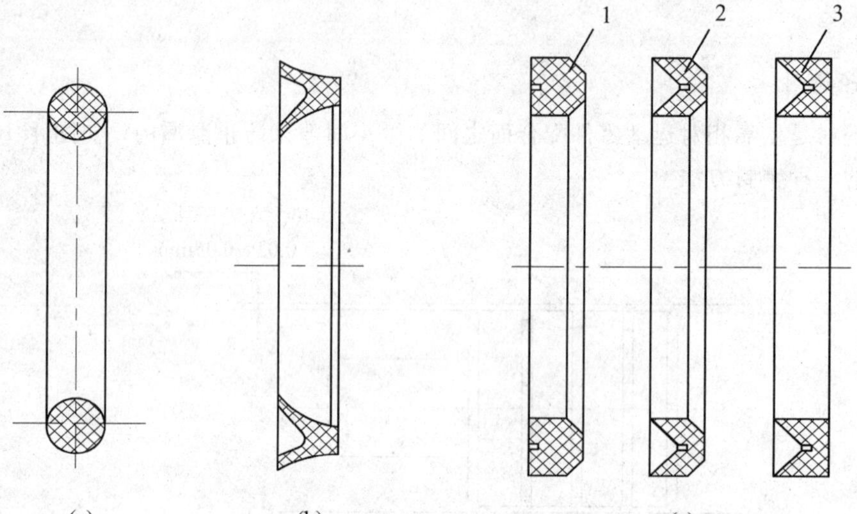

图 4.11　常用密封圈

1—支承环；2—密封环；3—压环

4.2.4　液压缸的缓冲和排气

1. 液压缸的缓冲

液压缸的缓冲结构是为了防止活塞在行程终了时，由于惯性力的作用与端盖发生撞击，影响设备的使用寿命。特别是当液压缸驱动负荷重或运动速度较大时，液压缸的缓冲就显得更为重要。

常用的缓冲结构如图 4.12 所示，它由活塞顶端的凸台和端盖上的凹槽构成。当活塞移近缸盖时，凸台逐渐进入凹槽，将凹槽内的油液经凸台和凹槽之间的缝隙挤出，增大了回油阻力，降低了活塞的运动速度，从而减小或避免活塞对端盖的撞击，实现缓冲。

2. 液压缸的排气

液压系统中的油液如果混有空气将会严重地影响工作部件的平稳性，为了便于排除积留在液压缸内的空气，油液最好从液压缸的最高点进入和排出。对运动平稳性要求较高的液压缸，常在两端装有排气塞。图 4.13 所示为排气塞结构，工作前拧开排气塞，使活塞全行程空载往返数次，空气即可通过排气塞排出。空气排净后，需要排气塞拧紧，再进行工作。

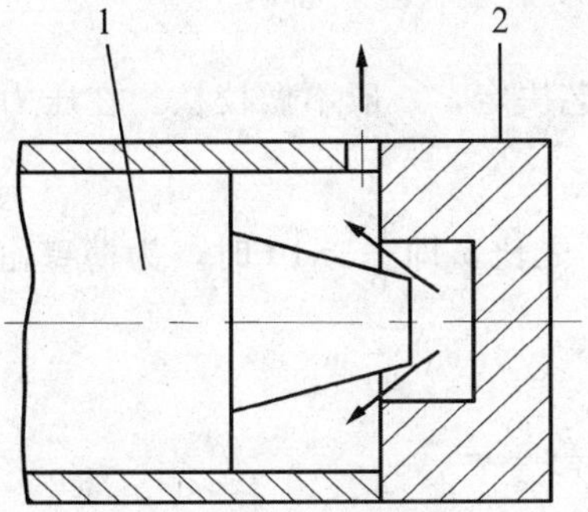

图 4.12 液压缸的缓冲结构

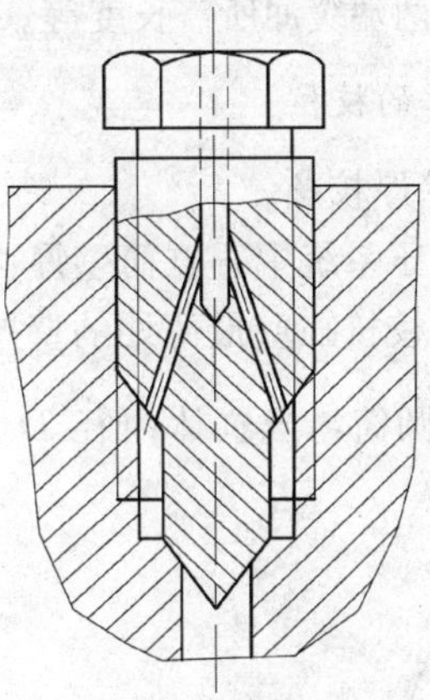

图 4.13 排气塞

4.3 液压缸的设计计算

液压缸一般都是标准件，但有时也需要自行设计，本节主要介绍液压缸的主要尺寸计算和强度校核内容。

1. 液压缸主要尺寸的计算

液压缸的主要尺寸为缸筒内径、活塞杆直径和缸筒长度等。

1) 缸筒的内径 D

根据公式 $F=pA$，由活塞所需推力 F 和工作压力 p 即可算出活塞应有的有效面积 A。进一步根据液压缸的不同结构形式，计算缸筒的内径 D。

2) 活塞杆的直径 d

直径 d 的值可按表 4-2 初步选取，如果液压缸两个方向的运动速度比有一定要求时，还须考虑这方面要求。

表 4-2 活塞杆直径的选取

活塞杆受力情况	工作压力 p/MPa	活塞杆直径 d/m
受拉	—	$d=(0.3\sim0.5)D$
受拉或受压	$p\leqslant5$	$d=(0.5\sim0.55)D$
	$5<p\leqslant7$	$d=(0.6\sim0.7)D$
	$p>7$	$d=0.7D$

实际采用的直径 D 和 d 还应符合国家颁布的有关标准。

3) 液压缸筒的长度 L

液压缸筒长度由所需行程及结构上的需要确定，一般可按如下公式计算。

L=活塞行程+活塞长度+活塞杆导向长度+活塞杆密封长度+其他长度

其中，活塞长度=$(0.6\sim1)D$，导向套长度=$(0.6\sim1.5)D$，其他长度是指一些装置所需长度，如缸两端缓冲所需长度等。一般液压缸缸体长度 L 不大于缸内径 D 的 20～30 倍。

2. 液压缸的校核

1) 缸筒壁厚校核

在中、低压系统中，缸筒壁厚由结构工艺决定，一般不做校核。在压力较高和直径较大时，有必要校核缸壁最薄处的壁厚强度。

(1) 薄壁圆筒：当缸体内径 D 和壁厚 δ 之比，即 $\frac{D}{\delta}>10$ 时，为薄壁缸筒，δ 按下式校核。

$$\delta \geqslant \frac{p_y D}{2[\sigma]}$$

式中：$[\sigma]$ —— 缸筒材料的许用应力（N）；

p_y —— 缸体的试验压力（Pa），当缸筒内的额定工作压力 $p \leqslant 16\text{MPa}$ 时，$p_y = 1.5p$；$p > 16\text{MPa}$ 时，$p_y = 1.25p$。

(2) 厚壁圆筒：当 $\frac{D}{\delta}<10$ 时，为厚壁缸筒，δ 按下式校核。

$$\delta \geqslant \frac{D}{2}\left[\sqrt{\frac{[\sigma]+0.4p_y}{[\sigma]-1.3p_y}}-1\right]$$

2)活塞杆强度及压杆稳定性校核

活塞杆直径按下式校核。

$$d \geqslant \sqrt{\frac{4F}{\pi[\sigma]}}$$

式中：F —— 活塞杆上的作用力（N）；

$[\sigma]$ —— 活塞杆材料的许用应力（N）。

当活塞杆长径比较大，且受轴向压缩负载时，若轴向力超过某一临界值则活塞杆就会失去稳定性，因此应对其稳定性进行校核。其稳定性可按材料力学公式计算。此外，对连接螺钉也应进行强度校核。

4.4 习　　题

一、填空题

1. 液压缸是将________转变为________的转换装置，一般用于实现________或________。
2. 双活塞杆式液压缸当________固定时为实心双活塞杆式液压缸，其工作台运动范围约为有效行程的________倍；当________固定时为空心双活塞杆式液压缸，其工作台运动范围约为有效行程的________倍。
3. 两腔同时通压力油，利用________进行工作的________叫做差动液压缸。
4. 液压缸常用的密封方法有________和________。

二、判断题

1. 空心双活塞杆式液压缸的活塞是固定不动的。 (　　)
2. 单活塞杆式液压缸活塞两个方向所获得的推力是不相等的，当活塞慢速运动时，将获得较小推力。 (　　)
3. 单活塞杆式液压缸活塞杆的面积越大，活塞往复运动的速度差别就越小。 (　　)
4. 差动连接的单活塞杆式液压缸，可使活塞实现快速运动。 (　　)
5. 在尺寸较小，压力较低，运动速度较高的场合，液压缸的密封可采用间隙密封的方法。 (　　)

三、选择题

1. 单活塞杆式液压缸________。
   A. 活塞两个方向的作用力相等
   B. 活塞有效作用面积为活塞杆面积 2 倍时，工作台往复运动速度相等
   C. 其运动范围是工作行程的 3 倍
   D. 常用于实现机床的快速退回及工作进给
2. 柱塞式液压缸________。
   A. 可做差动连接　　B. 可组合使用完成工作台的往复运动
   C. 缸体内壁需精加工　　D. 往复运动速度不一致
3. 起重设备要求伸出行程长时，常采用的液压缸形式是________。
   A. 活塞缸　　B. 柱塞缸　　C. 摆动缸　　D. 伸缩缸
4. 要实现工作台往复运动速度不一致，可采用________。
   A. 双活塞杆式液压缸
   B. 柱塞缸
   C. 活塞面积为活塞杆面积 2 倍的差动液压缸
   D. 单活塞杆式液压缸
5. 液压龙门刨床的工作台较长，考虑到液压缸缸体长，孔加工困难，所以采用________液压缸较好。
   A. 单活塞杆式　　B. 双活塞杆式
   C. 柱塞式　　D. 摆动式

四、问答题

1. 液压缸有何功用？按其结构不同主要分为哪几类？
2. 什么是差动连接？它适用于什么场合？
3. 在某一工作循环中，若要求快进与快退速度相等，则单活塞杆式液压缸需具备什么条件才能保证？
4. 柱塞缸、伸缩缸和摆动缸各有何特点？简述其应用场合。
5. 伸缩缸活塞伸出、缩回的顺序是怎样的？
6. 液压缸由哪几部分组成？密封、缓冲和排气的作用是什么？

五、计算题

1. 已知，单活塞杆式液压缸的输入流量为 25L/min，压力 $p=4$MPa，要求满足：①往返快速运动速度相等，即 $v_1=v_2=6$m/min；②液压油进入无杆腔时，其推力 F 为 2 500N。试分别求出上述两种情况下的液压缸内径 D 和活塞杆直径 d。
2. 图 4.14 所示为一柱塞式液压缸，其柱塞固定，缸筒运动。压力油从空心柱塞通入，若压力 $p=3$MPa，流量 $q=25$L/min，柱塞外径 $d=70$mm，内径 $d_0=30$mm，试求缸筒运动速度 v 和推力 F。

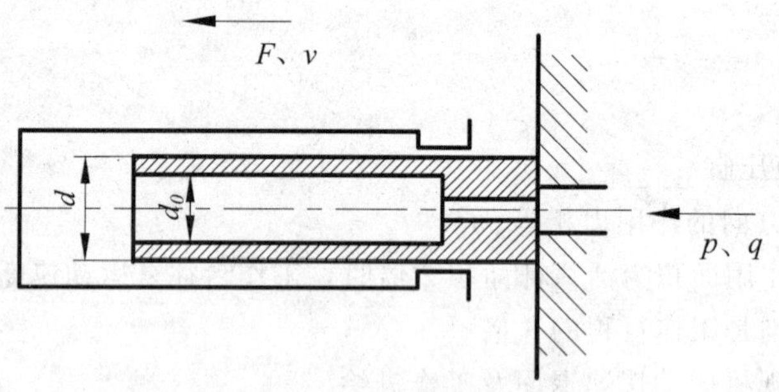

图 4.14　柱塞式液压缸分析图

3. 如图 4.15 所示，两个结构相同的液压缸串联，已知液压缸无杆腔面积 A_1 为 100cm^2，有杆腔面积 A_2 为 80cm^2，缸 1 的输入压力为 $p_1=1.8$MPa，输入流量 $q_1=$ 12L/min，若不计泄漏和损失，试求：

1)当两缸承受相同的负载时($F_1=F_2$)，该负载为多少？两缸的运动速度 v_1、v_2 各是多少？

2)缸 2 的输入压力为缸 1 的一半($p_2=p_1/2$)时，两缸各承受的负载 F_1、F_2 为多大？

3)当缸 1 无负载($F_1=0$)时，缸 2 能承受多大负载？

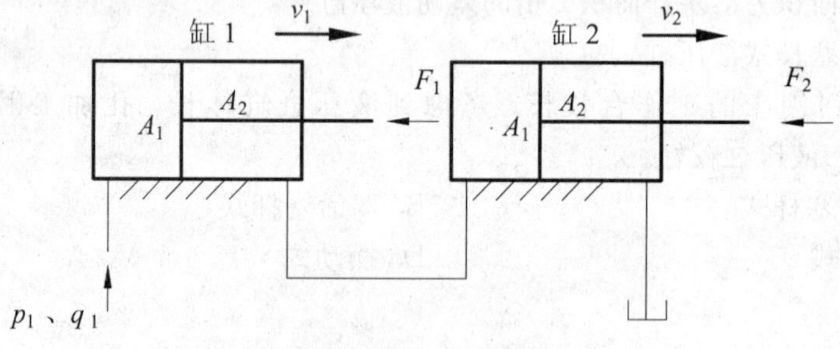

图 4.15　液压缸串联

第5章 液压控制阀

教学目标	了解液压阀的分类及各类普通液压阀和插装阀、比例阀、叠加阀的结构特点；熟悉常见液压阀的工作原理和功用；掌握其图形符号画法及应用。

引例

液压阀的分类见表5-1。

表5-1 液压阀的分类

分类		典型结构类型		
方向控制阀	单向阀	 直通式	 板式	 液控式
	换向阀	 手动式	 电磁式	 行程式
		 液动式	 电液动式	 比例式

续表

分类		典型结构类型			
压力控制阀	溢流阀	 直动式	 先导式	 叠加式	 比例式
	减压阀	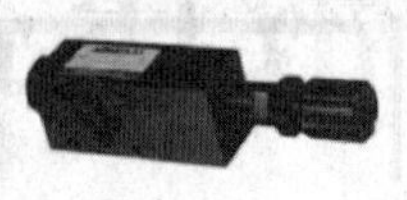 直动叠加式	 先导式	 先导比例式	
	顺手阀	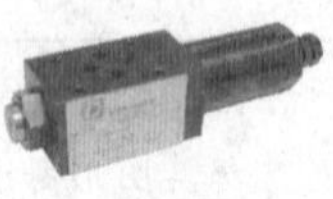 直动式	 先导式	 单向顺序阀	
流量控制阀		 节流阀	 叠加式节流阀	 调速阀	

5.1 方向控制阀

在液压系统中，控制工作液体流动方向的阀称为方向控制阀，简称方向阀。方向控制阀的工作原理是利用阀芯和阀体相对位置的改变，实现油路与油路间的接通或断开，以满足系统对油液流向的控制要求。方向控制阀分为单向阀和换向阀两类。

5.1.1 单向阀

单向阀分为普通单向阀和液控单向阀。

1. 普通单向阀

普通单向阀控制油液只能按某一方向流动，而反向截止，简称单向阀。

单向阀结构如图 5.1 所示，它由阀体 1、阀芯 2、弹簧 3 等零件组成。当压力油从 P_1 进入时，油液推力克服弹簧力，推动阀芯右移，打开阀口，压力油从 P_2 流出；当压力油从反向进入时，油液压力和弹簧力将阀芯压紧在阀座上，阀口关闭，油液不能通过。

图 5.1(a)所示为管式连接，图 5.1(b)所示为板式连接，图 5.1(c)所示为单向阀的图形符号。

为了保证单向阀工作灵敏、可靠，单向阀的弹簧应较软，其开启压力一般为0.035～0.1MPa。若将弹簧换为硬弹簧，则可将其作为背压阀用，背压力一般为0.2～0.6MPa。

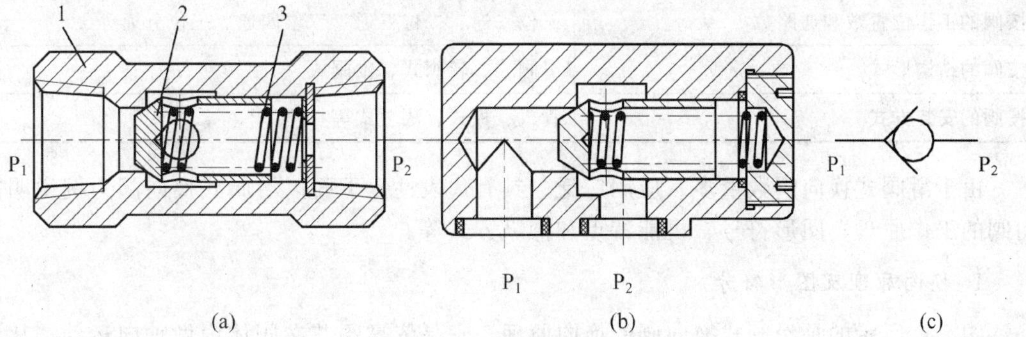

图 5.1　单向阀

1—阀体；2—阀芯；3—弹簧

2. 液控单向阀

图 5.2(a)所示为液控单向阀的结构。当控制油口 K 不通压力油时，油液只可以从 P_1 进入，P_2 流出，此时阀的作用与单向阀相同；当控制口 K 通以压力油时，推动活塞 1 并通过顶杆 2 使阀芯 3 右移，阀即保持开启状态，液流双向都能自由通过。一般控制油的压力不应低于油路压力的 30%～50%。液控单向阀具有良好的单向密封性，常用于执行元件需要长时间保压、锁紧的情况下，这种阀也称为液压锁。图 5.2(b)所示为液控单向阀的图形符号。

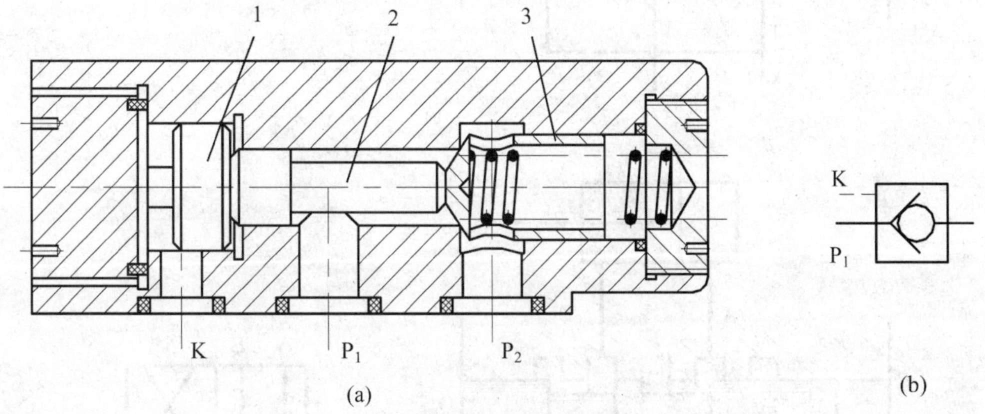

图 5.2　液控单向阀

1—控制活塞；2—顶杆；3—阀芯

5.1.2　换向阀

换向阀的作用是利用阀芯位置的变动，改变阀体上各油口的通断状态，从而控制油路连通、断开或改变液流方向。

换向阀的用途十分广泛，种类也很多，其分类见表 5-2。

表 5-2　换向阀的分类

分类方式	类型
按阀的操纵方式	手动、机动、电动、液动、电液动
按阀的工作位置数和通路数	二位二通、二位三通、三位四通、三位五通等
按阀的结构形式	滑阀式、转阀式、锥阀式
按阀的安装方式	管式、板式、法兰式等

由于滑阀式换向阀数量多、应用广泛、具有代表性，下面以滑阀式换向阀为例说明换向阀的工作原理、图形符号、机能特点和操纵方式等。

1. 换向原理及图形符号

图 5.3 所示的是滑阀式换向阀的换向原理，它是依靠阀芯在阀体内做轴向运动，从而使相应的油路接通或断开的换向阀。

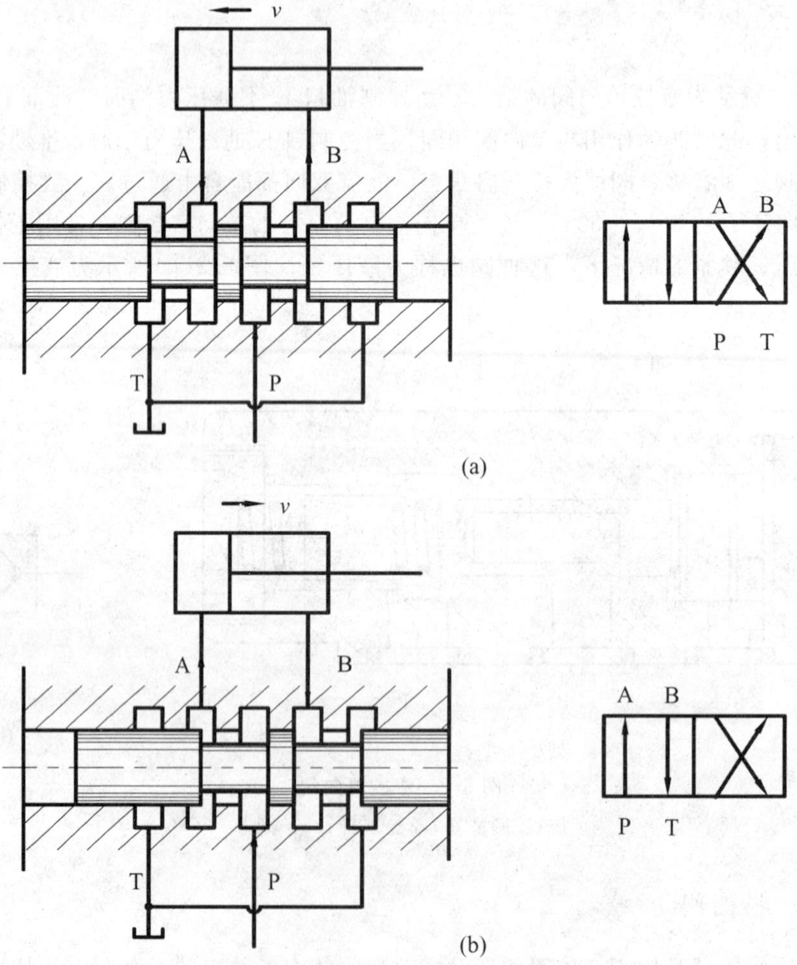

图 5.3　滑阀式换向阀的换向原理

滑阀是一个具有多个环形槽的圆柱体(图示阀芯有 3 个台肩)，而阀体孔内有若干个沉割槽(图示阀体为 5 槽)。每条沉割槽都通过相应的孔道与外部相通，其中 P 为进油口，T 为回油口，而 A 和 B 则通液压缸两腔。

当阀芯处于图 5.3(a)位置时，P 与 B、A 与 T 相通，活塞向左运动；当阀芯向右移至图 5.3(b)位置时，P 与 A、B 与 T 相通，活塞向右运动。图中右侧用简化了的图形符号清晰地表明了以上所述的通断情况。

表 5－3 列出了几种常用的滑阀式换向阀的结构原理图及其图形符号。图形符号表示的含义如下所述。

(1) 用方框表示阀的工作位置，方框数即“位”数。

(2) 箭头表示两油口连通，并不表示流向；“⊥”或“⊤”表示此油口不通流。

(3) 在一个方框内，箭头或“⊥”符号与方框的交点数为油口的通路数，即“通”数。

(4) P 表示压力油的进口，T 表示与油箱连通的回油口，A 和 B 表示连接其他工作油路的油口。

(5) 三位阀的中位及二位阀侧面画有弹簧的那一方框为常态位。在液压原理图中，换向阀的油路连接一般应画在常态位上。二位二通阀有常开型(常态位置两油口连通)和常闭型(常态位置两油口不连通)。

一个换向阀完整的图形符号还应表示出操纵方式、复位方式和定位方式等。

表 5－3　滑阀式换向阀的结构原理图及其图形符号

名称	结构原理图	图形符号
二位二通	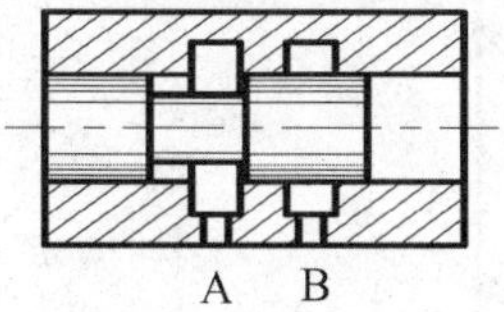	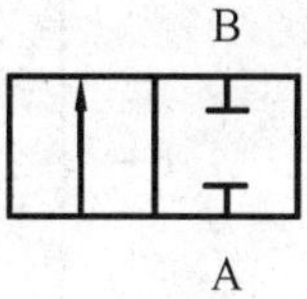
二位三通	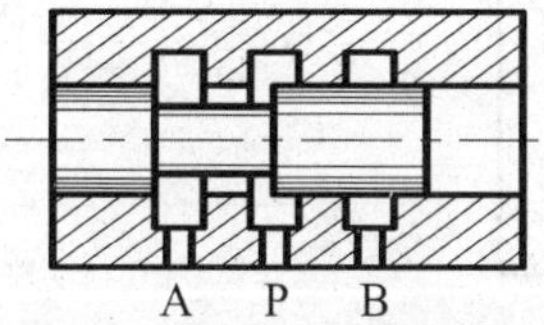	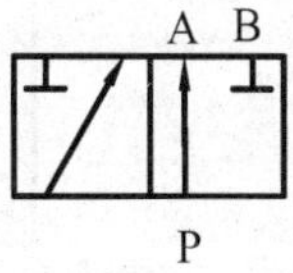
二位四通	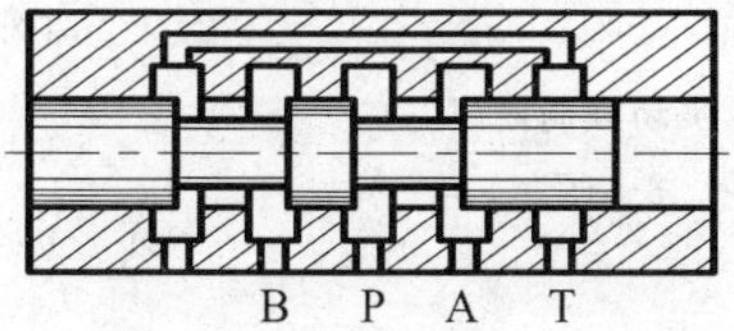	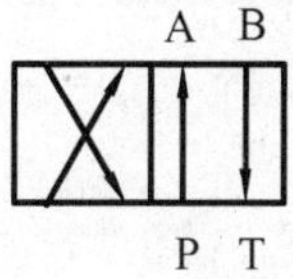
三位四通	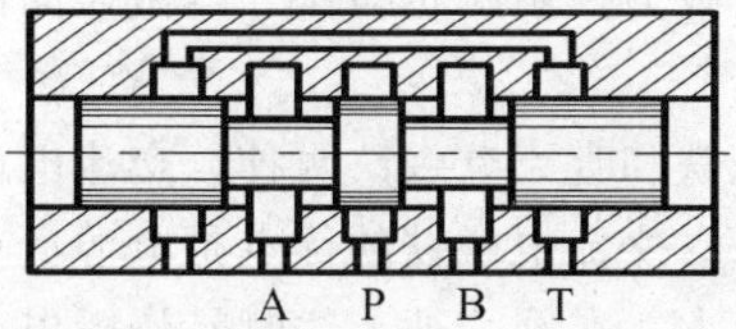	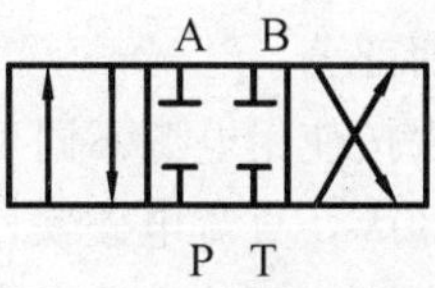

2. 换向阀的操纵方式

换向阀的操纵方式有机动换向、电磁换向、液动换向、电液动换向、手动换向等。

1) 机动换向阀

机动换向阀又称行程换向阀，它依靠安装在运动部件上的挡块或凸轮，推动阀芯移动，实现换向。

图 5.4(a)所示为二位二通机动换向阀。在图示位置(常态位)，阀芯 3 在弹簧 4 作用下处于上位，P 与 A 不相通；当运动部件上的行程挡铁 1 压住滚轮 2 使阀芯移至下位时，P 与 A 相通。

机动换向阀结构简单，换向时阀口逐渐关闭或打开，故换向平稳、可靠、位置精度高。但它必须安装在运动部件附近，一般油管较长。常用于控制运动部件的行程，或快、慢速度的转换。图 5.4(b)所示为二位二通机动换向阀的图形符号。

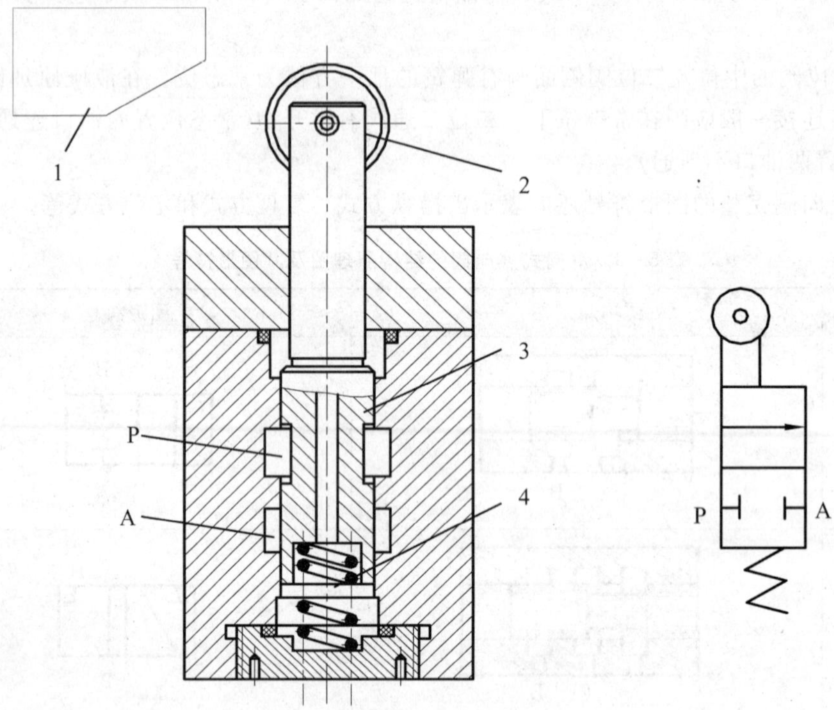

图 5.4　机动换向阀

1—挡铁；2—滚轮；3—阀芯；4—弹簧

2)电磁换向阀

电磁换向阀简称电磁阀，它利用电磁铁吸力控制阀芯动作。电磁换向阀包括换向滑阀和电磁铁两部分。

电磁铁按使用电源不同可分为交流电磁铁和直流电磁铁两种。交流电磁铁使用电压为 220V 或 380V，直流电磁铁使用电压为 24V。交流电磁铁的优点是电源简单方便，电磁吸力大，换向迅速；缺点是噪声大，起动电流大，在阀芯被卡住时易烧毁电磁铁线圈。直流电磁铁工作可靠，换向冲击小，噪声小，但需要有直流电源。电磁铁按衔铁是否浸在油里，又分为干式和湿式两种。干式电磁铁不允许油液进入电磁铁内部，因此推动阀芯的推杆处要有可靠的密封。湿式电磁铁可以浸在油液中工作，所以电磁阀的相对运动件之间就不需要密封装置，这就减小了阀芯运动的阻力，提高了滑阀换向的可靠性。湿式电磁铁性能好，但价格较高。

图 5.5(a)所示为二位三通电磁换向阀，采用干式交流电磁铁。图示位置为电磁铁不通电状态，即常态位，此时 P 与 A 相通，B 封闭；当电磁铁通电时，衔铁 1 右移，通过推杆 2 使阀芯 3 推压弹簧 4，并移至右端，P 与 B 接通，而 A 封闭。图 5.5(b)所示为二位三通电磁换向阀的图形符号。

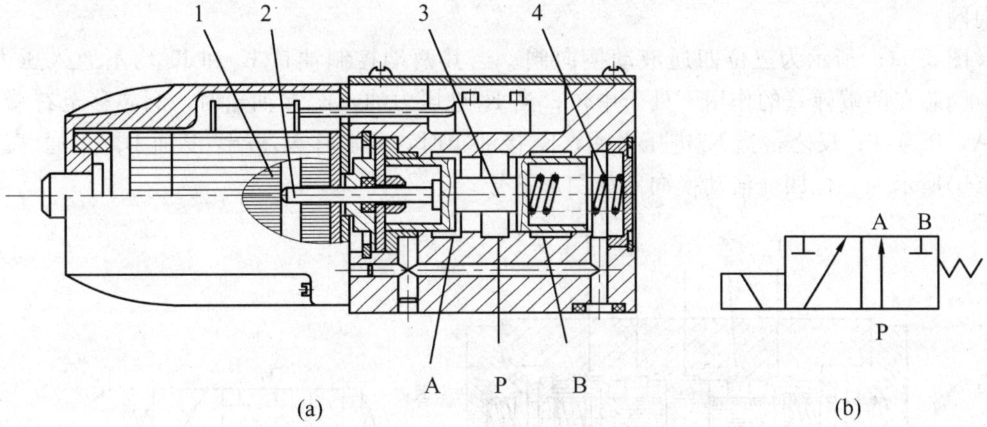

图 5.5 二位三通电磁换向阀

1—衔铁；2—推杆；3—阀芯；4—弹簧

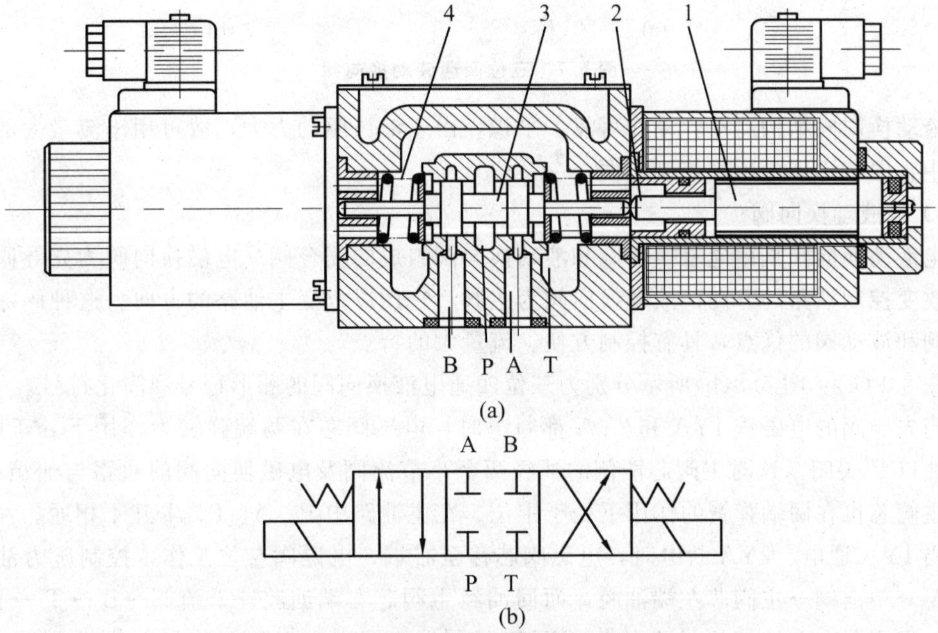

图 5.6 三位四通电磁换向阀

1—衔铁；2—推杆；3—阀芯；4—弹簧

图 5.6(a)所示为三位四通电磁换向阀，采用湿式直流电磁铁。阀两端有两根对中弹簧4，使阀芯在常态时(两端电磁铁均断电时)处于中位，P、A、B、T 互不相通；当右端电磁铁通电时，右衔铁 1 通过推杆 2 将阀芯 3 推至左端，控制油口 P 与 B 相通，A 与 T 相通；当左端电磁铁通电时，其阀芯移至右端，油口 P 通 A、B 通 T。图 5.6(b)所示为三位四通电磁换向阀的图形符号。

电磁阀操纵方便，布置灵活，易于实现动作转换的自动化。但因电磁铁吸力有限，所以电磁阀只适用于流量不大的场合。

3) 液动换向阀

液动换向阀利用控制油路的压力油推动阀芯实现换向，因此它可以制造成流量较大的换向阀。

图 5.7(a)所示为三位四通液动换向阀。当其两端控制油口 K_1 和 K_2 均不通入压力油时，阀芯在两端弹簧的作用下处于中位；当 K_1 进压力油，K_2 接油箱时，阀芯移至右端，P 通 A，B 通 T；反之，当 K_2 进压力油，K_1 接油箱时，阀芯移至左端，P 通 B，A 通 T。图 5.7(b)所示为三位四通液动换向阀的图形符号。

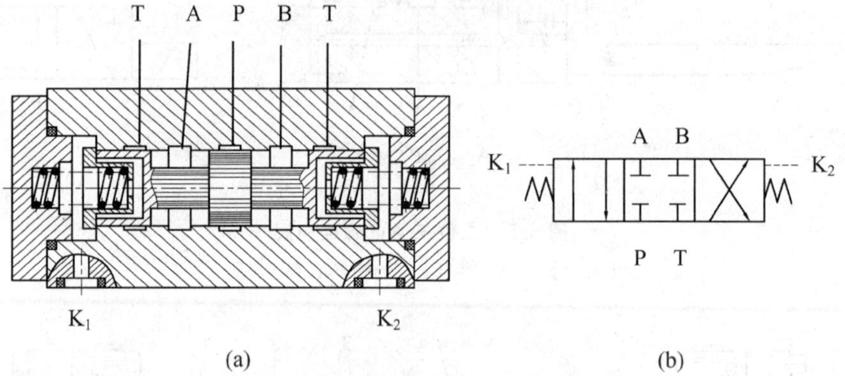

图 5.7　三位四通液动换向阀

液动换向阀结构简单、动作可靠、平稳，由于液压驱动力大，故可用于流量大的液压系统中，但它不如电磁阀控制方便。

4) 电液动换向阀

电液动换向阀是由电磁换向阀和液动换向阀组成的复合阀。电磁换向阀为先导阀，它用以改变控制油路的方向；液动换向阀为主阀，它用以改变主油路的方向。这种阀综合了电磁阀和液动阀的优点，具有控制方便、流量大的特点。

图 5.8(a)、图 5.8(b)所示分别为三位四通电液换向阀的图形符号和简化符号。

当先导阀的电磁铁 1YA 和 2YA 都断电时，电磁阀芯在两端弹簧力作用下处于中位，控制油口 P′关闭。这时主阀芯两侧的油经两个小节流阀及电磁换向阀的通路与油箱相通，因而主阀芯也在两端弹簧的作用下处于中位。在主油路中 P、A、B、T 互不相通。

当 1YA 通电、2YA 断电时，电磁阀芯移至右端，电磁阀左位工作，控制压力油经过 P′→A′→单向阀→主阀芯左端油腔，而回油经主阀芯右端油腔→节流阀→B′→T′→油箱。于是，主阀芯在左端液压推力的作用下移至右端，即主阀左位工作，主油路 P 通 A，B 通 T。

同理，当2YA通电、1YA断电时，电磁阀处于右位，控制主阀芯右位工作，主油路P通B，A通T。液动换向阀的换向速度可由两端节流阀调整，因而可使换向平稳，无冲击。

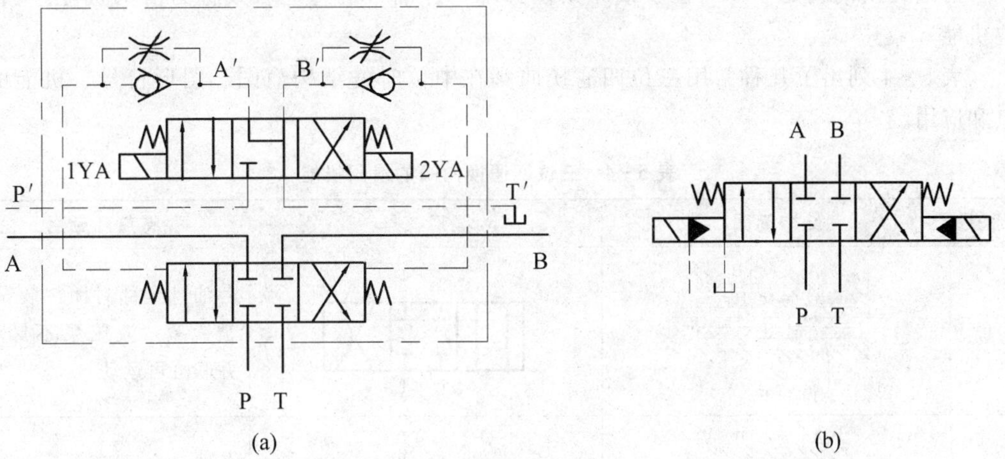

图 5.8　三位四通电液动换向阀

5)手动换向阀

手动换向阀是用手动杠杆操纵阀芯换位的换向阀。它有自动复位式和钢球定位式两种。

图 5.9(a)所示为自动复位式换向阀，可用手操作使换向阀左位或右位工作，但当操纵力取消后，阀芯便在弹簧力作用下自动恢复至中位，停止工作。因而适用于换向动作频繁，工作持续时间短的场合。

图 5.9(b)所示为钢球定位式换向阀，其阀芯端部的钢球定位装置可使阀芯分别停止在左、中、右3个位置上，当松开手柄后，阀仍保持在所需的工作位置上，因而可用于工作持续时间较长的场合。

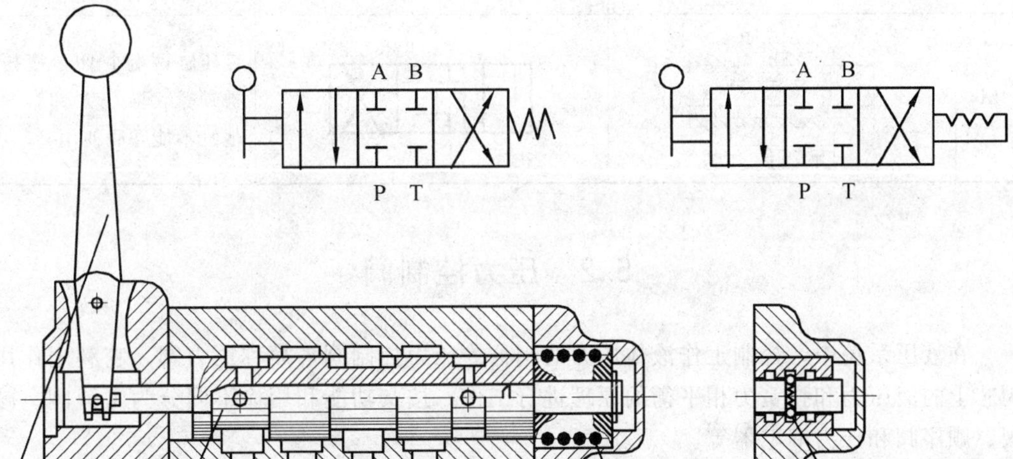

图 5.9　手动换向阀

1—手柄；2—阀芯；3—弹簧；4—钢球

3. 滑阀机能

滑阀式换向阀处于中间位置或原始位置时，各油口的连通方式称为滑阀机能(又称中位机能)。

表 5－4 列出了几种常用三位四通换向阀在中位时的结构简图、图形符号、机能的特点和应用。

表 5－4　三位四通换向阀的滑阀机能

形式	结构简图	图形符号	特点及应用
O	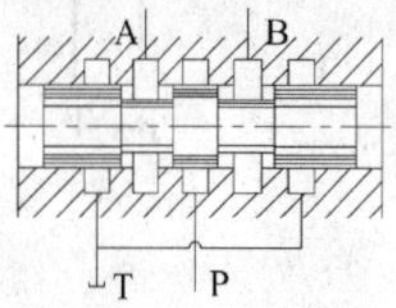	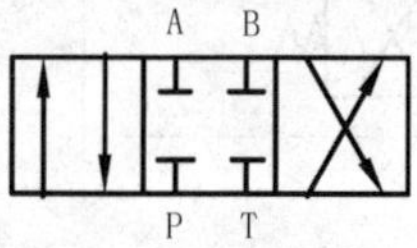	各油口全部封闭，液压缸被锁紧，液压泵不卸荷，并联缸可运动
H	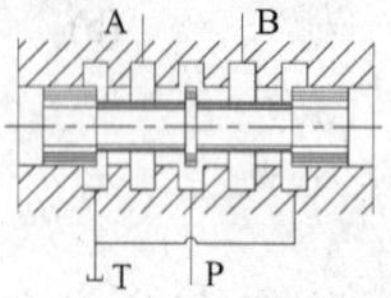	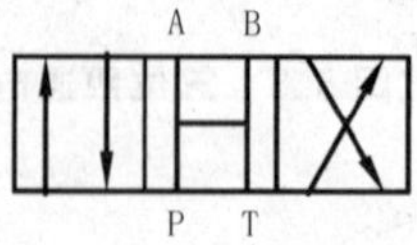	各油口全部连通，液压缸浮动，液压泵卸荷，其他缸不能并联使用
Y	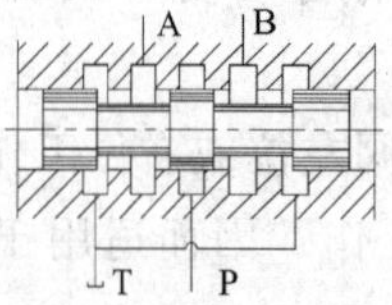	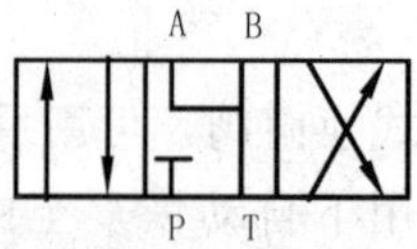	液压缸两腔通油箱，液压缸浮动，液压泵不卸荷，并联缸可运动
P	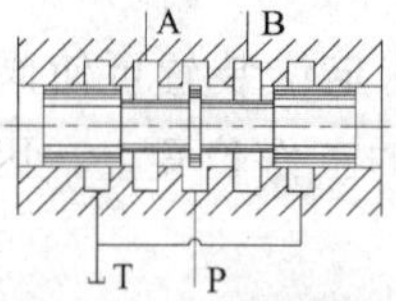	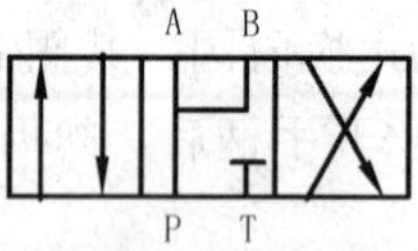	压力油口与液压缸两腔连通，回油口封闭，液压泵不卸荷，并联缸可运动，单杆活塞缸实现差动连接
M	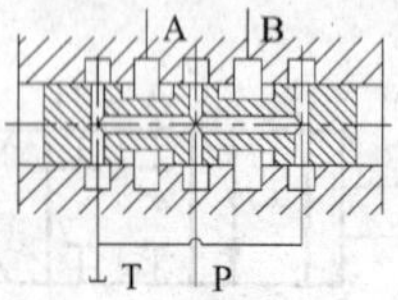	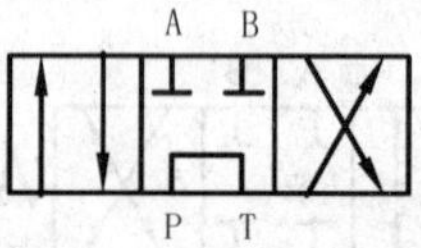	液压缸两腔封闭，液压缸被锁紧，液压泵卸荷，其他缸不能并联使用

5.2　压力控制阀

在液压系统中，控制工作液体压力的阀称为压力控制阀，简称压力阀。它利用作用于阀芯上的液压力和弹簧力相平衡的原理进行工作。按其功能和用途不同分为溢流阀、减压阀、顺序阀和压力继电器等。

5.2.1　溢流阀

1. 溢流阀的功用和分类

溢流阀在液压系统中的功用主要有两个方面：一是起溢流稳压作用，保持液压系统的压力恒定；二是起限压保护作用，防止液压系统过载。溢流阀通常接在液压泵出口处的油路上。

根据结构和工作原理不同，溢流阀可分为直动式溢流阀和先导式溢流阀两类。

2. 溢流阀的结构和工作原理

1）直动式溢流阀

直动式溢流阀是依靠系统中的压力油直接作用在阀芯上而与弹簧力相平衡，以控制阀芯的启闭动作的溢流阀。

图 5.10(a)所示为直动式溢流阀的结构简图，图 5.10(b)所示为工作原理图。由图可知，P 为进油口，T 为回油口。进油口 P 的压力油经阀芯 3 上的阻尼孔 a 通入阀芯底部，阀芯的下端面便受到压力为 p 的油液的作用，作用面积为 A，压力油作用于该端面上的力为 pA，调压弹簧 2 作用在阀芯上的预紧力为 F_s。

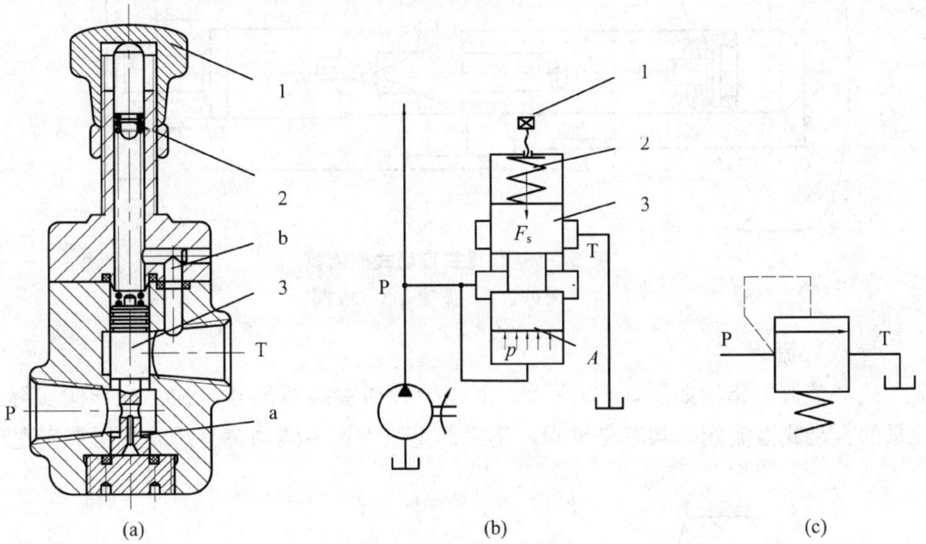

图 5.10　直动式溢流阀

1—调压螺母；2—弹簧；3—阀芯

当进油压力较小，即 $pA<F_s$时，阀芯处于下端(图示)位置，关闭回油口 T，P 与 T 不通，不溢流，即为常闭状态。

随着进油压力升高，当 $pA>F_s$时，阀芯上移，弹簧被压缩，打开回油口 T，P 与 T 接通，溢流阀开始溢流。

当溢流阀稳定工作时，若不考虑阀芯的自重、摩擦力和液动力的影响，则溢流阀进口压力为

$$p=\frac{F_s}{A}$$

由于 F_s变化不大，故可以认为溢流阀进口处的压力 p 基本保持恒定，这时溢流阀起定压溢流作用。

调压螺母 1 可以改变弹簧的预压缩量，从而调定溢流阀的工作压力 p。通道 b 使弹簧腔与回油口沟通，以排掉泄入弹簧腔的油液，此泄油方式为内泄式。阀芯上阻尼孔 a 的作

用是减小油压的脉动，提高阀工作的平稳性。

图 5.10(c)所示为直动式溢流阀的图形符号。

直动式溢流阀结构简单，制造容易，成本低。但油液压力直接靠弹簧力平衡，所以压力稳定性较差，动作时有振动和噪声。此外，系统压力较高时，要求弹簧刚度大，使阀的开启性能变坏，所以直动式溢流阀只用于低压液压系统，或作为先导阀使用，其最大调整压力为 2.5MPa。

图 5.11 所示为锥阀芯直动式溢流阀，常作为先导式溢流阀的先导阀使用。

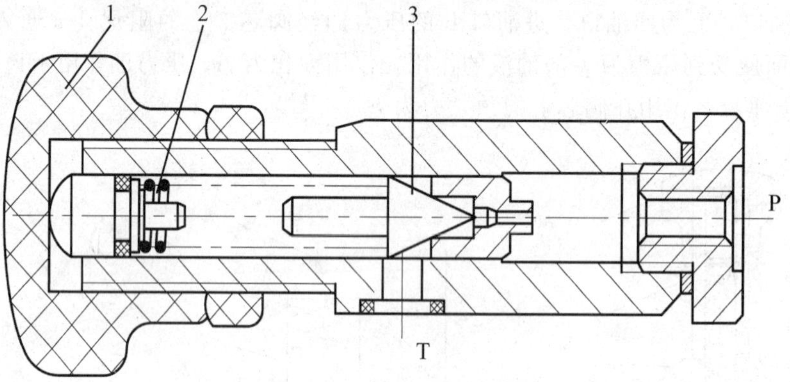

图 5.11 锥阀芯直动式溢流阀

1—螺母；2—弹簧；3—锥阀

2)先导式溢流阀

先导式溢流阀的结构如图 5.12 所示，由先导阀和主阀两部分组成。先导阀实际上是一个小流量的直动式溢流阀，阀芯是锥阀，用来调定压力；主阀阀芯是滑阀，用来实现溢流。

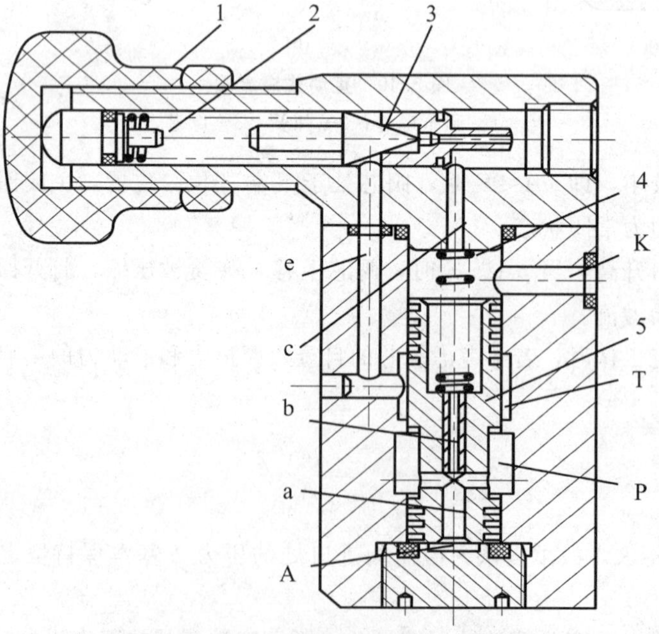

图 5.12 先导式溢流阀的结构

1—调节螺母；2—调压弹簧；3—锥阀；4—主阀弹簧；5—主阀芯

先导式溢流阀的工作原理如图 5.13(a)所示，它利用主阀芯两端压差作用力与弹簧力平衡的原理来进行压力控制。

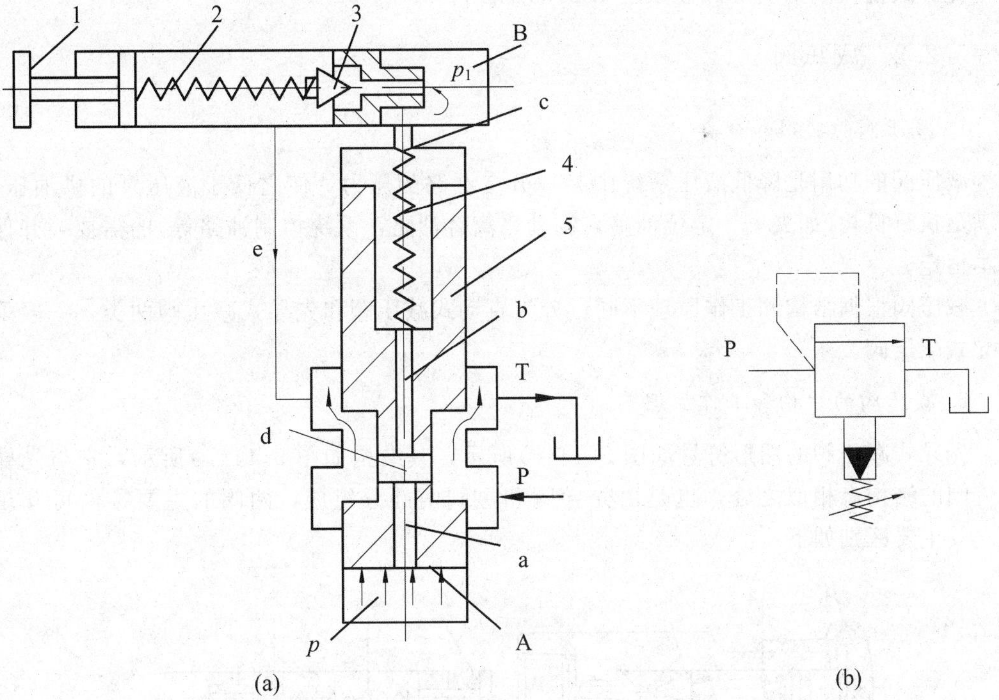

图 5.13　先导式溢流阀的工作原理图

1—调节螺母；2—调压弹簧；3—锥阀；4—主阀弹簧；5—主阀芯

压力油经进油口 P、通道 a 进入主阀芯 5 底部油腔 A，并经节流小孔 b 进入上部油腔，再经通道 c 进入先导阀右侧油腔 B 给锥阀 3 以向左的作用力，调压弹簧 2 给锥阀以向右的弹簧力。

当油液压力 p 较小时，作用于锥阀上的液压作用力小于弹簧力，先导阀关闭。此时，没有油液流过节流小孔 b，油腔 A、B 的压力相同，在主阀弹簧 4 的作用下，主阀芯处于最下端位置，回油口 T 关闭，没有溢流。

当油液压力 p 增大，使作用于锥阀上的液压作用力大于弹簧 2 的弹簧力时，先导阀开启，油液经通道 e、回油口 T 流回油箱。这时，压力油流经节流小孔 b 时产生压力降，使 B 腔油液压力 p_1 小于油腔 A 中油液压力 p，当此压力差($\Delta p = p - p_1$)产生的向上作用力超过主阀弹簧 4 的弹簧力并克服主阀芯自重和摩擦力时，主阀芯向上移动，进油口 P 和回油口 T 接通，溢流阀溢流。

当溢流阀稳定工作时，溢流阀进口处的压力为

$$p = p_1 + \frac{F_s}{A}$$

由于主阀芯上腔有 p_1 存在，且它由先导阀弹簧调定，基本为定值；同时主阀芯上可用刚度较小的弹簧，且 F_s 的变化也较小，所以压力 p 在阀的溢流量变化时变动仍较小。因此，先导式溢流阀克服了直动式溢流阀的缺点，具有压力稳定、波动小的特点，主要用于中、高压液压系统。中压先导式溢流阀的最大调整压力为 6.3MPa。

先导式溢流阀设有远程控制口 K，可以实现远程调压(与远程调压阀接通)或卸荷(与油箱接通)，不用时封闭。

先导式溢流阀的图形符号如图 5.13(b)所示。

5.2.2 减压阀

1. 减压阀的功用和分类

减压阀的功用是降低液压系统中某一分支油路的压力，使之低于液压泵的供油压力，以满足执行机构(如夹紧、定位油路，制动、离合油路，系统控制油路等)的需要，并保持基本恒定。

减压阀根据结构和工作原理不同，分为直动式减压阀和先导式减压阀两类，一般采用先导式减压阀。

2. 减压阀的结构和工作原理

先导式减压阀的图形符号如图 5.14(a)所示，其结构如图 5.14(b)所示，它与先导式溢流阀的结构有相似之处，也是由先导阀和主阀两部分组成，两阀的主要零件可互相通用。其主要区别如下。

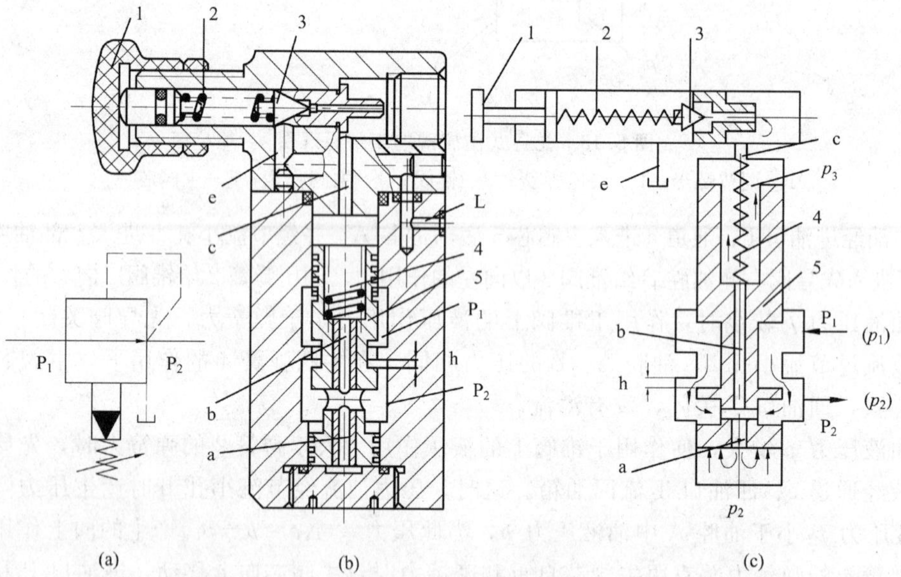

图 5.14 先导式减压阀

1—调节螺母；2—调压弹簧；3—锥阀；4—主阀弹簧；5—主阀芯

(1)减压阀的进、出油口位置与溢流阀相反，减压阀的先导阀控制出口油液压力，而溢流阀的先导阀控制进口油液压力。

(2) 由于减压阀的进、出口油液均有压力，所以其先导阀的泄油不能像溢流阀一样流入回油口，而必须设有单独的泄油口。

(3) 减压阀主阀芯在结构中间多一个凸肩(即三节杆)，在正常情况下，减压阀阀口开得很大(常开)，而溢流阀阀口则关闭(常闭)。

先导式减压阀的工作原理如图 5.14(c)所示，它主要利用油液通过缝隙时的液阻降压。说明如下。

液压系统主油路的高压油液 p_1 从进油口 P_1 进入减压阀，经节流缝隙 h 减压后的低压油液 p_2 从出油口 P_2 输出，经分支油路送往执行机构。同时低压油液 p_2 经通道 a 进入主阀芯 5 下端油腔，又经节流小孔 b 进入主阀芯上端油腔，且经通道 c 进入先导阀锥阀 3 右端油腔，给锥阀一个向左的液压力。该液压力与调压弹簧 2 的弹簧力相平衡，从而控制低压油 p_2 基本保持调定压力。

当出油口的低压油 p_2 低于调定压力时，锥阀关闭，主阀芯上端油腔油液压力 $p_2=p_3$，主阀弹簧 4 的弹簧力克服摩擦阻力将主阀芯推向下端，节流口 h 增至最大，减压阀处于不工作状态，即常开状态。

当分支油路负载增大时，p_2 升高，p_3 随之升高，在 p_3 超过调定压力时，锥阀打开，少量油液经锥阀口、通道 e，由泄油口 L 流回油箱。由于这时有油液流过节流小孔 b，使 $p_3<p_2$，产生压力降 $\Delta p=p_2-p_3$。

当压力差 Δp 产生的向上的作用力大于主阀芯重力、摩擦力、主阀弹簧的弹簧力之和时，主阀芯向上移动，使节流口 h 减小，节流加剧，p_2 随之下降，直到作用在主阀芯上的各作用力相平衡，主阀芯便处于新的平衡位置。此时，主阀芯受力平衡方程为

$$p_2A=p_3A+F_s$$

出口压力为

$$p_2=p_3+\frac{F_s}{A}\approx \text{恒定值}$$

中压先导式减压阀最大调整压力为 6.3MPa。

5.2.3　顺序阀

1. 顺序阀的功用和分类

顺序阀是利用油路中压力的变化控制阀口启闭，以控制液压系统各执行元件先后顺序动作的压力控制阀。

根据结构、工作原理和功用的不同，顺序阀可分为直动式顺序阀、先导式顺序阀、液控顺序阀、单向顺序阀等类型。

2. 顺序阀的结构和工作原理

1）直动式顺序阀

图 5.15(a)所示为直动式顺序阀，其结构和工作原理都和直动式溢流阀相似。压力油自进油口 P_1 进入阀体，经阀芯中间小孔流入阀芯底部油腔，对阀芯产生一个向上的液压作用力。

当油液的压力较低时，液压作用力小于阀芯上部的弹簧力，在弹簧力作用下，阀芯处于下端位置，P_1 和 P_2 两油口被隔断，即处于常闭状态。

当油液的压力升高到作用于阀芯底部的液压作用力大于调定的弹簧力时，在液压作用力的作用下，阀芯上移，进油口 P_1 与出油口 P_2 相通，压力油液自 P_2 口流出，可控制另一执行元件动作。

图 5.15(b)为直动式顺序阀的图形符号，其最大调定压力为 2.5MPa。

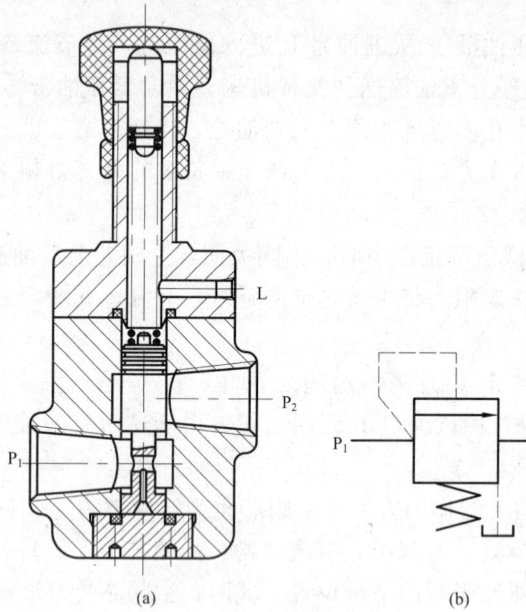

图 5.15 直动式顺序阀

2)先导式顺序阀

图 5.16(a)为先导式顺序阀的结构简图，图 5.16(b)为先导式顺序阀的图形符号，其结构和工作原理与先导式溢流阀相似。

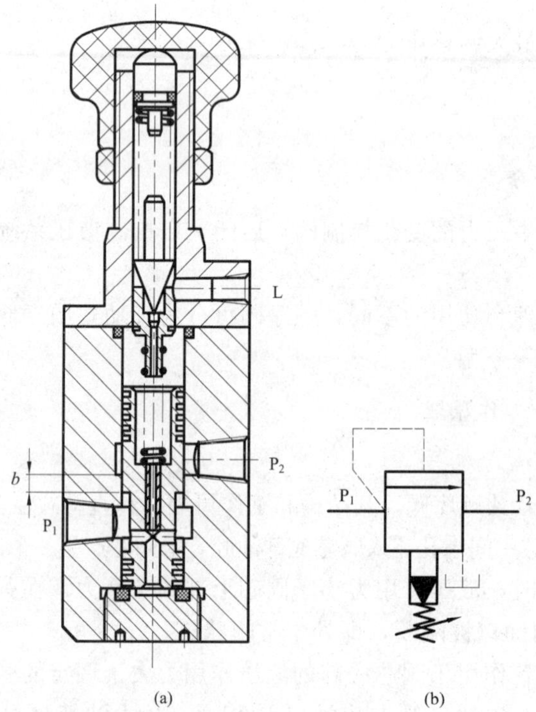

图 5.16 先导式顺序阀

顺序阀与溢流阀的主要区别如下。

(1) 溢流阀出油口连通油箱；顺序阀的出油口通常连接另一工作油路，因此顺序阀的进、出口处的油液都是压力油。

(2) 溢流阀打开时，进油口的油液压力基本上保持在调定压力值；顺序阀打开后，进油口的油液压力可以继续升高。

(3) 由于溢流阀出油口连通油箱，其内部泄油可通过回油口流回油箱；而顺序阀出油口油液为压力油，且通往另一工作油路，所以顺序阀的内部要有单独设置的泄油口 L。

(4) 顺序阀关闭时要有良好的密封性能，因此阀芯和阀体间的封油长度 b 较溢流阀长。

3) 液控顺序阀

图 5.17(a)为液控顺序阀的结构，它与直动式顺序阀的主要差异在于阀芯底部有一个控制油口 K。当 K 口输入的控制压力油产生的液压作用力大于阀芯上端调定的弹簧力时，阀芯上移，阀口打开，P_1 与 P_2 相通，压力油液自 P_2 口流出，控制另一执行元件动作。此阀阀口的开启闭合与阀的主油路进油口压力无关，而只取决于控制口 K 引入油液的控制压力。

图 5.17(b)为液控顺序阀的图形符号。

图 5.17(c)为液控顺序阀作为卸荷阀使用时的图形符号，此时，液控顺序阀的端盖转过一定角度，使泄油孔处的小孔 a 与阀体上接通出油口 P_2 的小孔连通，并使顺序阀的出油口与油箱连通。当阀口打开时，进油口 P_1 的压力油可以直接通往油箱，实现卸荷。

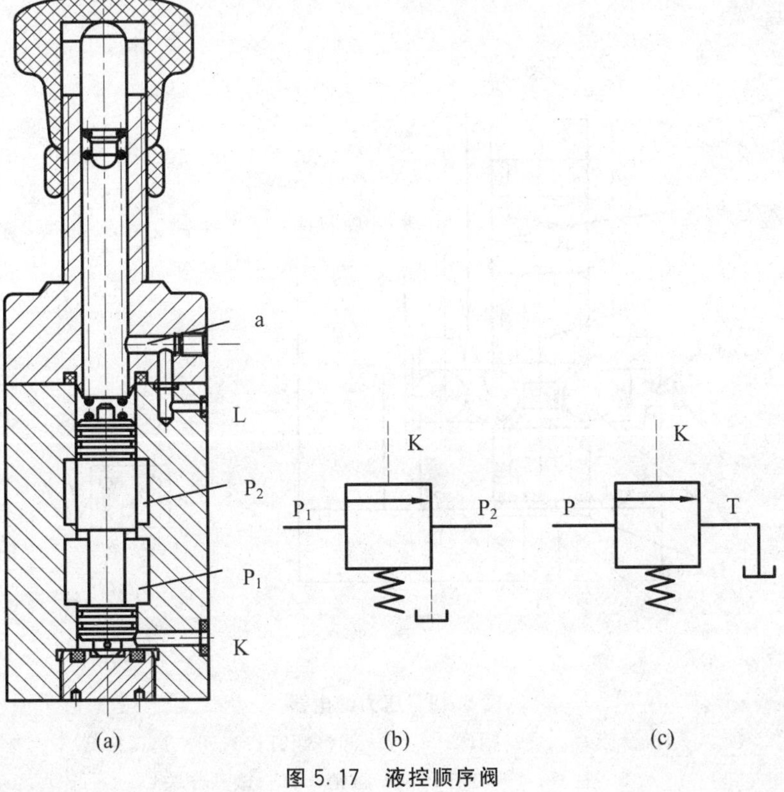

图 5.17　液控顺序阀

4)单向顺序阀

图 5.18 为单向顺序阀的图形符号，它由单向阀和顺序阀并联组合而成。当油液从 P_1

油口进入时，单向阀关闭，顺序阀起控制作用；当油液从 P_2 油口进入时，油液经单向阀从 P_1 口流出。

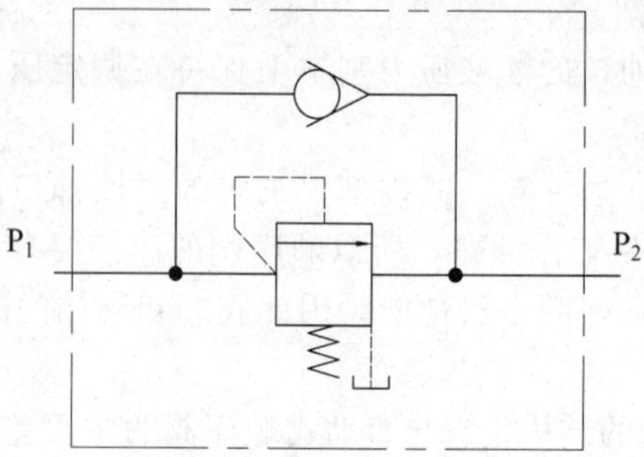

图 5.18　单向顺序阀

5.2.4　压力继电器

压力继电器是将液压信号转换为电信号的转换元件，其作用是根据液压系统的压力变化自动接通或断开有关电路，以实现对系统的程序控制和安全保护功能。

图 5.19(a)所示为压力继电器的原理图。控制油口 K 与液压系统相连通，当油液压力达到调定值(开启压力)时，薄膜 1 在液压作用力作用下向上鼓起，使柱塞 5 上升，钢球 2、8 在柱塞锥面的推动下水平移动，通过杠杆 9 压下微动开关 11 的触销 10，接通电路，从而发出电信号。

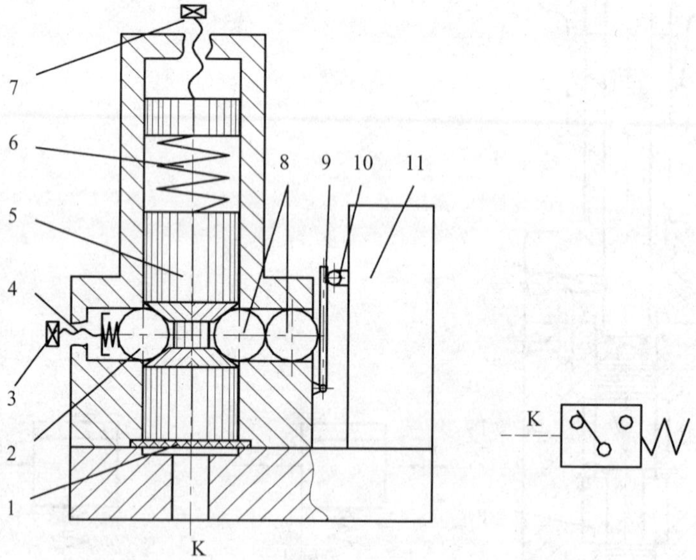

图 5.19　压力继电器

1—薄膜；2、8—钢球；3、7—调整螺钉；4、6—弹簧；

5—柱塞；9—杠杆；10—触销；11—微动开关

当控制油口 K 的压力下降到一定数值(闭合压力)时，弹簧 6 和 4(通过钢球 2)将柱塞压下，这时钢球 8 落入柱塞的锥面槽内，微动开关的触销复位，将杠杆推回，电路断开。

发出信号时的油液压力可通过调整螺钉7和改变弹簧6对柱塞5的压力进行调定。开启压力与闭合压力的差值称为返回区间，其大小可通过调整螺钉3，即调节弹簧4的预压缩量，从而改变柱塞移动时的摩擦阻力，使返回区间可在一定范围内改变。

图5.19(b)所示为压力继电器的图形符号。一般中压系统的调压范围为1.0～6.3MPa，返回区间一般为0.35～0.8MPa。

5.3　流量控制阀

在液压系统中，控制工作液体流量的阀称为流量控制阀，简称流量阀。常用的流量控制阀有节流阀、调速阀等，节流阀是最基本的流量控制阀。流量控制阀通过改变节流口的开口大小调节通过阀口的流量，从而改变执行元件的运动速度。

5.3.1　节流阀

1. 流量控制工作原理

油液流经小孔、狭缝或毛细管时，会产生较大的液阻。通流面积越小，油液受到的液阻越大，通过阀口的流量就越小。所以，改变节流口的通流面积，使液阻发生变化，就可以调节流量的大小，这就是流量控制的工作原理。

实验证明，节流口的流量特性可以用下列通式表示。

$$q = KA\Delta p^m$$

式中：q —— 通过节流口的流量（m^3/s）；

A —— 节流口的通流面积（m^2）；

Δp —— 节流口前后的压力差（Pa）；

K —— 流量系数；

m —— 取决于孔口形式。

当K、Δp和m一定时，只要改变节流阀通流面积A，就可调节通过节流阀的流量。

图5.20所示的节流阀串联在液压泵与执行元件之间，此时必须在液压泵与节流阀之间并联一溢流阀。调节节流阀，可使进入液压缸的流量改变，由于定量泵供油，多余的油液必须从溢流阀溢出。这样，节流阀才能达到调节液压缸速度的目的。

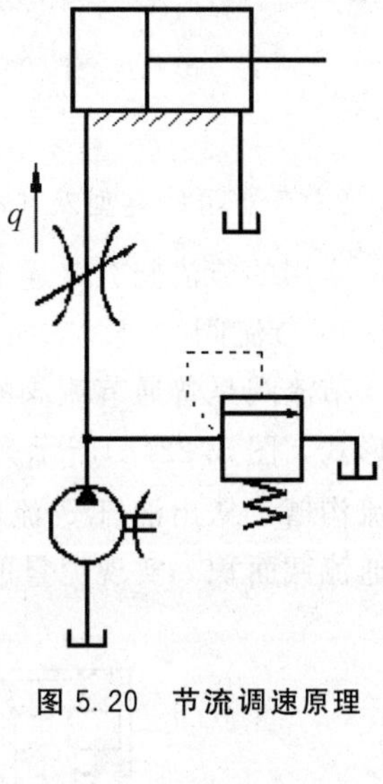

图5.20　节流调速原理

2. 节流口形式

节流阀节流口的形式很多，图5.21所示为常用的几种。

图5.21(a)所示为针阀式节流口，针阀芯做轴向移动时，将改变环形通流截面积的大小，从而调节流量。

图5.21(b)所示为偏心式节流口，在阀芯上开有一个截面为三角形(或矩形)的偏心槽，当转动阀芯时，就可以调节通流截面积的大小从而调节流量。

上述两种形式的节流口结构简单，制造容易，但节流口容易堵塞，流量不稳定，适用于性能要求不高的场合。

图 5.21(c)所示为轴向三角槽式节流口，在阀芯端部开有一个或两个斜的三角沟槽，轴向移动阀芯时，就可以改变三角槽通流截面积的大小，从而调节流量。这是目前应用很广的节流口形式。

图 5.21(d)所示为周向缝隙式节流口，阀芯上开有狭缝，油液可以通过狭缝流入阀芯内孔，然后由左侧孔流出，旋转阀芯就可以改变缝隙的通流截面积。

图 5.21(e)所示为轴向缝隙式节流口，在套筒上开有轴向缝隙，轴向移动阀芯即可改变缝隙的通流面积大小，以调节流量。

上述后 3 种节流口性能较好，尤其是轴向缝隙式节流口，其节流通道厚度可薄到 0.07～0.09mm，可以得到较小的稳定流量。

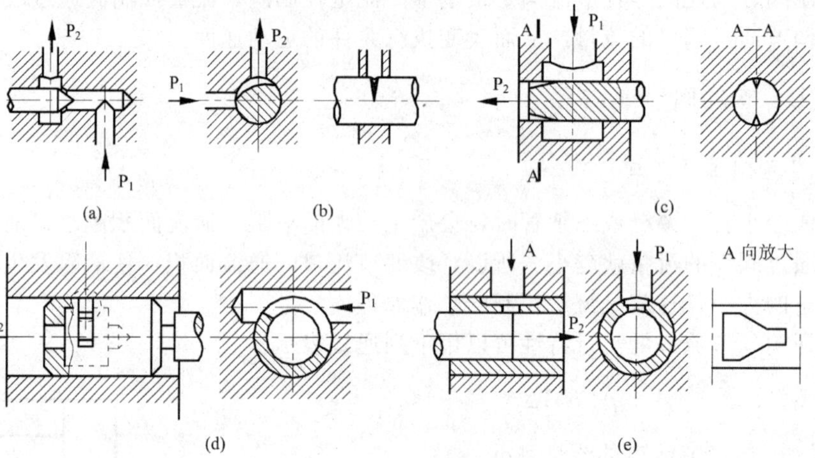

图 5.21　节流口的形式

3. 节流阀的类型及工作原理

常用的节流阀有普通节流阀、单向节流阀和行程节流阀等。

1) 节流阀

节流阀是普通节流阀的简称，图 5.22(a)所示为节流阀结构，其节流口采用轴向三角槽形式，图 5.22(b)所示为节流阀的图形符号。压力油从进油口 P_1 流入，经阀芯 3 左端的节流沟槽，从出油口 P_2 流出。转动手柄 1，通过推杆 2 使阀芯 3 做轴向移动，可改变节流口通流截面积，实现流量的调节。弹簧 4 的作用是使阀芯向右抵紧在推杆上。

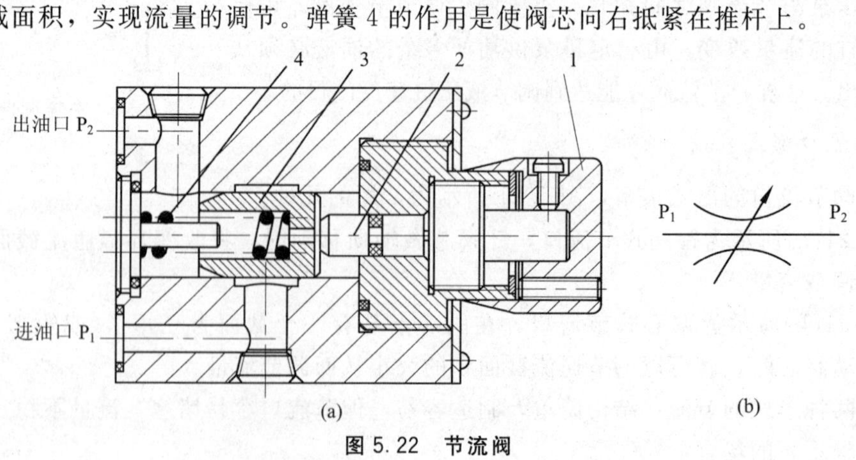

图 5.22　节流阀

1—手柄；2—推杆；3—阀芯；4—弹簧

这种节流阀结构简单，制造容易，体积小，但负载和温度的变化对流量的稳定性影响较大，因此只适用于负载和温度变化不大或执行机构速度稳定性要求较低的液压系统。

2）单向节流阀

图 5.23(a)所示为单向节流阀的结构图。从工作原理来看，单向节流阀是节流阀和单向阀的组合，它在结构上利用一个阀芯同时起节流阀和单向阀的两种作用。当压力油从油口 P_1流入时，油液经阀芯上的轴向三角槽节流口从油口 P_2流出，旋转手柄可改变节流口通流面积的大小从而调节流量。当压力油从油口 P_2流入时，在油压作用力作用下，阀芯下移，压力油从油口 P_1流出，起单向阀作用。

图 5.23(b)所示为单向节流阀的图形符号。

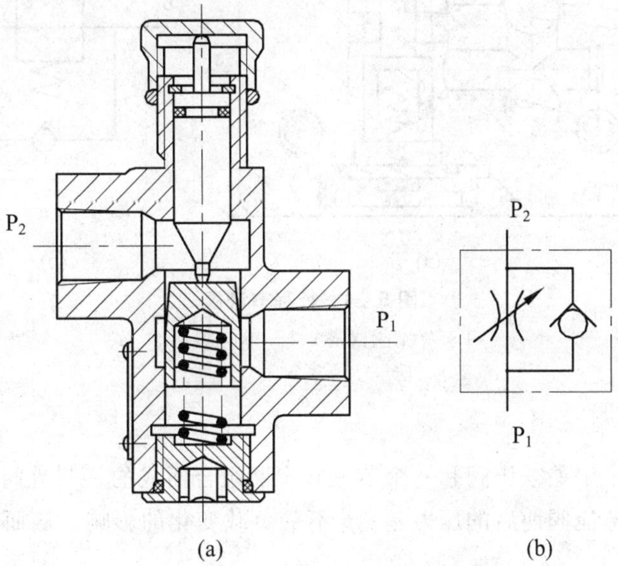

图 5.23 单向节流阀

3)行程节流阀

行程节流阀是滚轮控制的可调节流阀，又称减速阀。其原理是通过行程挡块压下滚轮，使阀芯下移改变节流口通流面积，减小流量而实现减速。

图 5.24(a)所示为一种与单向阀组合的行程节流阀，又称单向行程节流阀，它可以满足以下所述机床液压进给系统的快进、工进、快退工作循环的需要。

(1) 快进时，阀芯 1 未被压下，节流口未起节流作用，压力油从油口 P_1直接流往油口 P_2，执行元件实现快进。

(2) 当行程挡块压在滚轮上，使阀芯下移一定距离，将通道大部分遮断，由阀芯上的三角槽节流口调节流量，实现减速，执行元件慢进，即实现工作进给。

(3) 压力油油液从油口 P_2进入，推开单向阀阀芯 2(钢球)，油液直接由 P_1流出，不经节流口，执行元件实现快退。

图 5.24(b)所示为行程节流阀的图形符号。

由于使用节流阀调节执行元件运动速度时，其速度将随负载和温度的变化而波动。在速度稳定性要求高的场合，则要使用流量稳定性好的调速阀。

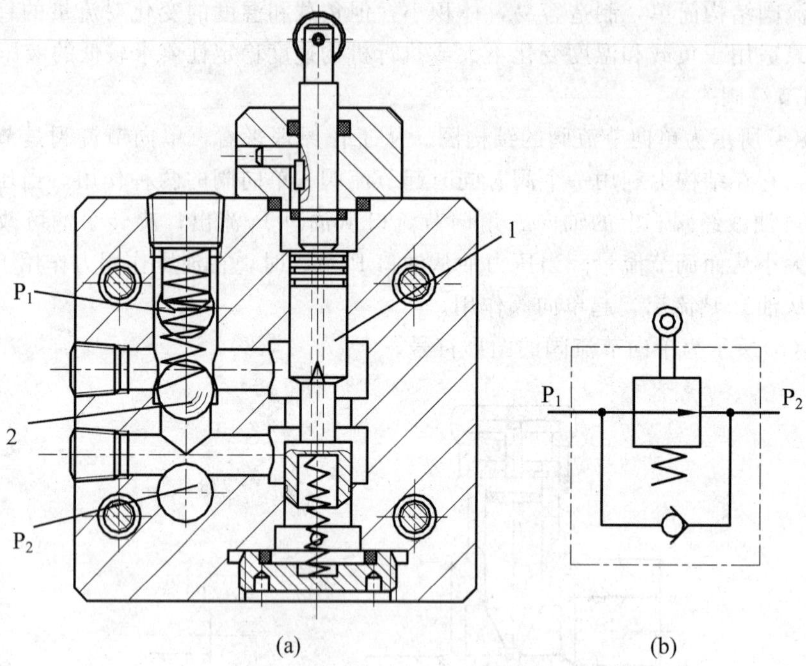

图 5.24　行程节流阀

1—节流阀阀芯；2—单向阀钢球

5.3.2　调速阀

调速阀是由一个定差减压阀和一个节流阀串联组合而成的。节流阀用来调节流量，定差减压阀用来保证节流阀前后的压力差 Δp 不受负载变化的影响，从而使通过节流阀的流量保持稳定。

图 5.25(a)所示为调速阀的工作原理图。图中定差减压阀 1 与节流阀 2 串联。若减压阀进口压力为 p_1，出口压力为 p_2，节流阀出口压力为 p_3，则减压阀 a 腔、b 腔、c 腔的油压分别为 p_1、p_2、p_3。若 a 腔、b 腔、c 腔的有效工作面积分别为 A_1、A_2、A_3，则 $A_3=A_1+A_2$。

图 5.25(b)所示为减压阀阀芯的受力图，受力平衡方程为

$$p_2A_1+p_2A_2=p_3A_3+F_s$$

即

$$\Delta p=p_2-p_3=\frac{F_s}{A_3}\approx 常量$$

因为减压阀阀芯弹簧很软(刚度很低)，当阀芯左右移动时，弹簧作用力 F_s 变化不大，所以节流阀前后的压力差 Δp 基本上不变而为一常量。也就是说当负载变化时，通过调速阀的油液流量基本不变，液压系统执行元件的运动速度保持稳定。

若负载增加，p_3 增大的瞬间，减压阀向左推力增大，使阀芯左移，阀口开大，阀口液阻减小，使 p_2 也增大，其差值($\Delta p=p_2-p_3$)基本保持不变。同理，当负载减小，p_3 减小

时，减压阀阀芯右移，p_2也减小，其差值亦不变。因此调速阀适用于负载变化较大，速度平稳性要求较高的液压系统。

图 5.25(c)所示为调速阀的图形符号。

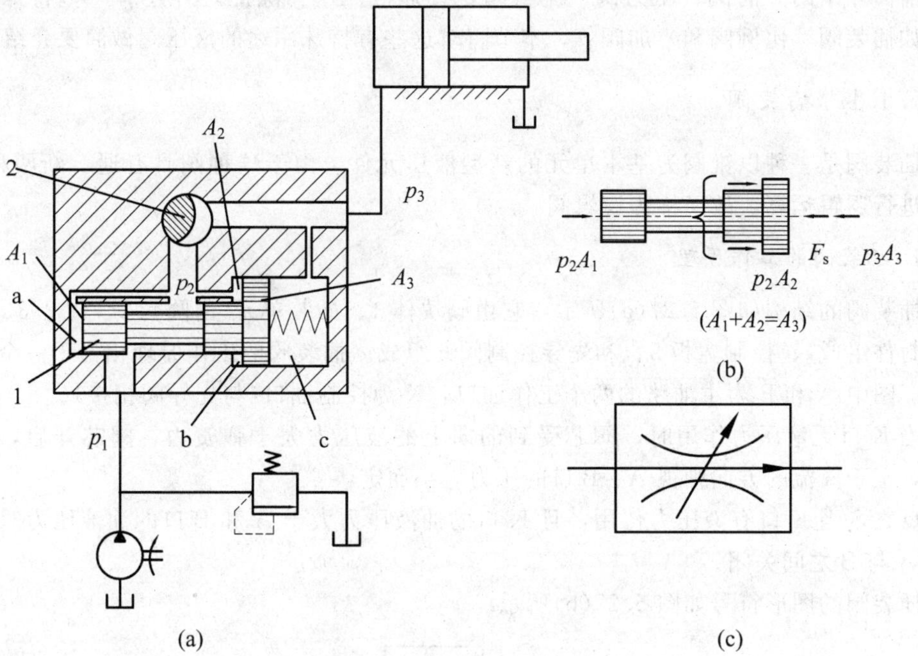

图 5.25　调速阀的工作原理

1—减压阀阀芯；2—节流阀阀芯

调速阀和节流阀的流量特性比较如图 5.26 所示。当调速阀进、出口压差大于一定数值(Δp_{min})后，通过调速阀的流量不随压差的改变而变化。而当其压差小于Δp_{min}时，由于压力差对阀芯产生的作用力不足以克服阀芯上的弹簧力，此时阀芯仍处于左端，阀口完全打开，减压阀不起减压作用，故其特性曲线与节流阀特性曲线重合。因此，欲使调速阀正常工作，就必须保证其有一个最小压差(一般为 0.5MPa)。

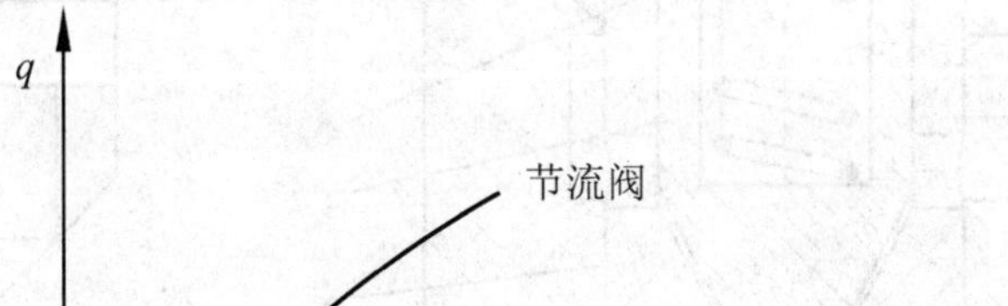

图 5.26　调速阀和节流阀特性比较

5.4 插装阀、比例阀和叠加阀

前面介绍的方向阀、压力阀、流量阀是普通液压阀，除此之外还有一些特殊的液压阀，如插装阀、比例阀和叠加阀等。本节将对这些有特殊用途的液压阀做简要介绍。

5.4.1 插装阀

插装阀是一种以锥阀为基本单元的新型液压元件，由于这种阀具有通、断两种状态，可以进行逻辑运算，故又称为逻辑阀。

1. 插装阀的工作原理

插装阀的结构如图 5.27(a)所示，它由阀块体 1、插装单元(由阀套 2、阀芯 3、弹簧 4 及密封件组成)、控制盖板 5、和先导控制阀 6 组成。插装阀的工作原理相当于一个液控单向阀。图中 A 和 B 为主油路的两个工作油口，K 为控制油口(与先导阀相接)。

当 K 口无液压力作用时，阀芯受到的向上的液压力大于弹簧力，阀芯开启，A 与 B 相通，至于液流的方向则视 A、B 口的压力大小而定。

反之，当 K 口有液压力作用，且 K 口的油液压力大于 A 和 B 口的油液压力时，才能保证 A 与 B 之间关闭。

插装阀的图形符号如图 5.27(b)所示。

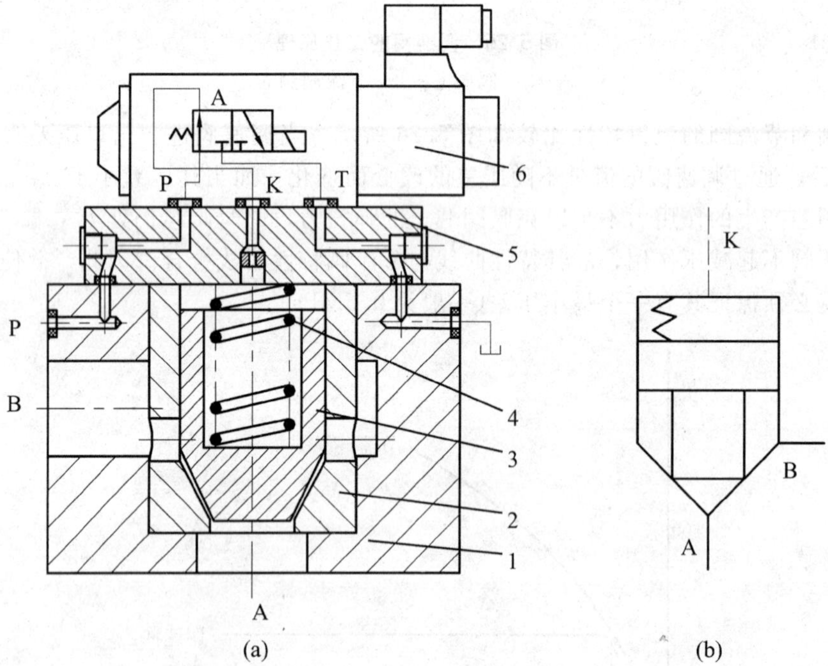

图 5.27 插装阀

1—阀块体；2—阀套；3—阀芯；4—弹簧；5—控制盖板；6—先导控制阀

2. 插装阀的类型

插装阀与各种先导阀组合便可组成方向控制阀、压力控制阀和流量控制阀。

1) 方向控制插装阀

插装阀组成的各种方向控制阀如图 5.28 所示。

图 5.28(a)所示为单向阀，当 $p_A > p_B$ 时，阀芯关闭，A 与 B 不通；而当 $p_B > p_A$ 时，阀芯开启，油液从 B 流向 A。

图 5.28(b)所示为二位二通阀，当电磁阀断电时，阀芯开启，A 与 B 接通；当电磁阀通电时，阀芯关闭，A 与 B 不通。

图 5.28(c)所示为二位三通阀，当电磁阀断电时，A 与 T 接通；当电磁阀通电时，A 与 P 接通。

图 5.28(d)所示为二位四通阀，当电磁阀断电时，P 与 B 接通，A 与 T 接通；当电磁阀通电时，P 与 A 接通，B 与 T 接通。

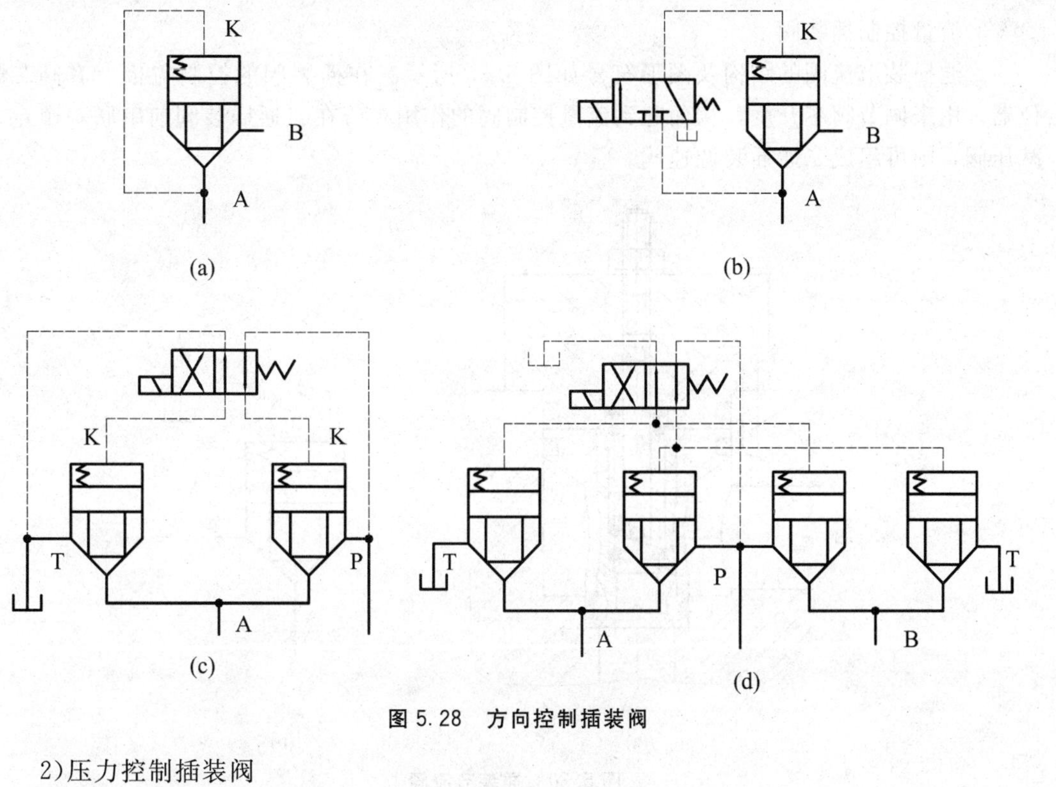

图 5.28 方向控制插装阀

2)压力控制插装阀

插装阀组成的压力控制阀如图 5.29 所示。

在图 5.29(a)中，若 B 接油箱，则插装阀用作溢流阀，其原理与先导式溢流阀相同。若 B 接负载时，插装阀起顺序阀的作用。

图 5.29(b)所示为电磁溢流阀，当二位二通电磁阀断电时用作溢流阀，当二位二通电磁阀通电时起卸荷作用。

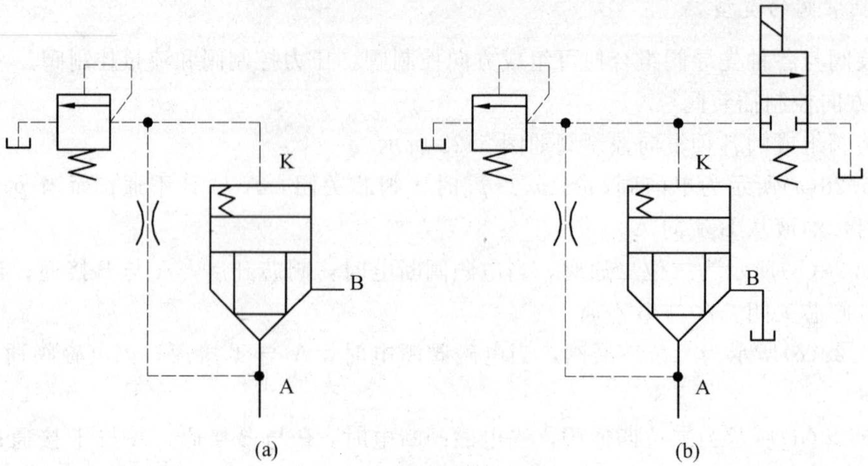

图 5.29　压力控制插装阀

3)流量控制插装阀

二通插装节流阀的结构及图形符号如图 5.30 所示。在插装阀的控制盖板上有阀芯限位器，用来调节阀芯开度，从而起到流量控制阀的作用。若在二通插装阀前串联一个定差减压阀，则可组成二通插装调速阀。

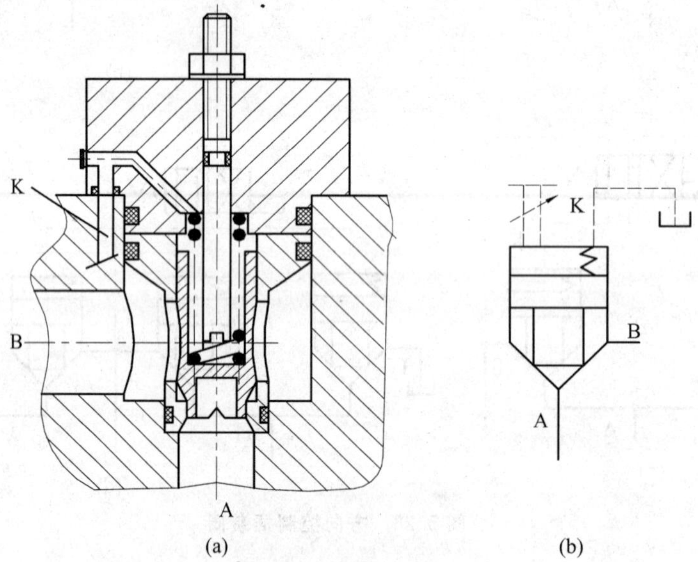

图 5.30　插装节流阀

3. 插装阀的特点

插装阀与一般液压阀相比具有以下优点。

(1) 插装式元件已标准化，将几个插装式锥阀单元组合到一起便可构成复合阀。

(2) 通油能力大，特别适用于大流量的场合，插装式锥阀的最大通径可达 250mm，通过的流量可达到 10 000L/min。

(3) 动作速度快，因为它靠锥面密封而切断油路，阀芯稍一抬起，油路立即接通。此外，阀芯行程较短，且比滑阀阀芯轻。因此动作灵敏，特别适合于高速开启的场合。

(4) 密封性好，泄漏小。

(5) 结构简单，制造容易，工作可靠，不易堵塞。

(6) 一阀多能，易于实现元件和系统的标准化、系列化和通用化，并可简化系统。

(7) 可以按照不同的进出流量分别配置不同通径的锥阀，而滑阀必须按照进出油量中较大者选取。

(8) 易于集成，通径相同的插装阀集成与等效的滑阀集成相比，前者的体积和重量大大减小，且流量越大，效果越显著。

由于插装阀液压系统所用的电磁铁数目较一般液压系统有所增加，因而主要用于流量较大的系统或对密封性能要求较高的系统，对于小流量以及多液压缸无单独调压要求的系统和动作要求简单的液压系统，不宜采用插装式锥阀。

5.4.2　比例阀

电液比例阀简称比例阀，它是一种把输入的电信号按比例转换成力或位移，从而对压力、流量等参数进行连续控制的一种液压阀。

比例阀由直流比例电磁铁与液压阀两部分组成。其液压阀部分与一般液压阀差别不大，而直流比例电磁铁和一般电磁阀所用的电磁铁不同，比例电磁铁要求吸力(或位移)与输入电流成比例。比例阀按用途和结构的不同可分为比例压力阀、比例流量阀、比例方向阀3大类。

1. 比例阀的工作原理

图5.31(a)所示为先导式比例溢流阀的结构原理图。当输入电信号(通过线圈2)时，比例电磁铁1便产生一个相应的电磁力，它通过推杆3和弹簧作用于先导阀芯4，从而使

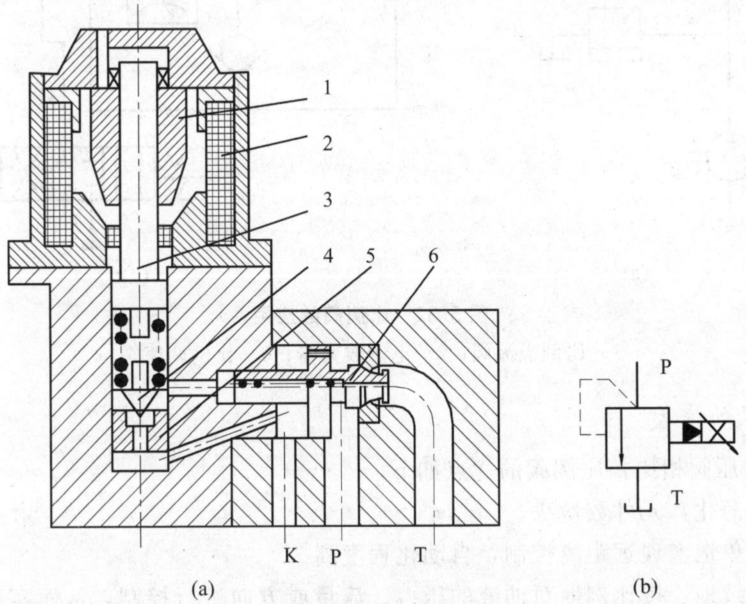

图5.31　比例溢流阀

1—比例电磁铁；2—线圈；3—推杆；4—先导阀芯；5—导阀座；6—主阀阀芯

先导阀的控制压力与电磁力成比例，即与输入信号电流成比例。由溢流阀主阀阀芯6上的

受力分析可知，进油口压力和控制压力、弹簧力等相平衡(其受力情况与普通溢流阀相似)，因此比例溢流阀进油口压力的升降与输入信号电流的大小成比例。若输入信号电流是连续、按比例或按一定程序变化，则比例溢流阀调节的系统压力也连续按比例或按一定程序进行变化。

图 5.31(b)所示为比例溢流阀的图形符号。

2. 比例阀的应用举例

图 5.32(a)所示为利用比例溢流阀调压的多级调压回路。改变输入电流 I，即可控制系统获得多级工作压力。它比利用普通溢流阀的多级调压回路所用液压元件数量少，回路简单，且能对系统压力进行连续控制。

图 5.32(b)所示为采用比例调速阀的调速回路。改变比例调速阀的输入电流即可使液压缸获得所需要的运动速度。比例调速阀可在多级调速回路中代替多个调速阀，也可用于远距离速度控制。

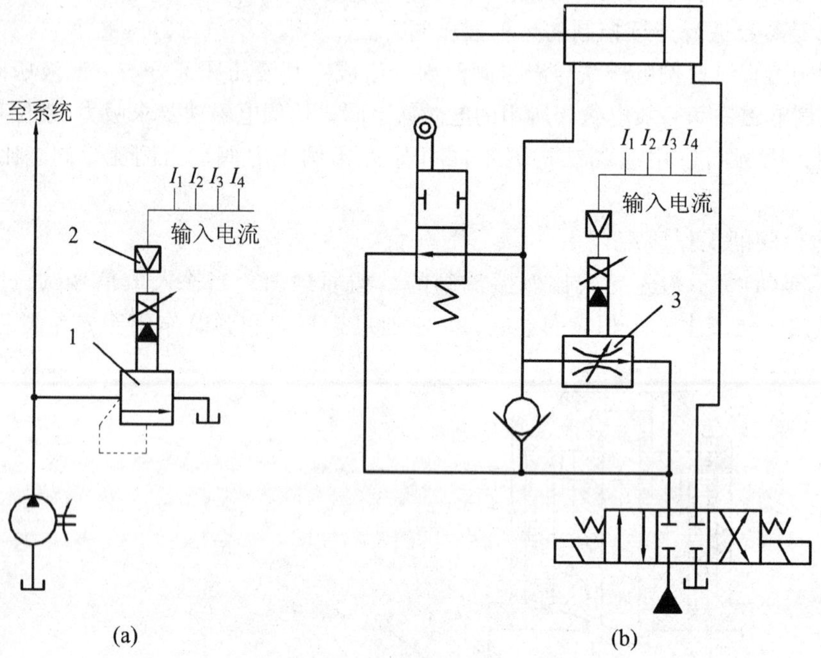

图 5.32　比例阀的应用

1—比例溢流阀；2—电子放大器；3—比例调速阀

3. 比例阀的特点

与普通液压阀相比，比例阀的优点如下。

(1) 油路简化，元件数量少。

(2) 能简单地实现远距离控制，自动化程度高。

(3) 能连续地、按比例地对油液的压力、流量或方向进行控制，从而实现对执行机构的位置、速度和力的连续控制，并能防止或减小压力、速度变换时的冲击。

比例阀广泛应用于要求对液压参数连续控制或程序控制，但不需要很高控制精度的液压系统中。

5.4.3　叠加阀

叠加式液压阀简称叠加阀，其阀体本身既是元件又是具有油路通道的连接体，阀体的上、下两面做成连接面。选择同一通径系列的叠加阀，叠合在一起用螺栓紧固，即可组成所需的液压传动系统。

叠加阀现有 5 个通径系列：Φ6mm、Φ10mm、Φ16mm、Φ20mm、Φ32mm，额定压力为 20MPa，额定流量为 10～200L/min。叠加阀按功用的不同分为压力控制阀、流量控制阀和方向控制阀 3 类，其中方向控制阀仅有单向阀类，主换向阀不属于叠加阀。

1. 叠加阀的结构及工作原理

叠加阀的工作原理与一般液压阀相同，只是具体结构有所不同。现以溢流阀为例，说明其结构和工作原理。

图 5.33(a)所示为 Y_1－F10D－P/T 先导式叠加溢流阀，其型号含义是：Y 表示溢流阀，F 表示压力等级(20MPa)，10 表示 Φ10mm 通径系列，D 表示叠加阀，P/T 表示进油口为 P、回油口为 T。它由先导阀和主阀两部分组成，先导阀为锥阀，主阀相当于锥阀式的单向阀。其工作原理如下。

压力油由进油口 P 进入主阀阀芯 6 右端的 e 腔，并经阀芯上阻尼孔 d 流至阀芯 6 左端 b 腔，再经小孔 a 作用于锥阀阀芯 3 上。当系统压力低于溢流阀调定压力时，锥阀关闭，主阀也关闭，阀不溢流；当系统压力达到溢流阀的调定压力时，锥阀阀芯 3 打开，b 腔的油液经锥阀口及孔 c 由油口 T 流回油箱，主阀阀芯 6 右腔的油经阻尼孔 d 向左流动，于是使主阀阀芯的两端油液产生压力差。此压力差使主阀阀芯克服弹簧 5 而左移，主阀阀口打开，实现了自油口 P 向油口 T 的溢流。调节弹簧 2 的预压缩量便可调节溢流阀的调整压力，即溢流压力。

图 5.33(b)所示为叠加式溢流阀的图形符号。

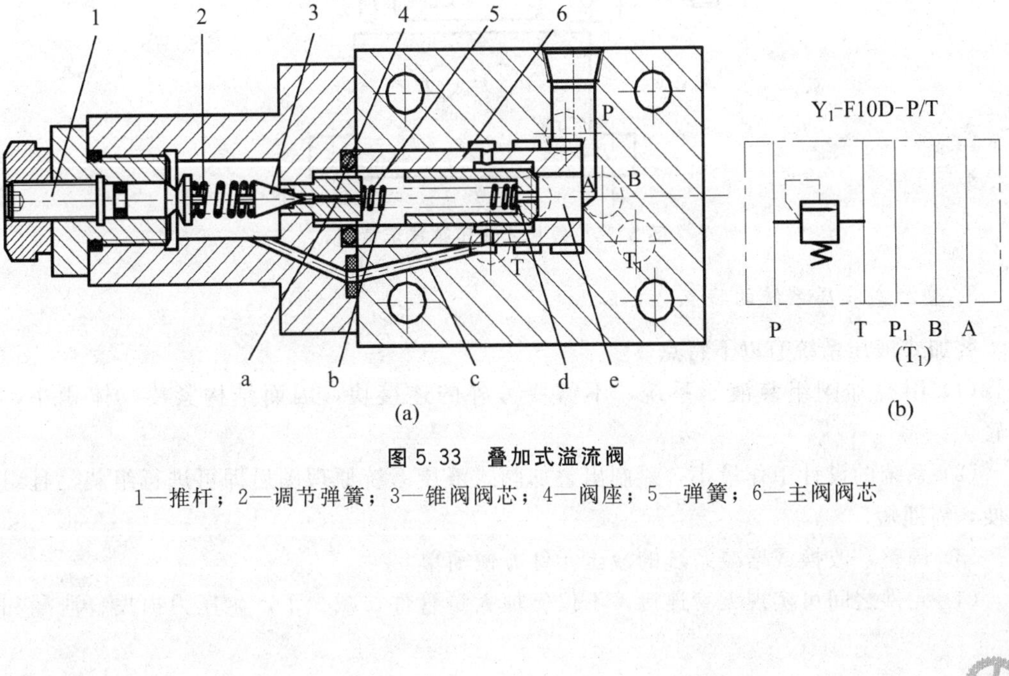

图 5.33　叠加式溢流阀

1—推杆；2—调节弹簧；3—锥阀阀芯；4—阀座；5—弹簧；6—主阀阀芯

2. 叠加阀的组装

叠加阀自成体系，每一种通径系列的叠加阀的主油路通道和螺钉孔的大小、位置、数量都与相应通径的板式换向阀相同。因此，将同一通径系列的叠加阀互相叠加，可直接连接而组成集成化液压系统。

图 5.34 所示为叠加式液压装置示意图。最下面的是底板，底板上有进油孔、回油孔和通向液压执行元件的油孔。底板上面第一个元件一般是压力表开关，然后依次向上叠加各压力控制阀和流量控制阀，最上层为换向阀，用螺栓将它们紧固成一个叠加阀组。一般一个叠加阀组控制一个执行元件。如果液压系统有几个需要集中控制的液压元件，则用多联底板，将它们并排在上面组成相应的几个叠加阀组。

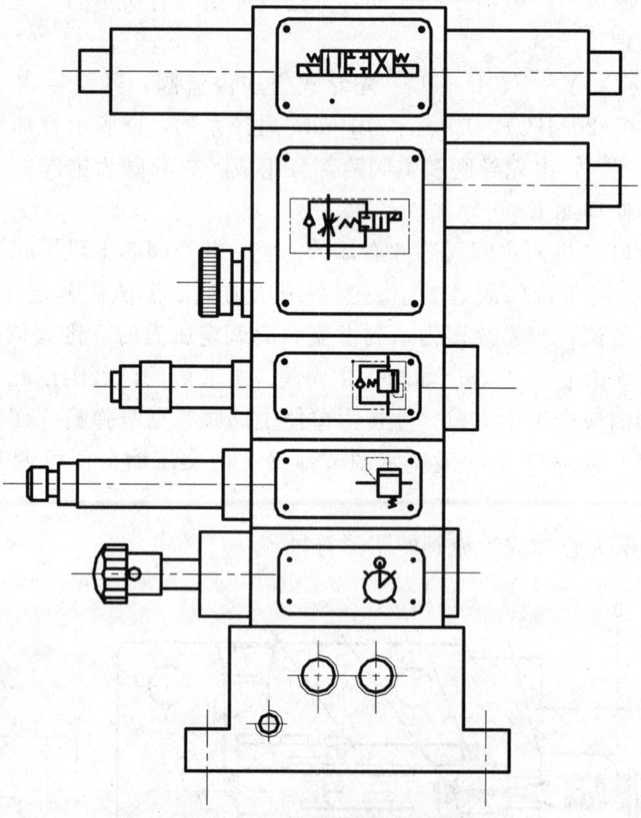

图 5.34　叠加式液压装置示意图

3. 叠加式液压系统的特点

叠加式液压系统有以下特点。

(1) 用叠加阀组装液压系统，不需要另外的连接块，因而结构紧凑，体积小，重量轻。

(2) 系统的设计工作量小，绘制出叠加阀式液压系统原理图后即可进行组装，且组装简便，周期短。

(3) 调整、改换或增减系统的液压元件方便简单。

(4) 元件之间可实现无管连接，不仅省掉大量管件，减少了产生压力损失、泄漏和振动环节，而且使外观整齐，便于维护保养。

5.5 习 题

一、填空题

1. 液压控制阀是液压系统的________元件，根据用途和工作特点不同，控制阀可分为3类：________控制阀，________控制阀，________控制阀。
2. 根据改变阀芯位置的操纵方式的不同，换向阀可分为________、________、________、________和________等。
3. 压力控制阀的共同特点是：利用________和________平衡的原理进行工作。
4. 溢流阀安装在液压系统的泵出口处，其主要作用是________和________。
5. 在液压传动系统中，要降低整个系统和工作压力，采用________阀；而降低局部系统的压力，采用________阀。
6. 流量阀是利用改变它的通流________来控制系统工作流量，从而控制执行元件的运动________，在使用定量泵的液压系统中，为使流量阀能起节流作用，必须与________阀联合使用。

二、判断题

1. 单向阀的作用要变换液流流动方向，接通或关闭油路。 ( )
2. 调节溢流阀中弹簧压力 Fn，即可调节系统压力的大小。 ( )
3. 先导式溢流阀只适用于低压系统。 ( )
4. 若把溢流阀当做安全阀使用，系统正常工作时，该阀处于常闭状态。 ( )

三、选择题

1. 为了实现液压缸的差动连接，采用电磁换向阀的中位滑阀必须是________；要实现泵卸荷，可采用三位换向阀的________型中位滑阀机能。
   A. O型　　B. P型　　C. M型　　D. Y型
2. 调速阀工作原理上最大的特点是________。
   A. 调速阀进口和出口油液的压差 Δp 保持不变
   B. 调速阀内节流阀进口和出口油液的压差 Δp 保持不变
   C. 调速阀调节流量不方便
3. 当控制压力高于预调压力时，减压阀主阀口的节流缝隙 δ________。
   A. 开大　　B. 关小　　C. 保持常值
4. 液压机床开动时，运动部件产生突然冲击的现象通常是________。
   A. 正常现象，随后会自行消除　　B. 油液混入空气
   C. 液压缸的缓冲装置出故障　　D. 系统其他部分有故障

四、问答题

1. 试比较普通单向阀和液控单向阀的区别。

2. 画出以下各种名称方向阀的图形符号：①二位四通电磁换向阀；②二位五通手动换向阀；③三位四通电液动换向阀(O型机能)；④二位二通液动阀；⑤二位三通行程换向阀；⑥液控单向阀。

3. 比较直动式溢流阀、减压阀、顺序阀的异同，填入表5-5中。

表5-5 直动式溢流阀、减压阀和顺序阀的异同

类型	图形符号	主要功用	控制信号来源	进出油压	常态启闭	泄油方式
溢流阀						
减压阀						
顺序阀						

4. 节流阀可以反接而调速阀不能反接，为什么？

5. 先导式比例溢流阀与先导式溢流阀有何异同？

6. 试解释叠加阀型号 Y_1-F10D-P/T 表示的含义，以及该阀在使用过程中的优点。

五、分析题

1. 试分析图5.35所示回路中压力表A在系统工作时能显示出哪些读数(压力)？

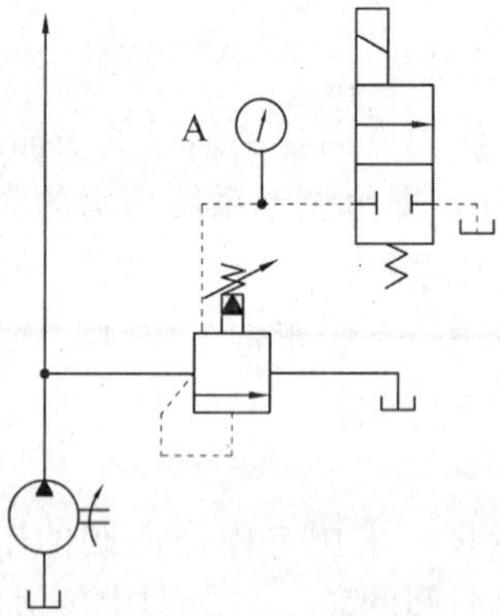

图5.35 分析题1图

2. 有一个夹紧回路，如图5.36所示，若溢流阀的调定压力为5MPa，减压阀的调定压力为2.5MPa，试分析活塞快速运动时和夹紧工件后，A、B两点的压力各为多少。

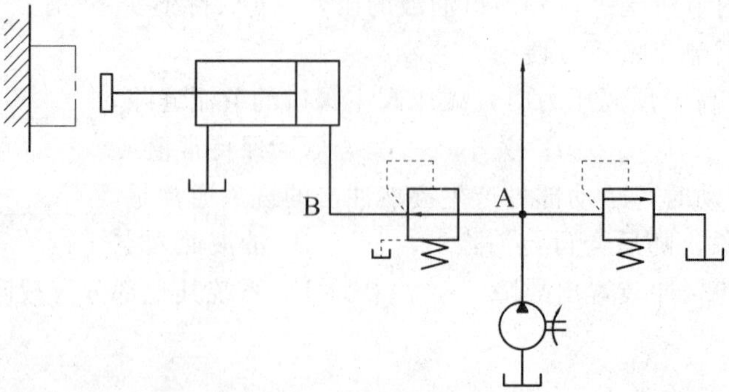

图5.36 分析题2图

3. 图 5.37(a)、(b)所示分别为两个不同调定压力的减压阀串联、并联的情况，阀 1 调定压力小于阀 2，试分析出口压力取决于哪一个减压阀。为什么？

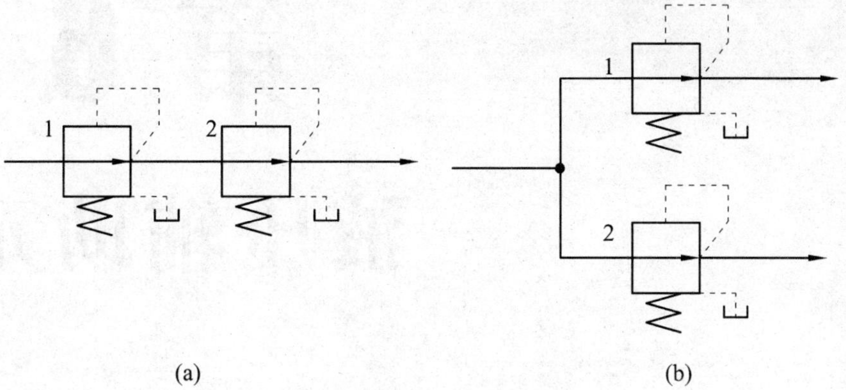

图 5.37 分析题 3 图

4. 如图 5.38(a)、(b)所示，节流阀串联在液压泵和执行元件之间，调节节流阀的通流面积能否改变执行元件的运动速度？简述理由。

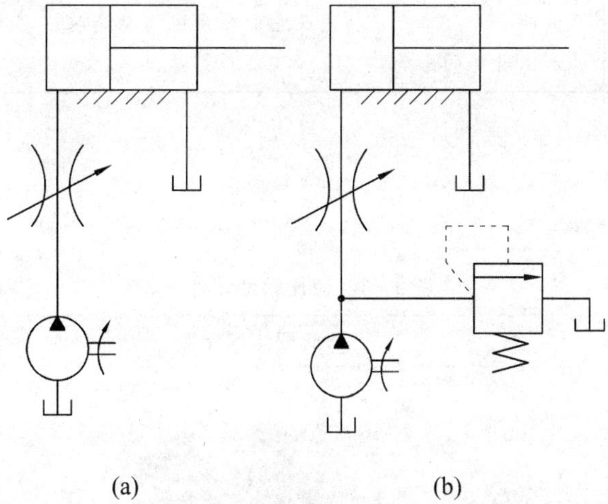

图 5.38 分析题 4 图

5. 试分析图 5.39 所示插装式锥阀可以组成何种类型的液压阀，并画出相应一般液压阀的图形符号。

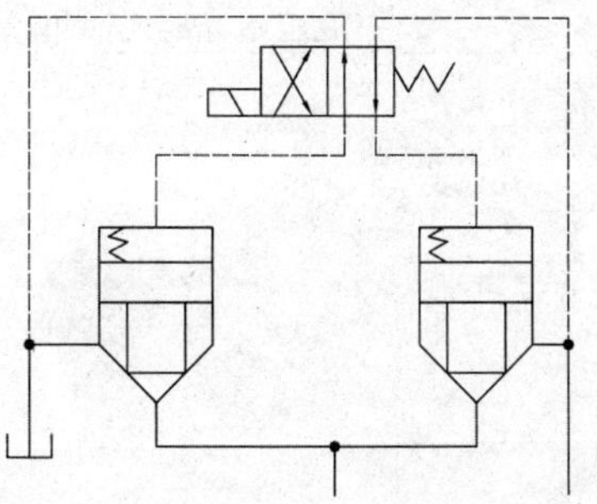

图 5.39 分析题 5 图

第6章 液压辅助元件

教学目标	了解液压系统中油箱、滤油器、测量仪表、管件、蓄能器等多种辅助元件；认识液压辅助元件在液压系统中存在的必要性和重要性；掌握各种液压辅助元件的分类、特点、功用及它们对系统的动态特性、工作稳定性、寿命、噪声和温升等的影响。

引例

液压辅助元件见表6-1。

表6-1 液压辅助元件

分类	典型结构元件
油箱	 油箱箱体  液压站分离式油箱  整体式结构油箱
滤油器	 网式  线隙式  烧结式  纸芯式

续表

分类	典型结构元件
油管	 钢管 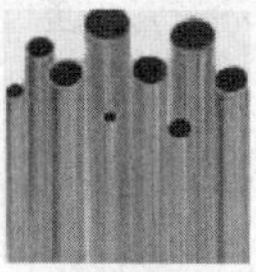 紫铜管  橡胶软管  尼龙塑料管
管接头	 扩口式  焊接式 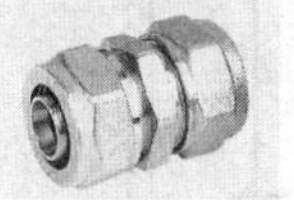 卡套式  扣压式  快速接头
其他	 压力表  压力表开关  囊式蓄能器 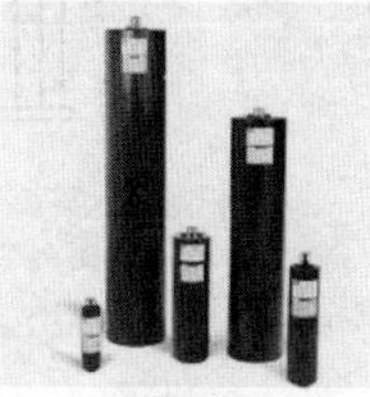 活塞式蓄能器

6.1　油　　箱

1. 油箱的功用

油箱的用途是储油，散热，分离油中的空气，沉淀油中的杂质。

在液压系统中，油箱有总体式和分离式两种。总体式油箱是利用机器设备机身内腔作为油箱(如压铸机、注塑机等)，其结构紧凑，回收漏油比较方便，但维修不便，散热条件不好。分离式油箱设置有一个单独油箱，与主机分开，减少了油箱发热及液压源振动对工作精度的影响，因此得到了普遍的应用。

2. 油箱的结构

图 6.1 所示为一个分离式油箱的结构。

为了保证油箱的功能，在结构上应注意以下几个方面。

(1) 应便于清洗。油箱底部应有适当斜度，并在最低处设置放油塞，换油时可使油液和污物顺利排出。

(2) 在易见的油箱侧壁上设置液位计(俗称油标)，以指示油位高度。

(3) 油箱加油口应装滤油网，口上应有带通气孔的盖。

(4) 吸油管与回油管之间的距离要尽量远些，并采用多块隔板隔开，分成吸油区和回油区，隔板高度约为油面高度的3/4。

(5) 吸油管口离油箱底面距离应大于2倍油管外径，离油箱箱边距离应大于3倍油管外径。吸油管和回油管的管端应切成45°的斜口，回油管的斜口应朝向箱壁。

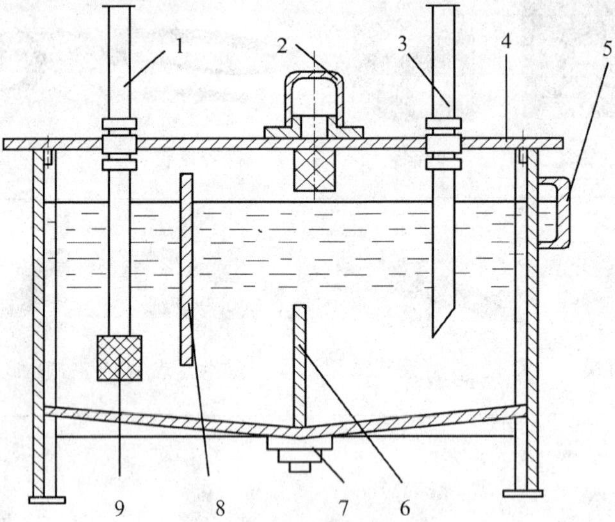

图6.1 分离式油箱结构

1—吸油管；2—滤清器；3—回油管；4—箱盖；
5—液位计；6、8—隔板；7—放油塞；9—滤油器

油箱的有效容积(油面高度为油箱高度80%时的容积)一般按液压泵的额定流量估算。在低压系统中取液压泵每分钟排油量的2～4倍，中压系统为5～7倍，高压系统为6～12倍。

油箱的正常工作温度应在15～65℃之间，在环境温度变化较大的场合要安装热交换器。

6.2 滤油器

1. 滤油器的功用

滤油器又称过滤器，其功用是清除油液中的各种杂质，以免其划伤、磨损、甚至卡死有相对运动的零件，或堵塞零件上的小孔及缝隙，影响系统的正常工作，降低液压元件的寿命，甚至造成液压系统的故障。

滤油器一般安装在液压泵的吸油口、压油口及重要元件的前面。通常，液压泵吸油口安装粗滤油器，压油口与重要元件前安装精滤油器。

2. 滤油器的类型

1) 网式滤油器

如图6.2(a)所示，网式滤油器由筒形骨架2上包一层或两层铜丝滤网3组成。其特点是结构简单，通油能力大，清洗方便，但过滤精度较低。常用于泵的吸油管路，对油液进行粗过滤。粗滤油器的图形符号如图6.2(b)所示。

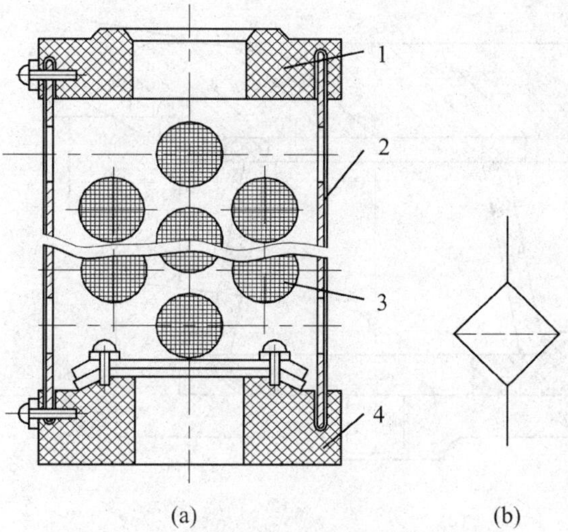

图 6.2 网式滤油器

1—上盖；2—骨架；3—滤网；4—下盖

2)线隙式滤油器

如图 6.3 所示，线隙式滤油器的滤芯由铜线或铝线绕在筒形骨架 2 上而形成(骨架上有许多纵向槽和径向孔)，依靠线间缝隙过滤。其特点是结构简单，通油能力大，过滤精度比网式滤油器高，但不易清洗，滤芯强度较低。一般用于中、低压系统。

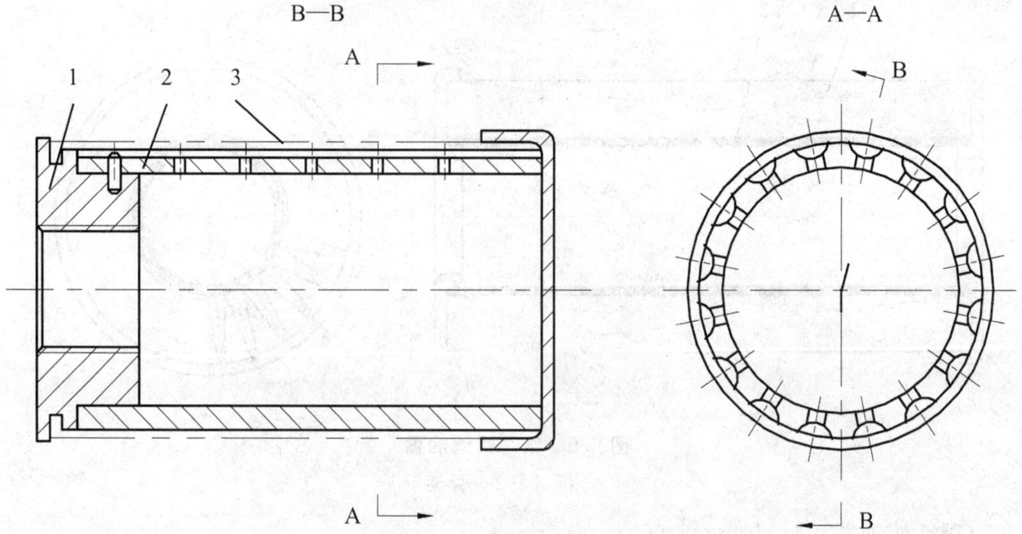

图 6.3 线隙式滤油器

1—端盖；2—骨架；3—金属线

3)烧结式滤油器

如图 6.4(a)所示，烧结式滤油器的滤芯 3 通常由青铜等颗粒状金属烧结而成，工作时利用颗粒间的微孔进行过滤。该滤油器的过滤精度高，耐高温，抗腐蚀性强，滤芯强度大，但易堵塞，难于清洗，颗粒易脱落。图 6.4(b)所示为精滤油器的图形符号。

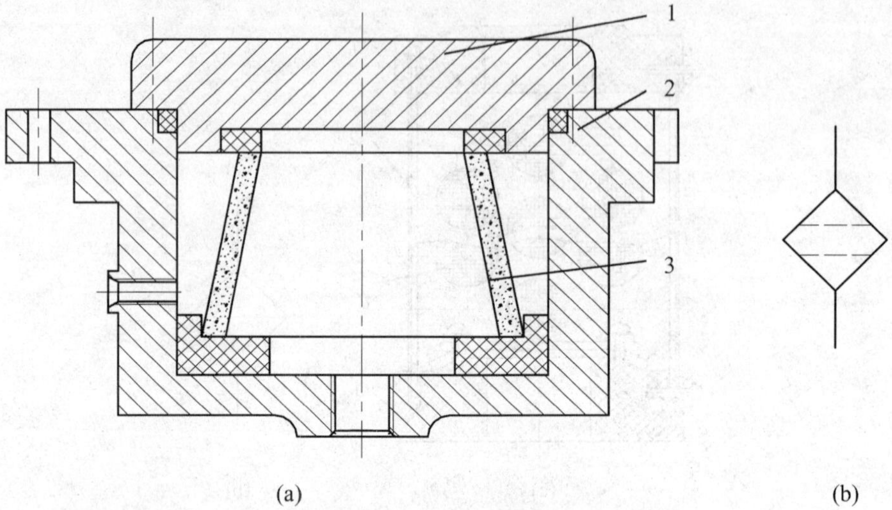

图 6.4 烧结式滤油器

1—顶盖；2—壳体；3—滤芯

4)纸芯式滤油器

如图 6.5 所示，纸芯式滤油器的滤芯由微孔滤纸 1 组成，滤纸制成折叠式，以增加过滤面积。滤纸用骨架 2 支撑，以增大滤芯强度。其特点是过滤精度高，压力损失小，重量轻，成本低，但不能清洗，需定期更换滤芯。它主要用于低压小流量的精过滤。

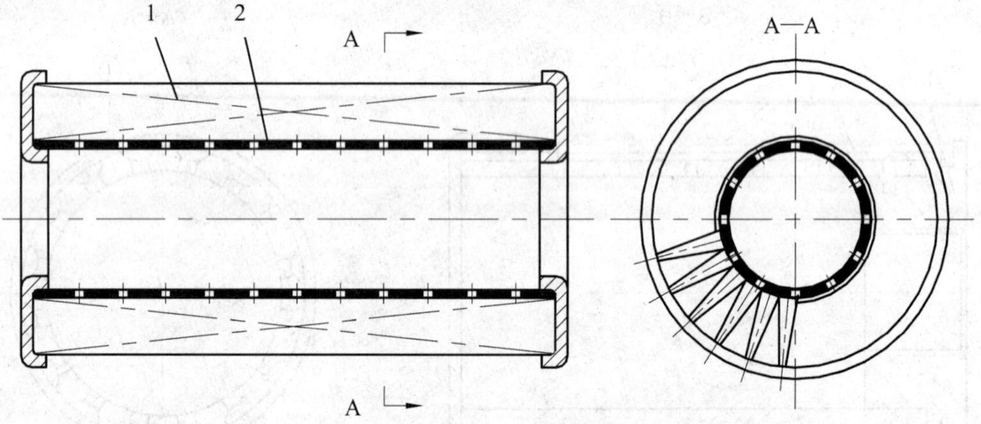

图 6.5 纸芯式滤油器

1—纸芯；2—骨架

5)磁性滤油器

磁性滤油器用于过滤油液中的铁屑。

6.3 压力表及压力表开关

1. 压力表

压力表用于观察液压系统中各工作点(如液压泵出口、减压阀之后等)的压力，以便于操作人员把系统的压力调整到要求的工作压力。

压力表的种类很多，最常用的是弹簧管式压力表，如图 6.6(a)所示。当压力油进入扁截面金属弯管 1 时，弯管变形而使其曲率半径加大，端部的位移通过杠杆 4 使齿扇 5 摆动。于是与齿扇 5 啮合的小齿轮 6 带动指针 2 转动，此时就可在刻度盘 3 上读出压力值。图 6.6(b)所示为压力表的图形符号。

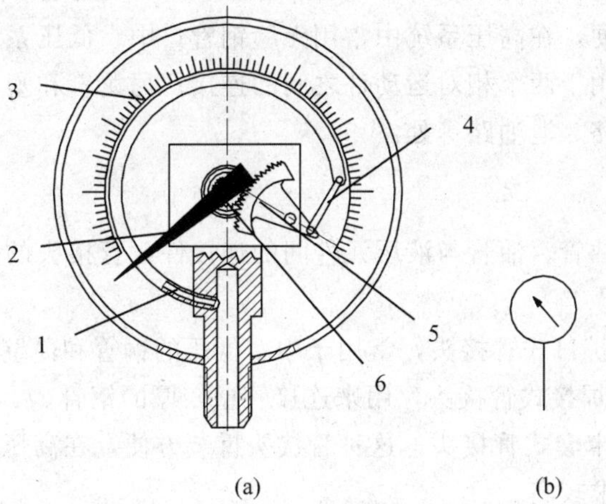

图 6.6 压力表

1—弯管；2—指针；3—刻度盘；4—杠杆；5—齿扇；6—小齿轮

2. 压力表开关

压力表开关用于接通或断开压力表与测量点油路的通道。压力表开关有一点式、三点式、六点式等类型。多点压力表开关可按需要分别测量系统中多点处的压力。

图 6.7 所示为六点式压力表开关，图示位置为非测量位置，此时压力表油路经小孔 a、沟槽 b 与油箱接通。若将手柄向右推进去，沟槽 b 将把压力表与测量点接通，并把压力表通往油箱的油路切断，这时便可测出该测量点的压力。若将手柄转到另一个位置，便可测出另一点的压力。

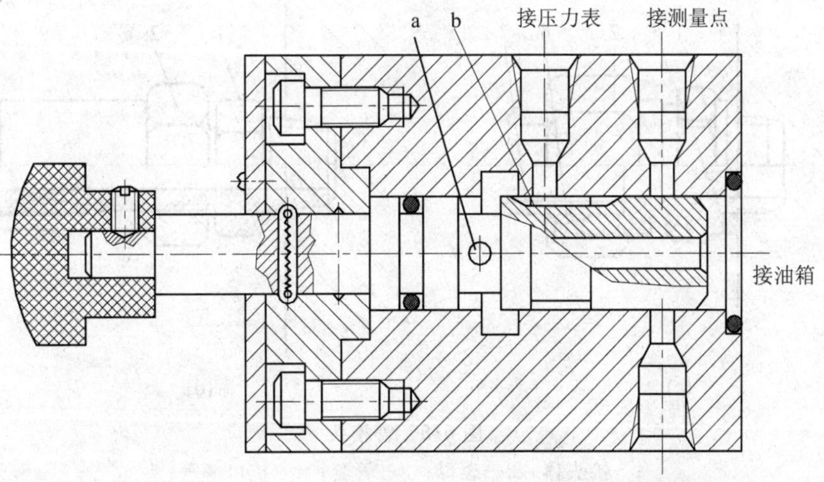

图 6.7 六点式压力表开关

6.4 油管和管接头

1. 油管

液压系统中常用的油管有钢管、紫铜管、橡胶软管、尼龙管、塑料管等多种类型。考虑到配管和工艺的方便，在高压系统中常用无缝钢管；中、低压系统一般用紫铜管；橡胶软管的主要优点是可用于两个相对运动件之间的连接；尼龙管和塑料管价格便宜，但承压能力差，可用于回油路、泄油路等处。

2. 管接头

管接头是油管与油管、油管与液压元件间的连接件，管接头的种类很多，图 6.8 所示为常用的几种类型。

图 6.8(a)所示为扩口式管接头，常用于中、低压的铜管和薄壁钢管的连接。

图 6.8(b)所示为焊接式管接头，用来连接管壁较厚的钢管。

图 6.8(c)所示为卡套式管接头，这种管接头拆装方便，在高压系统中被广泛使用，但对油管的尺寸精度要求较高。

图 6.8(d)所示为扣压式管接头，用来连接高压软管。

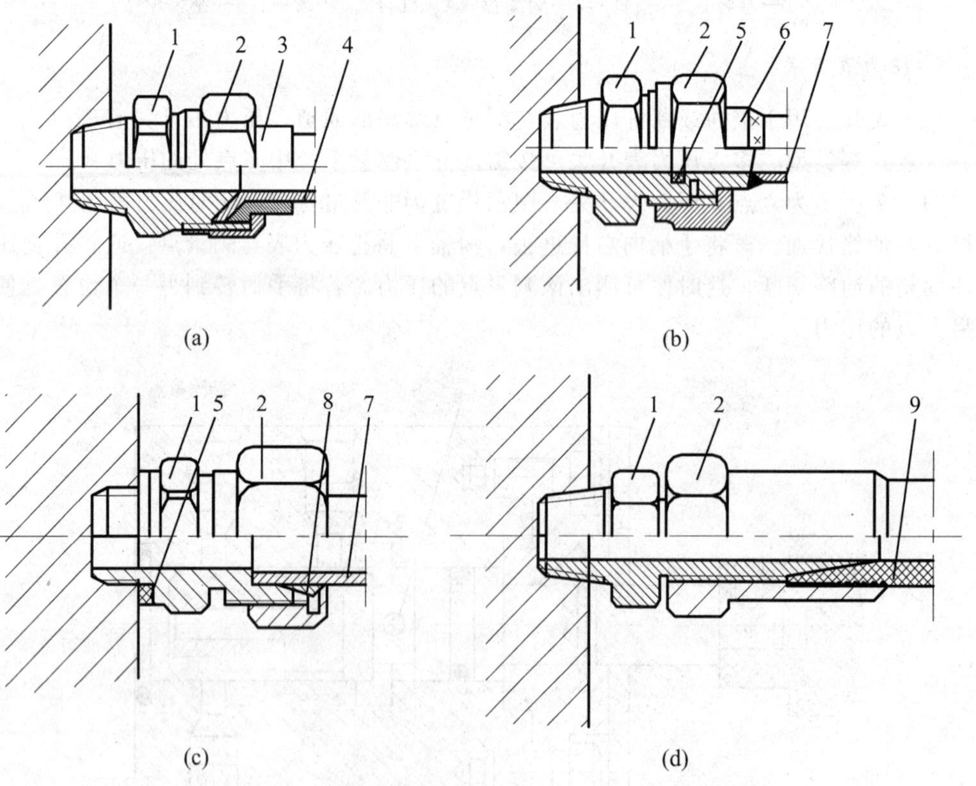

图 6.8 管接头

1—接头体；2—螺母；3—管套；4—扩口薄管；
5—密封垫；6—接管；7—钢管；8—卡套；9—橡胶软管

图 6.9 所示为快速接头，用于经常需要装拆处。图示为油路接通时的工作位置；当要断开油路时，可用力把外套 4 向左推，在拉出接头体 5 后，钢球 3 即从接头体中退出。与此同时，单向阀的锥形阀芯 2 和 6 分别在弹簧 1 和 7 的作用下将两个阀口关闭，油路即断开。

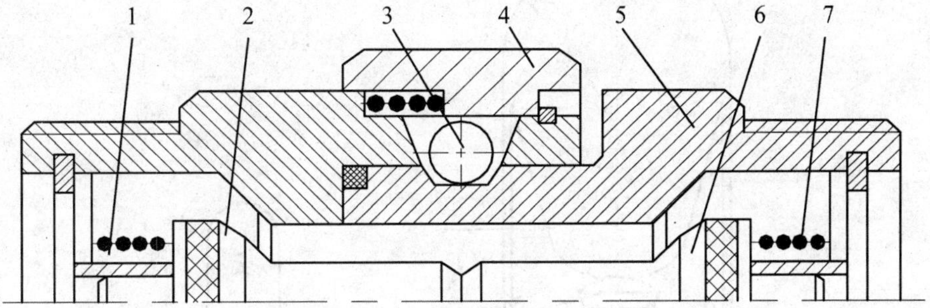

图 6.9　快速接头

1、7—弹簧；2、6—阀芯；3—钢球；4—外套；5—接头体

6.5　蓄　能　器

1. 蓄能器的功用

蓄能器是用来储存和释放液体压力能的装置，它在液压系统中的功用主要有以下几个方面：

(1) 短期大量供油。当执行元件需快速运动时，由蓄能器与液压泵同时向液压缸供给压力油。

(2) 维持系统压力。当执行元件停止运动的时间较长，并且需要保压时，为降低能耗，使泵卸荷，可以利用蓄能器储存的液压油来补偿油路的泄漏损失，维持系统压力。另外，蓄能器还可以用作应急油源，在一段时间内维持系统压力，避免电源突然中断或液压泵发生故障时油源中断而引起的事故。

(3) 缓和冲击，吸收脉动压力。当液压泵起动或停止、液压阀突然关闭或换向、液压缸起动或制动时，系统中会产生液压冲击，在冲击源和脉动源附近设置蓄能器，可以起缓和冲击和吸收脉动的作用。

2. 蓄能器的结构特点

图 6.10(a)所示为气囊式蓄能器。它由充气阀 1、壳体 2、气囊 3、提升阀 4 等组成。气囊用耐油橡胶制成，固定在壳体 3 的上部，囊内充入惰性气体(一般为氮气)。提升阀是一个用弹簧加载的具有菌形头部的阀，压力油由该阀通入。在液压油全部排出时，该阀能防止气囊膨胀挤出油口。

图 6.10(b)所示为蓄能器的图形符号。

这种蓄能器气囊惯性小，反应灵敏，容易维护，所以最常用。其缺点是容量较小，气囊和壳体的制造比较困难。

除了气囊式蓄能器，还有活塞式、重力式、弹簧式和隔膜式等蓄能器。

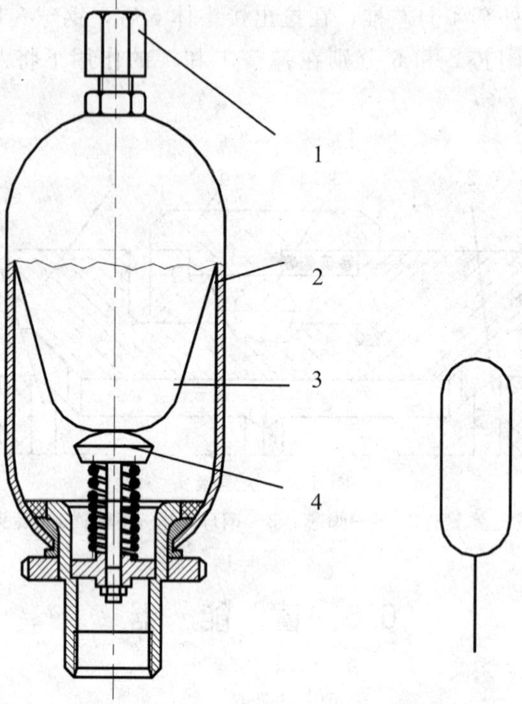

图 6.10　气囊式蓄能器

1—充气阀；2—壳体；3—气囊；4—提升阀

6.6 习　题

一、填空题

1. 常用的液压辅助元件有________、________、________、________、________等。
2. 油箱的作用是用来________、________、________、________。
3. 常用的滤油器有________、________、________、________和________，其中________属于粗滤油器。

二、判断题

1. 烧结式滤油器的通油能力差，不能安装在泵的吸油口处。（　）
2. 为了防止外界灰层杂质侵入液压系统，油箱宜采用封闭式。（　）
3. 液压系统中一般安装多个压力表以测定多处压力值。（　）

三、选择题

1. 以下________不是蓄能器的功用。

A. 保压　　B. 卸荷　　C. 应急能源　　D. 过滤杂质

2. 过滤器不能安装的位置是________。

A. 回油路上　　B. 泵的吸油口处　　C. 旁油路上　　D. 油缸进口处

3. 在中、低压液压系统中，通常采用________。

A. 钢管　　B. 紫铜管　　C. 橡胶软管　　D. 尼龙管

四、问答题

1. 比较各种管接头的结构特点，说明它们各适用于什么场合。
2. 蓄能器有哪些主要功用?
3. 试画出各种液压辅助元件的图形符号。

第7章 液压基本回路

教学目标	了解液压基本回路是由一些液压元件组成并用来完成某项特定功能的油路结构；明确常用的液压基本回路按其功能可以分为方向控制回路、压力控制回路、速度控制回路和多缸动作控制回路等类型；熟悉这些基本回路，掌握它们的工作原理、组成特点及应用。

引例

常用液压基本回路分类树状结构如图 7.1 所示。

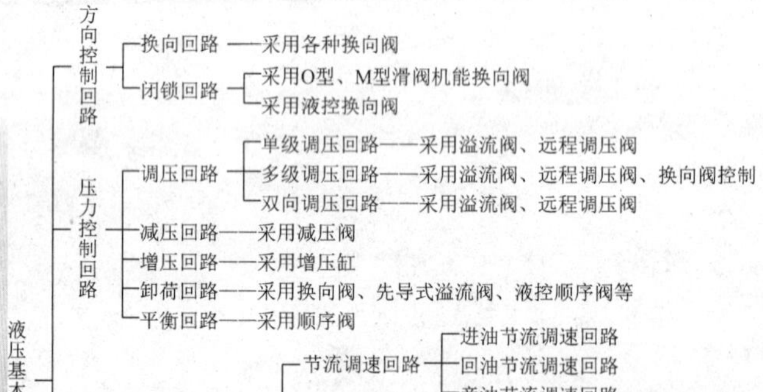

图 7.1　常用液压基本回路分类树状结构图

7.1 方向控制回路

控制液流的通、断和流动方向的回路称为方向控制回路。在液压系统中它用于实现执行元件的启动、停止以及改变运动方向。

7.1.1 换向回路

液压系统中执行元件运动方向的变换一般由换向阀实现，根据执行元件换向的要求，可采用二位(或三位)四通(或五通)控制阀，控制方式可以是人力、机械、电动、液动和电液动等。

图 7.2(a)所示的是采用二位四通电磁换向阀的换向回路。当电磁铁通电时，压力油进入液压缸左腔，推动活塞杆向右移动；当电磁铁断电时，弹簧力使阀芯复位，压力油进入液压缸右腔，推动活塞杆向左移动。此回路只能停留在缸的两端，不能停留在任意位置上。

图 7.2(b)所示的是采用三位四通手动换向阀的换向回路。当阀处于中位时，M 型滑阀机能使泵卸荷，缸两腔油路封闭，活塞制动；当阀左位工作时，液压缸左腔进油，活塞向右移动；当阀右位工作时，液压缸右腔进油，活塞向左移动。此回路可以使执行元件在任意位置停止运动。

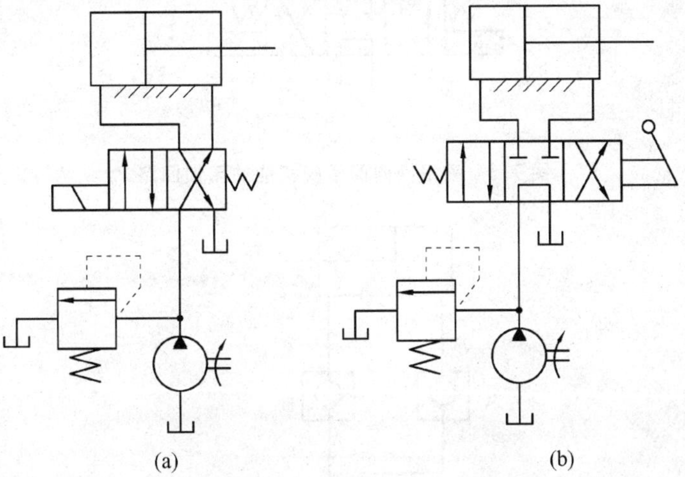

(a) (b)

图 7.2 换向回路

7.1.2 闭锁回路

闭锁回路又称锁紧回路，用以实现使执行元件在任意位置上停止，并防止停止后蹿动。常用的闭锁回路有以下两种。

1. 采用 O 型或 M 型滑阀机能三位换向阀的闭锁回路

图 7.3(a)所示为采用三位四通 O 型滑阀机能换向阀的闭锁回路，当两电磁铁均断电时，弹簧使阀芯处于中间位置，液压缸的两个工作油口被封闭。由于液压缸两腔都充满油液，而油液又是不可压缩的，所以向左或向右的外力均不能使活塞移动，活塞被双向锁

紧。图 7.3(b)所示为三位四通 M 型机能换向阀，具有相同的锁紧功能。不同的是前者的液压泵不卸荷，并联的其他执行元件运动不受影响，后者的液压泵卸荷。

这种闭锁回路结构简单，但由于换向阀密封性差，存在泄漏，所以闭锁效果较差。

2. 采用液控单向阀的闭锁回路

图 7.4 所示为采用液控单向阀的闭锁回路。

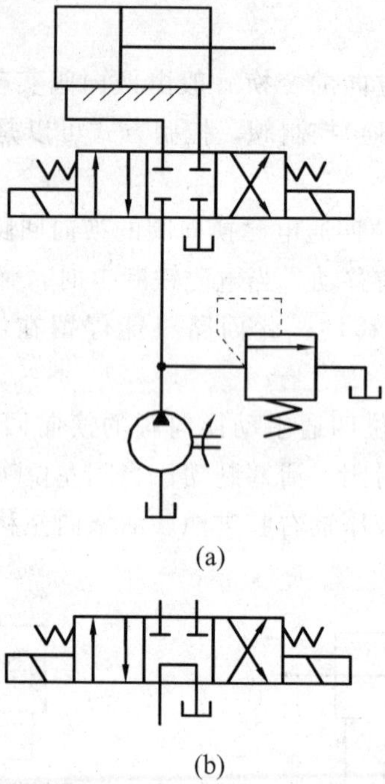

图 7.3　采用换向阀滑阀机能的闭锁回路

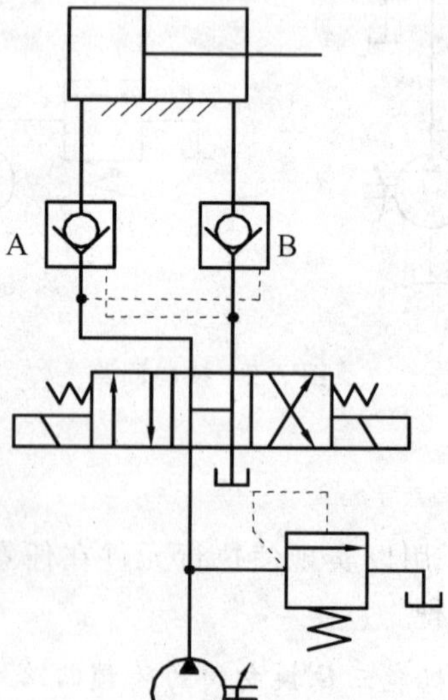

图 7.4　采用液控单向阀的闭锁回路

当换向阀处于中间位置时，液压泵卸荷，输出油液经换向阀回油箱，由于系统无压力，液控单向阀 A 和 B 关闭，液压缸左右两腔的油液均不能流动，活塞被双向闭锁。

当左边电磁铁通电时，换向阀左位接入系统，压力油经单向阀 A 进入液压缸左腔，同时进入单向阀 B 的控制油口，打开单向阀 B，液压缸右腔的油液可经单向阀 B 及换向阀回油箱，活塞向右运动。

当右边电磁铁通电时，换向阀右位接入系统，压力油经单向阀 B 进入液压缸右腔，同时打开单向阀 A，使液压缸左腔油液经单向阀 A 和换向阀回油箱，活塞向左运动。

液控单向阀有良好的密封性，闭锁效果较好。

7.2 压力控制回路

利用各种压力阀控制系统或系统某一部分油液压力的回路称为压力控制回路。在系统中用来实现调压、减压、增压、卸荷、平衡等控制，以满足执行元件对力或转矩的要求。

7.2.1 调压回路

根据系统负载的大小来调节系统工作压力的回路叫调压回路。调压回路的核心元件是溢流阀。

1. 单级调压回路

图 7.5(a)所示为由溢流阀组成的单级调压回路，用于定量泵液压系统。液压泵输出油液的流量除满足系统工作用油量和补偿系统泄漏外，还有油液经溢流阀流回油箱。所以这种回路效率较低，一般用于流量不大的场合。

图 7.5(b)所示为用远程调压阀的单级调压回路。将远程调压阀 2 接在先导式主溢流阀 1 的远程控制口上，液压泵的压力即由阀 2 做远程调节。这时，远程调压阀起调节系统压力的作用，绝大部分油液仍从主溢流阀 1 溢走。回路中，远程调压阀的调定压力应低于溢流阀的调定压力。

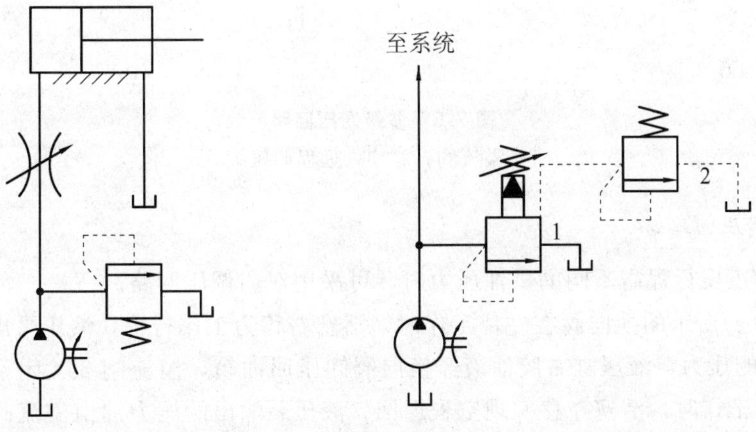

图 7.5 调压回路

1—先导式主溢流阀；2—远程调压阀

2. 多级压力回路

当液压系统在其工作过程中需要两种或两种以上不同工作压力时，常采用多级压力回路。

图 7.6(a)所示为二级调压回路。当换向阀的电磁铁通电时，远程调压阀 2 的出口被换向阀关闭，故液压泵的供油压力由溢流阀 1 调定；当换向阀的电磁铁断电时，阀 2 的出口经换向阀与油箱接通，这时液压泵的供油压力由阀 2 调定，且阀 2 的调定压力应小于阀 1 的调定压力。

图 7.6(b)所示为三级调压回路。远程调压阀 2 和 3 的进油口经换向阀与主溢流阀 1 的远程控制油口相连。改变三位四通换向阀的阀芯位置，则可使系统有 3 种压力调定值。当换向阀在左位工作时，压力由阀 2 来调定；当换向阀在右位工作时，系统压力由阀 3 来调定；而中位时为系统的最高压力，由主溢流阀 1 来调定。在这个回路中，阀 1 调定的压力必须高于阀 2 和阀 3 调定的压力，且阀 2 和阀 3 的调定压力不相等。

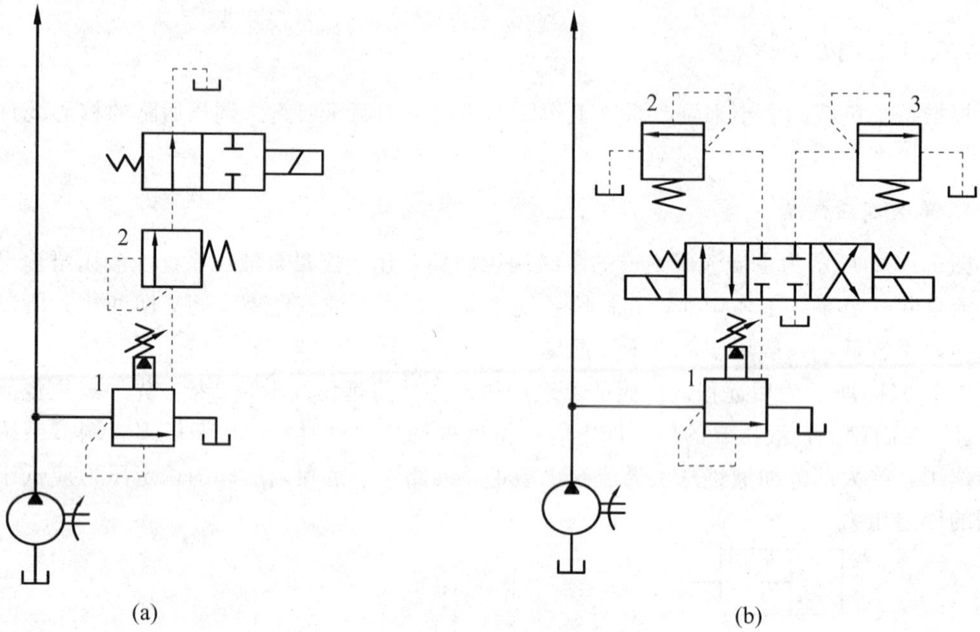

图 7.6　多级调压回路

1—溢流阀；2、3—远程调压阀

3. 双向调压回路

执行元件正反行程需不同的供油压力时，可采用双向调压回路。

当图 7.7(a)所示的换向阀在左位工作时，活塞右移为工作行程，液压泵出口由溢流阀 1 调定为较高的压力，液压缸右腔油液经换向阀卸压回油箱，溢流阀 2 关闭不起作用；当换向阀在右位工作时，活塞左移实现空程返回，液压泵输出的压力油由溢流阀 2 调定为较低的压力，此时溢流阀 1 因调定压力高而关闭不起作用，液压缸左腔的油液经换向阀回油箱。

当图 7.7(b)所示回路在图示位置时，阀 2 的出口被高压油封闭，即阀 1 的远控口被堵塞，故液压泵压力由阀 1 调定为较高的压力；当换向阀在右位工作时，液压缸左腔通油箱，压力为零，阀 2 相当于阀 1 的远程调压阀，液压泵压力被调定为较低的压力。该回路的优点是阀 2 工作时仅通过少量泄油，故可选用小规格的远程调压阀。

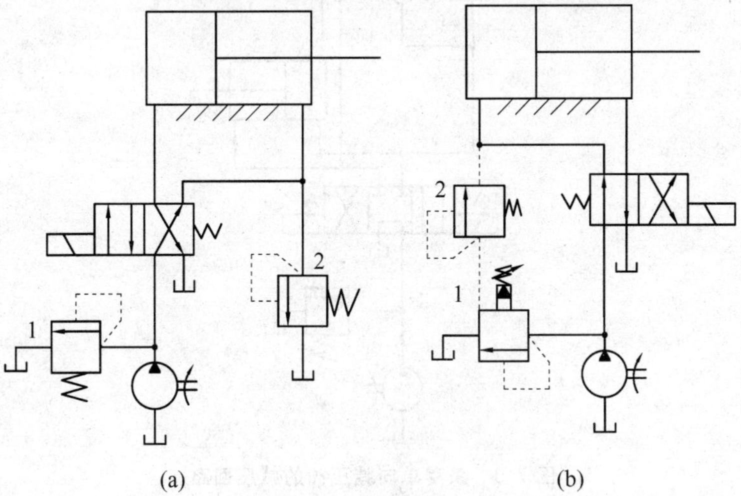

图 7.7　双向调压回路

7.2.2　减压回路

在定量液压泵供油的液压系统中，溢流阀按主系统的工作压力进行调定。若系统中某个执行元件或某个支路所需的工作压力低于溢流阀所调定的主系统压力(如控制系统、润滑系统等)，这时就要采用减压回路。减压回路主要由减压阀组成。

图 7.8 所示为采用减压阀组成的减压回路。减压阀出口的油液压力可以在 5×10^5 Pa 以上到低于溢流阀调定压力 5×10^5 Pa 的范围内调节。

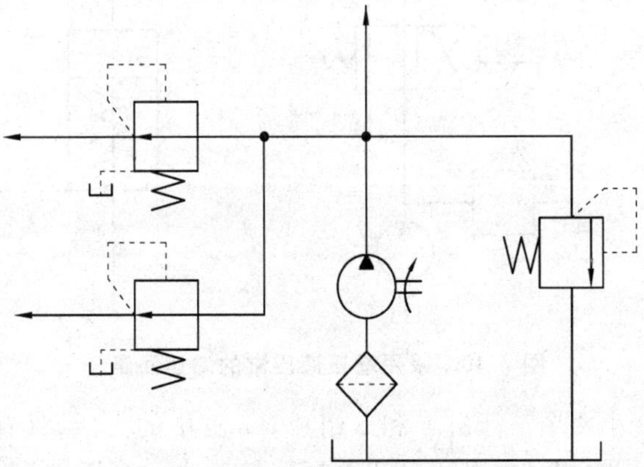

图 7.8　采用减压阀的减压回路

图 7.9 所示为采用单向减压阀组成的减压回路。液压泵输出的压力油液以溢流阀调定的压力进入液压缸 2，以经减压阀减压后的压力进入液压缸 1。采用带单向阀的减压阀是为了液压缸 1 活塞返程时，油液可经单向阀直接回油箱。

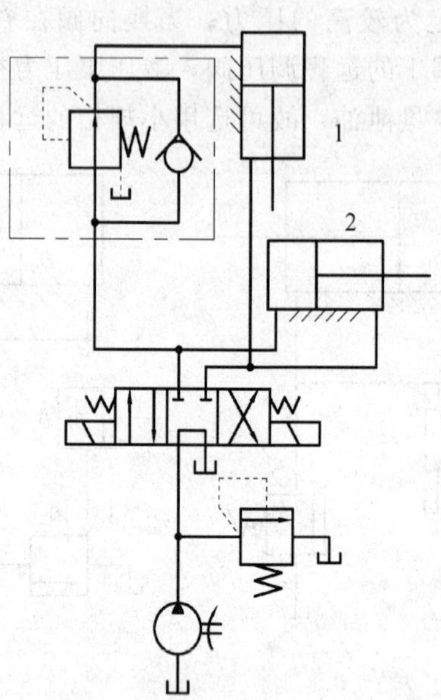

图 7.9 采用单向减压阀的减压回路

7.2.3 增压回路

增压回路用来使局部油路或个别执行元件得到比主系统油压高得多的压力，图 7.10 所示为采用增压液压缸的增压回路。

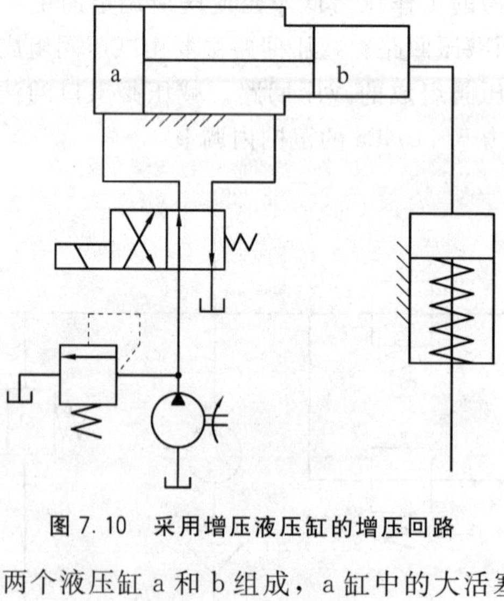

图 7.10 采用增压液压缸的增压回路

增压液压缸由大、小两个液压缸 a 和 b 组成，a 缸中的大活塞(有效作用面积 A_a)和 b 缸中的小活塞(有效作用面积 A_b)用一根活塞杆连接起来。当压力为 p_a的压力油如图示进入液压缸 a 左腔时，作用在大活塞上的液压作用力 F_a推动大、小活塞一起向右运动，液压缸 b 的油液以压力 p_b进入工作液压缸，推动其活塞运动。

增压原理：因为作用在大活塞左端和小活塞右端的液压作用力相平衡，即 $F_a=F_b$，又因 $F_a=p_aA_a$，$F_b=p_bA_b$，所以 $p_aA_a=p_bA_b$，则 $p_b=p_aA_a/A_b$。由于 $A_a>A_b$，则 $p_b>p_a$，所以起到增压作用。

7.2.4　卸荷回路

当液压系统中的执行元件停止运动或需要长时间保持压力时，卸荷回路可以使液压泵输出的油液以最小的压力直接流回油箱，以减小液压泵的输出功率，降低驱动液压泵电动机的动力消耗，减小液压系统的发热，从而延长液压泵的使用寿命。下面介绍几种常用的卸荷回路。

1. 采用三位换向阀的卸荷回路

图 7.11 所示为采用三位四通换向阀的 H 型中位滑阀机能实现卸荷的回路。中位时，进油口 P 与回油口 T 相连通，液压泵输出的油液可以经换向阀中间通道直接流回油箱，实现液压泵卸荷，M 型中位滑阀机能也有类似功用。

2. 采用二位二通换向阀的卸荷回路

图 7.12 所示为采用二位二通换向阀的卸荷回路。当执行元件停止运动时，使二位二通换向阀电磁铁断电，其右位接入系统，这时液压泵输出的油液通过该阀流回油箱，使液压泵卸荷。应用这种卸荷回路时，二位二通换向阀的流量规格应能流过液压泵的最大流量。

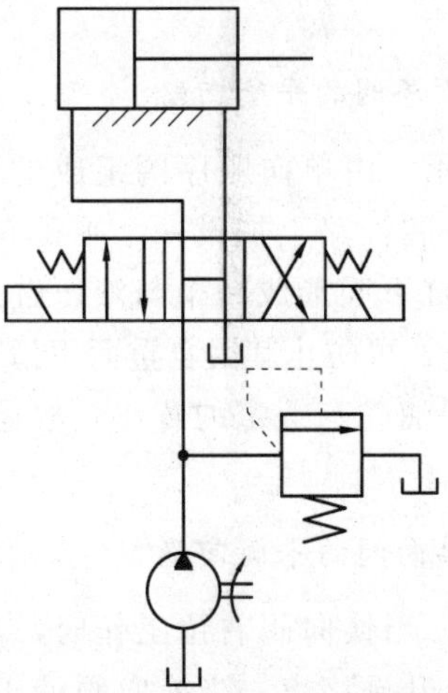

图 7.11　三位换向阀的卸荷回路

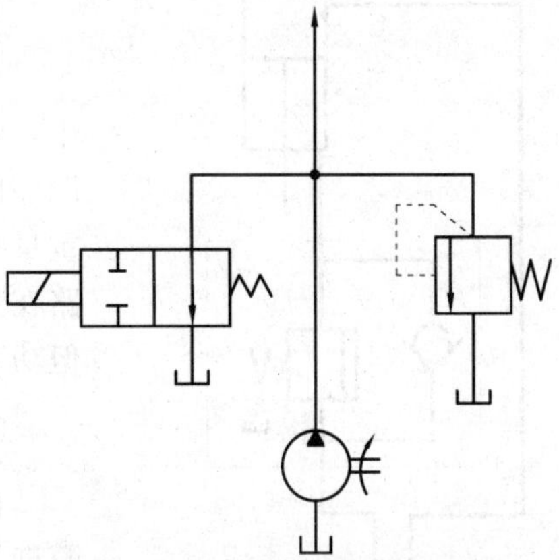

图 7.12　二位二通换向阀的卸荷回路

3. 使用溢流阀的卸荷回路

图 7.13 是用先导式溢流阀的卸荷回路。采用小型的二位二通阀 3，将先导式溢流阀 2 的远程控制口接通油箱，即可使液压泵 1 卸荷。此回路中，二位二通换向阀可选用较小的流量规格。

4. 使用液控顺序阀的卸荷回路

在双泵供油的液压系统中，常采用图 7.14 所示的卸荷回路，即在快速行程时，两液压泵同时向系统供油，进入工作阶段后，由于压力升高，打开液控顺序阀 3 使低压大流量泵 1 卸荷。溢流阀 4 调定工作行程时的压力，单向阀的作用是对高压小流量泵 2 的高压油起止回作用。

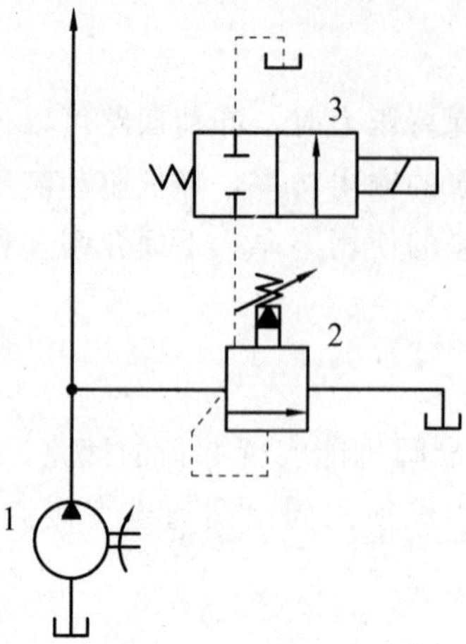

图 7.13　溢流阀的卸荷回路

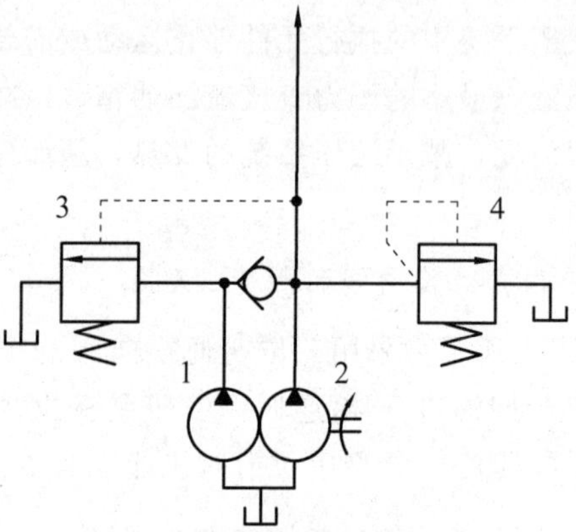

图 7.14　液控顺序阀的卸荷回路

7.2.5　平衡回路

为防止垂直放置的液压缸及其工作部件因自重自行下落或在下行运动中因自重造成的失控失速，可设计平衡回路。平衡回路通常用单向顺序阀或液控单向阀来实现平衡控制。

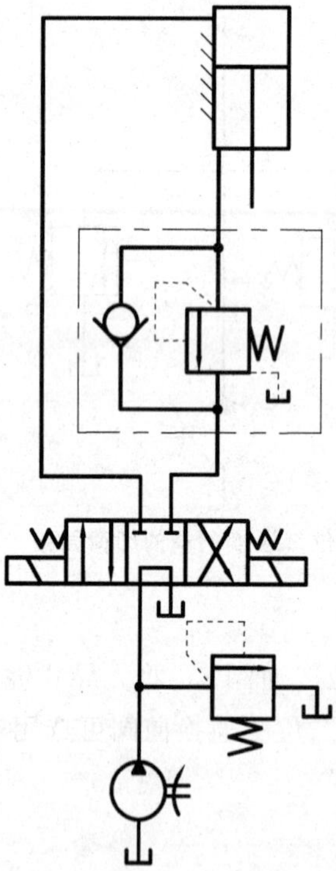
图 7.15　单向顺序阀的平衡回路

1. 使用单向顺序阀的平衡回路

如图 7.15 所示，由单向顺序阀组成的平衡回路中，在液压缸的下腔油路上加设一个平衡阀(即单向顺序阀)，使液压缸下腔形成一个与液压缸运动部分重量相平衡的压力，可防止其因自重而下滑。这种回路在活塞下行时回油腔有一定的背压，故运动平稳，但功率损失较大。

2. 使用液控单向阀的平衡回路

在图 7.16 中，当换向阀右位工作时，液压缸下腔进油，液压缸上升至终点；当换向阀处于中位时，液压泵卸荷，液压缸停止运动；当换向阀左位工作时，液压缸上腔进油，液压缸下腔的回油由节流阀限速，由液控单向阀锁紧，当液压缸上腔压力足以打开液控单向阀时，液压缸才能下行。由于液控单向阀泄漏量极小，故其闭锁性能较好，回油路上的单向节流阀可用于保证活塞向下运动的平稳性。

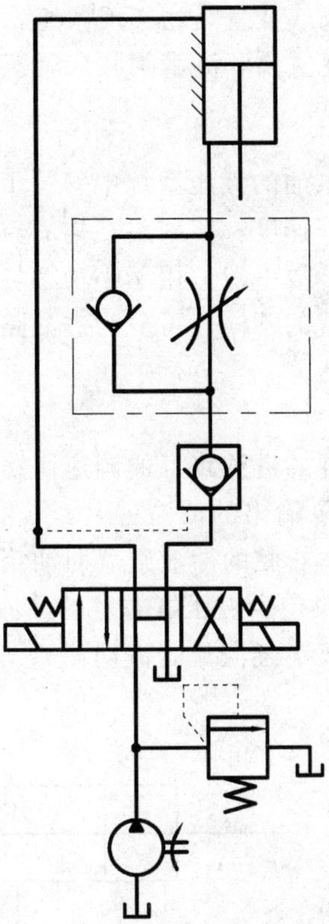

图 7.16　液控单向阀的平衡回路

7.3　速度控制回路

用来控制执行元件运动速度的回路称为速度控制回路。速度控制回路包括调节执行元件工作行程速度的调速回路和使不同速度相互转换的速度换接回路。

7.3.1　调速回路

假设输入执行元件的流量为 q，液压缸的有效面积为 A，液压马达的排量为 V_M，则液压缸的运动速度为

$$v=\frac{q}{A}$$

液压马达的转速为

$$n=\frac{q}{V_M}$$

由以上两式可知，改变输入液压执行元件的流量 q(或液压马达的排量 V_M)可以达到改变速度的目的。

调速方法有以下 3 种。

(1) 节流调速——采用定量泵供油，由流量阀改变进入执行元件的流量以实现调速。

(2) 容积调速——采用变量泵或变量马达实现调速。

(3) 容积节流调速——采用变量泵和流量阀联合调速。

1. 节流调速回路

节流调速回路在定量液压泵供油的液压系统中安装了流量阀，调节进入液压缸的油液流量，从而调节执行元件工作行程速度。该回路结构简单，成本低，使用维修方便，但它的能量损失大，效率低，发热大，故一般只用于小功率场合。

根据流量阀在油路中安装位置的不同，可分为进油路节流调速、回油路节流调速、旁油路节流调速等形式。

1) 进油路节流调速回路

把流量控制阀串联在执行元件的进油路上的调速回路称为进油路节流调速回路，如图7.17所示。当回路工作时，液压泵输出的油液(压力 p_B 由溢流阀调定)经可调节流阀进入液压缸左腔，推动活塞向右运动，右腔的油液则流回油箱。液压缸左腔的油液压力 p_1 由作用在活塞上的负载阻力 F 的大小决定。液压缸右腔的油液压力 $p_2\approx 0$，进入液压缸油液的流量 q_1 由节流阀调节，多余的油液 q_2 经溢流阀流回油箱。A 为活塞的有效作用面积，A_0 为流量阀节流口通流截面积。

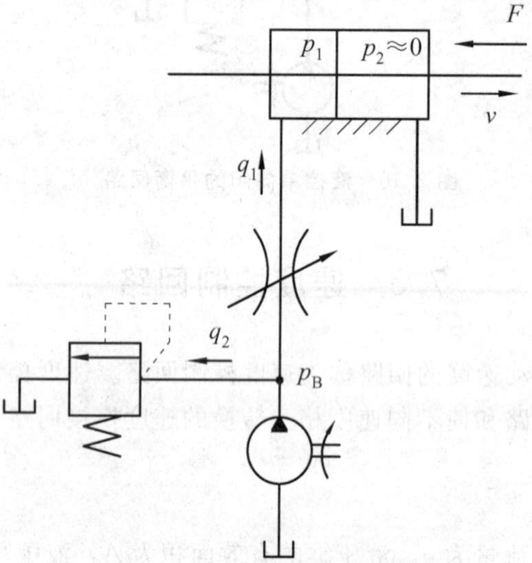

图 7.17 进油路节流调速回路

当活塞带动执行元件以速度 v 向右做匀速运动时，作用在活塞两个方向上的力互相平衡，则

$$p_1 A = F$$

即

$$p_1 = \frac{F}{A}$$

设节流阀前后的压力差为 Δp，则

$$\Delta p = p_B - p_1$$

假定节流口形状为薄壁小孔，由于经流量阀流入液压缸右腔的流量为

$$q_1 = KA_0\Delta p^m = KA_0\sqrt{\Delta p}$$

所以活塞的运动速度为

$$v=\frac{q_1}{A}=\frac{KA_0}{A}\sqrt{\Delta p}=\frac{KA_0}{A}\sqrt{P_B-\frac{F}{A}}$$

进油路节流调速回路的特点如下。

(1) 结构简单，使用方便。由于活塞运动速度 v 与节流阀口通流截面积 A_0 成正比，调节 A_0 即可方便地调节活塞运动速度。

(2) 可以获得较大的推力和较低的速度。液压缸回油腔和回油管路中油液压力很低，接近于零，且当单活塞杆液压缸在无活塞杆腔进油实现工作进给时，活塞有效作用面积较大，故输出推力较大，速度较低。

(3) 速度稳定性差。由上式可知液压泵工作压力 p_B 经溢流阀调定后近于恒定，节流阀调定后 A_0 也不变，活塞有效作用面积 A 为常量，所以活塞运动速度 v 将随负载 F 的变化而波动。

(4) 运动平稳性差。由于回油路压力为零，即回油腔没有背压力，当负载突然变小、为零或为负值时，活塞会突然前冲。为了提高运动的平稳性，通常在回油管路中串接一个背压阀(换装大刚度弹簧的单向阀或溢流阀)。

(5) 系统效率低，传递功率小。因液压泵输出的流量和压力在系统工作时经调定后均不变，所以液压泵的输出功率为定值。当执行元件在轻载低速下工作时，液压泵输出功率中有很大部分消耗在溢流阀和节流阀上，流量损失和压力损失大，系统效率很低。功率损耗会引起油液发热，使进入液压缸的油液温度升高，导致泄漏增加。

使用节流阀的进油节流调速回路一般应用于功率较小、负载变化不大的液压系统中。

2) 回油路节流调速回路

把流量控制阀安装在执行元件通往油箱的回油路上的调速回路称为回油节流调速回路，如图 7.18 所示。

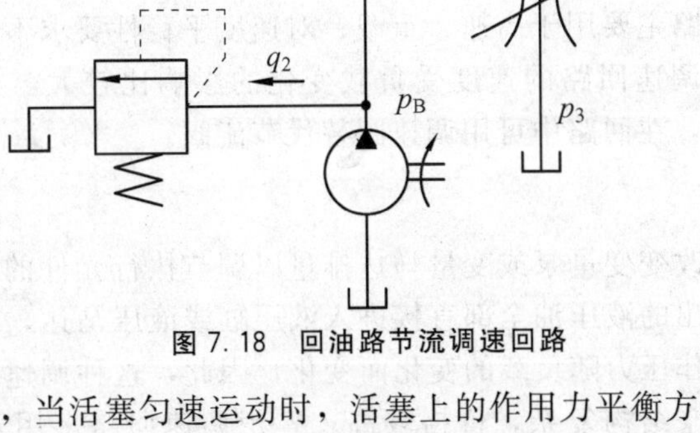

图 7.18　回油路节流调速回路

和前面分析相同，当活塞匀速运动时，活塞上的作用力平衡方程式为

$$p_1A=F+p_2A$$

p_1 等于由溢流阀调定的液压泵出口压力 p_B，即

$$p_1 = p_B$$

则

$$p_2 = p_1 - \frac{F}{A} = p_B - \frac{F}{A}$$

节流阀前后的压力差 $\Delta p = p_2 - p_3$，因节流阀出口接油箱，即 $p_3 \approx 0$，所以

$$\Delta p = p_2 = p_B - \frac{F}{A}$$

活塞运动速度为

$$v = \frac{q_1}{A} = \frac{KA_0}{A}\sqrt{\Delta p} = \frac{KA_0}{A}\sqrt{p_B - \frac{F}{A}}$$

此式与进油节流调速回路所得的公式完全相同，因此两种回路具有相似的调速特点。但回油节流调速回路有两个明显的优点：一是节流阀装在回油路上，回油路上有较大的背压，因此在外界负载变化时可起缓冲作用，运动的平稳性比进油节流调速回路要好；二是回油节流调速回路中，油液经节流阀后压力损耗而发热，导致温度升高的油液直接流回油箱，容易散热。

回油节流调速回路广泛应用于功率不大、负载变化较大或运动平稳性要求较高的液压系统中。

3）旁油路节流调速回路

如图 7.19 所示，将节流阀设置在与执行元件并联的旁油路上，即构成了旁油路节流调速回路。该回路中，节流阀调节了液压泵溢回油箱的流量 q_2，从而控制了进入液压缸的流量 q_1，调节流量阀的通流面积，即可实现调速。这时，溢流阀作为安全阀，常态时关闭。回路中只有节流损失，无溢流损失，功率损失较小，系统效率较高。

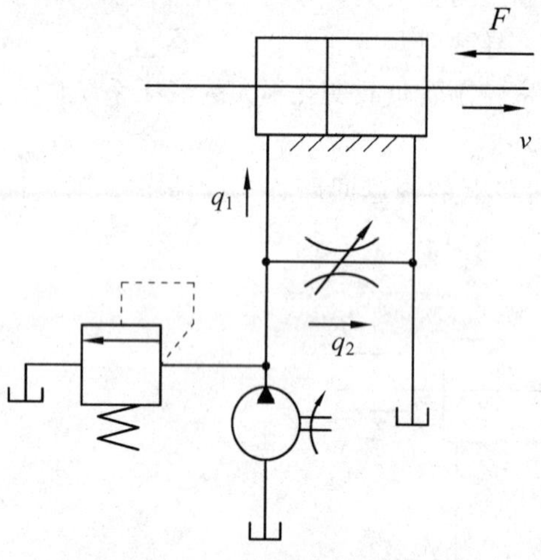

图 7.19　旁油路节流调速回路

旁油路节流调速回路主要用于高速、重载、对速度平稳性要求不高的场合。

使用节流阀的节流调速回路的速度受负载变化的影响比较大，亦即速度稳定性都较差，为了克服这个缺点，在回路中可用调速阀替代节流阀。

2. 容积调速回路

容积调速回路通过改变变量泵或变量马达排量以调节执行元件的运动速度。在容积式调速回路中，液压泵输出的液压油全部直接进入液压缸或液压马达，无溢流损失和节流损失。而且，液压泵的工作压力随负载的变化而变化，因此，这种调速回路效率高，发热量少，其缺点是变量液压泵结构复杂，价格较高。容积调速回路多用于工程机械、矿山机械、农业机械和大型机床等大功率的调速系统中。

按油液的循环方式不同，容积调速回路可分为开式和闭式。如图 7.20(a)所示的是开式回路，泵从油箱吸油，执行元件的油液返回油箱，油液在油箱中便于沉淀杂质、析出空气，并得到良好的冷却，但油箱尺寸较大，污物容易侵入。图 7.20(b)所示的是闭式回路，液压泵的吸油口与执行元件的回油口直接连接，油液在系统内封闭循环，其结构紧凑、油气隔绝、运动平稳、噪声小，但散热条件较差。闭式回路中须设置补油装置，由辅助泵及与其配套的溢流阀和油箱组成，绝大部分容积调速回路的油液循环采用闭式循环方式。

根据液压泵和执行元件组合方式的不同，容积调速回路有以下 3 种形式。

1) 变量泵和定量执行元件组合

图 7.20(a)所示为变量泵 1 和液压缸组成的容积调速回路，图 7.20(b)所示为变量泵 1 和定量液压马达 4 组成的容积调速回路。这两种回路均采用改变变量泵 1 的输出流量的方法进行调速。工作时，溢流阀 2 作安全阀用，它可以限定液压泵的最高工作压力，起过载保护作用。溢流阀 3 作背压阀用，溢流阀 6 用于调定辅助泵 5 的供油压力，补充系统泄漏油液。

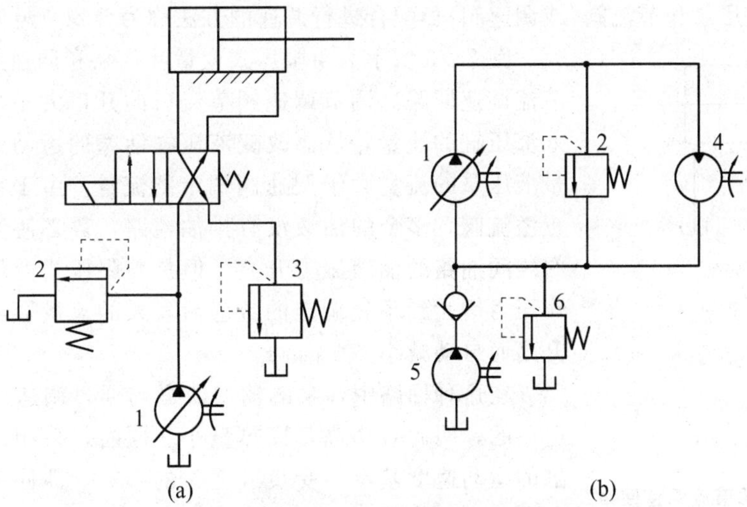

图 7.20 变量泵和定量执行元件容积调速回路

1—变量泵；2—安全阀；3—背压阀；4—定量液压马达；5—辅助泵；6—溢流阀

2)定量泵和变量液压马达组合

在图 7.21 所示的回路中，定量泵 1 的输出流量不变，调节变量液压马达 3 的流量，便可改变其转速，溢流阀 2 可作安全阀用。

3)变量泵和变量液压马达组合

在图 7.22 所示的回路中，变量泵 1 正反向供油，双向变量液压马达 3 正反向旋转，调速时液压泵和液压马达的排量分阶段调节。在低速阶段，液压马达排量保持最大，由改变液压泵的排量来调速；在高速阶段，液压泵排量保持最大，通过改变液压马达的排量来调速。这样就扩大了调速范围。单向阀 6、7 用于使辅助泵 4 双向补油，单向阀 8、9 使安全阀 2 在两个方向都能起过载保护作用，溢流阀 5 用于调节辅助泵的供油压力。

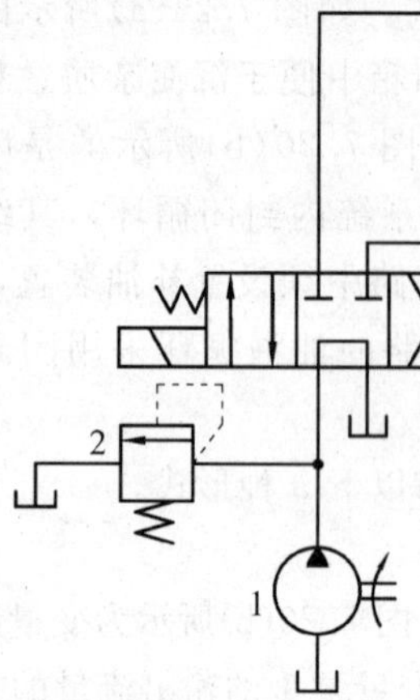

图 7.21 定量泵和变量液压马达调速回路

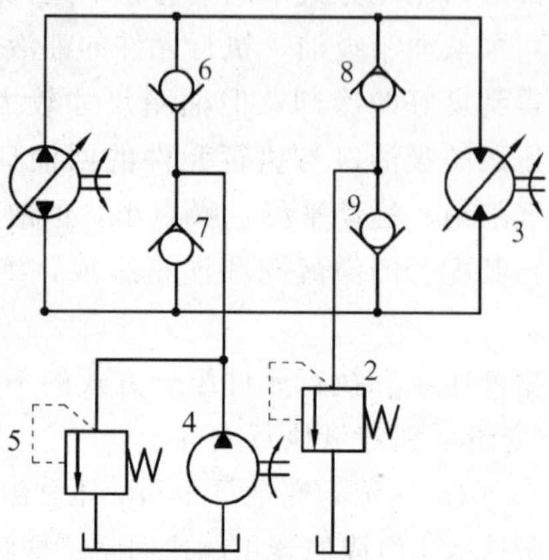

图 7.22 变量泵和变量液压马达调速回路

3. 容积节流调速回路

用变量液压泵和节流阀(或调速阀)相配合进行调速的方法称为容积节流调速。

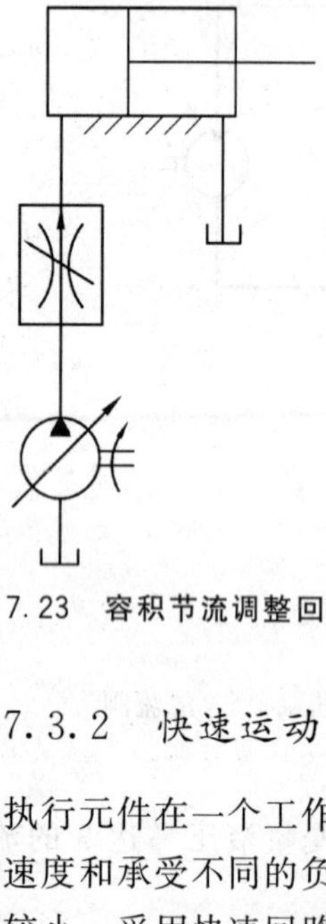

图 7.23 容积节流调整回路

图 7.23 所示为由限压式变量叶片泵和调速阀组成的容积节流调速回路。调节调速阀节流口的开口大小，就能改变进入液压缸的流量，从而改变液压缸活塞的运动速度。如果变量液压泵的流量大于调速阀调定的流量，由于系统中没有设置溢流阀，多余的油液没有排油通路，势必使液压泵和调速阀之间油路的油液压力升高，但是当限压式变量叶片泵的工作压力增大到预先调定的数值后，泵的流量会随工作压力的升高而自动减小。

在这种回路中，泵的输出流量与通过调速阀的流量是相适应的，因此效率高，发热量小。同时，采用调速阀，液压缸的运动速度基本不受负载变化的影响，即使在较低的运动速度下工作，运动也较稳定。

7.3.2 快速运动回路

执行元件在一个工作循环的不同阶段要求有不同的运动速度和承受不同的负载，在空行程阶段其速度较高负载较小。采用快速回路，可以在尽量减少液压泵流量损失的情况下使执行元件获得快的速度，以提高生产率。常见的快速运动回路有以下几种。

1. 差动连接快速运动回路

图 7.24 所示的差动回路是利用差动液压缸的差动连接实现的。当二位三通电磁换向阀处于右位时，液压缸呈差动连接，液压泵输出的油液和液压缸小腔返回的油液合流，进入液压缸的大腔，实现活塞的快速运动。

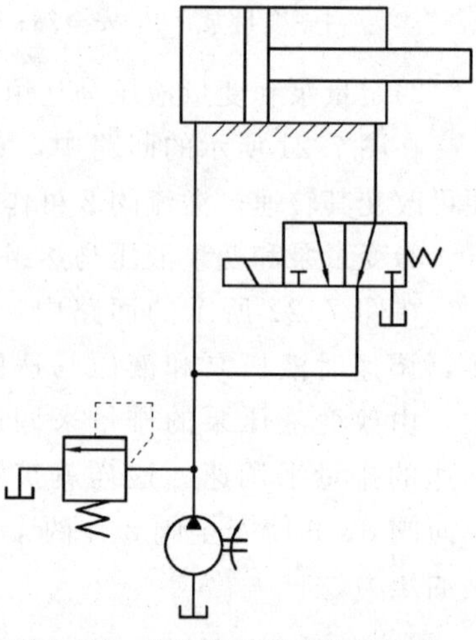

图 7.24 差动连接快速运动回路

这种回路比较简单、经济，但液压缸的速度加快有限，差动连接与非差动连接的速度之比等于活塞与活塞杆截面积之比。若仍不能满足快速运动的要求，则可与限压式变量泵等其他方法联合使用。

2. 双泵供油快速运动回路

图 7.25 所示的回路中采用了低压大流量泵 1 和高压小流量泵 2 并联，它们同时向系统供油时可实现液压缸的空载快速运动；进入工作行程时，系统压力升高，液控顺序阀 3 (卸荷阀)打开，使大流量液压泵 1 卸荷，仅由小流量液压泵 2 向系统供油，液压缸的运动变为慢速工作行程，工进时压力由溢流阀 5 调定。

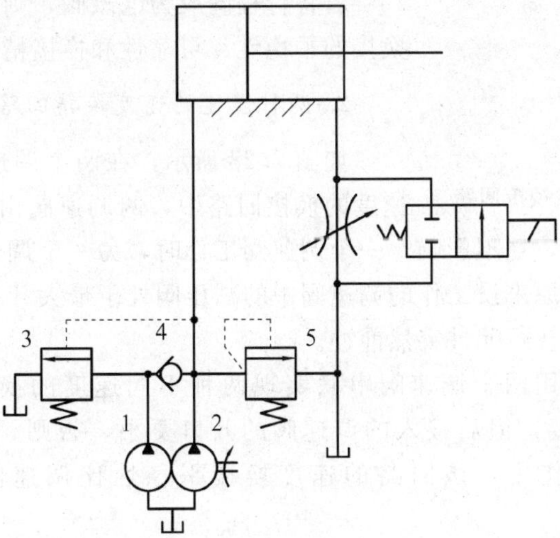

图 7.25 双泵供油快速运动回路

3. 蓄能器快速运动回路

在图 7.26 所示的用蓄能器辅助供油的快速回路中，用蓄能器使液压缸实现快速运动。当换向阀处于左位或右位时，液压泵 1 和蓄能器 3 同时向液压缸供油，实现快速运动。当换向阀处于中位时，液压缸停止工作，液压泵经单向阀向蓄能器供油，随着蓄能器内油量的增加，压力亦升高，至液控顺序阀 2 的调定压力时，液压泵卸荷。

这种回路适用于短时间内需要大流量的场合，并可用小流量的液压泵使液压缸获得较大的运动速度，但蓄能器充油时，液压缸必须有足够的停歇时间。

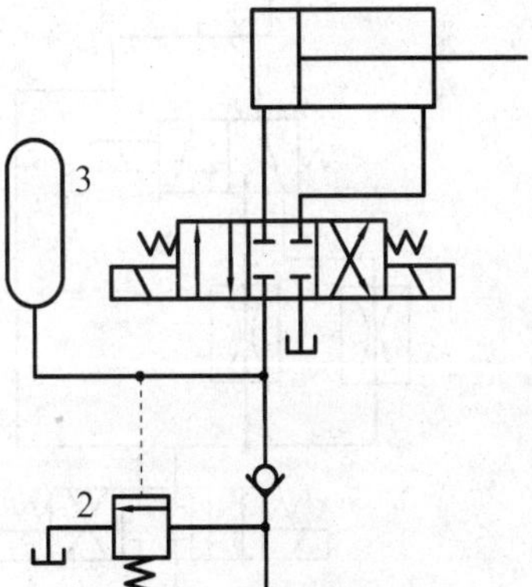

图 7.26 蓄能器快速运动回路

7.3.3 速度换接回路

速度换接回路可使执行元件在一个工作循环中从一种运动速度变换到另一种运动速度。

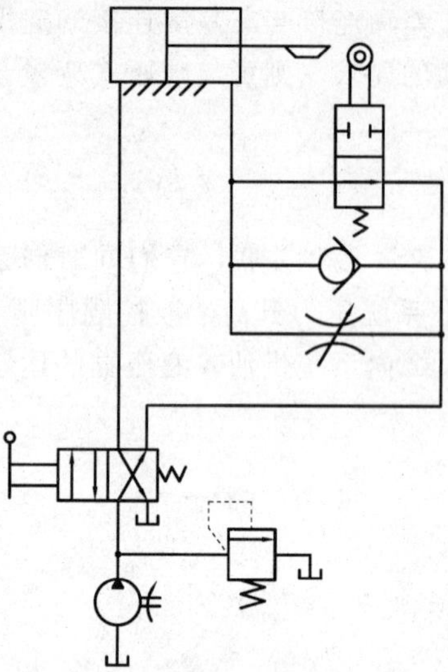

图 7.27　快慢速的速度换接回路

1. 快速与慢速的速度换接回路

如图 7.27 所示，在用行程阀控制的快慢速换接回路中，当活塞杆上的挡块未压下行程阀时，液压缸右腔的油液经行程阀回油箱，活塞快速运动；当挡块压下行程阀时，液压缸回油经节流阀回油箱，活塞转为慢速工进。

此换接过程比较平稳，换接点的位置精度高，但行程阀的安装位置不能任意布置，管路连接较为复杂。

若将行程阀改为电磁阀，则安装连接方便，但速度换接的平稳性、可靠性和换接精度都较差。

2. 两种慢速的速度换接回路

如图 7.28 所示，在两个调速阀并联实现两种进给速度的换接回路中，两调速阀由二位三通换向阀换接，它们各自独立调节流量，互不影响，一个调速阀工作时，另一个调速阀没有油液通过。在速度换接过程中，由于原来没工作的调速阀中的减压阀处于最大开口位置，速度换接时大量油液通过该阀，将使执行元件突然前冲。

如图 7.29 所示，用两个调速阀串联实现两种不同速度的换接回路中，两调速阀由二位二通换向阀换接，但后接入的调速阀的开口要小，否则，换接后得不到所需要的速度，起不到换接作用，该回路的速度换接平稳性比调速阀并联的速度换接回路好。

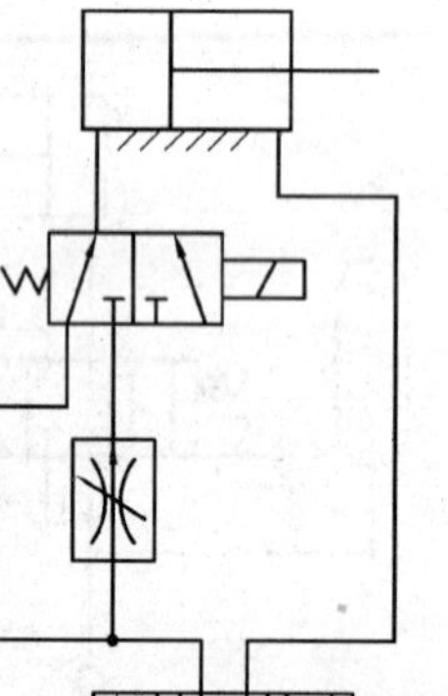

图 7.28　调速阀并联的慢速转换回路

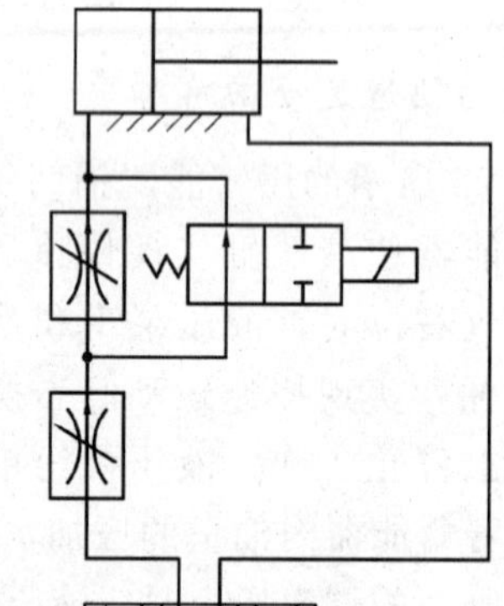

图 7.29　调速阀串联的慢速转换回路

7.4　多缸动作控制回路

当液压系统有两个或两个以上的执行元件时，一般要求这些执行元件做顺序动作或同步动作。

7.4.1　顺序回路

控制液压系统中执行元件动作的先后次序的回路称为顺序动作回路。按照控制的原理和方法不同，顺序动作的方式分成压力控制、行程控制和时间控制 3 种。时间控制的顺序动作回路控制准确性较低，应用较少。常用的是压力控制和行程控制的顺序动作回路。

1. 用压力控制的顺序动作回路

压力控制是利用油路本身压力的变化来控制阀口的启闭，使执行元件按顺序动作的一种控制方式。其主要控制元件是顺序阀和压力继电器。

1）采用顺序阀控制的顺序动作回路

图 7.30 所示为采用顺序阀控制的顺序动作回路。阀 1 和阀 2 是由顺序阀与单向阀构成的组合阀——单向顺序阀。系统中有两个执行元件：夹紧液压缸 A 和加工液压缸 B。两液压缸按夹紧→工作进给→快退→松开的顺序动作。系统工作过程如下。

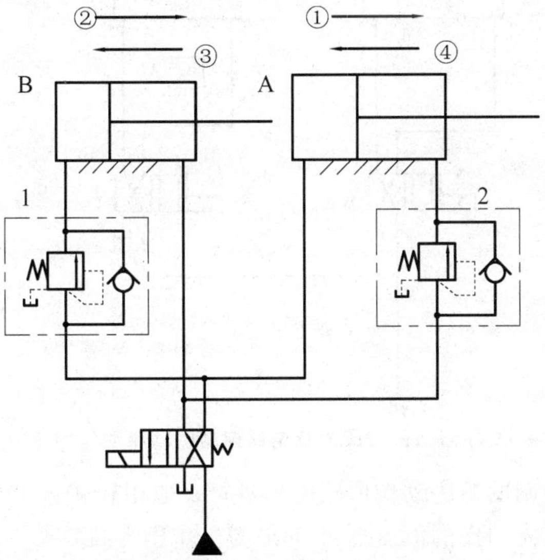

图 7.30　采用顺序阀控制的顺序动作回路

(1)二位四通电磁阀通电，左位接入系统，压力油液进入 A 缸左腔，由于系统压力低于单向顺序阀 1 的调定压力，顺序阀未开启，A 缸活塞向右运动实现夹紧，完成动作①，回油经阀 2 的单向阀流回油箱。

(2) 当 A 缸活塞右移到达终点时，工件被夹紧，系统压力升高。当超过阀 1 中顺序阀调定值时，顺序阀开启，压力油进入加工液压缸 B 左腔，活塞向右运动进行加工，回油经换向阀回油箱，完成动作②。

(3) 加工完毕后，二位四通电磁阀断电，右位接入系统(如图示位置)，压力油液进入 B 缸右腔，阀 2 的顺序阀未开启，回油经阀 1 的单向阀流回油箱，活塞向左快速运动实现快退，完成动作③。

(4) 到达终点后，油压升高，使阀 2 的顺序阀开启，压力油液进入 A 缸右腔，回油经换向阀回油箱，活塞向左运动松开工件，完成动作④。

对于用顺序阀控制的顺序动作回路，顺序动作的可靠程度主要取决于顺序阀的质量和压力调定值。为了保证顺序动作的可靠准确，应使顺序阀的调定压力大于先动作的液压缸的最高工作压力($8\times10^5 \sim 1\times10^6$ Pa)，以避免因压力波动使顺序阀先行开启。

这种顺序动作回路适用于液压缸数量不多、负载阻力变化不大的液压系统。

2）采用压力继电器控制的顺序动作回路

图 7.31 是采用压力继电器控制的顺序动作回路。按下按钮，使二位四通换向阀 1 电磁铁通电，左位接入系统，压力油液进入液压缸 A 的左腔，推动活塞向右运动，回油经换向阀 1 流回油箱，完成动作①；当活塞碰上定位挡铁时，系统压力升高，使安装在液压缸 A 进油路上的压力继电器动作，发出电信号，使二位四通换向阀 2 电磁铁通电，左位接入系统，压力油液进入液压缸 B 的左腔，推动活塞向右运动，完成动作②；实现 A、B 两液压缸先后顺序动作。

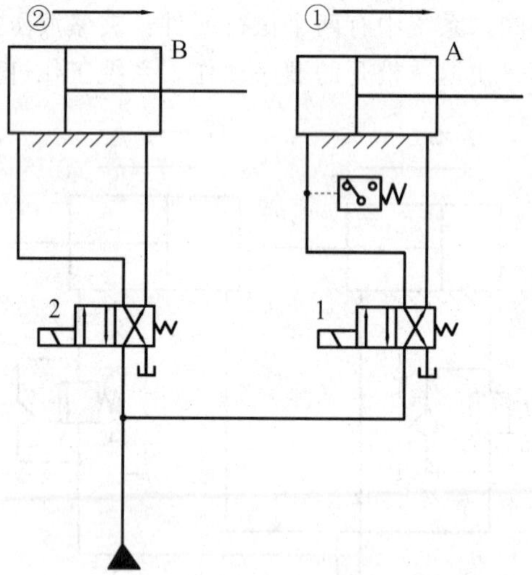

图 7.31　采用压力继电器控制的顺序动作回路

采用压力继电器控制的顺序动作回路简单易行，应用较普遍。使用时应注意，压力继电器的压力调定值应比先动作的液压缸 A 的最高工作压力高 $3\times10^5 \sim 5\times10^5$ Pa，同时又应比溢流阀调定压力低 $3\times10^5 \sim 5\times10^5$ Pa，以防止压力继电器误发信号。

2. 用行程控制的顺序动作回路

行程控制是利用执行元件运动到一定的位置时发出控制信号，起动下一个执行元件的动作，使各液压缸实现顺序动作的控制过程。

1）采用行程阀控制的顺序动作回路

图 7.32 是采用行程阀控制的顺序动作回路。循环开始前，两液压缸活塞如图示位置。二位四通换向阀电磁铁通电后，左位接入系统，压力油液经换向阀进入液压缸 A 右腔，推动活塞向左移动，实现动作①；到达终点时，活塞杆上的挡块压下二位四通行程阀的滚轮，使阀芯下移，压力油液经行程阀进入液压缸 B 的右腔，推动活塞向左运动，实现动作②；当二位四通换向阀电磁铁断电时，弹簧复位，使右位接入系统，压力油经换向阀进入液压缸 A 的左腔，推动活塞向右退回，实现动作③；当挡块离开行程阀滚轮时，行程阀复位，压力油经行程阀进入液压缸 B 的左腔，使活塞向右运动，实现动作④。

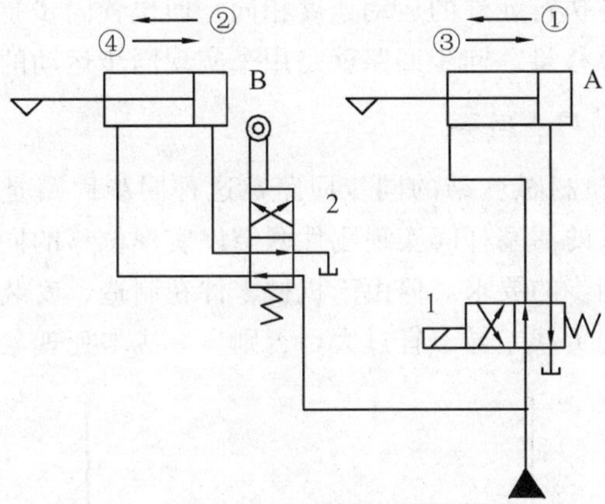

图 7.32　采用行程阀控制的顺序动作回路

这种回路动作灵敏，工作可靠，缺点是行程阀只能安装在执行元件的附近，调整和改变动作顺序也较为困难。

2) 采用行程开关控制的顺序动作回路

图 7.33 所示为用行程开关控制的顺序动作回路，液压缸按①→②→③→④的顺序动作，其工作过程如下。

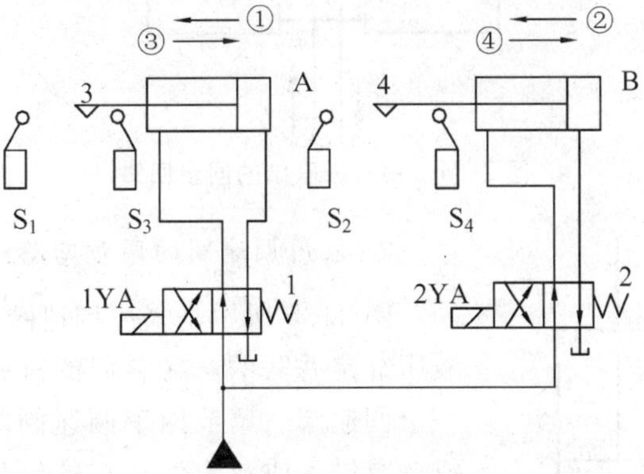

图 7.33　采用行程开关控制的顺序动作回路

(1)电磁铁 1YA 通电，阀 1 左位工作，缸 A 活塞左移，实现动作①。

(2)挡块 3 压下行程开关 S_1，2YA 通电，阀 2 换至左位，缸 B 活塞左移，实现动作②。

(3) 挡块 4 压下行程开关 S_2，1YA 断电，阀 1 换至右位，缸 A 活塞右移，实现动作③。

(4) 挡块 3 压下行程开关 S_3，2YA 断电，阀 2 换至右位，缸 B 活塞右移，实现动作④。

当 B 缸活塞运动至挡块 4 并压下行程开关 S_4 时，1YA 通电，即可开始下一个工作循环。

这种回路使用方便，调节行程和动作顺序也方便，但顺序转换时有冲击，且电气线路比较复杂，回路的可靠性取决于电器元件的质量。

7.4.2　同步回路

在多缸工作的液压系统中，常常会遇到要求两个或两个以上的执行元件同时动作的情况，并要求它们在运动过程中克服负载、摩擦阻力、泄漏、制造精度误差和结构变形上的差异，维持相同的速度或相同的位移——即做同步运动。同步运动包括速度同步和位置同步两类。速度同步是指各执行元件的运动速度相同，而位置同步是指各执行元件在运动中或停止时都保持相同的位移量。同步回路就是用来实现同步运动的回路。

1. 液压缸机械联结的同步回路

图 7.34 所示为液压缸机械联结的同步回路，这种同步回路是用刚性梁、齿轮、齿条等机械零件在两个液压缸的活塞杆间实现刚性联结以实现位移的同步，此方法比较简单经济，能基本上保证位置同步的要求，但由于机械零件在制造、安装上的误差，同步精度不高；同时，两个液压缸的负载差异不宜过大，否则会造成卡死现象。

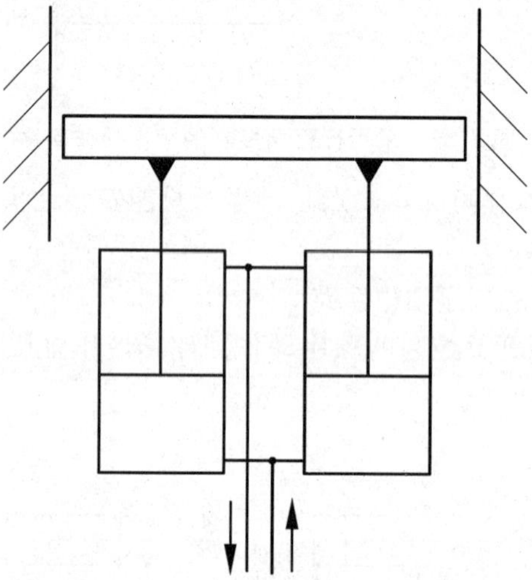

图 7.34　用机械联结的同步回路

2. 采用调速阀的同步回路

图 7.35 所示是采用调速阀的单向同步回路。两个液压缸是并联的，在它们的进(回)油路上，分别串接一个调速阀，调节两个调速阀的开口大小，便可控制或调节进入或流出液压缸的流量，使两个液压缸在一个运动方向上实现同步，即单向同步。这种同步回路结构简单，但是两个调速阀的调节比较麻烦，而且还受油温、泄漏等的影响，故同步精度不高，不宜用在偏载或负载变化频繁的场合。

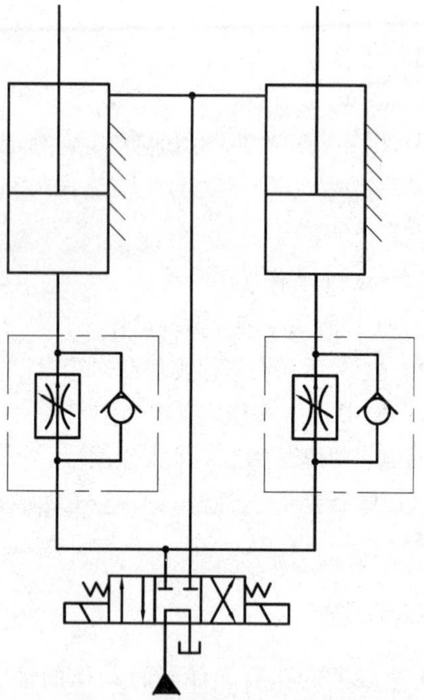

图 7.35　用调速阀的同步回路

3. 用串联液压缸的同步回路

图 7.36 所示为带有补偿装置的两个液压缸串联的同步回路。

当两缸同时下行时，若缸 5 活塞先到达行程终点，则挡块压下行程开关 S_1，电磁铁 3YA 通电，换向阀 2 左位工作，压力油经换向阀 2 和液控单向阀 3 进入缸 4 上腔，进行补油，使其活塞继续下行到达行程端点。

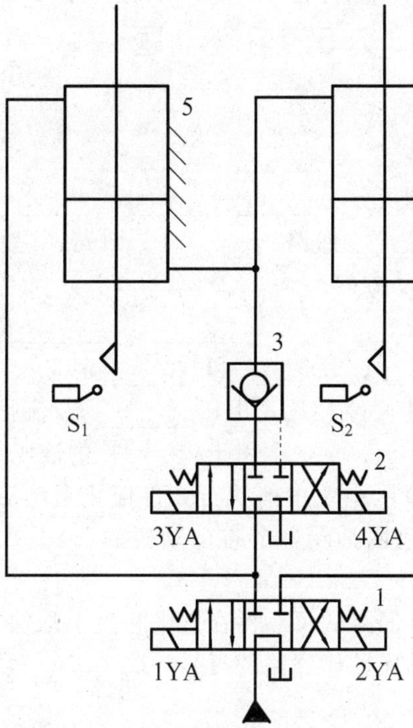

图 7.36 用串联液压缸的同步回路

如果缸 4 活塞先到达终点，行程开关 S_2 使电磁铁 4YA 通电，换向阀 2 右位工作，压力油进入液控单向阀控制腔，打开阀 3，缸 5 下腔与油箱接通，使其活塞继续下行到达行程终点，从而消除累积误差。

这种回路允许较大偏载，偏载造成的压差不影响流量的改变，只会导致微小的压缩和泄漏，因此同步精度较高，回路效率也较高。

4. 用同步马达的同步回路

图 7.37 所示为采用相同结构、相同排量的两个液压马达作为等流量分流装置的同步回路。两个马达轴刚性联结，把等量的油分别输入两个尺寸相同的液压缸中，使两液压缸实现同步。图中的节流阀用于消除行程终点两缸的位置误差。

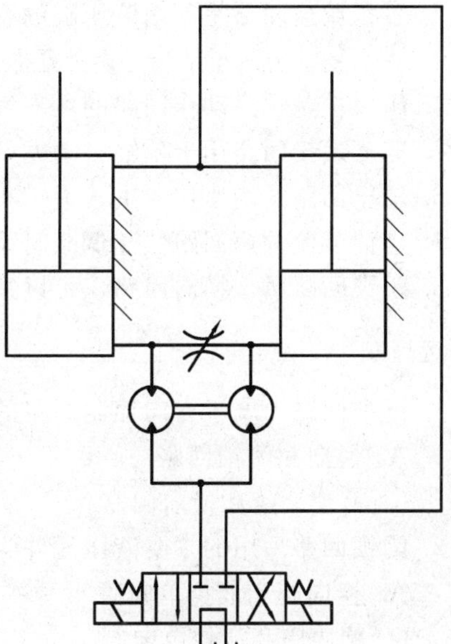

图 7.37 用同步马达的同步回路

影响这种回路同步精度的主要因素有马达由于制造上的误差而引起的排量上的差别、作用于液压缸活塞上的负载不同引起的漏油，以及摩擦阻力的不同等。

7.5 习　题

一、填空题

1. 常用的基本回路按其功能可分为______、______、______和______等几大类。
2. 方向控制回路包括________回路、________回路，它们的作用是控制液流的________、________和流动方向。
3. 压力控制回路可用来实现________、________、________、________等控制。
4. 速度控制回路包括________、________和________种。
5. 容积调速回路与节流调速回路相比，由于________节流损失和溢流损失，故效率________，回路发热量________，适用于________的液压系统中。
6. 卸载回路的作用是：当液压系统中的执行元件停止运动后，使液压泵输出的油液以最小的________直接流回油箱，节省电动机的________，减小系统________，延长泵的________。
7. 用顺序阀控制的顺序动作回路的可靠性在很大程度上取决于________和________；用电气行程开关控制的顺序动作回路的可靠性取决于________。

二、判断题

1. 所有方向阀都可构成换向回路。（　）
2. 容积调速回路是利用液压缸的容积变化来调节速度大小的。（　）
3. 一个复杂的液压系统是由液压泵、液压缸和各种控制阀等基本回路组成的。（　）
4. 压力控制顺序动作回路的可靠性比行程控制顺序动作回路的可靠性差。（　）
5. 速度换接回路用于单缸自动循环控制，顺序动作回路用于多缸自动循环。（　）
6. 增压回路的增压比取决于大、小缸的直径之比。（　）
7. 进油节流调速回路低速低载时系统的效率高。（　）
8. 闭锁回路属于换向回路，可以采用滑阀机能为O型或M型换向阀实现。（　）

三、选择题

1. 下列回路中属于方向控制回路的是________。

   A. 换向和闭锁回路　　B. 调压和卸载回路

   C. 节流调速和换向回路
2. 闭锁回路采用的主要液压元件为________。

   A. 换向阀和液控单向阀　　B. 溢流阀和换向阀

   C. 顺序阀和液控单向阀
3. 卸载回路属于________回路。

   A. 方向控制　　B. 压力控制

   C. 速度控制　　D. 顺序动作
4. 若系统溢流调定压力为35×10^5Pa，则减压阀调定压力在________Pa之间。

   A. $0\sim35\times10^5$　　B. $5\times10^5\sim35\times10^5$

   C. $5\times10^5\sim30\times10^5$

5. 有关回油节流调速回路说法中正确的是________。
   A. 调速特性与进油节流调速回路不相同
   B. 经节流阀而发热的油液不容易散热
   C. 广泛用于功率不大、负载变化较大或运动平稳性要求较高的液压系统
   D. 串接背压阀可提高运动的平稳性

6. 容积节流调速回路的说法中正确的是________。
   A. 主要由定量泵和调速阀组成
   B. 工作稳定，效率较高
   C. 在较低的速度下工作时，运动稳定性不好
   D. 比进、回油节流调速两种调速回路的平稳性差、效率低

四、分析题

1. 图 7.38 所示为采用标准液压元件的行程换向阀 A、B 及带定位机构的液动换向阀 C 组成的自动换向回路，试说明其自动换向过程。

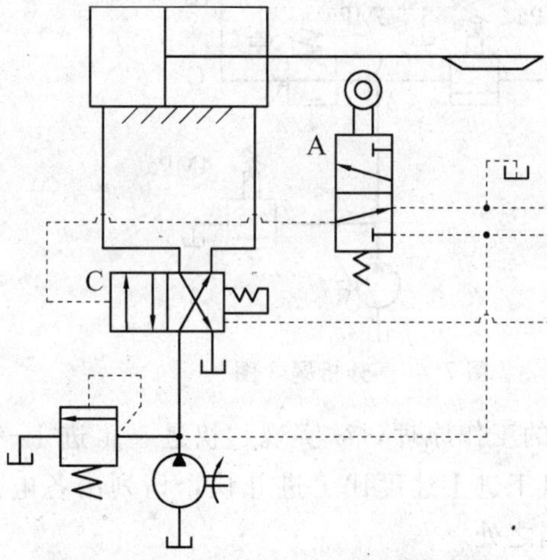

图 7.38　分析题 1 图

2. 图 7.39 所示回路最多能实现几级调压？阀 1、2、3 的调整压力之间应是怎样的关系？该回路与图 7.6(b)所示回路有何区别？

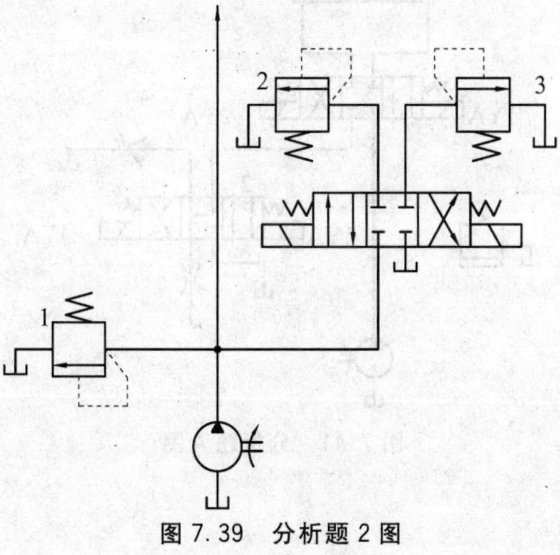

图 7.39　分析题 2 图

3. 图 7.40 所示为一个液压系统，液压缸有效工作面积 $A_1=A_2=100\text{cm}^2$，缸Ⅰ负载 $F=35\ 000\text{N}$，缸Ⅱ运动时负载为零。不计摩擦阻力、惯性力和管路损失。溢流阀、顺序阀和减压阀的调整压力分别为 $p_Y=4\text{MPa}$、$p_X=3\text{MPa}$、$p_J=2\text{MPa}$。求下面 3 种工况下 A、B 和 C 处的压力。

(1)液压泵启动后，两换向阀处于中位。

(2)1YA 通电，缸Ⅰ活塞移动时及活塞运动到终点时。

(3)1YA 断电，2YA 通电，缸Ⅱ活塞运动时及活塞碰到固定挡块时。

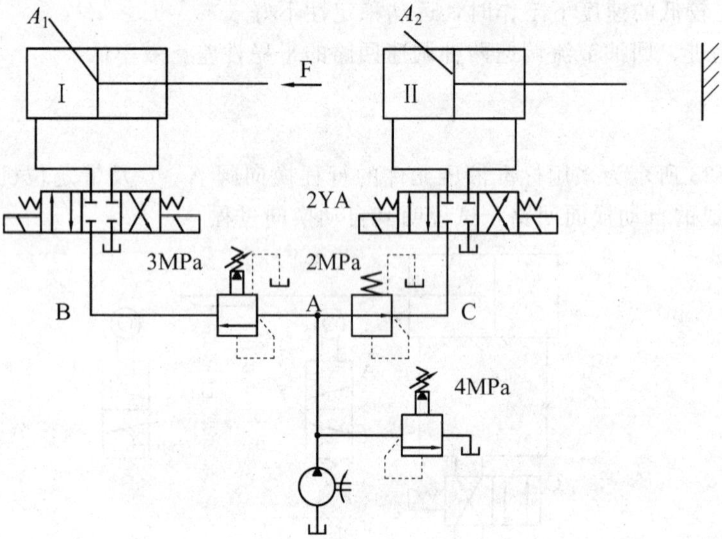

图 7.40　分析题 3 图

4. 试分析图 7.41 所示回路的工作原理，欲实现“快进→工进Ⅰ→工进Ⅱ→快退→停止”的动作循环回路，且工进Ⅰ速度比工进Ⅱ快，请列出各电磁铁的动作顺序表，且比较阀 1 和阀 2 的异同之处。

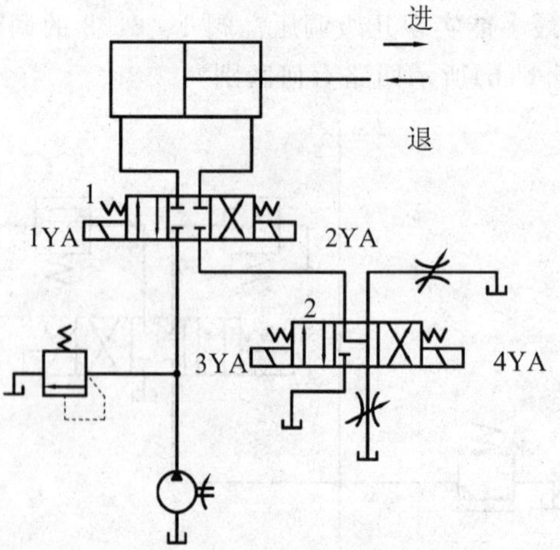

图 7.41　分析题 4 图

5. 图 7.42 所示之回路为实现“快进→工进Ⅰ→工进Ⅱ→快退→停止”的动作循环回路，且工进Ⅰ速度比工进Ⅱ快，试完成以下要求。
(1)填写电磁铁动作顺序表。
(2)说明系统由哪些基本回路组成。
(3)简述阀 1 和阀 2 的名称和作用。
6. 假如要求图 7.43 所示系统实现“快进→工进→快退→原位停止且液压泵卸荷”工作循环，试列出电磁铁动作顺序表。

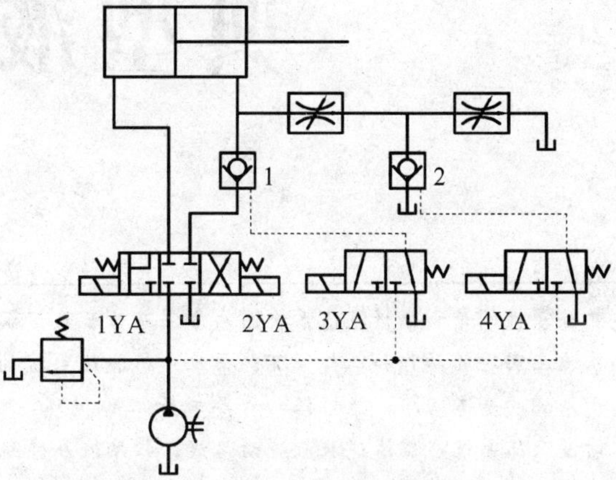

图 7.42　分析题 5 图

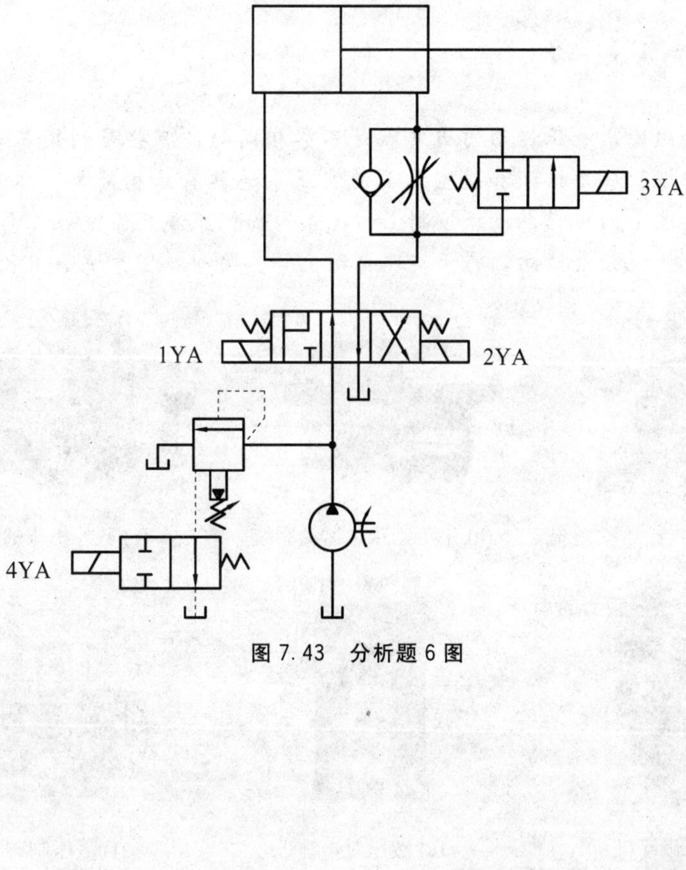

图 7.43　分析题 6 图

第8章 典型液压系统

教学目标	熟练掌握阅读和分析液压系统图的方法及步骤；了解液压设备的功用及液压系统应实现的动作和工作循环；初步分析液压系统的元件组成、功用及组成子系统的基本回路；能根据动作要求和工作循环，参照电磁铁动作顺序表，读懂液压系统，搞清楚液流流动路线，归纳液压系统的工作特点，加深对系统的理解。

引例

机械工业各部门使用液压传动的出发点是不尽相同的：有些是利用其动力传递优势，比如应用于工程机械、压力机械和航空工业的液压系统具有结构简单、体积小、重量轻、功率大的优点；有些是利用它在操纵控制上的优点，如机床液压系统在工作过程中可以实现无级变速，易于实现频繁换向，易于实现自动化等。曲型液压系统如图8.1所示。

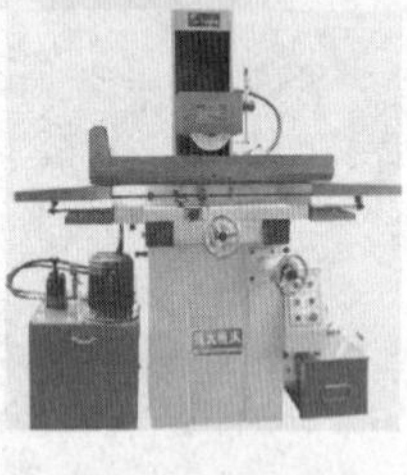

(a) 平面磨床进给运动系统

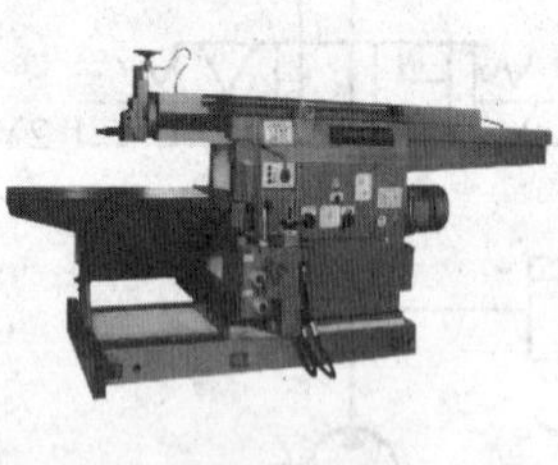

(b) 牛头刨床主运动系统

(c) 数控机床辅助装置

(d) 液压破碎机

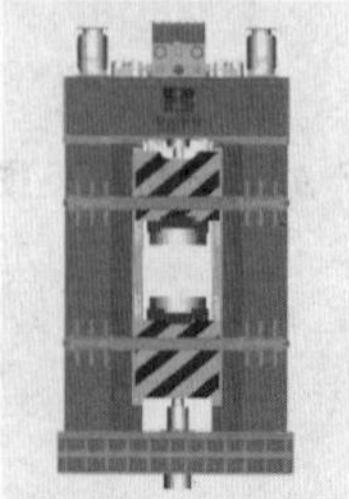

(e) 液压对击锤

(f) 液压制砖机

(g) 液压旋挖钻机

(h) 海洋工程钻井液压系统

(i) 农业机械液压系统

图 8.1 典型液压系统

8.1 组合机床动力滑台液压系统

液压动力滑台是组合机床上用以实现进给运动的一种通用部件，其运动由液压缸驱动，动力滑台液压系统是一种以速度变化为主的典型液压系统。

1. 概述

1）功用

液压动力滑台台面上可安装各种用途的切削头或工件，用以完成钻、扩、铰、镗、铣、车、刮端面、攻螺纹等工序的机械加工，并能按多种进给方式实现自动工作循环。

2）典型工作循环

图 8.2 所示的是动力滑台液压系统，该液压动力滑台能完成的典型工作循环为：快进→Ⅰ工进→Ⅱ工进→止挡块停留→快退→原位停止。

3)系统主要元件和功用

元件 1 为限压式变量叶片泵，供油压力不大于 6.3MPa，和调速阀一起组成容积节流调速回路。

元件 2、7、13 均为单向阀。2 起防止油液倒流保护液压泵的作用；7 构成快进阶段的差动连接；13 实现快退时的单向流动。

元件 3、4 组合成三位五通电液动换向阀。3 为三位五通液动换向阀，作为主阀用；4 为三位四通电磁换向阀，作为先导阀用，该组合阀控制液压缸换向。

元件 5 是溢流阀，串接在回油管路中，可调定回油路的背压，以提高液压系统工作时的运动平稳性。

元件 8、9 为调速阀，串接在液压缸进油管路上，为进油节流调速方式。两阀分别调节第一次工作进给和第二次工作进给的速度。

元件 10 为二位二通电磁换向阀，和调速阀 9 并联，用于换接两种不同进给速度。当如图示位置其电磁铁 3YA 断电时，调速阀 9 被短接，实现第一次工进；当电磁铁 3YA 通电时，调速阀 8 与调速阀 9 串接，实现第二次工进。

元件 11 为二位二通机动换向阀，和调速阀 8、9 并联，用于液压缸快进与工进的换接。当行程挡铁未压到它时，压力油经此阀进入液压缸，实现快进；当行程挡铁将它压下时，压力油只能通过调速阀进入液压缸，实现工进。

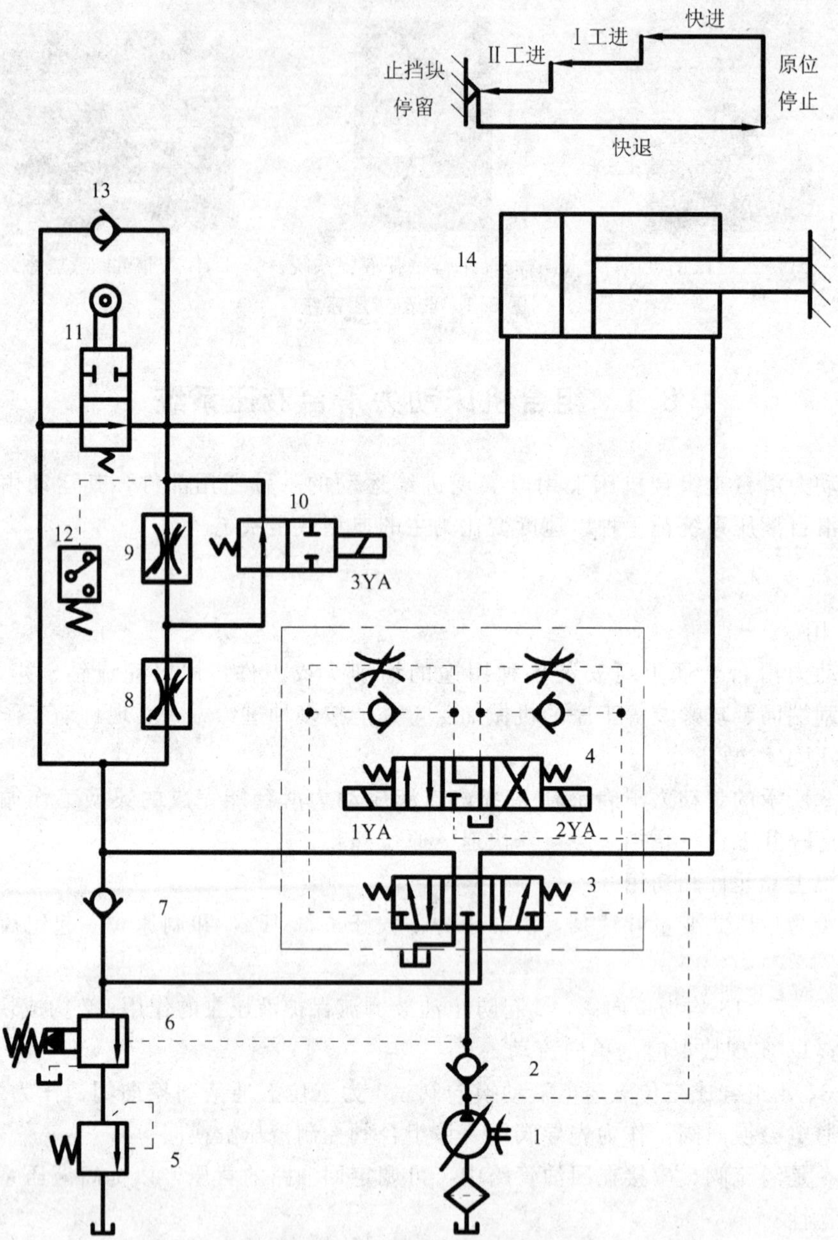

图 8.2 动力滑台液压系统图

元件 12 是压力继电器，它装在液压缸工作进给时的进油腔附近。当工作进给结束，碰到固定挡铁停留时，进油路压力升高，压力继电器动作，发出快退信号，使电磁铁 1YA 断电，2YA 通电，液压缸运动方向转换。

元件 14 为缸体移动、活塞固定式双作用单活塞杆液压缸，用于实现两个方向的不同进退速度。

4）电磁铁动作顺序

电磁铁动作顺序见表 8-1。

表 8－1　电磁铁、行程阀和压力继电器动作表

工作循环	电磁铁			行程阀	压力继电器
	1YA	2YA	3YA		
快进	＋	－	－	－	－
Ⅰ工进	＋	－	－	＋	－
Ⅱ工进	＋	－	＋	＋	－
止挡块停留	＋	－	＋	＋	＋
快退	－	＋	－	±	±
原位停止	－	－	－	－	－

2. 工作原理

1）快进

快进时系统压力低，液控顺序阀 6 关闭，变量泵 1 输出最大流量。

按下启动按钮，电磁铁 1YA 通电。电液换向阀的先导阀 4 处于左位，从而使主阀 3 也处于左位工作，其主油路如下。

进油路：1→2→3(左位)→11(下位)→缸(左腔)。

回油路：缸(右腔)→3(左位)→7→11(下位)→缸(左腔)。

这时液压缸两腔连通，滑台差动快进。

2）第一次工作进给

在快进终了时，滑台上的挡块压下行程阀 11，切断了快速运动的进油路。压力油只能通过调速阀 8 和二位二通电磁阀 10(左位)进入液压缸左腔，系统压力升高，液控顺序阀 6 开启，且泵的流量也自动减小。其主油路如下。

进油路：1→2→3(左位)→8→10(左位)→缸(左腔)。

回油路：缸(右腔)→3(左位)→6→5→油箱。

滑台实现由调速阀 8 调速的第一次工作进给，回油路上有阀 6 作为背压阀。

3）第二次工作进给

当第一次工作进给终了时，挡块压下行程开关，使电磁铁 3YA 通电，阀右位工作，压力油必须通过调速阀 8 和 9 进入液压缸左腔。其主油路如下。

进油路：1→2→3(左位)→8→9→缸(左腔)。

回油路：缸(右腔)→3(左位)→6→5→油箱。

由于调速阀 9 的通流截面积比调速阀 8 的通流截面积小，因而滑台实现由阀 9 调速的第二次工作进给。

4）止挡块停留

滑台以第二次工作进给速度前进，当液压缸碰到滑台座前端的止挡块后停止运动。这时液压缸左腔压力升高，当压力升高到压力继电器 12 的开启压力时，压力继电器发信号给时间继电器，由时间继电器延时控制滑台停留时间。

这时的油路与第二次工作进给的油路相同，但系统内油液已停止流动，液压泵的流量已减至很小，仅用于补充泄漏油。

5）快退

时间继电器经延时后发出信号，使电磁铁 2YA 通电，1YA、3YA 断电。这时电磁换向阀 4 右位工作，液动换向阀 3 也换为右位工作，其主油路如下。

进油路：1→2→3(右位)→缸(右腔)。

回油路：缸(左腔)→13→3(右位)→油箱。

因滑台返回时为空载，系统压力低，变量泵的流量又自动恢复到最大值，故滑台快速退回到第一次工进起点时，行程阀 11 复位。

6）原位停止

当滑台快速退回到其原始位置时，挡块压下原行程开关，使电磁铁 2YA 断电，电磁换向阀 4 恢复至中位，液动换向阀 3 也恢复至中位，液压缸两腔油路被封闭，滑台被锁紧在起始位置上。

3. 液压系统的特点

动力滑台的液压系统是能完成较复杂工作循环的典型的单缸中压系统，其特点如下。

(1) 系统采用了限压式变量叶片泵和调速阀组成的容积节流调速回路，且在回油路上设置背压阀，能获得较好的速度刚性和运动平稳性，并可减少系统的发热。

(2) 采用电液动换向阀的换向回路，发挥了电液联合控制的优点，而且主油路换向平稳、无冲击。

(3) 采用液压缸差动连接的快速回路，简单可靠，能源利用合理。

(4) 采用行程阀和液控顺序阀，实现快进与工进速度的转换，使速度转换平稳、可靠且位置准确。采用两个串联的调速阀及用行程开关控制的电磁换向阀实现两种工进速度的转换。由于进给速度较低，故也能保证换接精度和平稳性的要求。

(5) 采用压力继电器发信号，控制滑台反向退回，方便可靠。止挡块的采用还能提高滑台工进结束时的位置精度。

8.2 专用铣床液压传动系统

专用铣床可以按照一定的顺序要求完成切削加工，专用铣床液压传动系统是以顺序动作变换为主的典型液压系统。

1. 概述

图 8.3 所示为多缸顺序专用铣床的液压传动系统。当铣床工作时，铣刀只做回转运动，工件被夹紧在工作台上，工作台的水平和垂直两个方向的进给运动由液压传动系统的液压缸Ⅰ、Ⅱ带动执行。

动作顺序为：液压缸Ⅰ的活塞水平向左快进→液压缸Ⅰ的活塞水平向左慢进(工进)→液压缸Ⅱ的活塞垂直向上慢进(工进)→液压缸Ⅱ的活塞垂直向下快退→液压缸Ⅰ的活塞水平向右快退。

换向阀电磁铁和单向顺序阀的工作状态见表 8-2。

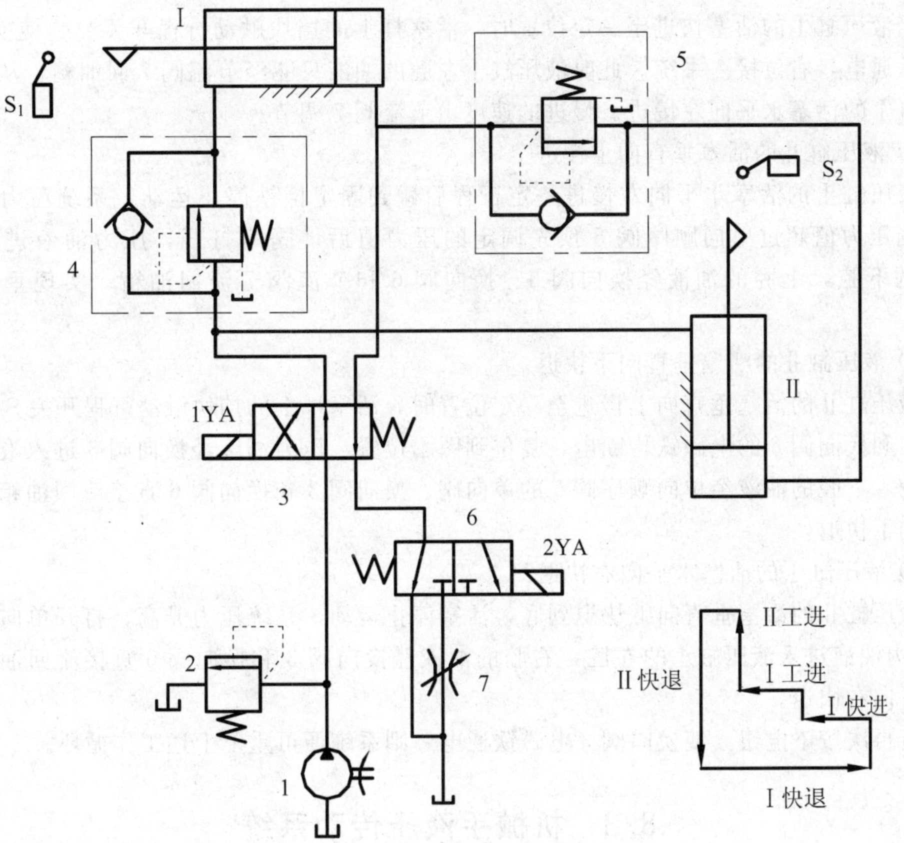

图 8.3 多缸顺序专用铣床的液压传动系统

表 8-2 换向阀电磁铁和单向顺序阀的工作状态

工作循环	电磁铁		单向顺序阀 4	单向顺序阀 5	S_1	S_2
	1YA	2YA				
缸Ⅰ活塞向左快进	+	—	—	—	—	—
缸Ⅰ活塞向左慢进	+	+	—	—	发信号	—
缸Ⅱ活塞向上慢进	+	+	—	打开	—	—
缸Ⅱ活塞向下快退	—	+	—	—	—	发信号
缸Ⅰ活塞向右快退	—	—	打开	—	—	—

2. 工作过程

1）液压缸Ⅰ的活塞水平向左快进

启动液压泵 1，控制二位四通换向阀 3 电磁铁通电，左位接入系统。压力油液进入液压缸Ⅰ的右腔；左腔的油液经单向顺序阀 4 的单向阀、换向阀 3 和换向阀 6 直接流回油箱，实现水平向左快进。

2）液压缸Ⅰ的活塞水平向左慢进

当液压缸Ⅰ的活塞快进至一定位置时，活塞杆上的挡块触动行程开关 S_1，使换向阀 6 电磁铁通电，右位接入系统。此时液压缸Ⅰ左腔的油液只能经节流阀 7 回油箱，从而实现液压缸Ⅰ的活塞水平向左慢进。慢进的速度由节流阀 7 调节。

3）液压缸Ⅱ的活塞垂直向上慢进

液压缸Ⅰ的活塞水平向左慢进一定行程后碰到固定挡铁停止运动，系统压力迅速升高。当压力值超过单向顺序阀 5 预先调定的压力值后，阀 5 打开，压力油液进入液压缸Ⅱ的下腔，上腔的油液经换向阀 3、换向阀 6 和节流阀 7 流回油箱。实现垂直向上慢进。

4）液压缸Ⅱ的活塞垂直向下快退

液压缸Ⅱ的活塞垂直向上慢进至一定位置时，活塞杆上的挡块触动行程开关 S_2，使换向阀 3 和换向阀 6 的电磁铁均断电，复位到图示位置。压力油液经换向阀 3 进入液压缸Ⅱ的上腔，下腔的油液经单向顺序阀 5 的单向阀、换向阀 3 和换向阀 6 直接流回油箱，实现垂直向下快退。

5）液压缸Ⅰ的活塞水平向右快退

液压缸Ⅱ的活塞垂直向下快退到底，活塞停止运动，系统压力升高，打开单向顺序阀 4，压力油液进入液压缸Ⅰ的左腔，右腔的油液经换向阀 3 和换向阀 6 直接流回油箱，实现水平向右快退。

若再次按下电钮，使换向阀 3 电磁铁通电，则系统便可重复上述工作循环。

8.3 机械手液压传动系统

机械手液压传动系统是一种多缸多动作的典型液压系统。

1. 概述

1）功用

机械手是模仿人的手部动作，按给定程序、轨迹等要求实现自动抓取、搬运和操作的机械装置，它属于典型的机电一体化产品。在高温、高压、危险、易燃、易爆、放射性等恶劣环境下，以及笨重、单调、频繁的操作中，它代替了人的工作，具有十分重要的意义。

图 8.4 所示为自动卸料机械手液压系统原理图。该系统由单向定量泵 2 供油，溢流阀 6 调节系统压力，压力值可通过压力表 8 观察。由行程开关发信号给相应的电磁换向阀，控制机械手动作。

2)动作要求

典型工作循环为：手臂上升→手臂前伸→手指夹紧(抓料)→手臂回转→手臂下降→手指松开(卸料)→手臂缩回→手臂反转(复位)→原位停止。

各功能液压缸的组成分别为：手臂回转——单叶片摆动缸 18；手臂升降——单杆活塞缸 15(缸体固定)；手臂伸缩——单杆活塞缸 11(活塞固定)；手指松夹——无杆活塞缸 5。

在工作循环中，各电磁阀电磁铁动作顺序见表 8-3。

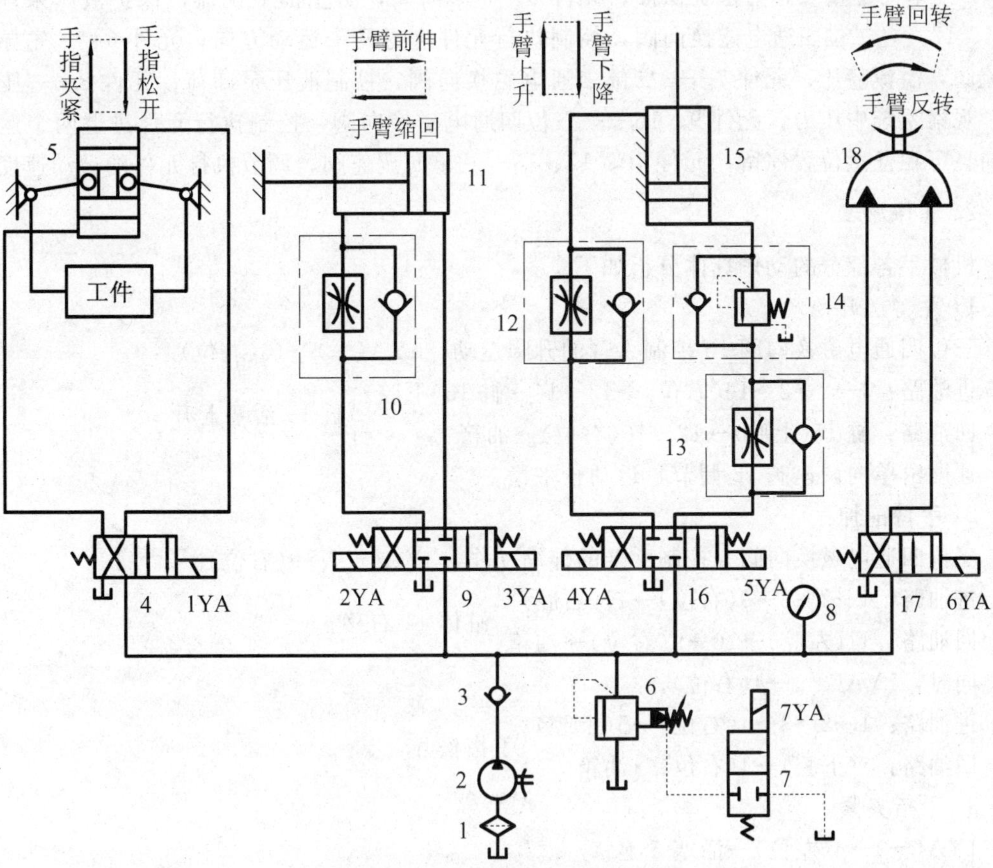

图 8.4 自动卸料机械手液压系统图

表 8-3 电磁铁动作顺序表

动作顺序	1YA	2YA	3YA	4YA	5YA	6YA	7YA
手臂上升	—	—	—	—	+	—	—
手臂前伸	+	—	+	—	—	—	—
手指夹紧	—	—	—	—	—	—	—
手臂回转	—	—	—	—	—	+	—
手臂下降	—	—	—	+	—	+	—
手指松开	+	—	—	—	—	+	—
手臂缩回	—	+	—	—	—	+	—
手臂反转	—	—	—	—	—	—	—
原位停止	—	—	—	—	—	—	+

3)系统元件

系统的其他组成元件及功能分别如下：元件 1——滤油器，过滤油液，去除杂质；元件 2——单向定量泵，为系统供油；元件 3——单向阀，防止油液倒流，保护液压泵；元件 4、17——二位四通电磁换向阀，控制执行元件进退两个运动方向；元件 6——先导式溢流阀，溢流稳压；元件 7——二位二通电磁换向阀，控制液压泵卸荷；元件 8——压力表，观察系统中压力；元件 9、16——三位四通电磁换向阀，控制执行元件进退两个运动方向且可在任意位置停留；元件 10、12、13——单向调速阀，调节执行元件的运动速度。

2. 工作原理

机械手各部分的动作具体分析如下。

1）手臂上升

三位四通电磁换向阀 16 控制手臂的升降运动，5YA(+)→16(右位)。

进油路：1→2→3→16(右位)→13→14→缸 15(下腔)
回油路：缸 15(上腔)→12→16(右位)→油箱
} 缸 15 活塞上升

速度由单向调速阀 12 调节，运动较平稳。

2）手臂前伸

三位四通电磁换向阀 9 控制手臂的伸缩动作，3YA(+)→9(右位)。

进油路：1→2→3→9(右位)→11(右腔)
回油路：11(左腔)→10→9(右位)→油箱
} 缸体 11 右移

同时，1YA(+)→4(右位)。

进油路：1→2→3→4(右位)→5(上腔)
回油路：5(下腔)→4(右位)→油箱
} 手指松开

3）手指夹紧

1YA(−)→4(左位)→活塞 5 上移

4）手臂回转

6YA(+)→17(右位)

进油路：1→2→3→17(右位)→18(右位)
回油路：18(左位)→17(右位)→油箱
} 叶片 18 逆时针方向转动

5）手臂下降

4YA(+)→16(左位)；6YA(+)→17(右位)

进油路：1→2→3→16(左位)→12→15(上腔)
回油路：15(下腔)→14→13→16(左位)→油箱
} 活塞 15 下移

6）手指松开

1YA(+)→4(右位)→活塞 5 下移

6YA(+)→17(右位)

7）手臂缩回

2YA(+)→9(左位)→缸 11 左移

6YA(+)→17(右位)

8）手臂反转

6YA(−)→17(左位)→叶片 18 顺时针方向转动

9）原位停止

7YA(+)→泵 2 卸荷

3. 系统特点

(1) 电磁阀换向方便、灵活；

(2) 回油路节流调速，平稳性好；

(3) 平衡回路，防止手臂自行下滑或超速；

(4) 失电夹紧，安全可靠；

(5) 卸荷回路，节省功率，效率利用合理。

8.4　液压伺服系统

液压伺服系统是在液压传动和自动控制的理论基础上，建立起来的一种液压自动控制系统。液压伺服控制除了具有液压传动的各种优点外，还具有反应快、系统刚度大和伺服精度高等优点，因此广泛应用于金属切削机床、重型机械、起重机械、汽车、飞机、船舶和军事装备等方面。

1. 液压伺服控制原理

在液压伺服系统中，液压执行元件的运动能自动、快速而准确地随着控制机构的信号而改变，因而液压伺服系统又称为随动系统。与此同时，液压伺服机构还起到信号的功率放大作用，因此它也是功率放大装置。

图 8.5 所示为一个简单液压传动系统，它由一个滑阀控制的液压缸推动负载运动。当给阀芯输入量 x_i(例如向右)，则滑阀移动某一个开口量 x_v，此时，压力油进入液压缸右腔，液压缸左腔回油，推动缸体向右运动，即有一输出位移 x_o，它与输入位移 x_i 大小无直接关系，而与液压缸的结构尺寸有关。

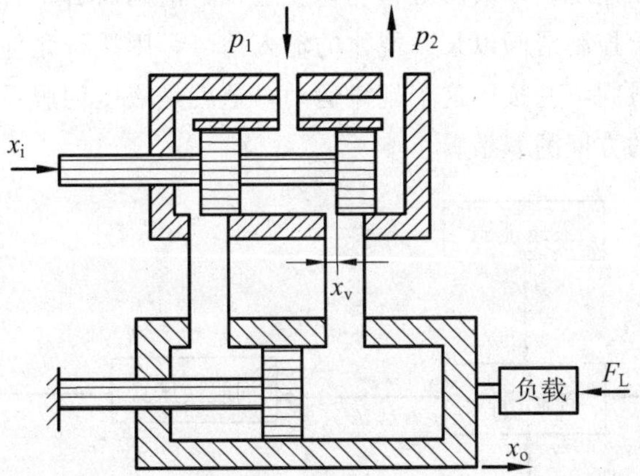

图 8.5　液压传动系统

若将上述滑阀和液压缸组合成一个整体，构成反馈通路，上述系统就变成一个简单液压伺服系统，如图 8.6 所示。

如果控制滑阀处于中间位置(零位)，即没有信号输入($x_i=0$)。这时，阀芯凸肩恰好堵住液压缸两个油口，缸体不动，系统的输出量 $x_o=0$。负载停止不动，系统处于静止平衡状态。

若给控制滑阀输入一个正位移 $x_i>0$(例如向右为正)的输入信号，阀芯偏离其中间位置，液压缸进出油路同时打开，阀相应开口量 $x_v=x_i$，高压油通过节流口进入液压缸右腔，而液压缸左腔的油通过另一个节流口回油，液压缸产生位移 x_o，此时，系统处于不平衡状态。

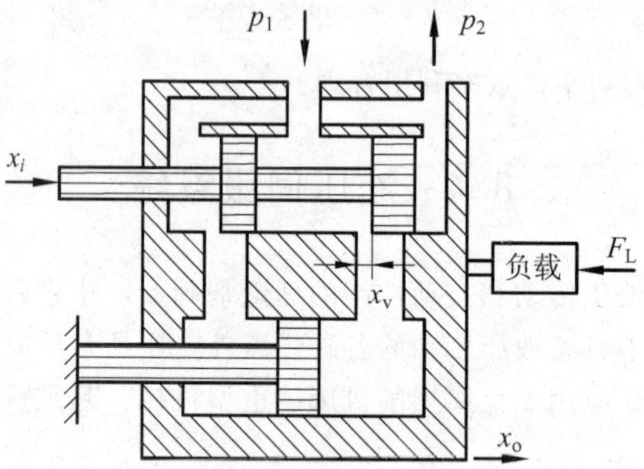

图 8.6　液压伺服系统

由于控制滑阀阀体和液压缸缸体连在一起并成为一个整体，随着输出量 x_o增加，而滑阀开口量 x_v逐渐减少。当 x_o增加到 $x_o=x_i$时，开口量 $x_v=0$，油路关闭，液压缸不动，负载停止在一个新的位置上，达到一个新的平衡状态。

如果继续给控制滑阀向右的输入信号 x_i，液压缸就会跟随这个信号继续向右运动。

反之，若给控制滑阀输入一个负位移 $x_i<0$(向左为负)的输入信号，则液压缸就会跟随这个信号向左运动。

由此看出，在此系统中，滑阀不动，液压缸也不动；滑阀移动多少距离，液压缸也移动多少距离；滑阀移动速度快，液压缸移动速度也快；滑阀向哪个方向移动，液压缸也向哪个方向移动。只要给控制滑阀以某一规律的输入信号，则执行元件(系统输出)就会自动地、准确地跟随控制滑阀，并按照这个规律运动，这就是液压伺服系统的工作原理，该原理可以用图 8.7 所示的方框图表示。

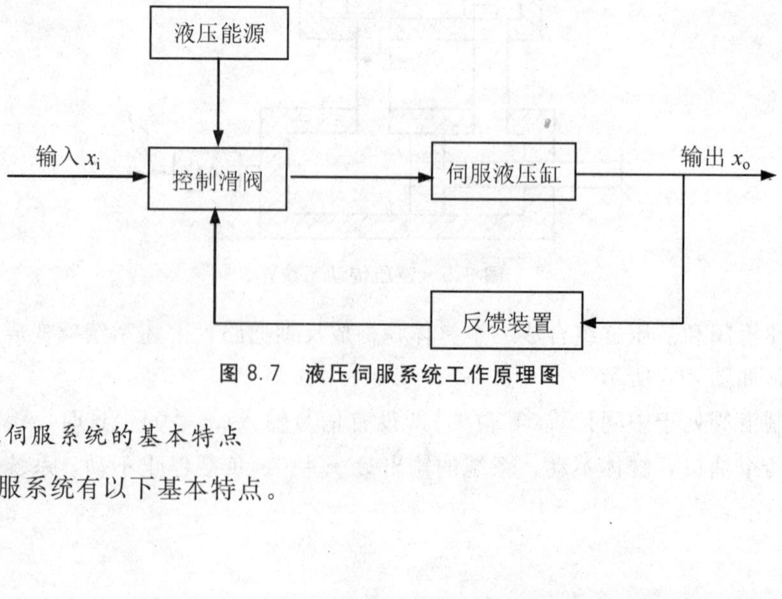

图 8.7　液压伺服系统工作原理图

2. 液压伺服系统的基本特点

液压伺服系统有以下基本特点。

(1) 输出量能够自动地跟随输入量的变化规律而变化，所以，液压伺服系统是一个自动跟踪系统(随动系统)。

(2) 液压缸位移 x_o 和阀芯位移 x_i 之间不存在偏差(即当控制滑阀处于零位)时，系统的控制对象处于静止状态。由此可见，欲使系统有输出信号，首先必须保证控制滑阀具有一个开口量，即 $x_v = x_i - x_o \neq 0$。系统的输出信号和输入信号之间存在偏差是液压伺服系统工作的必要条件，也可以说液压伺服系统是靠偏差信号进行工作的。所以，液压伺服系统是一个有误差系统。

(3) 输出信号之所以能精确地复现输入信号的变化，是因为控制阀体和液压缸固连在一起，构成了一个反馈控制通路。液压缸输出位移 x_o 通过这个反馈通路回输给控制阀体，与输入位移 x_i 相比较，从而逐渐减小和消除输出信号和输入信号之间的偏差，即滑阀的开口量，直至输出位移和输入位移相同为止。所以，液压伺服系统是一个负反馈系统。

(4) 移动滑阀所需信号功率是很小的，而系统的输出功率(液压缸输出的速度和力)却可以很大，所以，液压伺服系统是一个功率(或力)放大系统。

3. 液压伺服系统实例

为了减轻司机的体力劳动，在大型载重卡车上广泛采用液压助力器，这种液压助力器即是一种液压伺服机构。

图 8.8 所示为转向液压助力器的工作原理图，它主要由液压缸和控制滑阀两部分组成。液压缸活塞 1 的右端通过铰链固定在汽车机架上，液压缸缸体 2 和控制滑阀阀体联结在一起，形成负反馈，由方向盘 5 通过摆杆 4 控制滑阀阀芯 3 移动。当缸体 2 前后移动时，通过转向连杆机构 6 等控制车轮向左或向右偏转，从而操纵汽车转向。控制滑阀的阀芯和阀体做成负开口。

当阀芯 3 处于图示(平衡)位置时，因液压缸左、右腔油液被封闭，两腔油液作用在活塞上的力相等，因此缸体 2 固定不动，汽车保持直线运动，由于控制滑阀 3 为负开口，因此可以防止引起不必要的扰动。

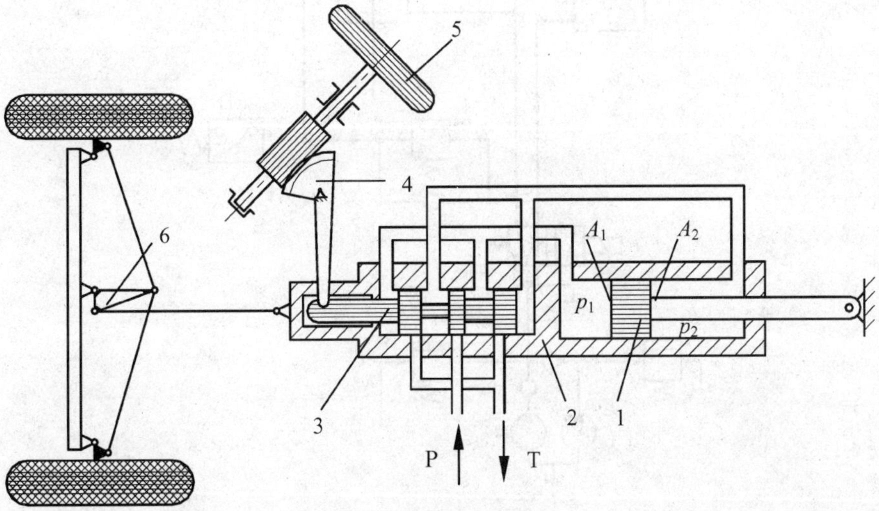

图 8.8　转向液压助力器

若转动方向盘，通过摆杆 4 带动阀芯 3 向后移动(即向右移动)时，压力 p_1减小，压力 p_2增大，使液压缸缸体向后移动，转向连杆机构 6 向逆时针方向摆动，使车轮向左偏转，实现向左转弯；反之，缸体若向前移动时，转向连杆机构向顺时针方向摆动，使车轮向右偏转，实现向右转弯。

缸体前进或后退时，控制阀阀体同时前进或后退，即实现刚性负反馈，使阀芯和阀体重新恢复到平衡位置，因此保持了车轮偏转角度不变。

为了使驾驶员在操纵方向盘时能感觉到路面的好坏，在控制滑阀两端增加两个油腔，油腔分别和液压缸前、后腔相通。这时，移动控制阀阀芯时所需的力和液压缸两腔的压力差($p_1 - p_2$)成正比，司机操纵方向盘时就会感觉到转向阻力的大小。

8.5 习 题

一、填空题

图 8.9 所示为定位夹紧系统，由泵 1、2 提供压力油，3 为定位缸(活塞杆向上运动“定位”，向下运动“拔销”)，4 为夹紧缸(活塞杆向下运动“夹紧”，向上运动“松开”)，那么：

(1) 元件 A 是________阀，其作用是________；元件 B 是________阀，其作用是________；元件 C 是________阀，其作用是________；元件 D 是________阀，其作用是________。

(2) 该系统的缸 3、缸 4 的动作顺序是________。

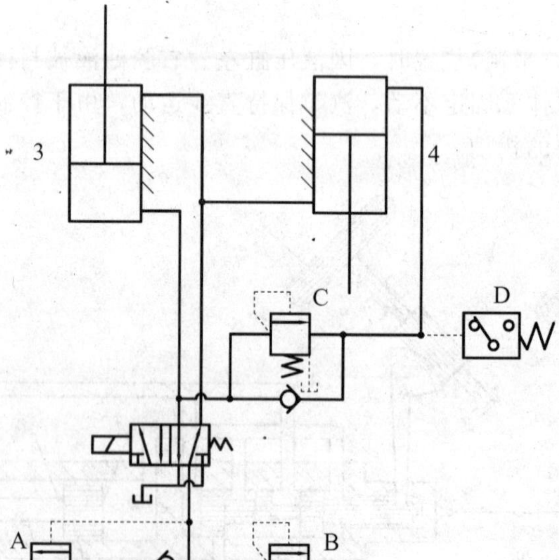

图 8.9 填空题图

二、分析题

1. 分析图 8.10 所示系统，试回答以下问题。

(1) 说明各元件的名称和作用。

(2) 画出系统能完成的工作循环图，判断各阶段的油路走向。

(3) 绘制电磁铁动作顺序表。

(4) 说明系统由哪些基本回路组成。

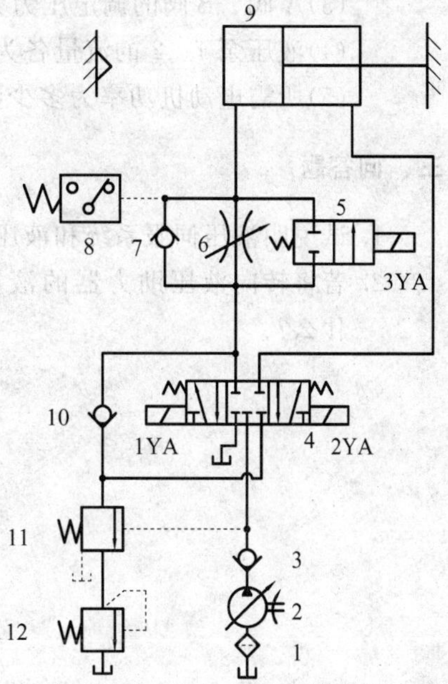

图 8.10　分析题 1 图

2. 如图 8.11 所示，已知夹紧缸面积 $A_3 = 100\text{cm}^2$，夹紧力为 $F_3 = 30\ 000\text{N}$；工作台液压缸大腔面积 $A_1 = 50\text{cm}^2$，小腔面积 $A_2 = 25\text{cm}^2$，工作循环为：夹紧→快进→工进→快退→原位停止→松开。快进时负载 $F_{L1} = 5\ 000\text{N}$，快进速度 $v_1 = 6\text{m/min}$；工进时负载 $F_{L2} = 20\ 000\text{N}$，工进速度 $v_2 = 6\text{m/min}$，背压力为 $p_2 = 6 \times 10^5\text{Pa}$；快退时负载 $F_{L3} = 5\ 000\text{N}$，快退速度 $v_3 = 6\text{m/min}$。求解以下问题。

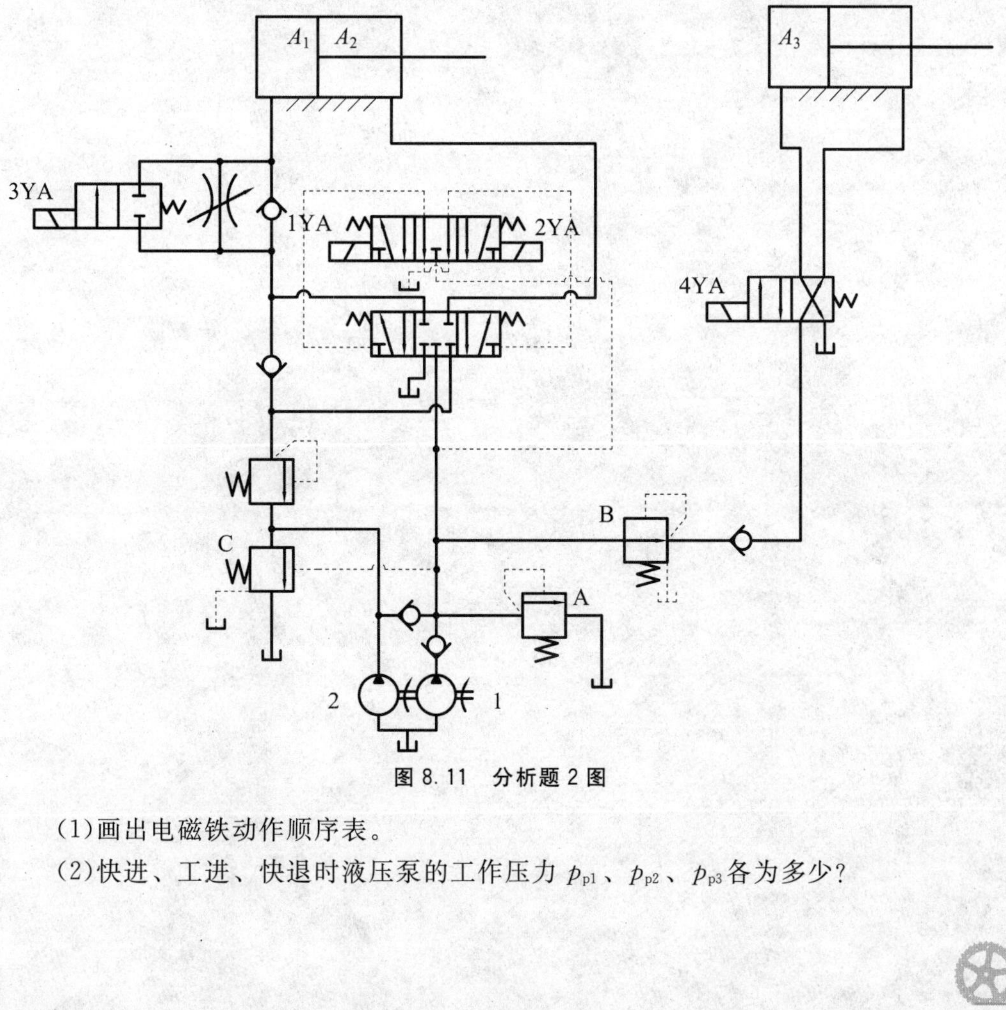

图 8.11　分析题 2 图

(1)画出电磁铁动作顺序表。

(2)快进、工进、快退时液压泵的工作压力 p_{p1}、p_{p2}、p_{p3} 各为多少?

(3)A 阀、B 阀的调定压力为多少？C 阀的调压范围是多少？

(4)液压泵 1、2 的流量各为多少(设溢流阀的最小稳定流量为 3L/min)？

(5)所需电动机功率为多少(已知泵的效率为 0.8)？

三、问答题

1. 试说明液压伺服系统和液压传动系统的区别是什么。
2. 若将转向液压助力器的液压缸和控制阀分成两部分，那么它能否正常工作？为什么？

第9章 气动基础知识

教学目标	了解气动技术目前的应用状况及气动元件今后的发展动向；认识气压传动与其他传动方式比较的优缺点；熟悉组成气动系统的气动元件的分类；掌握气压传动工作介质的主要性质。

引例

现代汽车制造工厂的生产线，尤其是主要工艺的焊接生产线，几乎无一例外地采用了气动技术，如图9.1所示。例如，利用自动冲压机把钢板冲压成车顶、底板、车门、发动机仓盖等多种板形零件；利用大量吸着夹持和搬送用气动元件，将它们传送到指定工位，进行定位和夹紧。机器人令点焊机焊头快速接近、减速软着陆于焊点后，进行变压力控制点焊。这需要采用抗(焊渣)飞溅、抗磁场、抗振动、大夹持力等各种特殊要求的气缸及相应的控制系统。

图9.1 气动技术应用于汽车制造业

组装的车身经清洗后，进行底漆、中层漆、面漆喷涂和3～4次烤漆作业。喷漆中使用的气动系统须采用适应多种涂料颜色变化的喷涂阀，适应无油、无污染、防爆、耐溶剂的环境，还需要远程控制及比例控制的各种电磁阀、流量开关、软管等气动元件。

在发动机、变速箱等动力部件和其他零部件的加工、输送和自动组装工作中，大量使用了气动技术。须使用串行传送系统读取各传感器发出的信号和对多个电磁阀进行串行控制，提高自动化水平。加工过程中的冷却处理须使用冷却液用阀及耐水性强的气缸。为了环保节能，可使用不用更换滤芯的工业过滤器，使用节能型喷嘴、冷却液喷嘴和喷枪进行加工后的清洗、吹扫；使用压力开关、流量开关等进行合理的控制与管理。

9.1 气动技术的应用与发展

气动(pneumatic)一词来源于希腊文，原意为风吹。从广义来理解，气动系统是指使用气体作为工作介质使固体物件移动的一切系统。本书所指的气动仅是气动技术或气压传动与控制技术的简称。气压传动与控制系统是指以压缩气体为工作介质，实现动力传递和工程控制的系统，常用的压缩气体是压缩空气。

1. 气动技术的应用

人们利用空气的能量完成各种工作的历史可以追溯到远古，但作为气动技术应用的雏形，它大约开始于1776年JohnWilkinson发明能产生一个大气压左右压力的空气压缩机。1880年，人们第一次利用气缸做成气动刹车装置，将它成功地应用到火车的制动上。进入20世纪60年代，气动主要用于比较繁重的作业领域作为辅助传动。例如，用于矿山、钢铁、机床和汽车制造等行业。20世纪70年代后期，它开始用于自动装配、包装、检测等轻巧的作业领域，以减轻繁重的体力劳动。20世纪80年代以来，随着与电子技术的结合，气动技术的应用领域得到迅速拓宽，尤其是在各种自动化生产线上得到广泛的应用。电气可编程序控制系统的发展，使整个系统的自动化程度更高，控制方式更灵活，性能更加可靠。气动机械手、柔性自动生产线的迅速发展对气动技术提出了更多、更高的要求。微电子技术、现代控制理论与气动技术相结合，促进了电-气比例伺服技术的发展，以不断提高控制精度。气动技术已成为实现现代化传动与控制的关键技术之一。

2. 气动元件的发展动向

从各国的行业统计资料来看，近20多年来气动行业发展很快。20世纪70年代，液压与气动元件的产值比约为9∶1，30多年后的今天，工业技术发达的欧美等国家的该比例已达6∶4，有的甚至接近5∶5。由于气动元件的单价比液压元件便宜，在相同产值的情况下，气动元件的使用量及应用范围已远远超过了液压元件。我国自改革开放以来，气动行业发展非常快，2010年全国气动行业的产值为116.10亿元。纵观世界气动行业的发展趋势，气动元件的发展有以下一些趋势。

1）电气一体化

一方面，微电子技术与气动元件相结合，组成了PC机—接口—小型阀—气缸的电气一体化的气动系统；另一方面，与电子技术相结合的自适应控制气动元件已经问世，如压力比例阀、流量比例阀、数字控制气缸，使气动技术从以往的开关控制进入到高精度的反馈控制，使定位精度提高到±（0.01～0.1）mm。电气一体化已不只用于机械手和机器人这样一些典型产品上，而且渗透到工厂本身的加工、装配、检测这些生产领域。

2）小型化和轻量化

为了让气动元件与电子元件一起安装在印刷线路板上，构成各种功能的控制回路组件，气动元件必须小型化和轻量化。气动技术应用于半导体工业、工业机械手和机器人等方面，要求气动元件实现超轻、超薄、超小。如缸径 2.5mm 的单作用气缸、缸径 4mm 的双作用气缸、4g 重的低功率电磁阀、M3 的管接头和内径 2mm 的连接管，材料采用了铝合金和塑料等，零件进行了等强度设计，使重量大为减轻。电磁阀由直动型向先导型变换，除了降低功耗外，也实现了小型化和轻量化。

3）复合集成化

为了减少配管、节省空间、简化装拆、提高效率，多功能复合化和集成化的元件相继出现。阀的集成化是将所需数目的配气装置集成在板上，一端是电接头，另一端是气管接头。将转向阀、调速阀和气缸组成一体的带阀气缸能实现换向、调速及气缸所承担的功能。气动机器人是能连续完成夹紧、举起、旋转、放下、松开等一系列动作的气动集成体。

4）无油化

为适应食品、医药、生物工程、电子、纺织、精密仪器等行业的无污染要求，预先添加润滑脂的不供油润滑技术已大量问世。正在开发构造特殊、用自润滑材料制造、不用添加润滑脂仍旧能工作的无油润滑元件。不供油润滑元件组成的系统不仅节省大量润滑油，而且不污染环境，系统简单，维护方便，润滑性能稳定，成本低和寿命长。

5）低功耗

为了与微机、可编程控制器直接连接和节能，电磁阀的功耗最低可降至 0.1W。

6）高精度

位置控制精度已由过去的 mm 级提高到现在的 1/10mm 级。为了提高气动系统的可靠性，人们对压缩空气的质量提出了更高的要求。过滤器的标准过滤精度从过去的 70μm 提高到 5μm，并有 0.01μm 的精密滤芯，除尘率可达 99.9%～99.9999%，除油率可达 0.1ppm。

7）高质量

由于新材料及材料处理技术的发展和加工工艺水平的提高，电磁阀的寿命均在 3 000 万次以上，个别小型阀的寿命有达 1 亿次的，气缸行程的耐久性已达 2 000～6 000km。

8）高速度

提高电磁阀的工作频率和气缸的速度对气动装置生产效率的提高有着重要意义。电磁阀工作频率可达 25Hz，气缸速度从 1m/s 提高到 3m/s，冲击气缸可达 11m/s。

9）高出力

采用杠杆式增力机构或气液增压器，可使输出力增大几倍甚至几十倍。为了发挥气动控制快速的优点，冶金设备用重型气缸缸径可达 700mm。

9.2 气动技术的优缺点

气压传动与其他传动方式的比较见表 9-1。

表9-1 气压传动与其他传动方式的比较

项目	机械传动	电气传动	电子传动	液压传动	气压传动
输出力	中等	中等	小	很大(10t以上)	大(3t以下)
动作速度	低	高	高	低	高
信号响应	中等	很快	很快	快	稍快
位置控制	很好	很好	很好	好	不太好
遥控	难	很好	很好	较良好	良好
安装限制	很大	小	小	小	小
速度控制	稍困难	容易	容易	容易	稍困难
无级变速	稍困难	稍困难	良好	良好	稍良好
元件结构	普通	稍复杂	复杂	稍复杂	简单
动力源中断时	不动作	不动作	不动作	有蓄能器，可短时动作	可动作
管线	无非是	较简单	复杂	复杂	稍复杂
维护	简单	有技术要求	技术要求高	简单	简单
危险性	无特别问题	注意漏电	无特别问题	注意防火	几乎没有问题
体积	大	中等	小	小	小
温度影响	普通	大	大	普通(70℃以下)	普通(100℃以下)
防潮性	普通	差	差	普通	注意排放冷凝水
防腐蚀性	普通	差	差	普通	普通
防振性	普通	差	特差	不必担心	不必担心
构造	普通	稍复杂	复杂	稍复杂	简单
价格	普通	稍高	高	稍高	普通

通过比较，可以归纳出气压传动的主要优缺点如下。

(1) 气动装置结构简单、紧凑、易于制造，使用维护简单。压力等级低，故使用安全。

(2) 工作介质是取之不尽、用之不竭的空气，来源容易。排气处理简单，不污染环境，成本低。

(3) 输出力及工作速度的调节非常容易。气缸动作速度一般为50～500mm/s，比液压和电气方式的动作速度快。

(4) 由于空气流动损失小，压缩空气可集中供应和远距离输送。

(5) 全气动控制具有防火、防爆、耐潮的能力。

(6) 成本低，过载能自动保护。

(7) 由于空气具有可压缩性，气缸的动作速度易受负载的变化而变化，因此工作速度的稳定性较差。采用气液联动方式可以克服这一缺陷。

(8) 由于工作压力低，且结构尺寸不宜过大，因而气动装置总输出力不会很大。

各种传动方式都有自己的优缺点，在选择传动和控制方式时，应扬长避短。对某个工程对象，最理想的传动和控制方式可以是单一式，也可以是混合式。例如，气液混合控制就可克服气压传动的运动不够平稳和输出力小的缺陷。

9.3 气动元件的分类

图 9.2 所示为典型气动系统的组成示意图，气动元件按功能可分成以下几类。

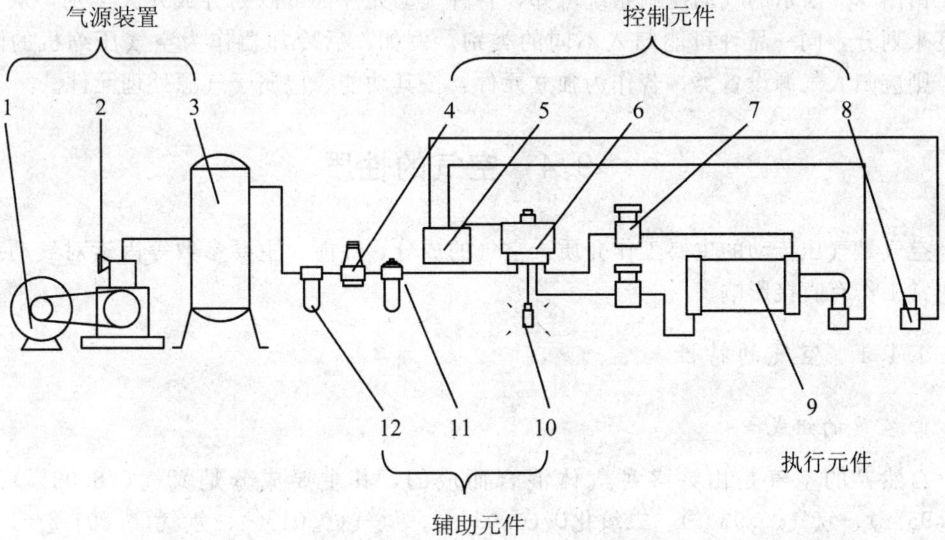

图 9.2 气动系统的组成示意图

1—电动机；2—空气压缩机；3—气罐；4—压力控制阀；5—逻辑元件；6—方向控制阀；7—流量控制阀；8—行程阀；9—气缸；10—消声器；11—油雾器；12—分水滤气器

1. 气源设备

气源设备将原动机供给的机械能转换成气体的压力能，作为传动与控制的动力源，包括空气压缩机、后冷却器和气罐等。

2. 气源处理元件

气源处理元件清除压缩空气中的水分、灰尘和油污，输出干燥洁净的空气以供后续元件使用，包括过滤器、干燥器和自动排水器等。

3. 执行元件

执行元件把空气的压力能转化为机械能，以驱动执行机构做往复或旋转运动，包括气缸、摆动气缸、气马达、气爪和复合气缸等。

4. 控制元件

控制元件控制和调节压缩空气的压力、流速和流动方向，以保证气动执行元件按预定的程序正常进行工作，包括压力阀、流量阀、方向阀和比例阀等。

5. 辅助元件

辅助元件解决元件内部润滑、排气噪声、元件间的连接及信号转换、显示、放大、检测等所需要的各种气动元件，包括油雾器、消声器、压力开关、管接头及连接管、气液转换器、气动显示器、气动传感器、液压缓冲器等。

6. 真空元件

真空元件利用压缩空气的流动形成一定真空来吸吊物体。该类元件包括真空发生器、真空吸盘、真空压力开关和真空过滤器等。

由图 9.2 所示的气动控制系统可知，各种气动元件都可以划分成几大类别，从不同的角度来划分，同一品种可能归入不同的类别。例如，后冷却器作为空气压缩机的附属设备，则应归入气源设备类；若作为独立元件，按其功能，应属于气源处理元件。

9.4 空气的性质

空气是气压传动的主要工作介质，空气的成分、性能、主要参数等因素对气动系统能否正常工作有直接影响。

9.4.1 空气的特性

1. 空气的组成

自然界的空气是由许多种气体混合而成的，其主要成分是氮气(78.03%)、氧气(20.95%)、氩气(0.93%)、二氧化碳(0.03%)、氢气(0.01%)、氖气(0.001 2%)、氦气(0.000 43%)、氪气(0.000 005%)和氙气(0.000 000 6%)等，另外还包含水蒸气、砂土等细小固体。在城市和工厂区，由于烟雾及汽车排气，大气中还含有二氧化硫、亚硝酸、碳氢化合物等物质。

2. 干空气和湿空气

1) 干空气和湿空气的定义

干空气是指完全不含水蒸气的空气。湿空气是指含有水蒸气的空气。湿空气中含有的水蒸气量越多，则湿空气越潮湿。

2) 湿度

湿度的表示方法有绝对湿度和相对湿度。

(1) 绝对湿度：是指单位体积的湿空气中所含水蒸气的质量，用 χ 表示，单位为 kg/m^3，其表达式为：

$$\chi=\frac{m_s}{V}$$

式中：m_s——湿空气中水蒸气的质量(kg)；

V——湿空气的体积(m^3)。

空气中的水蒸气含量是有极限的。在一定温度和压力下，空气中所含水蒸气达到最大可能的含量时，将空气称为饱和湿空气。饱和湿空气所处的状态叫饱和状态。

(2) 饱和绝对湿度：是指在一定温度下，单位体积饱和湿空气所含水蒸气的质量，用χ_b表示，其表达式为

$$\chi_b=\frac{p_b}{R_b T}$$

式中：p_b——饱和湿空气中水蒸气的分压力(Pa)；

R_b——水蒸气的气体常数，等于462N·m/(kg·K)；

T——热力学温度(K)。

在2MPa压力下，可近似地认为饱和空气中水蒸气的密度与压力大小无关，只取决于温度。标准大气压下，湿空气的饱和水蒸气的密度、分压力和绝对湿度见表9-2。

表9-2 饱和湿空气表

温度 t/℃	饱和水蒸气分压力 p_b/MPa	饱和绝对湿度 χ/(kg/m^3)	温度 t/℃	饱和水蒸气分压力 p_b/MPa	饱和绝对湿度 χ/(kg/m^3)
100	0.101 23	588.7	20	0.002 33	17.28
80	0.047 32	290.6	15	0.001 70	12.81
70	0.031 13	196.8	10	0.001 23	9.39
60	0.019 91	129.6	5	0.000 87	6.79
50	0.012 33	82.77	0	0.000 61	4.85
40	0.007 37	51.05	−6	0.000 37	3.16
35	0.005 62	39.55	−10	0.000 26	2.25
30	0.004 24	30.32	−16	0.000 15	1.48
25	0.003 16	23.04	20	0.000 1	1.07

(3)相对湿度：是指在某温度和压力下，湿空气的绝对湿度与饱和绝对湿度之比用ϕ表示，其表达式为

$$\phi=\frac{\chi}{\chi_b}\times100\%=\frac{p_s}{p_b}\times100\%$$

当$p_s=0$，$\phi=0$时，空气绝对干燥；当$p_s=p_b$，$\phi=100\%$时，湿空气饱和，饱和空气吸收水蒸气的能力为零，此时的温度为露点温度，简称露点。温度降至露点温度以下，湿空气中便有水滴析出。降温法清除湿空气中的水分，就是利用此原理。

当空气的相对湿度在60%～70%范围内时，人体感觉舒适。为了使各元件正常工作，气动技术中规定工作介质的相对湿度不得大于90%，当然相对湿度越低越好。

3. 空气的状态参数

1) 密度

气体与固体不同，它既无一定的体积，也无一定的形状，要说明气体的质量是多少，必须说明质量占有多大容积。单位容积内所含气体的质量叫密度，用ρ表示，单位为kg/m^3。

2）压力

空气的压力是由于气体分子热运动而相互碰撞，从而在容器的单位面积上产生的力的统计平均值，用 p 表示。压力的法定计量单位是 Pa，它和其他各种压力单位的换算见表 9-3。

表 9-3　各种压力单位的换算

	Pa	bar	kgf/cm^2	lbf/in^2	mmHg	mmH_2O
$Pa(N/m^2)$，帕	1	10^{-5}	1.02×10^{-5}	1.45×10^{-4}	7.5×10^{-3}	0.102
Bar，巴	10^5	1	1.02	14.5	750	1.02×10^4
kgf/cm^2，公斤力/厘米^2	0.981×10^5	0.981	1	14.22	735.6	10^4
lbf/in^2，磅力/英寸^2	6.9×10^3	0.069	0.07	1	51.71	703
mmHg，毫米汞柱	133.3	1.33×10^4	1.36×10^{-3}	19.3×10^{-3}	1	13.6
mmH_2O，毫米水柱	9.81	9.81×10^{-5}	10^{-4}	1.42×10^{-3}	7.36×10^{-2}	1

注：1mmHg＝1Torr(托)，1kgf/cm^2 称为一个工程大气压，760mmHg 称为一个物理大气压。

空气压力可用绝对压力、表压力和真空度等来度量，绝对压力、表压力和真空度的相互关系如图 9.3 所示。

绝对压力：以绝对真空作为计算压力的起点。一般需在表示绝对压力的符号的右下角标注“ABS”，即 p_{ABS}。

表压力：高出当地大气压的压力值。压力表测得的值为表压力。在压力数值后一般不标注或标注“e”，即 p_e。

真空度：低于当地大气压的压力值。

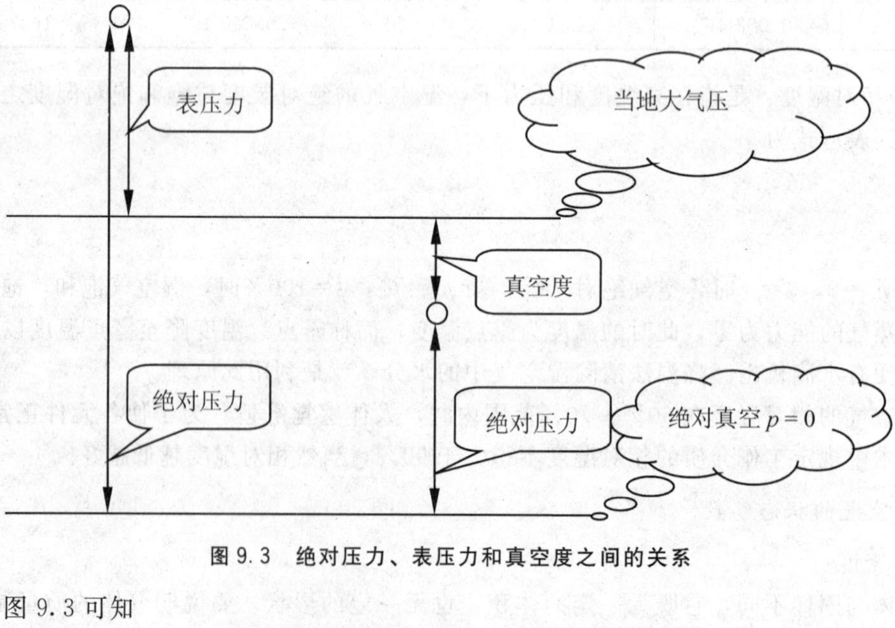

图 9.3　绝对压力、表压力和真空度之间的关系

由图 9.3 可知

$$表压力=绝对压力-当地大气压$$
$$真空度=当地大气压-绝对压力$$

在工程计算中，常将当地大气压用标准大气压代替，即令 $p_a = 101\,325\text{Pa}$。

3）温度

温度是指空气的冷热程度，它常用以下3种形式表达。

绝对温度：以气体分子停止运动时的最低极限温度为起点测量的温度，用 T 表示。其单位为开尔文，单位符号为K。

摄氏温度：用符号 t 表示，其单位为摄氏度，单位符号为℃。

华氏温度：用符号 t_F 表示，其单位为华氏度，单位符号为℉。

三者之间的关系是

$$T(\text{K}) = t(℃) + 273.15$$

$$t_F(℉) = 1.8t(℃) + 32$$

4. 空气的主要性能

1）压缩性

一定质量的静止气体，由于压力改变而导致气体所占容积发生变化的现象，称为气体的压缩性。气体流动时，气体的密度也会发生变化。由于气体比液体容易压缩，故液体常被当做不可压缩流体(密度变化可以忽略不计)，而气体常被称为可压缩流体(不能忽略密度变化)。气体容易压缩，有利于气体的储存，但难于实现气缸的平稳运动和低速运动。

2）黏性

流体的黏性是指流体具有抗拒流动的性质。气体与液体相比，其黏性小得多，但实际上气体都具有黏性。

流体的黏性用动力黏度 μ 来表示，其法定计量单位是Pa·s。空气的动力黏度 μ 与温度 t 的关系见表9-4。可见温度对空气黏度的影响不大。气体比液体的动力黏度要小得多。如20℃时，空气的黏度为 $18.1\times10^{-6}\,\text{Pa}\cdot\text{s}$，而某液压油的黏度 μ 为 $5\times10^{-2}\,\text{Pa}\cdot\text{s}$。因此，在管道内流动速度相同的条件下，液压油的流动损失比空气的流动损失大得多。

表9-4　空气的黏度与温度的关系

t/℃	−20	0	10	20	30	40	50	60	80	100
$\mu/\times10^{-6}\,\text{Pa}\cdot\text{s}$	16.1	17.1	17.6	18.1	18.6	19.0	19.6	20.0	20.9	21.8

没有黏性的气体称为理想气体，自然界是不存在理想气体的。当气体的黏性较小，运动的相对速度也不大时，所产生的黏性力与其他类型的力相比可以忽略不计，这样的气体就可当做理想气体。

9.4.2　气体的状态变化

1. 标准状态和基准状态

标准状态：温度为0℃，压力为0.101 3MPa(760mmHg)时的气体状态。1标准大气压=760mmHg=0.101 3MPa，标准状态空气密度 $\rho = 1.293\text{kg/m}^3$。

基准状态：温度为20℃，相对湿度为65%，压力为0.1MP时的气体状态。在单位后标注ANR。如自由空气的流量为 $30\text{m}^3/\text{h}$，应记为 $30\text{m}^3/\text{h}$(ANR)，基准状态空气的密度

为 $\rho=1.185\text{kg/m}^3$。

2. 理想气体的状态方程

理想气体的状态方程是描述理想气体的状态参数之间关系的方程，对空气而言，其理想气体的状态方程表达式为

$$pv=RT$$

或

$$p=\rho RT=\frac{m}{V}RT$$

对一定质量的理想气体，状态方程也可写成

$$\frac{p_1V_1}{T_1}=\frac{p_2V_2}{T_2}$$

式中：p——压力(Pa)；

v——质量体积(m^3/kg)；

ρ——密度(kg/m^3)；

T——温度(K)；

R——气体常数，干燥空气，等于 287N·m/(kg·K)；

m——质量(kg)；

V——容积(m^3)。

说明如下。

(1) 在气压传动所遇到的压力和温度范围内，空气可以作为理想气体处理。

(2) 对密闭容器中的气体和流动中的气体，气体状态方程都可使用。对流动中的气体，要求是流体质点处于不同位置时的 3 个状态参数。

利用气体状态方程，可将有压状态下的流量折算成基准状态下的流量。设有压状态下的压力为 p，温度为 T，单位时间内流入气体的体积为 V，折算成基准状态单位时间内流入气体的体积为 V_a，压力为 p_a，温度为 T_a，根据气体状态方程，在气体质量不变的条件下，则

$$V_a=\frac{T_a}{T}\frac{p}{p_a}V$$

3. 理想气体状态变化过程

1) 等温过程

一定质量的空气，若其状态变化是在温度不变的条件下进行的，则称为等温过程。其方程为

$$p_1V_1=p_2V_2$$

气体状态变化缓慢进行的过程可看做是等温过程。如较大气罐中的气体经小孔向外排气，则气罐中的气体状态变化可看做是等温过程。

2）等容过程

一定质量的气体，若其状态变化是在容积不变的条件下进行的，则称为等容过程。其方程为

$$\frac{p_1}{T_1}=\frac{p_2}{T_2}$$

对于密闭气罐中的气体，由于外界环境温度的变化，罐内气体状态变化可看做是等容过程。

3）等压过程

一定质量的气体，若其状态变化是在压力不变的条件下进行的，则称为等压过程。其方程为

$$\frac{V_1}{V_2}=\frac{T_1}{T_2}$$

负载一定的密闭气缸被加热或放热时，缸内气体便在等压过程中改变气缸的容积。

4）绝热过程

一定质量的气体，若其状态变化是在与外界无热交换的条件下进行的，则称为绝热过程。其方程为

$$p/\rho^k=\text{常数}$$

或

$$pV^k=\text{常数}$$

式中：k——绝热指数，对于空气 $k=1.4$。

气缸内气体受到快速压缩时，缸内气体状态的变化为绝热过程。小气罐上阀门突然开启向外界大量高速排气时，罐内气体状态变化可看做是绝热过程。

5）多变过程

等温过程、等容过程、等压过程和绝热过程是千变万化的热力学过程中的特殊情况，若空气系统的热力学过程介于上述的特殊过程之间，则此过程称为多变过程。其方程为

$$pV^n=\text{常数}$$

式中：n——多变指数。

当 $n=0$ 时，$pV^0=p=$常数，为等压过程；当 $n=1$ 时，$pV=$常数，为等温过程；当 $n=\pm\infty$时，$p^{\frac{1}{n}}V=$常数，即 $V=$常数，为等容过程；当 $n=k$ 时，$pV^k=$常数，为绝热过程。

9.5　习　　题

一、填空题

1. 气压传动系统主要由气源设备、________、________、________、________和真

空元件等组成。

2. 气压传动是以________为工作介质进行能量传递的传动方式。
3. 相对湿度反映了________，气动技术条件中规定各种阀的工作介质的相对湿度不得大于________。
4. 空气的主要性能包括________和________。
5. 气体在等温状态时，气体的体积与压力成________比；气体在等压变化过程中，气体的容积与温度成________比。

二、判断题

1. 绝对湿度表明湿空气所含水分的多少能反映湿空气吸收水蒸气的能力。 ( )
2. 气压传动具有传递功率小，噪声大等缺点。 ( )
3. 与液压计算不同，气动系统因受压力影响，须将不同压力下的压缩空气转换成大气压力下的自由空气流量来计算。 ( )
4. 通常压力计所指示的压力是绝对压力。 ( )

三、选择题

1. 气压传动的优点是________。

   A. 工作介质取之不尽，用之不竭，但易污染

   B. 气动装置噪声大

   C. 执行元件的速度、转矩、功率均可做无级调节

   D. 无法保证严格的传动比

2. 单位湿空气体积中所含水蒸气的质量称为________。

   A. 湿度　　B. 相对湿度　　C. 绝对湿度　　D. 饱和绝对湿度

3. 打气筒中气体状态变化过程可视为________。

   A. 等温过程　　B. 等容过程　　C. 等压过程　　D. 绝热过程

四、问答题

1. 举例说明气动技术有何应用。
2. 气动元件的发展前景如何?
3. 气压传动与液压传动相比较，有何优缺点?
4. 空气的压力表达方式与液体的压力表达方式是否相同?试比较几种压力之间的大小关系。
5. 何谓理想气体?其状态变化过程有哪几种?空气的状态参数之间有何关系?
6. 何谓多变过程?其方程表达的含义是什么?

第10章

气源及气源处理系统

教学目标	明确气源及气源处理装置在气动系统中所处的位置和作用，熟悉其组成元件的类型、功用及主要结构特点；掌握空气压缩机等典型元件的工作原理；学会比较几种气源处理方法的区别。

引例

一些气源及气源处理装置见表10-1。

表10-1　气源及气源处理装置举例

分类	典型装置举例		
气源装置			
气源处理装置	 储气罐	 后冷却器	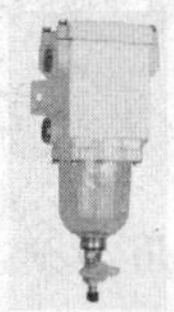 油水分离器
	 空气过滤器	 自动排水器	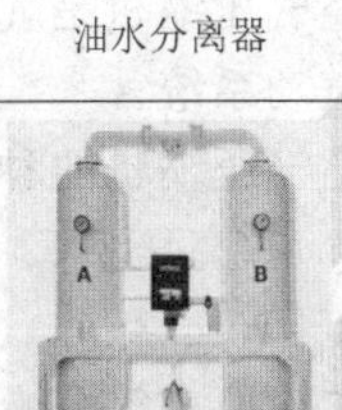 干燥器

10.1 气源系统

气源系统就是由气源设备组成的系统，气源设备是产生、处理和储存压缩空气的设备，如图10.1所示的是典型的气源系统。

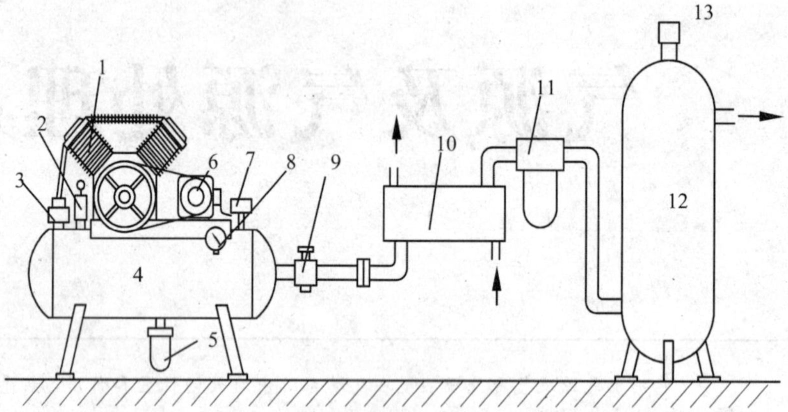

图10.1 气源系统的组成

1—压缩机；2—安全阀；3—单向阀；4—小气罐；5—自动排水器；
6—电机；7—压力开关；8—压力表；9—截止阀；10—冷却器；
11—油水分离器；12—大气罐；13—安全阀

通过电动机6驱动的空气压缩机1将大气压力状态下的空气压缩到较高的压力状态，输送到气动系统。压力开关7是根据压力的大小来控制电动机的起动和停止。当小气罐4内压力上升到调定的最高压力时，压力开关发出信号让电动机停止工作；当气罐内压力降至调定的最低压力时，压力开关又发出信号让电动机重新工作。当小气罐4内压力超过允许限度时，安全阀2自动打开向外排气，以保证空压机的安全。当大气罐12内压力超过允许限度时，安全阀13自动打开向外排气，以保证大气罐的安全。单向阀3是在空压机不工作时，用于阻止压缩空气反向流动的。后冷却器10是通过降低压缩空气的温度，将水蒸气及污油雾冷凝成液态水滴和油滴。油水分离器11用于进一步将压缩空气中的油、水等污染物分离出来。在后冷却器、油水分离器、空气压缩机和气罐等的最低处，都须设有手动或自动排水器，以便于排除各处冷凝的液态油水等污染物。

10.1.1 空气压缩机

1. 作用与分类

空气压缩机是气动系统的动力源，它把电机输出的机械能转换成压缩空气的压力能输送给气动系统。

空气压缩机的种类很多，按压力高低可分为低压型(0.2～1.0MPa)、中压型(1.0～10MPa)和高压型(>10MPa)；按排气量可分为微型压缩机($V<1m^3/min$)、小型压缩机($V=1\sim10m^3/min$)、中型压缩机($V=10\sim100m^3/min$)和大型压缩机($V>100m^3/min$)；若按工作原理可分为容积型和速度型(也称透平型或涡轮型)两类。

在容积型压缩机中，气体压力的提高是由于压缩机内部的工作容积被缩小，使单位体积内气体的分子密度增加而形成的。而在速度型压缩机中，气体压力的提高是由于气体分子在高速流动时突然受阻而停滞下来，使动能转化为压力能而达到的。

容积型压缩机按结构不同又可分为活塞式、膜片式和螺杆式等。速度型压缩机按结构不同分为离心式和轴流式等。目前，使用最广泛的是活塞式压缩机。

2. 工作原理

1）活塞式空压机

活塞式空压机是最常用的空压机形式，其工作原理如图 10.2 所示。

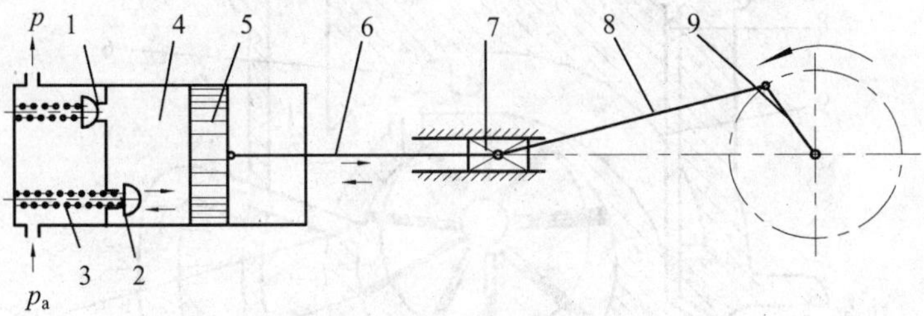

图 10.2　活塞式空压机

1—排气阀；2—吸气阀；3—弹簧；4—气缸；
5—活塞；6—活塞杆；7—滑块；8—连杆；9—曲柄

活塞式空压机通过曲柄连杆机构使活塞做往复运动而实现吸、压气，并达到提高气体压力的目的。曲柄 9 由原动机(电动机)带动旋转，从而驱动活塞 5 在缸体 4 内往复运动。当活塞向右运动时，气缸内容积增大而形成部分真空，活塞左腔的压力低于大气压力 p_a，吸气阀 2 开启，外界空气进入缸内，这个过程称为“吸气过程”；当活塞反向运动时，吸气阀关闭，随着活塞的左移，缸内气体受到压缩而使压力升高，这个过程称为“压缩过程”。当缸内压力高于输出气管内压力 p 后，排气阀 1 被打开，压缩空气送至输出气管内，这个过程称为“排气过程”。曲柄旋转一周，活塞往复行程一次，即完成一个工作循环。

图 10.2 所示的是单级活塞式空压机，常用于需要 0.3～0.7MPa 压力范围的系统。单级空压机若压力超过 0.6MPa，产生的热量将大大降低压缩机的效率，因此，常用两级活塞式空压机。

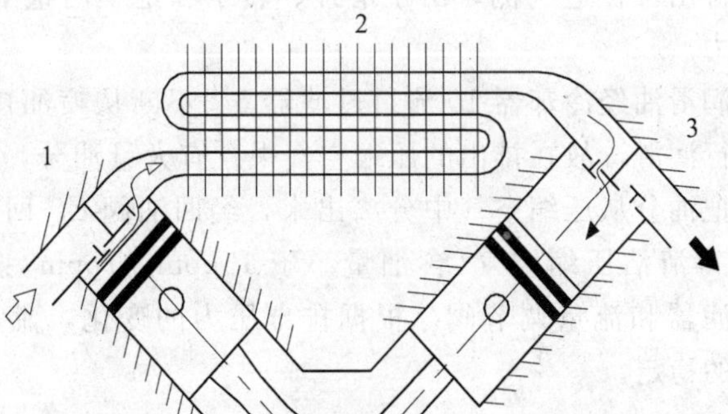

图 10.3　两级活塞式空压机

1—1 级活塞；2—中间冷却器；3—2 级活塞

图 10.3 所示的是两级活塞式空压机。若最终压力为 0.7MPa，则第 1 级通常压缩到 0.3MPa。设置中间冷却器是为了降低第 2 级活塞的进口空气温度，提高空压机的工作效率。

2）滑片式空压机

图 10.4 所示为滑片式空压机的工作原理图。

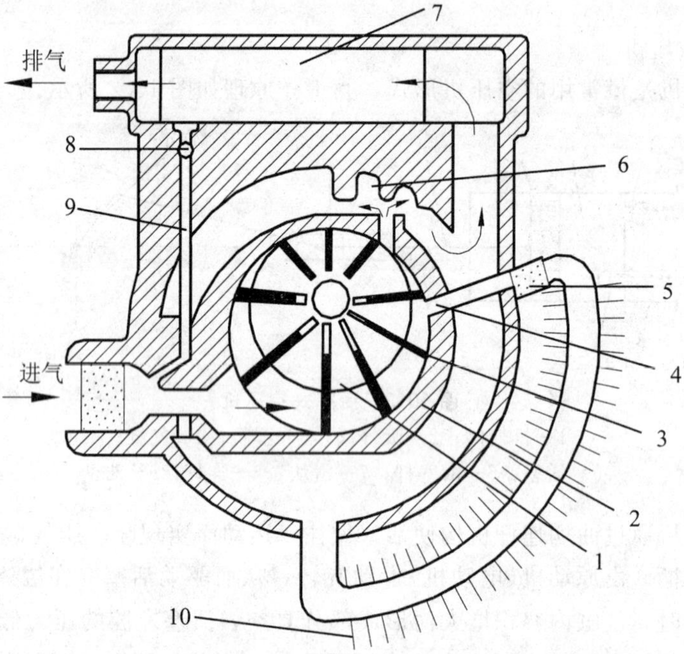

图 10.4　滑片式空压机

1—转子；2—定子；3—滑片；4—喷油口；5—过滤器；
6—迷宫环；7—油分离器；8—回油阀；9—回油管；10—冷却器

转子 1 偏心安装在定子 2 内，一组滑片 3 插在转子的放射状槽内。当转子旋转时，各滑片靠离心力作用紧贴定子内壁。转子回转过程中，在排气侧的滑片逐渐被定子内表面压进转子沟槽内，滑片、转子和定子内壁围成的容积逐渐变小，从进口吸入的空气就逐渐被压缩，最后从排气口排出。在进气侧，由于滑片、转子和定子内壁围成的容积逐渐变大，压力逐渐降为大气压力。

在气压作用下，润滑油经冷却器 10 流过过滤器 5，不断从喷油口 4 喷入气缸压缩室，对滑片及定子内部进行润滑，故在排出的压缩空气中含有大量油分，需经迷宫环 6 离心分离，再经油分离器 7 把油分从压缩空气中分离出来，经回油阀 8、回油管 9 循环再用。同时，从排气口还可获得清洁压缩空气(含油量小于 15ppm，1ppm＝1.29mg/m^3)。另外，在进气口设有入口过滤器和流量调节阀。根据排出压力的变化，流量调节阀自动调节流量，以保持排出压力的稳定。

3）特性比较

活塞式和滑片式空压机的特性比较见表 10－2。

表 10-2　活塞式和滑片式空压机特性比较

类型	输出压力	体积	重量	振动	噪声	排气方式	压力脉动	检修量	寿命
活塞式	多级可获得高压	大	重	大	大	断续排气，须设气罐	大	大	短
滑片式	<1.0MPa	小	轻	小	小	连续排气，无须气罐	小	小	长

3. 空压机的选用

首先按空压机的特性要求来确定空压机类型，再根据气动系统所需要的工作压力和流量两个参数来选取空压机的型号。

1）空压机的输出压力 p_c

$$p_c = p + \sum \Delta p$$

式中：p——气动执行元件使用的最高工作压力(MPa)；

$\sum \Delta p$——气动系统总的压力损失(MPa)。

一般情况下，令 $\sum \Delta p = (0.15 \sim 0.2)$MPa。

2）空压机的输出流量 q_c

设空压机的理论输出流量为 q_b，则不设气罐时，

$$q_b \geqslant q_{max}$$

设气罐时，

$$q_b \geqslant q_a。$$

式中：q_{max}——气动系统的最大耗气量($m^3/min(ANR)$)；

q_a——气动系统的平均耗气量($m^3/min(ANR)$)。

空压机实际输出流量 q_c为：

$$q_c = k \cdot q_b$$

式中：k——修正系数。

考虑气动元件、管接头等处的泄漏，风动工具等的磨损泄漏，可能增添新的气动装置和多台气动设备不一定同时使用等因素，通常可取 $k=1.5 \sim 2.0$。

4. 空压机使用注意事项

1）空气压缩机用润滑油

空压机冷却良好，压缩空气温度为 70～180℃，若冷却不好，可达 200℃以上。为了防止高温下压缩机油发生氧化、变质而成为油泥，应使用厂家指定的压缩机油，并要定期更换。

2）空压机的安装地点

选择空压机的安装地点时，必须考虑周围空气清洁、粉尘少、湿度小，以保证吸入空气的质量。同时要严格遵守国家限制噪声的规定(表 10-3)。必要时可采用隔音箱。

表 10-3　我国规定城市环境噪声标准

（单位：dBCA）

适用区域	白天	晚间
特殊住宅区	45	35
居民文教区	50	40
一类混合区	55	45
二类混合区、商业中心区	60	50
工业集中区	65	55
交通干线道路两侧	70	55

3)空压机的维护

空压机启动前应检查润滑油位是否正常，用手拉动传动带使活塞往复运动1～2次，启动前和停车后都应将小气罐中的冷凝水排放掉。

10.1.2　后冷却器

1. 作用

空压机的排气温度很高，为70～180℃，且含有大量的水分和油分，此温度时空气中的水分基本呈气态。这些水分和油分在压缩空气冷却时，会变成冷凝水，对气动元件造成不良的影响。

后冷却器的作用就是将空压机出口的高温压缩空气冷却到40℃以下，使其中的水分和油雾冷凝成液态水滴和油滴，以便将它们去除。

2. 分类

后冷却器有风冷式和水冷式两种。

风冷式后冷却器具有占地面积小、重量轻、运转成本低、易维修等特点。适用于进口压缩空气温度低于100℃和处理空气量较少的场合。

水冷式后冷却器具有散热面积大(是风冷式的25倍)、热交换均匀、分水效率高等特点，适用于进口压缩空气温度较高，且处理空气量较大、湿度大、粉尘多的场合。

3. 工作原理

图10.5(a)所示为蛇管水冷式后冷却器，压缩空气在管内流动，冷却水在管外水套中流动。冷却水与热空气隔开，冷却水沿热空气的反方向流动，以降低压缩空气的温度。压缩空气的出口温度大约比冷却水的温度高10℃。

图10.5(b)所示为带冷却剂管路的冷却器图形符号，图10.5(c)所示为一般符号。

风冷式后冷却器是靠风扇产生的冷空气吹向带散热片的热气管道。后冷却器最低处应设置自动或手动排水器，以排除冷凝水。经风冷后的压缩空气的出口温度大约比室温高15℃。

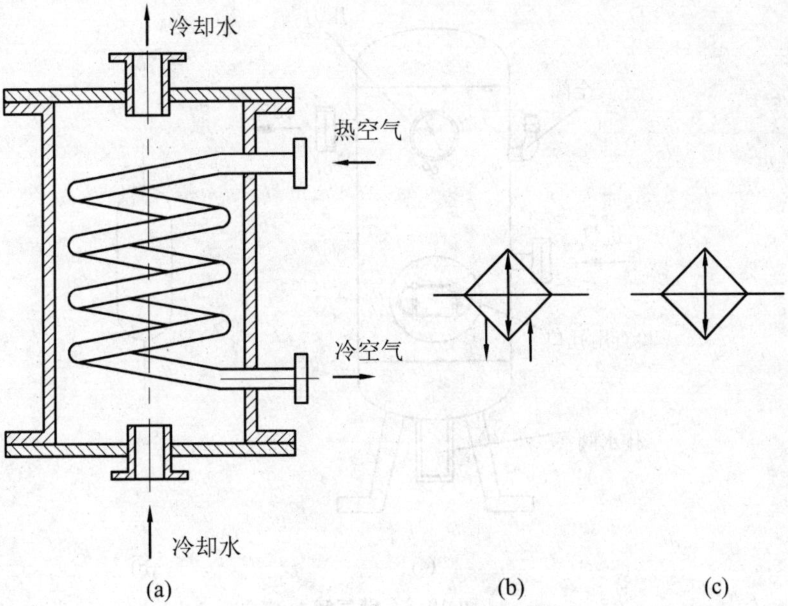

图 10.5　水冷式后冷却器

10.1.3　储气罐

储气罐通常又称贮气罐，它是气源装置的重要组成部分。

1. 作用

储气罐的主要作用如下。

(1) 储存一定数量的压缩空气，调节用气量或以备空压机发生故障和临时需要应急使用，维持短时间的供气，以保证气动设备的安全工作。

(2) 消除压力波动，保证输出气流的连续性、平稳性。

(3) 依靠绝热膨胀及自然冷却降温，进一步分离掉压缩空气中的水分和油分。

2. 结构

储气罐一般采用圆筒状焊接结构，有立式和卧式两种，通常以立式居多，如图 10.6(a)所示。立式储气罐的高度为其直径的 2～3 倍，同时应设置进气管在下，出气管在上，并尽可能加大两气管之间的距离，以利于进一步分离空气中的油和水。同时，气罐上应配置安全阀、压力表、排水阀和清理检查用的孔口等。图 10.6(b)所示为储气罐的图形符号。

3. 容积确定

在选择储气罐的容积 V_c(单位为 m^3)时，一般是以空气压缩机的排气量 q 为依据来确定的，可参考下列经验公式：当 $q<0.1m^3/s$ 时，$V_c=0.2q$；当 $q=0.1\sim0.5m^3/s$ 时，$V_c=0.15q$；当 $q>0.5m^3/s$ 时，$V_c=0.1q$。

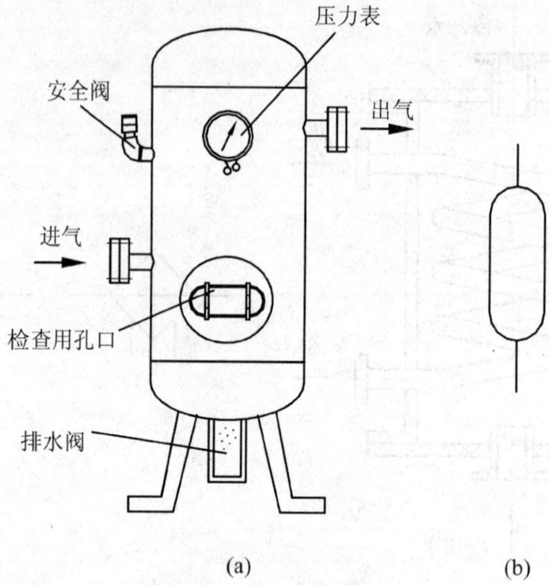

图 10.6　储气罐

10.2　气源处理系统

10.2.1　概述

1. 气源处理的必要性

从空压机输出的压缩空气中含有大量的水分、油分和粉尘等杂质，必须采用适当的方法清除这些杂质，以免它们对气动系统的正常工作造成危害。

变质油分会使橡胶、塑料、密封材料等变质，堵塞小孔，造成元件动作失灵和漏气；水分和尘土还会堵塞节流小孔或过滤网；在寒冷地区，水分会造成管道冻结或冻裂等。

如果空气质量不良，将使气动系统的工作可靠性和使用寿命大大降低，由此造成的损失将会超过气源处理装置的成本和维修费用，故正确选用气源处理系统显得尤为必要。

2. 杂质的来源

(1) 由系统外部通过空压机等吸入的杂质，如大气中的各种灰尘、烟雾等。

(2) 由系统内部产生的杂质，如湿空气被压缩、冷却而出现的冷凝水，高温下压缩机油变质而产生的焦油物，管道中产生的铁锈，运动件之间磨损产生的粉末，密封过滤材料的粉末等。

(3) 系统安装和维修时产生的杂质，如安装维修时未清除掉的螺纹牙铁屑、毛刺、纱头、焊接氧化皮、铸砂、密封材料碎片等杂质。

3. 对空气质量的要求

不同的气动设备对空气质量的要求不同。空气质量低劣，优良的气动设备也会事故频繁，缩短使用寿命。但提出过高的空气质量要求，又会增加压缩空气的成本。表 10－4 列出了不同应用场合下气动设备对空气质量的要求，这里的气态溶胶油分是指 0.01～10μm 的雾状油粒子。

表 10-4　不同应用场合下气动设备对空气质量的要求

应用场合	清除水分		清除油分			清除粉尘				清除臭气
	液态	气态	液态	气状溶胶	气态	>50 μm	>25 μm	>5 μm	>1 μm	
药品、食品的搅拌、输送、包装，酒、化妆品、胶片的制造	*	*	*	*	*	*	*	*	*	*
电子元件和精密零件的干燥和净化，空气轴承，高级静电喷漆，卷烟制造工程、化学分析	*	*	*	*	*	*	*	*	*	×
利用空气输送粉末、粮食类	*	*	*	*	*	*	*	*	○	×
冷却玻璃、塑料	*	○	*	*	*	*	*	*	×	×
气动逻辑元件组成的回路	*	×	*	*	×	*	*	*	×	×
气动测验量仪用气	*	×	*	*	×	*	*	*	×	×
气动马达、间隙密封换向阀、风动工具	*	×	*	*	×	*	*	○	×	×
气动夹具、气动卡盘，吹扫用气喷枪	*	×	*	○	×	*	*	*	×	×
焊接机械、冷却金属	*	×	*	×	×	*	○	×	×	×
纺织、铸造、玻璃、砖瓦机械，包装、造纸、印刷机械，一般气动回路，建筑机械	*	×	*	×	×	*	×	×	×	×

注：*——必须清除；O——建议清除；×——不必清除。

4. 净化压缩空气的方法

压缩空气中存在的杂质主要是固态颗粒、气态水分、液态水分、气态油分、气状溶胶油粒子和液态油分等，对于不同的杂质应采用不同的净化方法。

1）固态颗粒

对于固态颗粒类杂质，可采用的净化方法有重力沉降、静电作用、弥散作用、惯性分离和拦截过滤等，而惯性分离又可分为撞击分离和离心分离两种，拦截过滤可分为金属网过滤、烧结材料过滤和玻璃纤维或树脂过滤等。

2）水分

水分有液态水分和气态水分两种形式。对于液态水分的净化方法有重力沉降、惯性分离、拦截过滤和凝聚作用等；对于气态水分的净化方法有压缩、降温、冷冻和吸附等，而降温又可分为风冷降温、水冷降温和绝热膨胀降温 3 种，吸附可分为无热再生吸附和加热再生吸附两种。

3）油分

油分有液态油分、气态油分和气状溶胶油分 3 种形式。对于液态油分的净化方法有惯性分离、水洗法、拦截过滤和凝聚作用等；对于气态油分的净化方法是用活性炭吸附；对于气状溶胶油分的净化方法有水洗法和纤维层多孔滤芯拦截。

10.2.2 过滤器

1. 油水分离器

1）作用

油水分离器将压缩空气中的水分、油分和灰尘等杂质分离出来，初步净化压缩空气。

2）工作原理

油水分离器通常安装在后冷却器后的管道上，其结构形式有环形回转式、撞击折回式、离心旋转式、水浴式及以上形式的组合使用等。应用较多的是使气流撞击并产生环形回转流动的结构形式。其结构如图 10.7 所示，当压缩空气由进气管进入分离器壳体以后，气流先受到隔板的阻挡，产生流向和速度的急剧变化(流向如图中箭头所示)，而在压缩空气中凝聚的水滴、油滴等杂质受到惯性作用而分离出来，沉降于壳体底部，由下部的排污阀排出。

为了提高油水分离的效果，气流回转后的上升速度越小越好，则分离器的内径就会做得越大。一般上升速度控制在 1m/s 左右，油水分离器的高度与内径之比为 3.5～4。

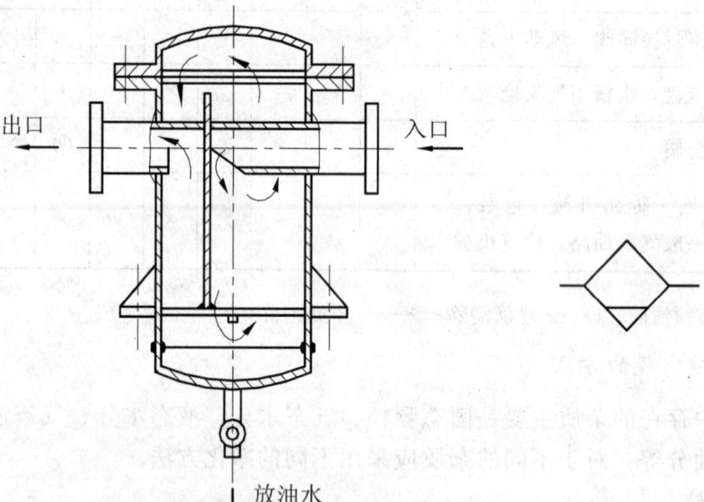

图 10.7 油水分离器

2. 主管道过滤器

1）作用

它安装在主管路中，清除压缩空气中的油污、水和灰尘等，以提高下游干燥器的工作效率，延长精密过滤器的使用时间。

2）工作原理

图 10.8 所示为主管道过滤器。它采用微孔过滤、碰撞分离和离心分离 3 种形式来清除压缩空气中的油分、水分和固体颗粒等。从输入口进入的压缩空气中的气态油分和气态

水分，在通过圆筒式烧结陶瓷滤管时，凝成小水滴被滤出。固态杂质(50μm 以上)被拦截在滤管外。滤出的油、水和固态杂质定期经上排水口排出。过滤后的空气进入滤管内部，向下流向反射板撞击反射，再由导流板迫使气流离心分离，水分从下排水口排出。净化后的空气穿过多孔板从输出口输出。

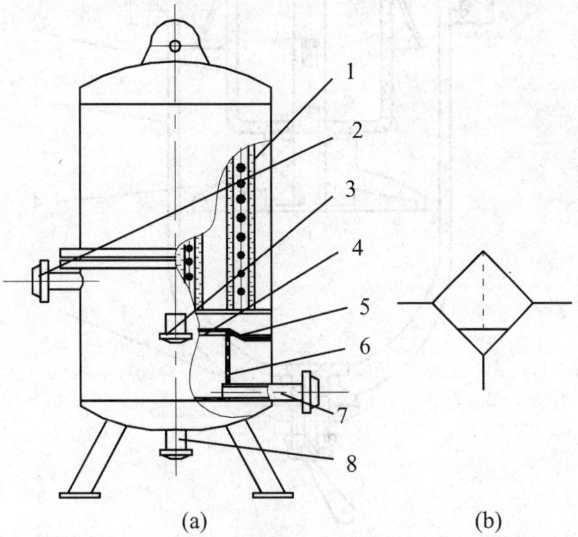

图 10.8　主管道过滤器

1—滤管；2—进气口；3—上排水口；4—反射板；
5—导流板；6—多孔板；7—出气口；8—下排水口

3)使用维护

(1) 通过主管道过滤器的最大流量不得超过其额定流量。

(2) 主管道过滤器应安装在后冷却器或储气罐之后，以提高过滤效率。

(3) 根据地区和季节的不同，应定期进行手动排污或检查自动排污装置工作是否正常。用差压计测定过滤器两端压力降，当压力降大于 0.1MPa 时，应更换过滤元件。

3. 空气过滤器

1) 作用与分类

空气过滤器的作用是除去压缩空气中的固态杂质、水滴和污油滴，不能除去气态油和气态水。

按过滤器的排水方式可分为手动排水型和自动排水型。自动排水型按无气压时的排水状态又可分为常开型和常闭型。

2) 工作原理

图 10.9 所示为空气过滤器的结构原理图。当压缩空气从输入口流入时，气体中所含的液态油、水和杂质沿自导流叶片在切向的缺口强烈旋转，液态油水及固态杂质受离心力作用被甩到存水杯的内壁上，并流到底部。已除去液态油、水和杂质后的压缩空气通过滤芯进一步清除其中的微小固态粒子，然后从输出口流出。挡水板用来防止已积存的液态油水再混入气流中。旋转放水旋钮，靠螺纹传动将放水塞顶起，则冷凝水从放水塞与密封件之间空隙经放水塞中心孔道排出。

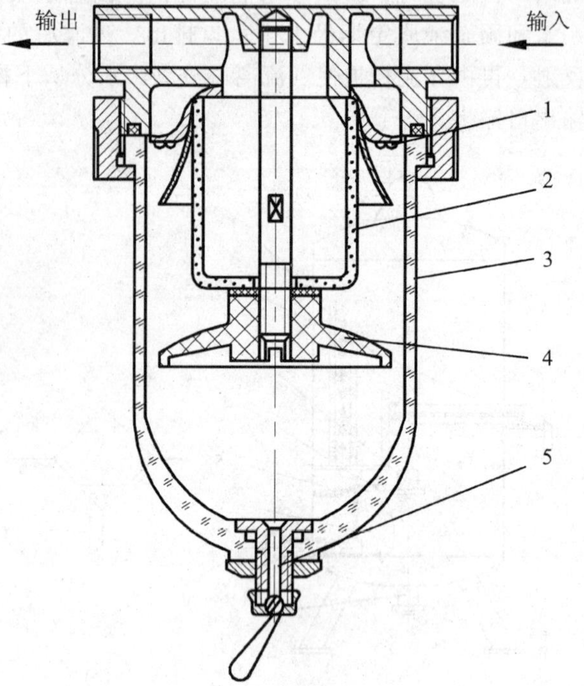

图 10.9　空气过滤器

1—导流叶片；2—滤芯；3—水杯；4—挡水板；5—放水阀

3)性能指标

(1) 流量特性：指在一定进出口压力下，通过元件的空气流量与元件两端压力降之间的关系。输出流量一定时的两端压力降越小越好。它主要取决于滤芯和导流叶片的流动阻力。

(2) 分水效率：指分离出来的水分与进口空气中所含水分之6BD4。过滤器进口压力为0.7MPa，进出口压降为0.01MPa条件下，图10.9所示空气过滤器的分水效率在85%以上。

(3) 过滤精度：指通过过滤器滤芯的颗粒最大直径。标准过滤精度为5μm，对一般气动元件的使用已能满足。其他可供选择的过滤精度有2μm、10μm、20μm、40μm、70μm、100μm，可根据对空气的质量要求选定。

4) 使用维护

(1) 装配前，要充分吹掉配管中的切屑、灰尘等，防止密封材料碎片混入。

(2) 过滤器必须垂直安装，并使放水阀向下。壳体上箭头所示方向为气流方向，不得装反。

(3) 应将过滤器安装在远离空压机处，以提高分水效率。使用时，必须经常放水。滤芯要定期进行清洗或更换。

(4) 应避免日光照射。

4. 油雾过滤器

空气过滤器不能分离悬浮油雾粒子，这是由于处于干燥状态的微小(2～3μm)油粒很难附着于固体表面。要分离这种油雾，需要使用带凝聚式滤芯的油雾过滤器。

1）结构原理

图 10.10(a)所示为油雾过滤器结构原理，图 10.10(b)所示为凝聚式滤芯结构。油雾过滤器除滤芯为凝聚式滤芯外，与普通的空气过滤器基本相同。当含有油雾的压缩空气由内向外通过凝聚式滤芯时，微小粒子因布朗运动受阻发生相互碰撞或粒子与纤维碰撞，粒子便聚合成较大油滴而进入泡沫塑料层，在重力作用下沉降到滤杯底而被清除。

凝聚式滤芯的材料通常用与油脂有较佳亲和性的玻璃纤维、纤维素和陶瓷等材料。过滤精度有 1μm、0.3μm、0.01μm 等几种。

2）应用

由于凝聚式滤芯的过滤度很小，容易堵塞，且不可能除去大量的水分，油雾过滤器的安装位置应紧接在空气过滤器之后。

选用油雾过滤器时除应注意其过滤精度等参数外，还应特别注意实际使用的流量不要超过最大允许流量，以防止油滴再次雾化。

使用时须经常检查滤芯状况，当压降值超过 0.07MPa 时，表明通过滤芯的气流速度增大，容易产生油滴被雾化的危险，必须及时更换滤芯。

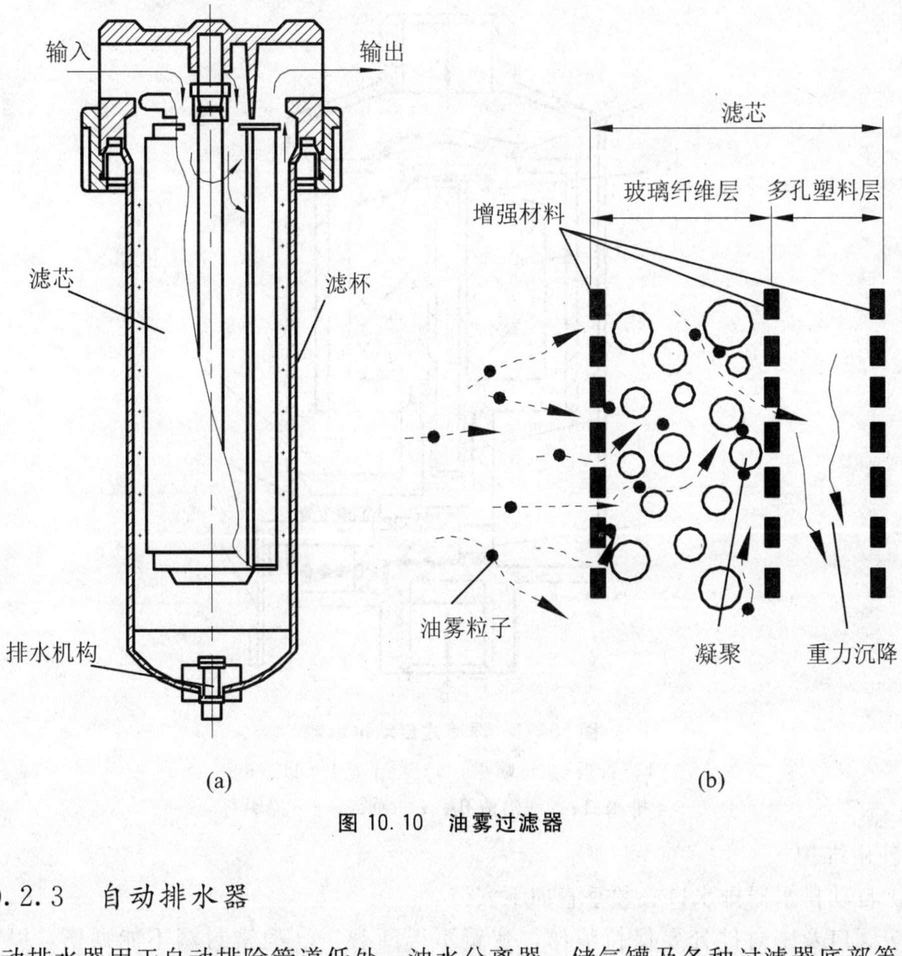

图 10.10　油雾过滤器

10.2.3　自动排水器

自动排水器用于自动排除管道低处、油水分离器、储气罐及各种过滤器底部等处的冷凝水。可安装于不便通过人工排污水的地方，如高处、低处、狭窄处。并可防止人工排水被遗忘而造成压缩空气被冷凝水重新污染。

自动排水器有气动式和电动式两大类。

1. 气动自动排水器

1）分类

按工作原理，气动自动排水器可分为弹簧式、差压式和浮子式，其中使用最多的是浮子式。浮子式又可分为带手动操作排水型和不带手动操作排水型。

2）工作原理

图 10.11 所示为自动排水器的一种——浮筒式自动排水器。被分离出来的水分流入自动排水器内，水位不断升高，当水位升高至一定高度后，浮筒的浮力大于浮筒的自重及作用在上孔座面上的气压力时，喷嘴开启，气压力克服弹簧力使活塞右移，打开排水阀座放水。排水少许后，浮筒下降，上孔座又被关闭。活塞左腔气压力通过设在活塞及手动操作杆内的溢流孔泄压，迅速关闭排水阀座。在使用过程中，如自动排水阀出现故障，可通过手动操作杆打开阀门放水。

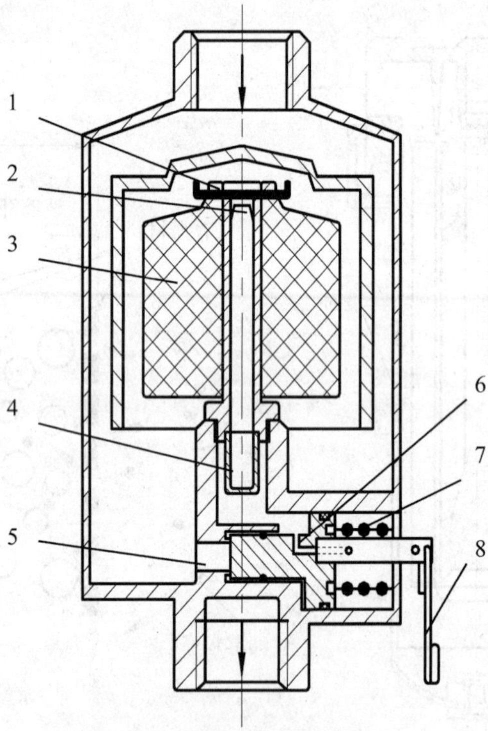

图 10.11 浮筒式自动排水器

1—盖板；2—喷嘴；3—浮子；4—滤芯；
5—排水口；6—溢流孔；7—弹簧；8—操纵杆

3)使用维护

(1) 自动排水器排水口必须垂直向下安装。

(2) 阀口及密封件处要保持清洁，弹簧不得断裂，O 型密封圈不能划伤，以防漏气漏水。

(3) 若不能自动排水，先利用手动操作杆排除积水，再利用工作间隙停机拆卸，检查喷嘴小孔及溢流孔是否被堵塞，并清洗滤芯。

2. 电动自动排水器

1) 工作原理

图 10.12 所示为电动自动排水器的结构原理图。电动机驱动凸轮旋转，拨动杠杆，使阀芯每分钟动作 1～4 次，即排水口开启 1～4 次。按下手动按钮同样也可排水。

2) 特点

(1) 可靠性高，高黏度液体也可以排出。

(2) 排水能力大。

(3) 可将气路末端或最低处的污水排尽，以防止管道锈蚀及污水干后产生的污染物危害下游的元件。

(4) 抗振能力比浮子式强。

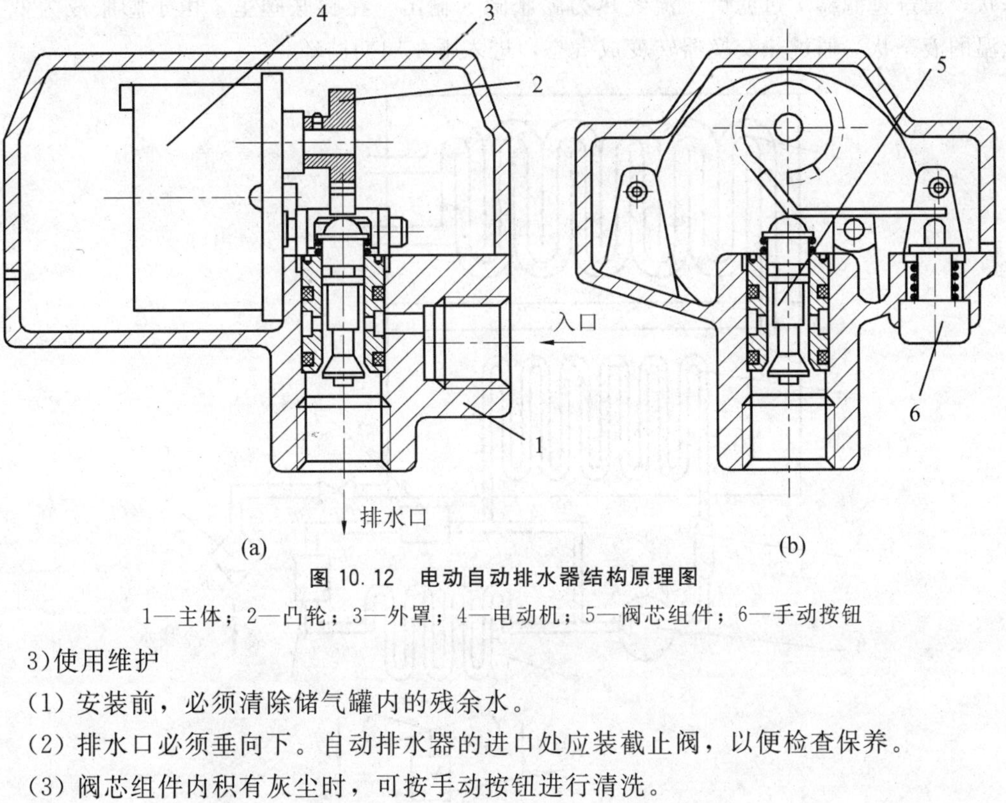

(a) (b)

图 10.12 电动自动排水器结构原理图

1—主体；2—凸轮；3—外罩；4—电动机；5—阀芯组件；6—手动按钮

3)使用维护

(1) 安装前，必须清除储气罐内的残余水。

(2) 排水口必须垂向下。自动排水器的进口处应装截止阀，以便检查保养。

(3) 阀芯组件内积有灰尘时，可按手动按钮进行清洗。

10.2.4 干燥器

压缩空气经后冷却器、油水分离器、储气罐、主管道过滤器和空气过滤器得到初步净化后，仍含有一定量的水分，这对于一些精密机械、仪表等装置还不能满足要求，为防止初步净化后的气体中所含的水分对精密机械、仪表等产生锈蚀，须使用干燥器进一步清除水分。干燥器是用来清除水分的，不能清除油分。干燥器有冷冻式、吸附式和高分子隔膜式等。

1. 冷冻式干燥器

1）工作原理

冷冻式干燥器是利用冷媒与压缩空气进行热交换，把压缩空气冷却至2～10℃的范围，以去除压缩空气中的水分。

图10.13所示是冷冻式干燥器结构原理图，它主要由预冷却器、制冷压缩机、蒸发器、膨胀阀、自动排水器等组成。

潮湿的热压缩空气最先进入预冷却器1冷却，再流入蒸发器2进一步冷却降温至2～10℃，使空气中含有的水蒸气冷却到压力露点，使水蒸气凝结成水滴，经自动排水器9排出。经蒸发器冷却后的压缩空气流经预冷却器输出。空气在流经预冷却器的过程当中，通过热交换，一方面降低输入空气的温度，另一方面其本身的温度上升，防止输出管道系统被由温差导致的“发汗”腐蚀。

在制冷回路中，制冷剂由压缩机4压缩成高压气态状，经冷凝器5冷却后成为高压液态状，通过过滤器7过滤后，流经热力膨胀阀8输出。在膨胀阀里，由于膨胀成为低压、低温的液态状，通过热交换器转变成气态，进入下一周期循环。

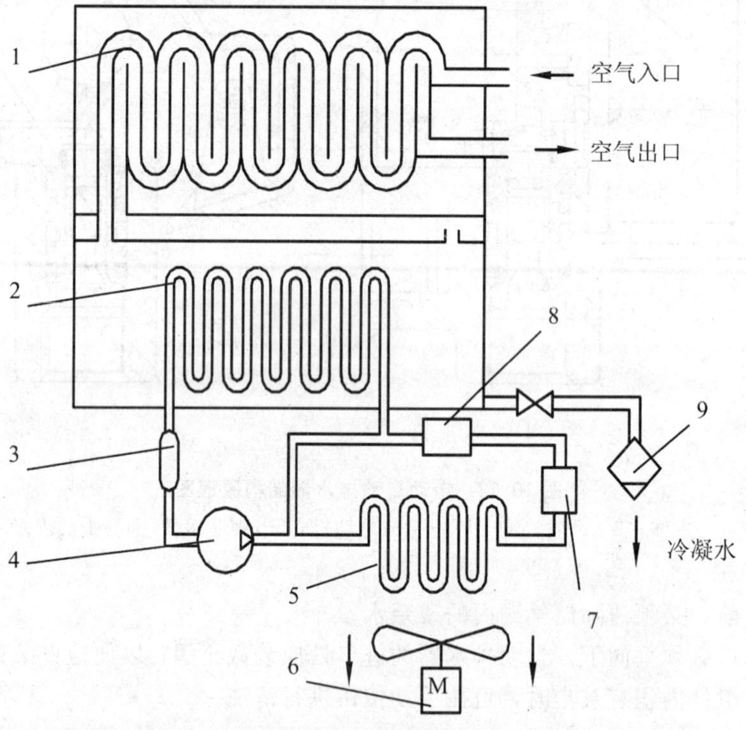

图10.13 冷冻式干燥器

1—预冷却器；2—蒸发器；3—储气罐；4—压缩机；5—冷凝器；6—风机；7—过滤器；8—热力膨胀阀；9—自动排水器

2)使用维护

进入干燥器的进气温度高、环境温度高都不利于充分进行热交换，也就不利于干燥器性能的发挥。当环境温度低于2℃时，冷凝水就会开始冻结，故进气温度应该控制在40℃

以下，可在前面设置后冷却器等。环境温度宜低于 35℃，可装换气扇降温，环境温度过低，应用暖气加热。

干燥器的进气压力越高越好(在耐压强度允许的条件下)。空气压力高，则水蒸气含量减少，有利于干燥器性能的发挥。

干燥器前应设置过滤器和分离器，以防止大量灰尘、冷凝水和油污等进入干燥器内，黏附在热交换器上，使效率降低。

空气处理量不能超过干燥器的处理能力，否则干燥器出口的压缩空气达不到应有的干燥程度。

干燥器应安置在通风良好、无尘埃、无振动、无腐蚀性气体的平稳地面或台架上。周围应留足够空间，以便通风和保养检修。安放在室外的要防日晒雨淋。分离器使用半年便应清洗一次。

冷冻式干燥器适用于处理空气量较大、露点温度不要太低的场合。它具有结构紧凑、占用空间较小、噪声小、使用维护方便和维护费用低等优点。

目前广泛使用的制冷剂是 R-12、R-22 氟里昂族制冷剂，它对大气臭氧层有破坏作用，国际上已限制其使用量。

2. 吸附式干燥器

吸附式干燥器利用某些具有吸附水分性能的吸附剂来吸附压缩空气中所含的水分，从而降低压缩空气的露点温度。

1) 工作原理

图 10.14 所示为无热再生吸附式干燥器。其中的吸附剂对水分具有高压吸附、低压脱附的特性。为利用吸附剂的这个特性，干燥器有两个填满吸附剂的相同容器甲和乙。

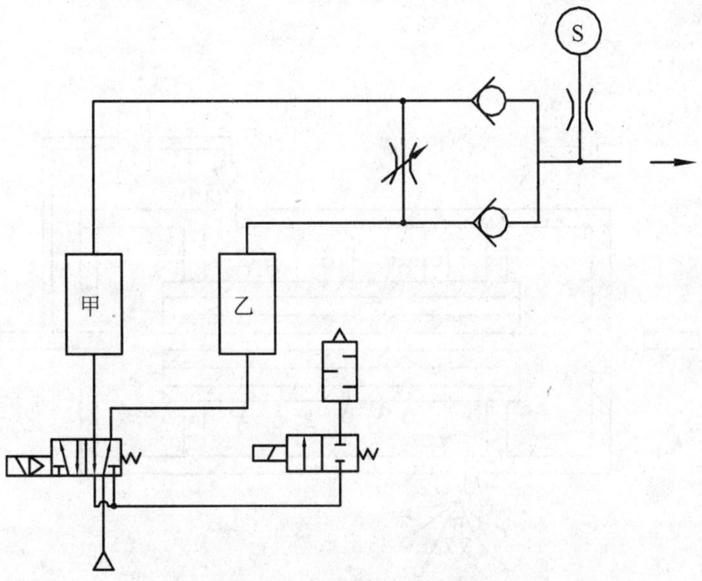

图 10.14　吸附式干燥器

当二位五通电控阀和二位二通电控阀均通电时，湿空气通过二位五通阀先从容器甲的下部流入，通过吸附剂层流到上部，空气中的水分被吸附剂吸收(即在加压条件下吸收)。

干燥后的空气通过一个单向阀输出，供气动系统使用。与此同时，容器乙通过下部的二位五通阀及二位二通阀与大气相通，并从甲容器管道和节流阀引入占全部干燥空气输出量的10%～15%的干燥空气。因容器乙已与大气相通，使已干燥的压缩空气迅速减压流过容器中原来吸收水分已达饱和状态的吸附剂层，则被吸附在吸附剂上的水分就会脱附，实现了无须外加热而使吸附剂再生的目的。脱附出的水分随空气由容器下部的二位五通阀和二位二通阀排到大气。

由一个定时器周期性地切换二位五通阀(通常5～10min切换一次)，使甲、乙两容器定期的交换工作，使吸附剂轮流吸附和再生，这样便可得到连续输出的干燥压缩空气。在干燥压缩空气的出口处，装有湿度显示器S，可定性地显示压缩空气的露点温度，见表10-5。

表10-5　显示器的颜色与露点温度

显示器的颜色	深兰	淡兰	淡粉红	粉红
大气压露点温度	<-30℃	-18.5℃	-10.5℃	-4.5℃

2)使用维护

干燥器入口前应设置空气过滤器及油雾分离器，以防油污和灰尘等黏附在吸附表面而降低干燥能力，缩短使用寿命。

吸附剂长期使用会粉化，应在粉化之前予以更换，以免粉末混入压缩空气中。

3. 高分子膜干燥器

图10.15所示为高分子膜干燥器的原理图，其工作原理是湿空气从中空的高分子膜纤维内部流过时，空气中的水蒸气透过高分子膜从外侧壁析出。于是，输出的空气是排除了水分的干燥空气。

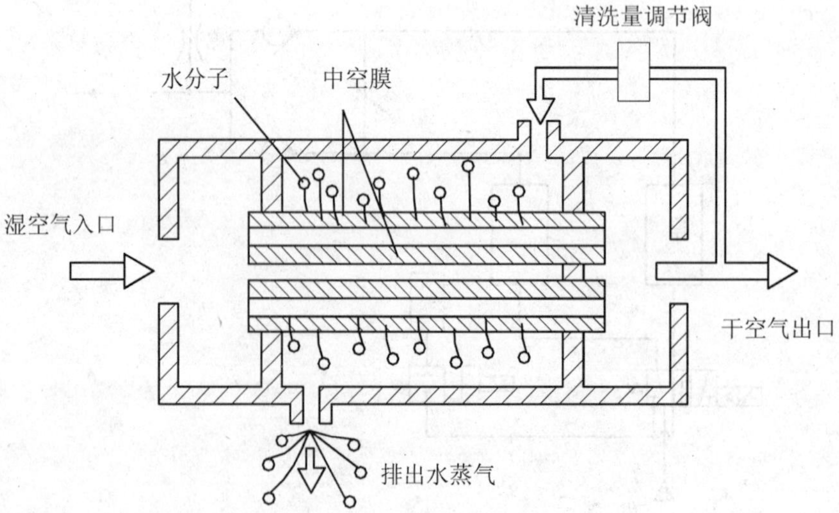

图10.15　高分子膜干燥器

高分子膜干燥器内部无机械可动部件，不用电源，结构简单，重量轻，安装使用简便。它安装在空气管路中可长期使用，能连续输出干燥空气。其工作范围为0.4～

1.5MPa，大气压露点温度可达－70℃。但高分子膜干燥器输出流量较小，一般其口径为25～40mm，当需要大流量输出时，要用几个干燥器并联输出。

10.3　习　　题

一、填空题

1. ________是气动系统的动力源，它把电机输出的机械能转换成________输送给气动系统。
2. 通常根据气动系统所需要的________和________两个参数来选取空压机的型号。
3. 气源处理装置的作用是____。
4. ________可以用来清除水分，但不能清除油分。

二、判断题

1. 空气必须先经过滤器过滤后，才能由空气压缩机进入气动系统。（　　）
2. 空气压缩机的工作原理与液压泵相似，通过吸、排气向系统连续供气。（　　）
3. 油水分离器的作用是将压缩空气中的水分、油分和灰尘等杂质分离出来，初步净化压缩空气。（　　）
4. 在不便于进行人工排污水的地方可以采用自动排水器。（　　）

三、选择题

1. 以下不是储气罐作用的是________。
   A. 稳定压缩空气的压力　　B. 储存压缩空气
   C. 分离油水杂质　　D. 滤去灰尘
2. 不属于气源净化装置的是________。
   A. 后冷却器　　B. 减压阀　　C. 除油器　　D. 空气过滤器
3. 要分离压缩空气中的油雾，需要使用________。
   A. 空气过滤器　　B. 干燥器　　C. 油雾器　　D. 油雾过滤器

四、问答题

1. 气源系统主要由哪几部分组成？简述各部分的作用。
2. 空气压缩机起何作用？简述活塞式空压机的工作过程。
3. 为何空压机出口处需装后冷却器？试画出其图形符号。
4. 什么是储气罐？简述其作用并绘制图形符号。
5. 油水分离器、空气过滤器和油雾过滤器在功能上有何区别？
6. 简要说明自动排水器的功用和分类。
7. 经过多次过滤的压缩空气为何还需要使用干燥器？冷冻式干燥器、吸附式干燥器、高分子膜干燥器在工作原理上有何主要区别？

第11章 气动执行元件

教 学 目 标	了解气动执行元件的分类和结构特点；掌握典型气缸和气动马达的工作原理、主要功用及特点。

引例

如图 11.1 所示为典型气动执行元件产品系列。

(a) 普通活塞式气缸　(b) 薄型气缸　(c) 柱塞式气缸
(d) 冲击气缸　(e) 膜片气缸　(f) 无杆气缸
(g) 串联气缸　(h) 气液增压缸　(i) 气液阻尼缸
(j) 磁性气缸　(k) 齿轮齿条摆动气缸　(l) 带阀气缸
(m) 叶片式摆动气缸　(n) 活塞式气动马达　(o) 叶片式气动马达

图 11.1　典型气动执行元件产品系列

11.1 分类和特点

气动执行元件可分为气缸和气动马达两大类。气缸用于实现直线运动或往复摆动，气动马达用于实现旋转运动。

气缸是气动系统中使用最广泛的一种执行元件。根据使用条件、场合的不同，其结构、形状和功能也不一样，种类很多。气缸根据作用在活塞上力的方向、结构特征、功能及安装方式来分类。常用气缸的分类、简图及特点见表11-1。

表11-1 常用气缸的分类及其特点

类别	名称	简图	特点
单向作用气缸	柱塞式气缸	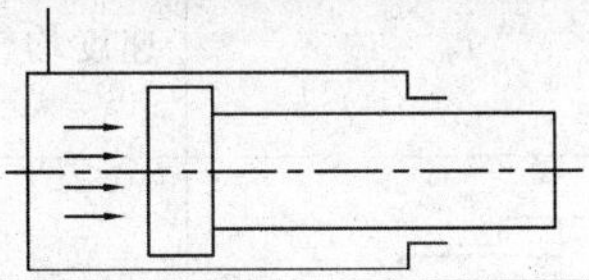	压缩空气使活塞向一个方向运动(外力复位)。输出力小，主要用于小直径气缸
	活塞式气缸(外力复位)	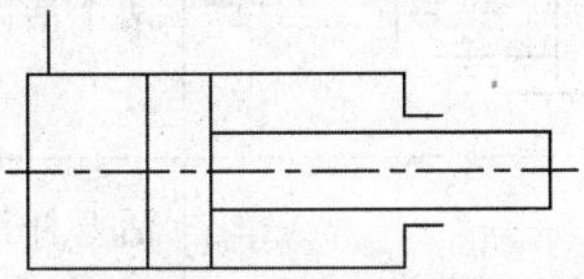	压缩空气只使活塞向一个方向运动，靠外力或重力复位，可节省压缩空气
	活塞式气缸(弹簧复位)	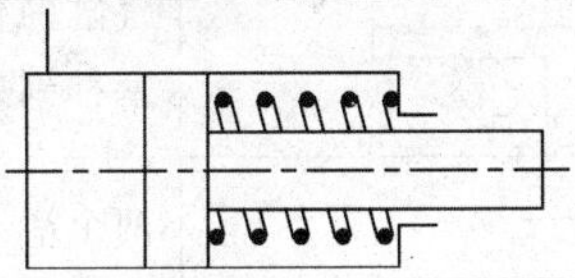	压缩空气只使活塞向一个方向运动，靠弹簧复位。结构简单、耗气量小，弹簧起背压缓冲作用。用于行程较小、对推力和速度要求不高的地方
	膜片式气缸	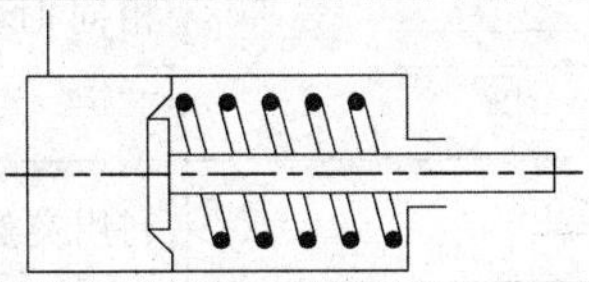	压缩空气只使膜片向一个方向运动，靠弹簧复位。密封性好，但运动件行程短
双向作用气缸	无缓冲气缸(普通气缸)	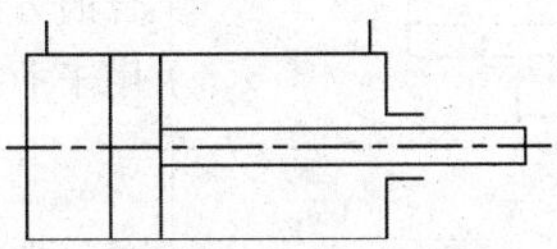	利用压缩空气使活塞向两个方向运动，活塞行程可根据需要选定。它是气缸中最普通的一种，应用广泛
	双活塞杆气缸	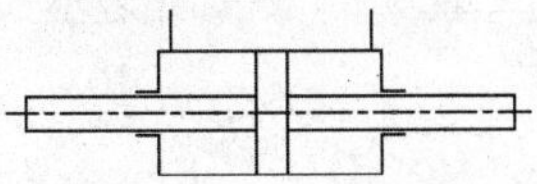	活塞左右运动速度和行程均相等。通常活塞杆固定，缸体运动，适合于长行程
	回转气缸	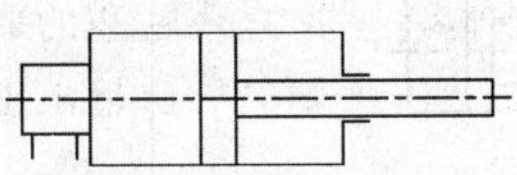	进排气导管和气缸本体可相对转动，可用于车床的气动回转夹具上
	缓冲气缸(不可调)	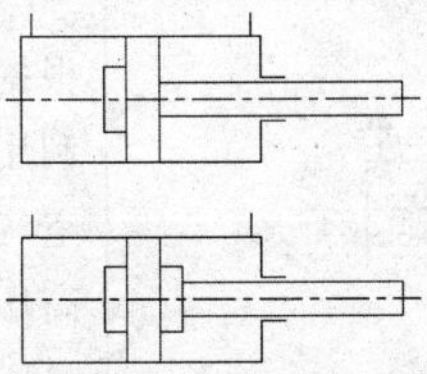	当活塞运动到接近行程终点时，减速制动。减速值不可调整，上图为一端缓冲，下图为两端缓冲

续表

类别	名称	简图	特点
双向作用气缸	缓冲气缸（可调）	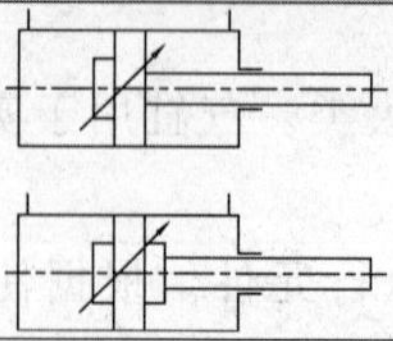	当活塞运动到接近行程终点时，减速制动，减速值可根据需要调整
	差动气缸	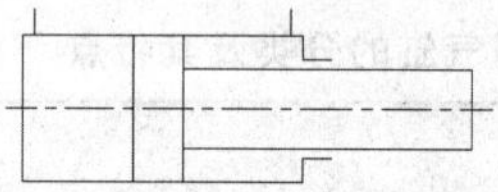	气缸活塞两端有效作用面积差较大，利用压力差使活塞做往复运动（活塞杆侧始终供气）。活塞杆伸出时，因有背压，运动较为平稳，其推力和速度均较小
	双活塞气缸	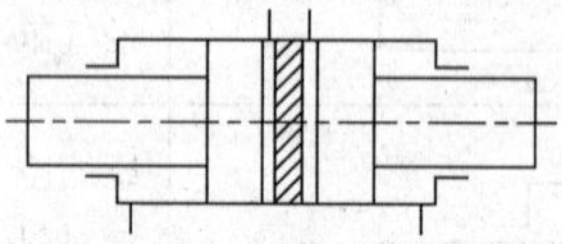	两个活塞可以同时向相反方向运动
	多位气缸	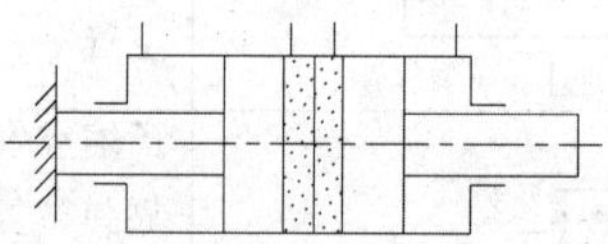	活塞杆沿行程长度有 4 个位置。当气缸的任一空腔与气源相通时，活塞杆到达 4 个位置中的一个
	串联式气缸	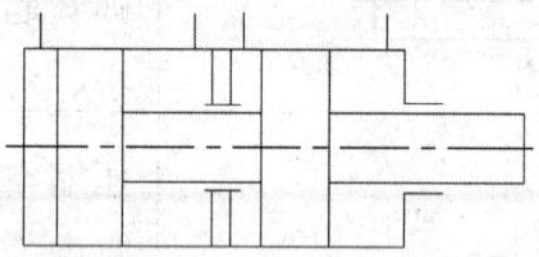	两个活塞串联在一起，当活塞直径相同时，活塞杆的输出力可增大一倍
	冲击气缸	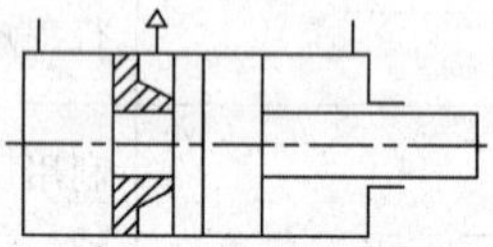	利用突然大量供气和快速排气相结合的方法，得到活塞杆的冲击运动。用于冲孔、切断、锻造等
	膜片气缸	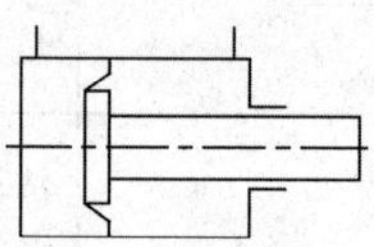	密封性好，加工简单，但运动件行程小
组合气缸	增压气缸	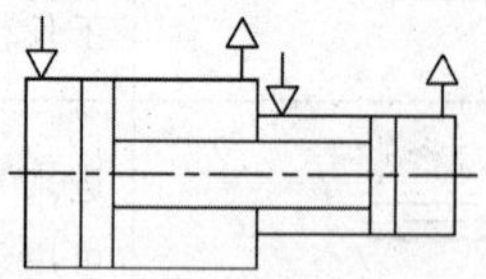	两端活塞面积不等，利用压力与面积的乘积不变的原理，使小活塞侧输出压力增大
	气液增压缸	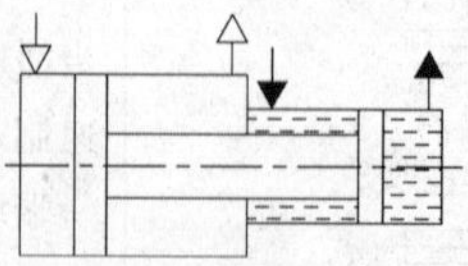	根据液体不可压缩和力的平衡原理，利用两个活塞的面积不等，由压缩空气驱动大活塞，使小活塞侧输出高压液体

续表

类别	名称	简图	特点
组合气缸	气液阻尼缸	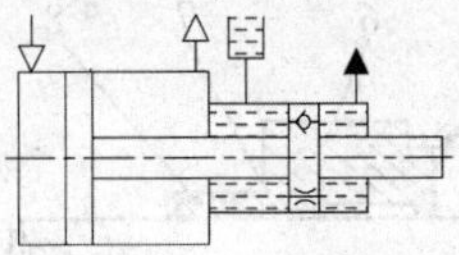	利用液体不可压缩的性能和液体排量易于控制的优点，获得活塞杆的稳速运动
	齿轮齿条式气缸	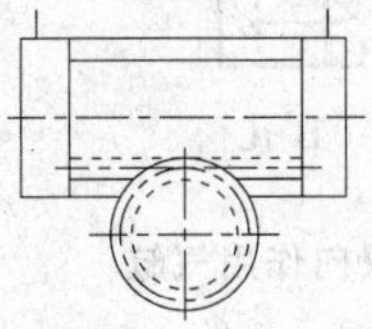	利用齿条齿轮传动，将活塞杆的直线往复运动变为输出轴的旋转运动，并输出力矩
	步进气缸	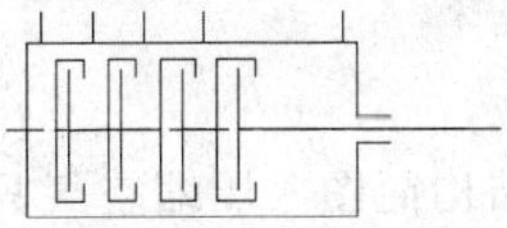	将若干个活塞，轴向依次装在一起，各个活塞的行程由小到大，按几何级数增加，可根据对行程的要求，使若干个活塞同时向前运动
	摆动式气缸（单叶片式）	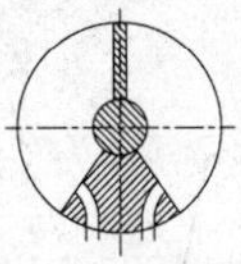	直接利用压缩空气的能量，使输出轴产生旋转运动，旋转角小于 360°
	摆动式气缸（双叶片式）	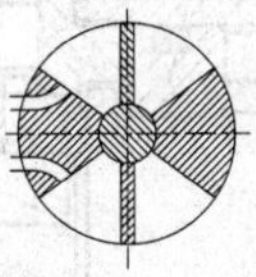	直接利用压缩空气的能量，使输出轴产生旋运动(但旋转角小于 180°)，并输出力矩

11.2　常用气缸的结构特点和工作原理

按气缸的功能不同，气缸可分为普通气缸和特殊气缸。

11.2.1　普通气缸

在各类气缸中使用最多的是活塞式单活塞杆型气缸，称为普通气缸。普通气缸可分为单向作用气缸和双向作用气缸两种。

1. 双向作用气缸

图 11.2(a)所示为单活塞杆双向作用气缸(又称普通气缸)的结构简图。它由缸筒、前后缸盖、活塞、活塞杆、紧固件和密封件等零件组成。

当 A 孔进气、B 孔排气时，压缩空气作用在活塞左侧面积上的作用力大于作用在活塞右侧面积上的作用力和摩擦力等反向作用力时，压缩空气推动活塞向右移动，使活塞杆伸出。反之，当 B 孔进气、A 孔排气，压缩空气推动活塞向左移动，使活塞和活塞杆缩回到初始位置。

由于该气缸缸盖上设有缓冲装置，所以它又被称为缓冲气缸，图 11.2(b)所示为这种气缸的图形符号。

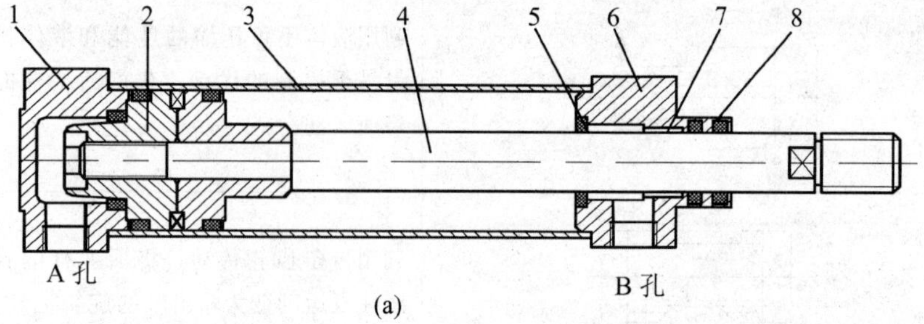

(a)

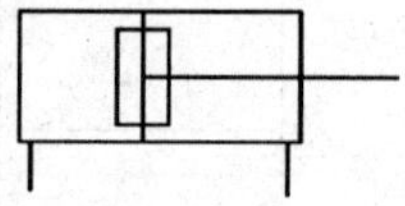
(b)

图 11.2　双向作用气缸

1—后缸盖；2—活塞；3—缸筒；4—活塞杆；

5—缓冲密封圈；6—前缸盖；7—导向套；8—防尘圈

2. 单向作用气缸

图 11.3 所示为一种单向作用气缸的结构简图。压缩空气只从气缸一侧进入气缸，推动活塞输出驱动力，另一侧靠弹簧力推动活塞返回。部分气缸靠活塞和运动部件的自重或外力返回。

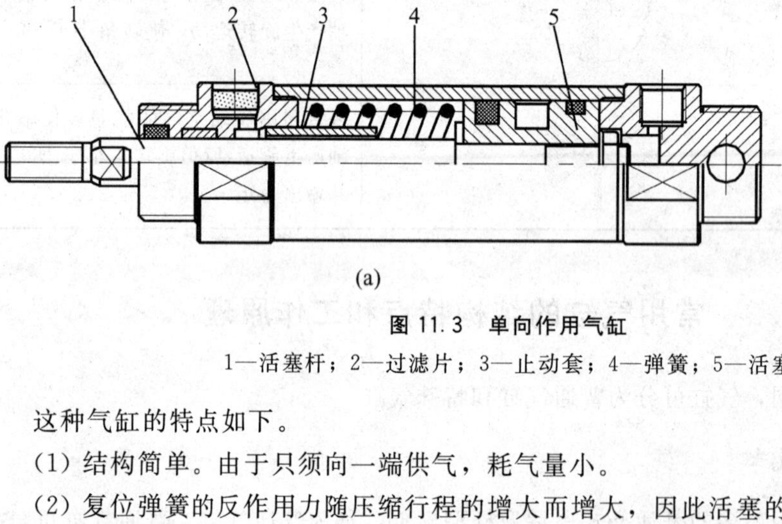

(a)

(b)

图 11.3　单向作用气缸

1—活塞杆；2—过滤片；3—止动套；4—弹簧；5—活塞

这种气缸的特点如下。

(1) 结构简单。由于只须向一端供气，耗气量小。

(2) 复位弹簧的反作用力随压缩行程的增大而增大，因此活塞的输出力随活塞运动的行程增加而减小。

(3) 缸体内安装弹簧，增加了缸筒长度，缩短了活塞的有效行程。这种气缸一般多用于行程短、对输出力和运动速度要求不高的场合。

11.2.2　特殊气缸

1. 气液阻尼缸

气液阻尼缸是气缸和液压缸的组合缸，用气缸产生驱动力，用液压缸的阻尼调节作用获得平稳的运动。

用于机床和切削加工，实现进给驱动的气缸，不仅要有足够的驱动力来推动刀具进行切削加工，还要求进给速度均匀、可调及在负载变化时能保持其平稳性，以保证加工的精度。由于空气的可压缩性，普通气缸在负载变化较大时容易产生“爬行”或“自走”现象。用气液阻尼缸可克服这些缺点，满足驱动刀具进行切削加工的要求。

1）结构和工作原理

气液阻尼缸按其结构不同，可分为串联式和并联式两种。

图 11.4 所示为串联式气液阻尼缸，它由一根活塞杆将气缸 2 的活塞和液压缸 3 的活塞串联在一起，两缸之间用隔板 7 隔开，防止空气与液压油互窜。工作时由气缸驱动，由液压缸起阻尼作用。节流机构(由节流阀 4 和单向阀 5 组成)可调节油缸的排油量，从而调节活塞运动的速度。油杯 6 起储油或补油的作用。由于液压油可以看作不可压缩流体，排油量稳定，只要缸径足够大，就能保证活塞运动速度的均匀性。

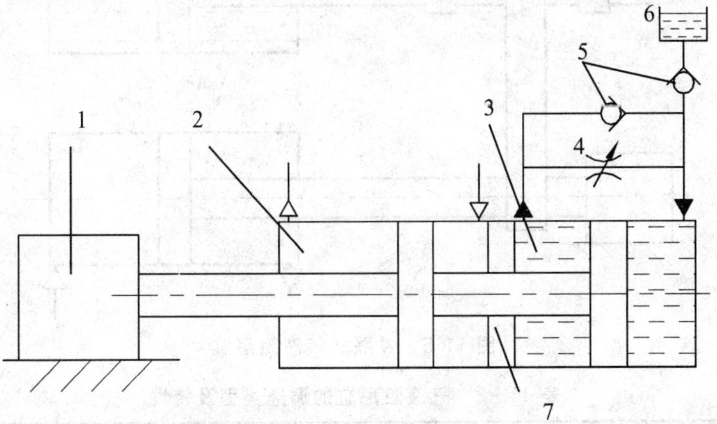

图 11.4　串联式气液阻尼缸

1—负载；2—气缸；3—液压缸；4—节流阀；5—单向阀；6—油杯；7—隔板

上述气液阻尼缸的工作原理是：当气缸活塞向左运动时，推动液压缸左腔排油，单向阀油路不通，只能经节流阀回油到液压缸右腔。由于排油量较小，活塞运动速度缓慢、匀速，实现了慢速进给的要求。其速度大小可通过调节节流阀的流通面积来控制。反之，当活塞向右运动时，液压缸右腔排油，经单向阀流到左腔。由于单向阀流通面积大，回油快，使活塞快速退回。这种缸有慢进快退的调速特性，常用于空行程较快而工作行程较慢的场合。

图 11.5 所示为并联式气液阻尼缸，其特点是液压缸与气缸并联，用一块刚性连接板相联，液压缸活塞杆可在连接板内浮动一段行程。

并联式气液阻尼缸的优点是缸体长度短，占机床空间位置小，结构紧凑，空气与液压油不互窜，缺点是液压缸活塞杆与气缸活塞杆安装在不同轴线上，运动时易产生附加力矩，增加导轨磨损，产生爬行现象。

2）调速类型

气液阻尼缸按调速特性不同，可分为以下 3 种类型。

(1) 双向节流型，即慢进慢退型，采用节流阀调速。

(2) 单向节流型，即慢进快退型，采用单向阀和节流阀并联的方式。

(3) 快速趋进型，采用快速趋进式线路控制。

各类调速类型的作用原理、结构、特性曲线及应用见表11-2。

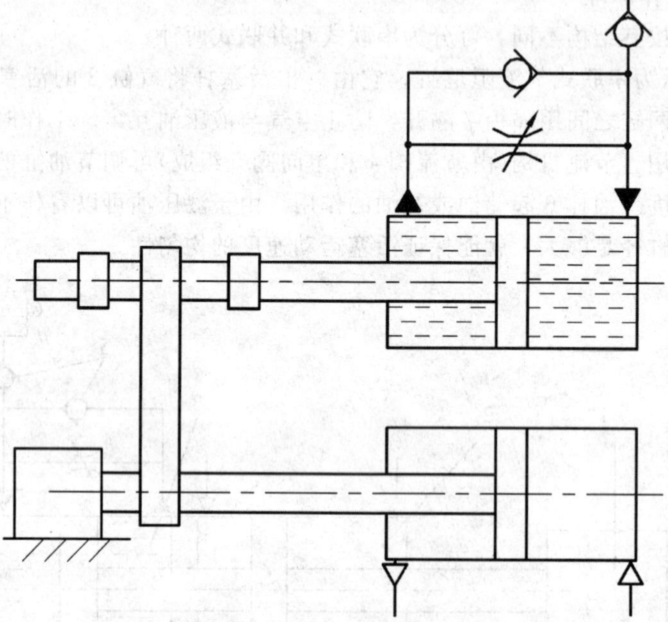

图11.5 并联式气液阻尼缸

表11-2 气液阻尼缸的调速类型及特性

调速类型	作用原理	结构示意图	特性曲线	应用
双向节流型	在阻尼缸的油路上装节流阀，使活塞慢速往复运动	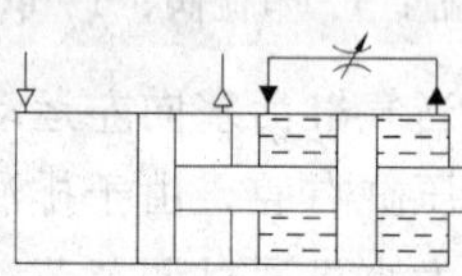	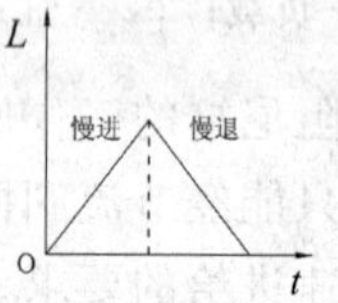	适用于空行程和工作行程都较短的场合
单向节流型	在调速回路中并联单向阀，慢进时单向阀关闭，节流阀调速；快退时单向阀打开，实现快速退回	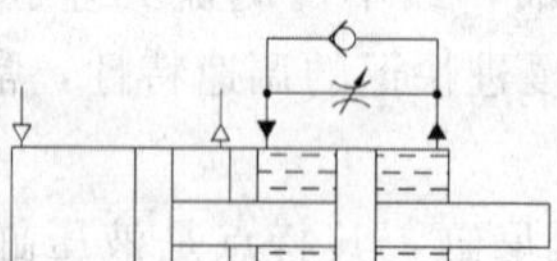	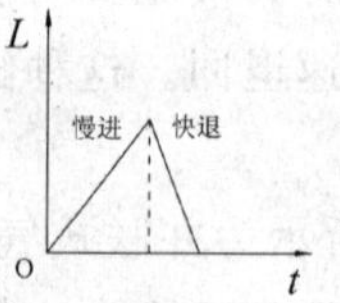	适用于加工时空行程短而工作行程较长的场合
快速趋进型	向右进时，右腔油先从b→a回路流入左腔，快速趋进；活塞至b点后，油经节流阀，实现慢进；退回时，单向阀打开，实现快退	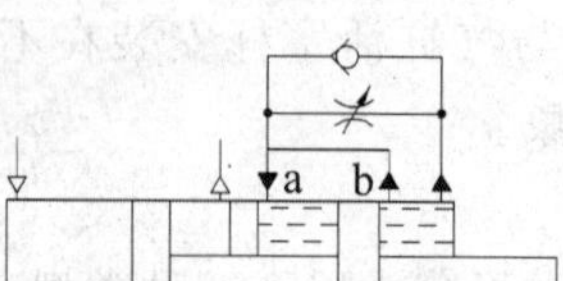	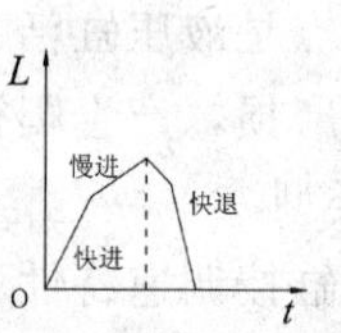	快速趋进节省了空行程时间，提高了劳动生产率

在气液阻尼缸的实际回路中，除了上述几种常用调速方法之外，也可采用行程阀和单向节流阀等达到实际所需的调速目的。有一种气液精密调速缸可组成 6 种调速类型，调速范围为 0.08～120mm/s。

2. 膜片气缸

膜片气缸是利用压缩空气通过膜片的变形来推动活塞杆做直线运动的气缸。它由缸体、膜片、膜盘和活塞杆等主要零件组成，分为单作用式和双作用式两种。

图 11.6 是单作用式膜片气缸的工作原理图。膜片有平膜片和盘形膜片两种，一般用夹织物橡胶制成，厚度为 5～6mm 或 1～2mm。

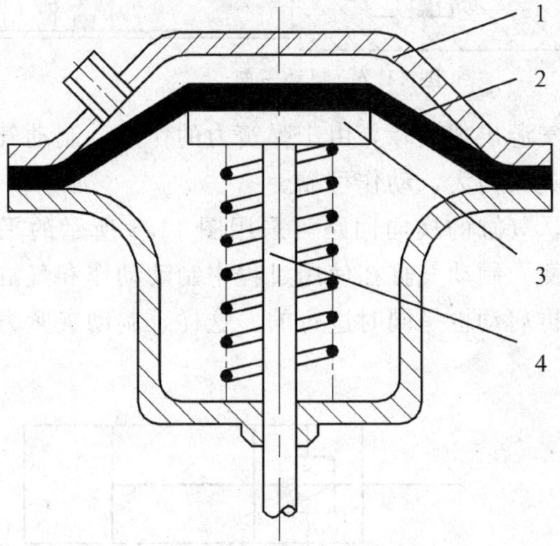

图 11.6　膜片气缸

1—缸体；2—膜片；3—膜盘；4—活塞杆

膜片气缸的优点是结构简单、紧凑，体积小，重量轻，密封性好，不易漏气，加工简单，成本低，无磨损件，维护修理方便等；缺点是行程短，一般不超过 50mm。平膜片的行程更短，约为其直径的 1/10。它适用于行程短的场合。

膜片气缸在化工、冶炼等行业中常用来控制管道阀门的开启和关闭，如热压机蒸汽进气主管道的开启和关闭。在机械加工和轻工气动设备中，常用它来推动无自锁机构的夹具，也可用来保持固有的拉力或推力。

3. 制动气缸

带有制动装置的气缸称为制动气缸，也称锁紧气缸。制动装置一般安装在普通气缸的前端，其结构有卡套锥面式、弹簧式和偏心式等多种形式。

图 11.7 所示为卡套锥面式制动气缸结构示意图，它是由气缸和制动装置两部分组合而成的特殊气缸。气缸部分与普通气缸结构相同，它可以是无缓冲气缸；制动装置由缸体、制动活塞、制动闸瓦和弹簧等构成。

在工作过程中，制动气缸的制动装置有两个工作状态，即放松状态和制动夹紧状态。

(1) 放松状态：当C孔进气、D孔排气时，制动活塞右移，则制动机构处于松开状态，气缸活塞和活塞杆即可正常自由运动。

(2) 夹紧状态：当D孔进气、C孔排气时，弹簧和气压同时使制动活塞复位，并压紧制动闸瓦。此时制动闸瓦抱紧活塞杆，对活塞杆产生很大的夹紧力——制动力，使活塞杆迅速停止下来，达到正确定位的目的。

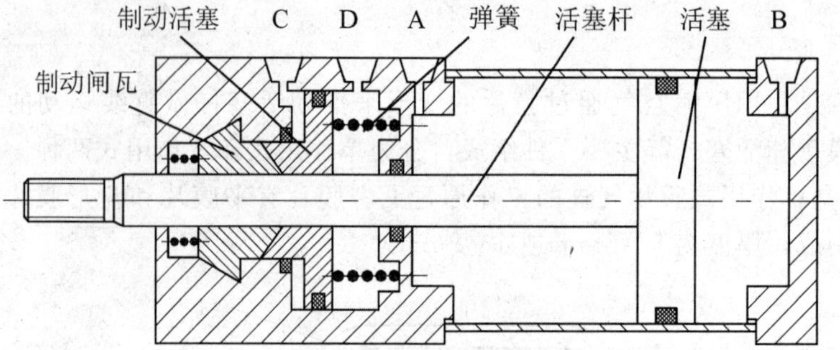

图 11.7 制动气缸

在工作过程中即使动力气源出现故障，由于弹簧力的作用，制动气缸仍能锁定活塞杆不使其移动。这种制动气缸夹紧力大，动作可靠。

为使制动气缸工作可靠，气缸的换向回路可采用图 11.8 所示的平衡换向回路。回路中的减压阀用于调整气缸平衡。制动气缸在使用过程中制动动作和气缸的平衡是同时进行的，而制动的解除与气缸的再启动也是同时进行的。这样，制动夹紧力只要消除运动部件的惯性就可以了。

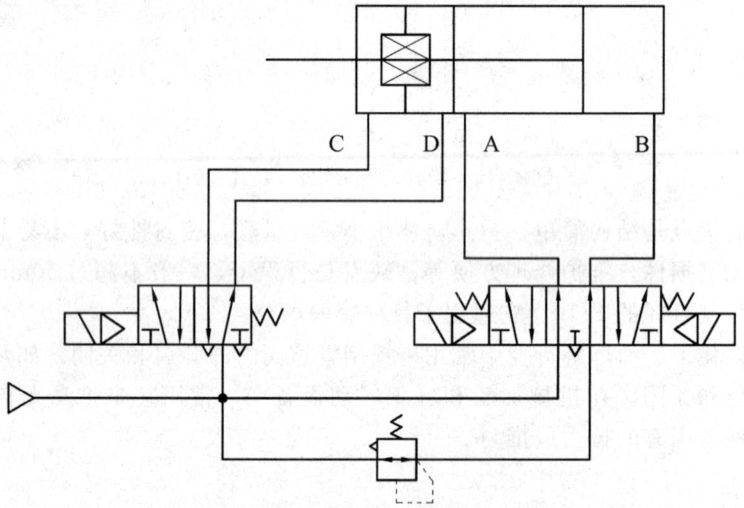

图 11.8 制动气缸的平衡换向回路

在气动系统中，采用三位阀能控制气缸活塞在中间任意位置停止。但在外界负载较大且有波动，或气缸垂直安装使用，及对其定位精度与重复精度要求高时，可选用制动气缸。

4. 磁性开关气缸

图 11.9 所示为带磁性开关气缸的结构原理图，它由气缸和磁性开关组合而成。气缸可以是无缓冲气缸，也可以是缓冲气缸或其他气缸。将信号开关直接安装在气缸上，同时，在气缸活塞上安装一个永久磁性橡胶环，随活塞运动。

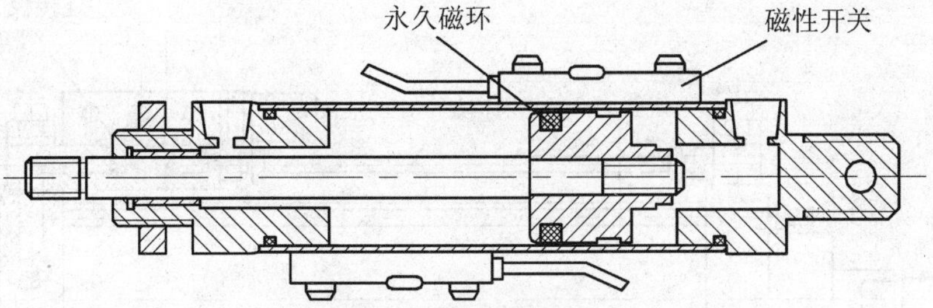

图 11.9　磁性开关气缸

磁性开关又名舌簧开关或磁性发信器。开关内部装有舌簧片式的开关、保护电路和动作指示灯等，均用树脂封在一个盒子内，其电路原理如图 11.10 所示。当装有永久磁铁的活塞运动到舌簧开关附近时，两个簧片被吸引使开关接通。当永久磁铁随活塞离开时，磁力减弱，两簧片弹开，使开关断开。

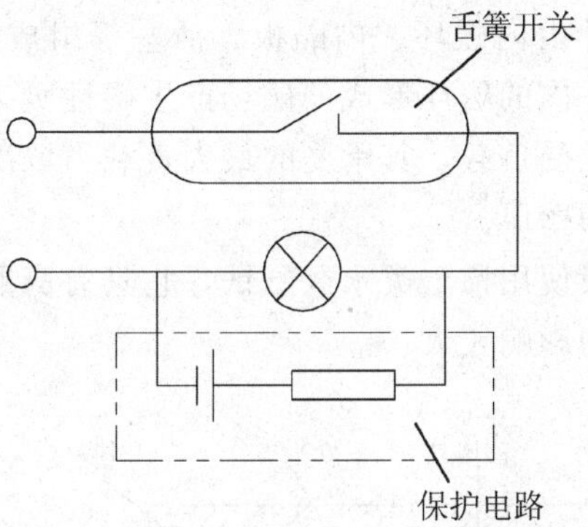

图 11.10　磁性开关电路原理图

磁性开关可安装在气缸拉杆(紧固件)上，且可左右移动至气缸任何一个行程位置上。若装在行程末端，即可在行程末端发信；若装在行程中间，即可在行程中途发信，比较灵活。因此，带磁性开关气缸结构紧凑、安装和使用方便，是一种有发展前途的气缸。

这种气缸的缺点是缸筒不能用廉价的普通钢材、铸铁等导磁性强的材料，而要用导磁性弱、隔磁性强的材料，例如黄铜、硬铝、不锈钢等。

注意事项：磁性开关的电压和电流不能超过其允许范围。一般不能与电源直接接通，必须同负载(如继电器等)串联使用。磁性开关附近不能有其他强磁场，以防干扰。磁性开关装在中间位置时，气缸最大速度应在 0.3m/s 以内，使继电器等负载的灵敏度最大。

5. 带阀气缸

带阀气缸是一种为了节省阀和气缸之间的接管，将两者制成一体的气缸。如图 11.11 所示，此带阀气缸由标准气缸、阀、中间连接板和连接管道组合而成。阀一般用电磁阀，也可用气控阀。带阀气缸按气缸的工作形式可分为通电伸出型和通电退回型两种。

带阀气缸省掉了阀与气缸之间的管路连接，可节省管道材料和接管人工，并减少了管路中的耗气量。它具有结构紧凑、使用方便、节省管道和耗量小等优点，深受用户的欢迎，近年来已在国内大量生产。其缺点是无法将阀集中安装，必须逐个安装在气缸上，维修不便。

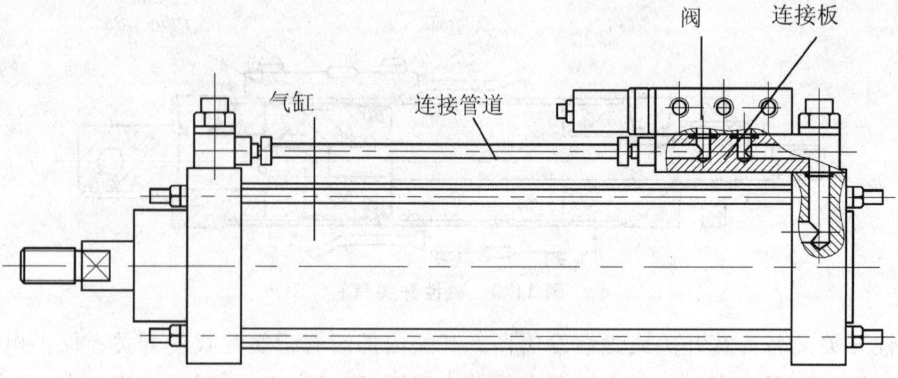

图 11.11　带阀气缸

6. *磁性无活塞杆气缸*

图 11.12 所示为磁性无活塞杆气缸的结构原理图。它由缸体、活塞组件、移动支架组件 3 部分组成，其中活塞组件由内磁环、内隔板、活塞等组成；移动支架组件由外磁环、外隔板、套筒等组成。两组件内的磁环形成的磁场产生磁性吸力，使移动支架组件跟随活塞组件同步移动。移动支架承受负载，其承受的最大负载力取决于磁钢的性能和磁环的组数，还取决于气缸筒的材料和壁厚。

磁性无活塞杆气缸中一般使用稀土类永久磁铁，它具有高剩磁、高磁能等特性，价格相对较低，但它受加工工艺的影响较大。

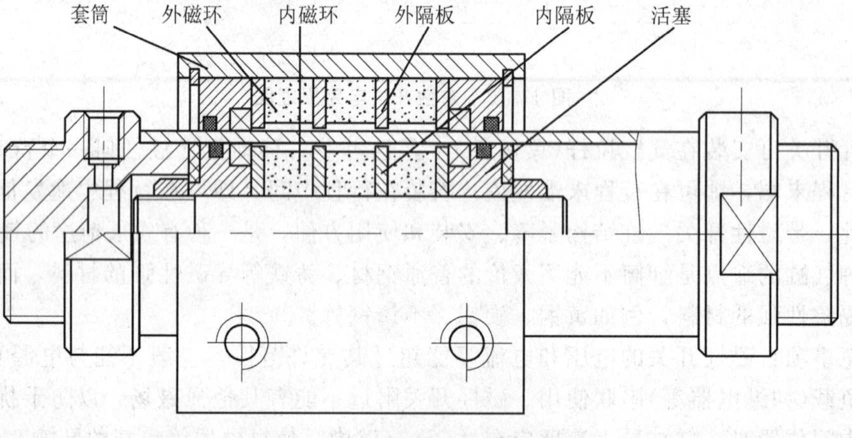

图 11.12　磁性无活塞杆气缸

气缸筒应采用具有较高的机械强度且不导磁的材料。磁性无活塞杆气缸常用于超长行程场合，故在成型工艺中采取精密冷拔，内外圆尺寸精度可达三级精度，粗糙度和形状公差也可满足要求，一般来讲可不进行精加工。对于直径在 $\Phi 40$ 以下的缸筒壁厚，推荐采用 1.5mm，这对承受 1.5MPa 的气压和驱动轴向负载时所受的倾斜力矩已足够了。

磁性无活塞杆气缸具有结构简单、重量轻、占用空间小(因没有活塞杆伸出缸外，故可比普通缸节省空间 45%左右)、行程范围大(D/S 一般可达 1/100，最大可达 1/150，例如 $\Phi 40$ 的气缸，最大行程可达 6m)等优点，已被广泛用于数控机床、大型压铸机、注塑机等机床的开门装置，纸张、布匹、塑料薄膜机中的切断装置，重物的提升、多功能坐标移动等场合。但当速度快、负载大时，内外磁环易脱开，即负载大小受速度的影响。

7. 薄型气缸

薄型气缸结构紧凑，轴向尺寸较普通气缸短。其结构原理如图 11.13 所示。活塞上采用O型密封圈密封，缸盖上没有空气缓冲机构，缸盖与缸筒之间采用弹簧卡环固定。气缸行程较短，常用缸径为 10～100mm，行程为 50mm 以下。

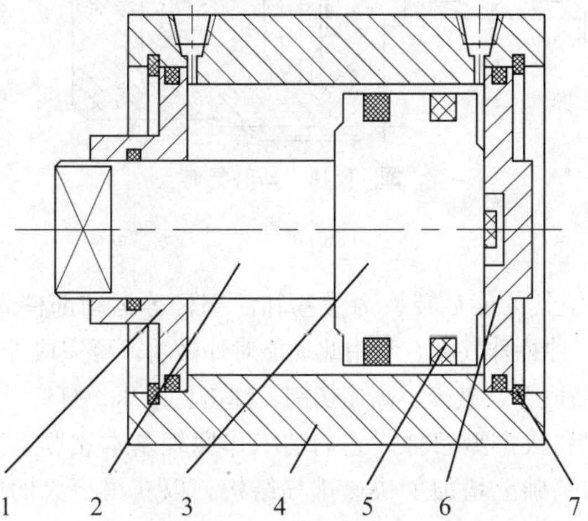

图 11.13 薄型气缸

1—前缸盖；2—活塞杆；3—活塞；4—缸筒；
5—磁环；6—后缸盖；7—弹性卡环

薄型气缸有供油润滑薄型气缸和不供油润滑薄型气缸两种，除采用的密封圈不同外，其结构基本相同。不供油润滑薄型气缸的特点如下。

(1) 结构简单、紧凑、重量轻、美观。

(2) 轴向尺寸最短，占用空间小，特别适用于短行程场合。

(3) 可以在不供油条件下工作，节省油雾器，且对周围环境减少了油雾污染。

不供油润滑薄型气缸适宜用于对气缸动态性能要求不高而要求空间紧凑的轻工、电子、机械等行业。不供油(无给油)润滑气缸中采用了一种特殊的密封圈，在此密封圈内预先填充了 3 号主轴润滑脂或其他油脂，在运动中靠此油脂来润滑，而无须用油雾器供油润滑(若系统中装有油雾器，也可使用)，润滑脂一般每半年到一年换、加一次。

8. 回转气缸

图 11.14 所示为回转气缸的结构原理图。它一般都与气动夹盘配合使用，由气缸活塞的进退来控制工件松开和夹紧，应用于机床的自动装夹。

气缸缸体连接在机床主轴后端，随主轴一起转动，而导气套不动，气缸本体的导气轴可以在导气套内相对转动。气缸随机床主轴一起做回转运动的同时，活塞做往复运动。导气套上的进、排气孔的径向孔端与导气轴的进、排气槽相通。导气套与导气轴因须相对转动，装有滚动轴承，并配有间隙密封。

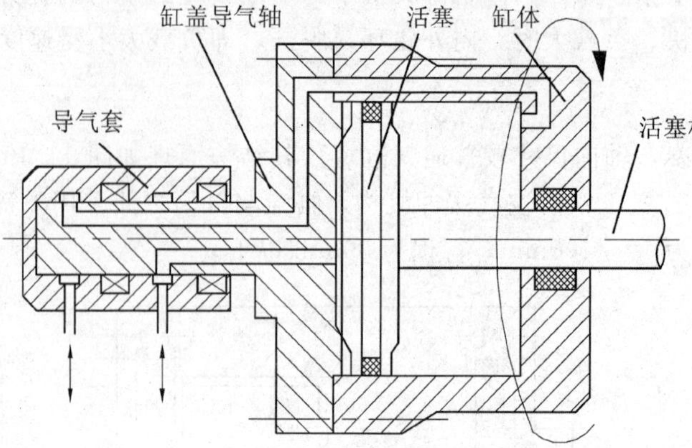

图 11.14　回转气缸

9. 冲击气缸

冲击气缸是把压缩空气的能量转换为活塞和活塞杆等运动部件高速运动的动能(最大速度可达 10m/s 以上)的一种特殊气缸。利用此动能对外做功，可完成冲孔、下料、打印、铆接、拆件、压套、装配、弯曲成型、破碎、高速切割、锤击、锻压、打钉、去毛刺等多种作业。

冲击气缸有普通型和快排型两种。它们的工作原理基本相同，差别只是快排型冲击气缸在普通型冲击气缸的基础上增加了快速排气结构，以获得更大的能量。

图 11.15 所示为普通型冲击气缸的结构原理图，它由缸体、中盖、活塞和活塞杆等主要零件组成。和普通气缸不同的是，此冲击气缸有一个带有流线型喷口的中盖和蓄能腔，喷口的直径为缸径的 1/3。

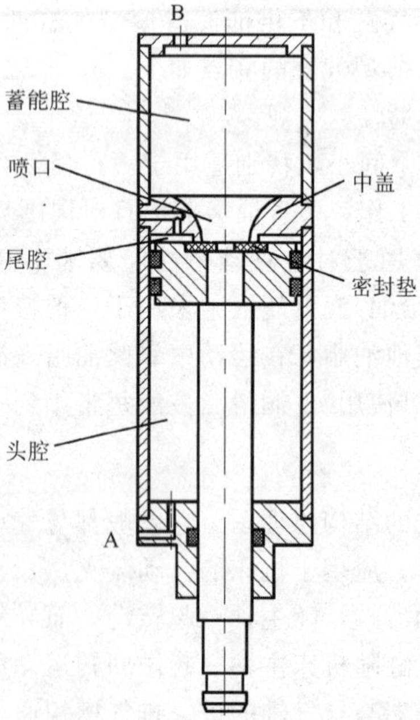

图 11.15　普通型冲击气缸

如图 11.16 所示，冲击气缸的工作原理如下。

(1) 初始状态：头腔进气，活塞在工作压力的作用下处于上限位置，封住喷口。

(2) 蓄能状态：换向阀换向，工作气压向蓄能腔充气，头腔排气。由于喷口的面积为缸径的1/9，只有当蓄能腔压力为头腔压力的8倍时，活塞才开始移动。

(3) 冲击状态：活塞开始移动的瞬间，蓄能腔内的气压已达到工作压力，尾腔通过排气口与大气相通。一旦活塞离开喷口，则蓄能腔内的压缩空气经喷口以声速向尾腔充气，且气压作用在活塞上的面积突然增大8倍，于是活塞快速向下冲击做功。

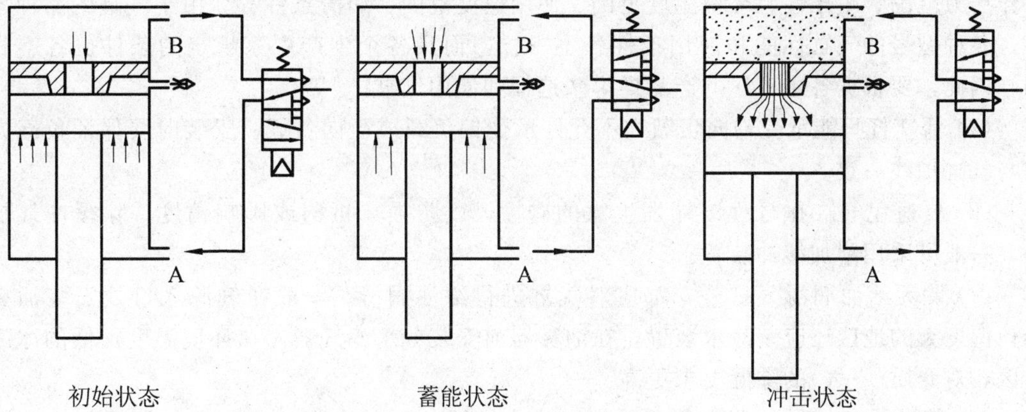

图 11.16　冲击气缸工作原理

10. 摆动气缸

摆动气缸是一种在一定角度范围内做往复摆动的气动执行元件。它将压缩空气的压力能转换成机械能，输出转矩，使机构实现往复摆动。

图 11.17 所示为叶片式摆动气缸的结构原理图。它由叶片轴转子(即输出轴)、定子、缸体和前后端盖等部分组成。定子和缸体固定在一起，叶片和转子连在一起。

图 11.17　叶片式摆动气缸

叶片式摆动气缸可分为单叶片式和双叶片式两种。

图 11.17(a)所示为单叶片式摆动气缸。在定子上有两条气路，当左路进气，右路排气时，压缩空气推动叶片带动转子逆时针转动；反之，做顺时针转动。单叶片输出转角较大，摆角范围小于 360°。

图 11.17(b)所示为双叶片式摆动气缸。其输出转角较小，摆角范围小于 180°。

叶片式摆动气缸多用于安装位置受到限制或转动角度小于 360°的回转工作部件，例如夹具的回转、阀门的开启、车床转塔刀架的转位、自动线上物料的转位等场合。

11.2.3 气缸的使用注意事项

(1) 使用气缸，应该符合气缸的正常工作条件，以取得较好的使用效果。这些条件有工作压力范围、耐压性、环境温度范围、使用速度范围、润滑条件等。由于气缸的品种繁多，各种型号的气缸性能和使用条件各不一样，而且各个生产厂家规定的条件也各不相同，因此，要根据各生产厂的产品样本来选择和使用气缸。

(2) 活塞杆只能承受轴向负载，不允许承受偏负载或径向负载。安装时要保证负载方向与气缸轴线一致。

(3) 要避免气缸在行程终端发生大的碰撞，以防损坏机构或影响精度。除缓冲气缸外，一般可采用附加缓冲装置。

(4) 除无给油润滑气缸外，都应对气缸进行给油润滑。一般在气源入口处安装油雾器；湿度大的地区还应装除水装置，在油雾器前安装分水滤气器。在环境温度很低的冰冻地区，对介质(空气)的除湿要求更高。

(5) 气动设备如果长期闲置不使用，应定期通气运行和保养，或把气缸拆下涂油保护，以防锈蚀和损坏。

11.3 气动马达

气动马达是将压缩空气能量转换成连续回转运动机械能的气动执行元件。按结构不同，气动马达可分成叶片式、活塞式、齿轮式等。

11.3.1 气动马达的结构和工作原理

1. 叶片式气动马达

如图 11.18 所示，叶片式气动马达主要由定子、转子、叶片及壳体构成。它一般有 3～10 个叶片。定子上有进排气槽孔，转子上铣有径向长槽，槽内装有叶片。定子两端有密封盖，密封盖上有弧形槽与两个进排气孔及叶片底部相连通。转子与定子偏心安装。这样，由转子外表面、定子的内表面、相邻两叶片及两端密封盖形成了若干个密封工作空间。

图 11.18(a)所示的机构采用了非膨胀式结构。当压缩空气由 A 输入后，分成两路：一路气经定子两面密封盖的弧形槽进入叶片底部，将叶片推出，叶片就是靠此压力及转子转动时的离心力的综合作用而紧密地抵在定子内壁上的；另一路压缩空气经 A 孔进入相应的密封工作空间，作用在叶片上，由于前后两叶片伸出长度不一样，作用面积也就不相等，作用在两叶片上的转矩大小也不一样，且方向相反，因此转子在两叶片的转矩差的作用下，按逆时针方向旋转。做功后的气体由定子排气孔 B 排出。反之，当压缩空气由 B 孔输入时，就产生顺时针方向的转矩差，使转子按顺时针方向旋转。

图 11.18(b)所示的机构采用了膨胀式结构。当转子转到排气口 C 位置时，工作室内

的压缩空气进行一次排气，随后其余压缩空气继续膨胀直至转子转到输出口B位置进行第二次排气。气动马达采用这种结构能有效地利用部分压缩空气膨胀时的能量，提高输出功率。

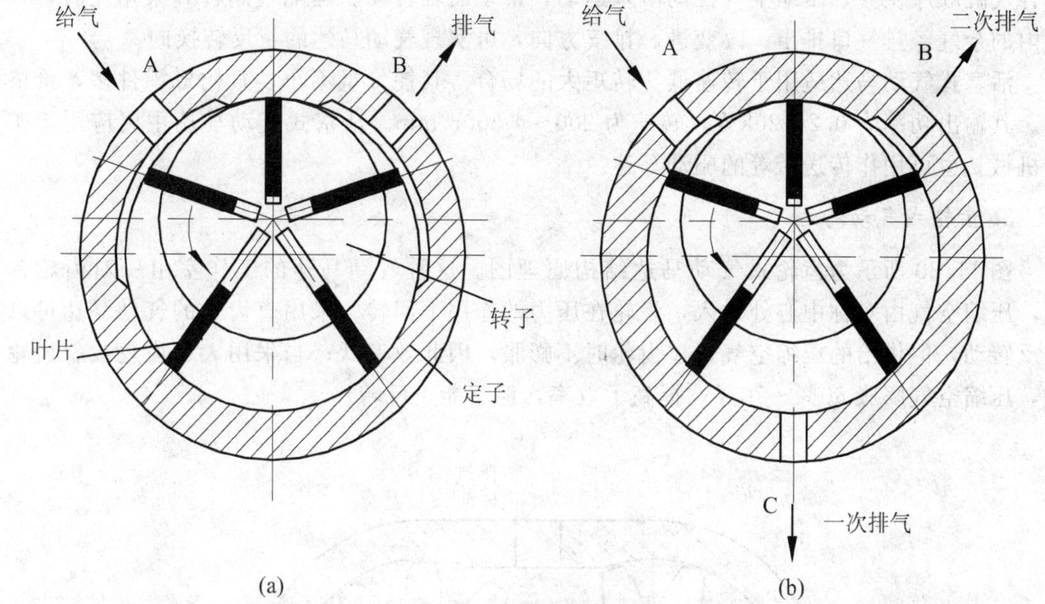

图 11.18　叶片式气动马达

叶片式气动马达一般在中小容量及高速回转的应用条件下使用，其耗气量比活塞式大，体积小，重量轻，结构简单。其输出功率为0.1～20kW，转速为500～25 000r/min。另外，叶片式气动马达启动及低速运转时的性能不好，转速低于500r/min时必须配用减速机构。叶片式气动马达主要用于矿山机械和气动工具中。

2. 活塞式气动马达

活塞式气动马达是一种通过曲柄或斜盘将若干个活塞的直线运动转变为回转运动的气动马达。按其结构不同，可分为径向活塞式和轴向活塞式两种。

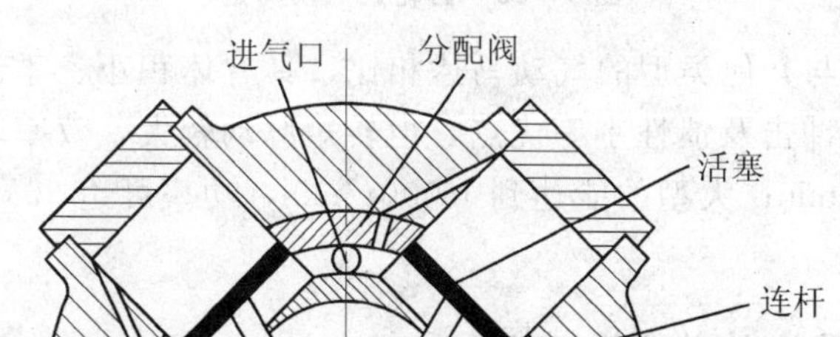

图 11.19　径向活塞式气动马达

图 11.19 所示为径向活塞式气动马达的结构原理图。其工作室由缸体和活塞构成。3~6个气缸围绕曲轴呈放射状分布，每个气缸通过连杆与曲轴相连。通过压缩空气分配阀向各气缸顺序供气，压缩空气推动活塞运动，带动曲轴转动。当配气阀转到某角度时，气缸内的余气经排气口排出。改变进、排气方向，可实现气动马达的正反转换向。

活塞式气动马达适用于转速低、转矩大的场合。其耗气量不小，且构成零件多，价格高。其输出功率为 0.2~20kW，转速为 200~4 500r/min。活塞式气动马达主要应用于矿山机械，也可用作传送带等的驱动马达。

3. 齿轮式气动马达

图 11.20 所示为齿轮式气动马达结构原理图。这种气动马达的工作室由一对齿轮构成，压缩空气由对称中心处输入，齿轮在压力的作用下回转。采用直齿轮的气动马达可以正反转动，但供给的压缩空气通过齿轮时不膨胀，因此效率低；当采用人字齿轮或斜齿轮时，压缩空气膨胀 60%~70%，提高了效率，但不能正反转。

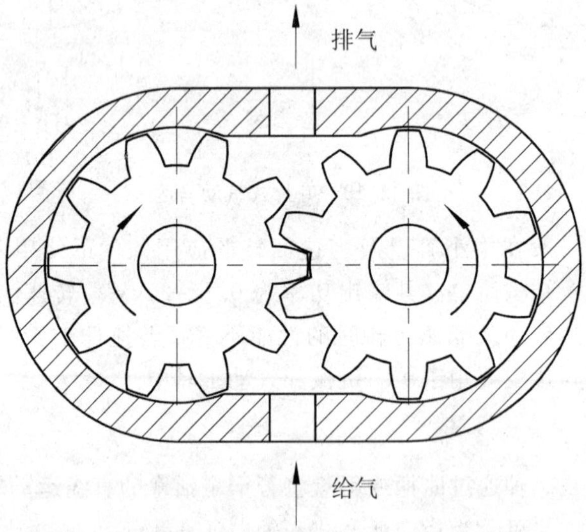

图 11.20　齿轮式气动马达

齿轮式气动马达与其他类型的气动马达相比，具有体积小、重量轻、结构简单、对气源质量要求低、耐冲击及惯性小等优点，但转矩脉动较大，效率较低。小型气动马达转速能高达 10 000r/min；大型的能达到 1 000r/min，功率可达 50kW。它主要用于矿山工具。

11.3.2　气动马达的特点和应用

气动马达的功能类似于液压马达或电动机，与后两者相比，气动马达有如下特点。

(1) 可以无级调速。只要控制进排气流量，就能在较大范围调节其输出功率和转速。气动马达功率小到几百瓦，大到几万瓦，转速范围可以从零到 25 000r/min 或更高。

(2) 能实现正反转。只要操作换向阀换向，改变进排气方向，即能达到正转和反转的目的。换向容易，换向后起动快，可在极短的时间内升到全速。

(3) 有较高的起动力矩。可直接带负载起动，起动和停止均迅速。

(4) 有过载保护作用。过载时只是转速降低或停转，不会发生烧毁。过载解除后，能立即恢复正常工作。长时间满载工作，升温很小。

(5) 工作安全。在高温、潮湿、易燃、振动、多粉尘的恶劣环境下都能正常工作。

(6) 操作方便，维修简单。

(7) 输出转矩和输出功率较小。目前国产叶片式气动马达的输出功率最大约为15kW，活塞式气动马达的最大功率约为18kW。耗气量较大，故效率低，噪声较大。

由上述特点可知，气动马达适用于无级调速、启动频繁、经常换向、高温潮湿、易燃易爆、多粉尘、带负载启动、有过载可能及不便人工操作的场合。由气动马达配合机构组装而成的风钻、风铲、风搬手、风砂、风动钻削动力头等风动工具在很多工厂、矿山等都在大量使用。

气动马达转速高，使用中要注意润滑，在气源入口处一般应安装油雾器和分水滤气器。

11.4 习　题

一、填空题

1. 气动执行元件是将压缩空气的________能转化为______能的元件，它根据输出运动形式的不同可分为__________和__________两大类。
2. 根据压缩空气作用在活塞端面上的方向，可分为______气缸和______气缸两种。
3. 气液阻尼缸是由________和______组合而成的，它以______产生驱动力，用液压缸的______调节作用获得平稳的运动。
4. 膜片式气缸因膜片的变形量有限，故其行程________，且气缸活塞上的输出力随着行程加大而________。
5. 气动马达是将压缩空气的________转换成连续回转运动________能的气动执行元件，常用的气动马达有________、________、________等。

二、判断题

1. 伸缩气缸的特点是行程长，径向尺寸较小而轴向尺寸较大，推力和速度随工作行程的变化而变化。 (　　)
2. 回转气缸主要用于机床夹具和线材卷曲等装置上。 (　　)
3. 摆动气缸多用于安装位置受限制或转动角度小于360°的回转工作部件。 (　　)
4. 带阀气缸相当于气缸和阀组成的气缸回路。 (　　)
5. 磁性开关气缸依靠磁性活塞与传感器的相互作用，能实现自动控制。 (　　)
6. 气动马达与电动机和液压马达相同，均可实现回转运动。 (　　)

三、选择题

1. 为了使活塞运动平稳，普遍采用了____________气缸。

A. 活塞式　　B. 叶片式　　C. 膜片式　　D. 气液阻尼缸

2. 下列缸中行程最长的是＿＿＿＿气缸。

A. 双出杆　　B. 膜片式　　C. 伸缩式　　D. 气液阻尼

3. 能用压缩空气输出角速度的气动执行元件是＿＿＿＿。

A. 回转气缸　　B. 摆动气缸　　C. 冲击气缸　　D. 气动马达

4. 能把压缩空气的能量转化为活塞高速运动能量的气缸是＿＿＿＿。

A. 冲击气缸　　B. 摆动气缸　　C. 膜片气缸　　D. 气液阻尼缸

四、问答题

1. 膜片气缸和薄型气缸的工作行程均较短，其主要区别是什么?
2. 制动气缸和换向阀的闭锁作用相比，有何不同的效果？何时选用制动气缸?
3. 磁性开关气缸取代用行程开关控制的气缸，有何优越性?
4. 回转气缸、摆动气缸、气动马达都能实现回转运动吗？这3种气动执行元件有何主要区别?
5. 简述冲击气缸的工作原理，它可完成哪些加工?
6. 气动马达与液压马达和电动机相比有何异同之处?

第12章

气动控制阀

教学目标	了解方向控制阀、压力控制阀和流量控制阀的工作原理及控制方式；熟悉常用气动控制阀在气动回路中的应用。

引例

表 12-1 所列为典型气动执行元件产品。

表 12-1　典型气动执行元件产品系列

分类	典型元件举例
方向控制阀	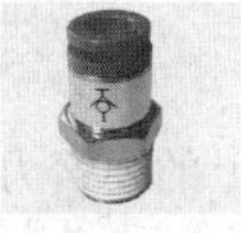 单向阀 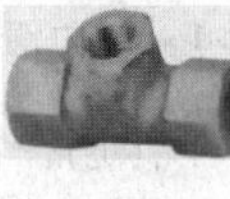 或门型梭阀  与门型梭阀  快速排气阀 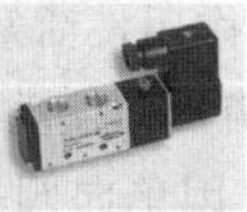 电磁换向阀  气控换向阀  手动换向阀  机动换向阀
压力控制阀	 减压阀 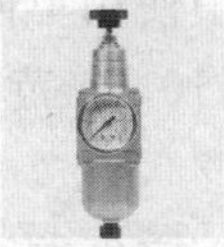 空气过滤减压阀  安全阀  单向压力顺序阀
流量控制阀	 节流阀 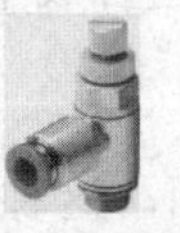 单向节流阀  排气节流阀  气动管路截止阀

12.1 方向控制阀

方向控制阀是改变气体的流动方向或通断的控制阀。方向控制阀按气流在阀内的作用方向可分为单向型控制阀和换向型控制阀。

12.1.1 单向型控制阀

只允许气流沿一个方向流动的控制阀叫单向型控制阀，如单向阀、梭阀、双压阀和快速排气阀等。

1. 单向阀

单向阀是指气流只能向一个方向流动，而不能反方向流动的阀。它的结构如图 12.1(a)所示，图形符号如图 12.1(b)所示，其工作原理与液压单向阀基本相同。

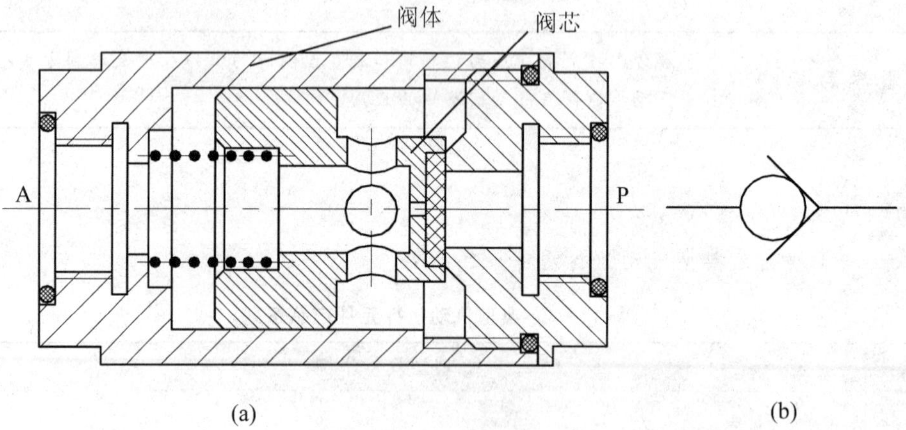

图 12.1 单向阀

正向流动时，P 腔气压推动活塞的力大于作用在活塞上的弹簧力和活塞与阀体之间的摩擦阻力，则活塞被推开，P、A 接通。为了使活塞保持开启状态，P 腔与 A 腔应保持一定的压差，以克服弹簧力。反向流动时，受气压力和弹簧力的作用，活塞关闭，A、P 不通。弹簧的作用是增加阀的密封性，防止低压泄漏，另外，在气流反向流动时帮助阀迅速关闭。

单向阀特性包括最低开启压力、压降和流量特性等。因单向阀是在压缩空气作用下开启的，因此在阀开启时，必须满足最低开启压力，否则不能开启。即使阀处在全开状态也会产生压降，因此在精密的压力调节系统中使用单向阀时，须预先了解阀的开启压力和压降值。一般最低开启压力在$(0.1 \sim 0.4) \times 10^5$ Pa 范围内，压降在$(0.06 \sim 0.1) \times 10^5$ Pa 范围内。

在气动系统中，为防止储气罐中的压缩空气倒流回空气压缩机，在空压机和储气罐之间应装有单向阀。单向阀还可与其他的阀组合成单向节流阀、单向顺序阀等。

2. 或门型梭阀

图 12.2 所示为或门型梭阀的结构简图。这种阀相当于由两个单向阀串联而成。无论是 P_1 口还是 P_2 口输入，A 口总是有输出的，其作用相当于实现逻辑或门的逻辑功能。

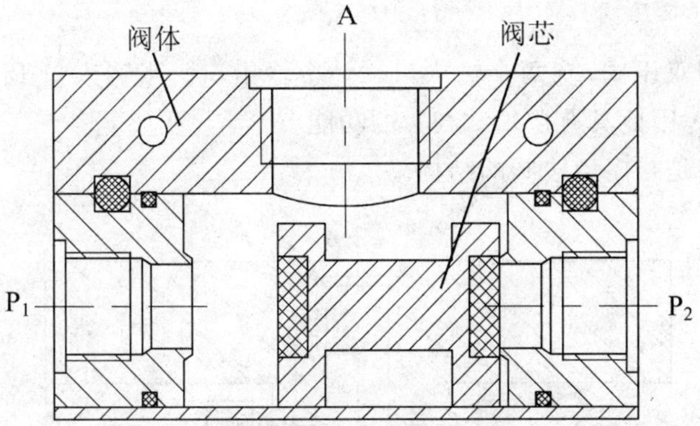

图 12.2　或门型梭阀结构

其工作原理如图 12.3 所示。当输入口 P_1 进气时将阀芯推向右端，通路 P_2 被关闭，于是气流从 P_1 进入通路 A，如图 12.3(a)所示；当 P_2 有输入时，则气流从 P_2 进入 A，如图 12.3(b)所示；若 P_1、P_2 同时进气，则哪端压力高，A 就与哪端相通，另一端就自动关闭。图 12.3(c)所示为其图形符号。

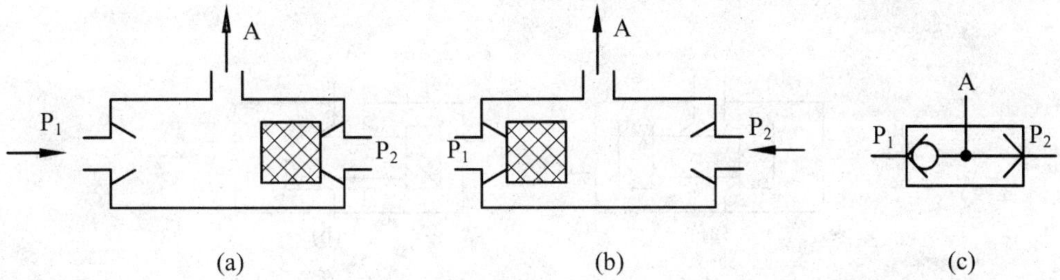

图 12.3　或门型梭阀的工作原理图

或门型梭阀常用于选择信号，如手动和自动控制并联的回路中，如图 12.4 所示。电磁阀通电，梭阀阀芯推向一端，A 有输出，气控阀被切换，活塞杆伸出；电磁阀断电，则活塞杆收回。电磁阀断电后，按下手动阀按钮，梭阀阀芯推向一端，A 有输出，活塞杆伸出；放开按钮，则活塞杆收回。即手动或电控均能使活塞杆伸出。

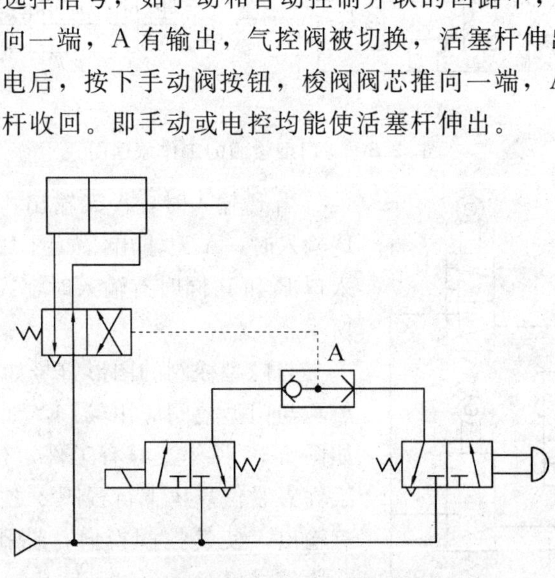

图 12.4　或门型梭阀应用于手动-自动换向回路

3. 与门型梭阀(双压阀)

与门型梭阀(即双压阀)有两个输入口，一个输出口。当输入口 P_1、P_2同时都有输入时，A 才会有输出，因此具有逻辑“与”的功能。

图 12.5 所示的是与门型梭阀的结构。

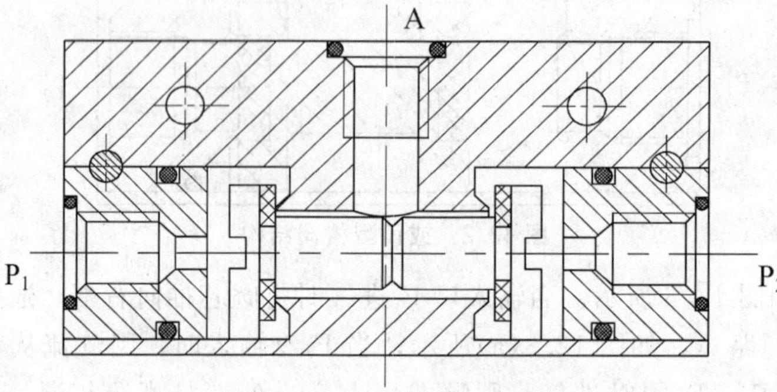

图 12.5 与门型梭阀结构

图 12.6 所示的是与门型梭阀的工作原理。

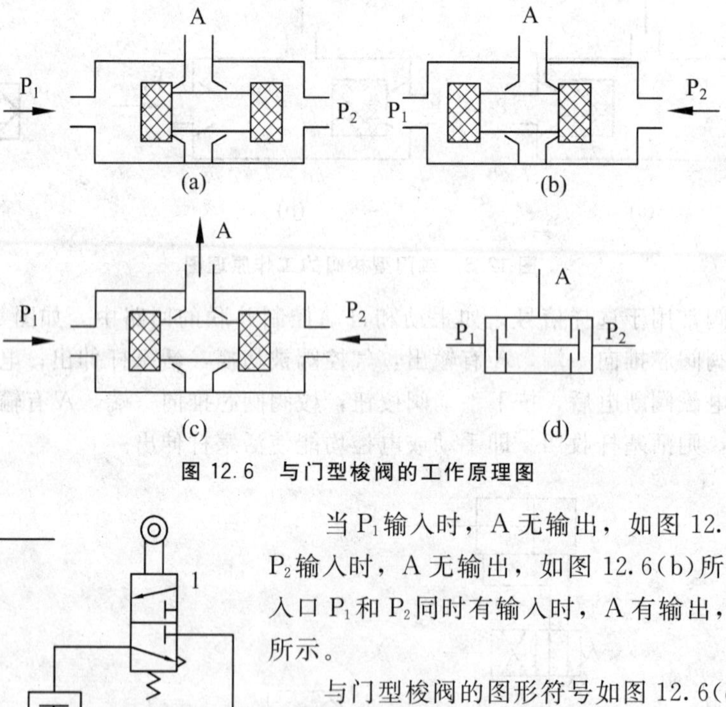

图 12.6 与门型梭阀的工作原理图

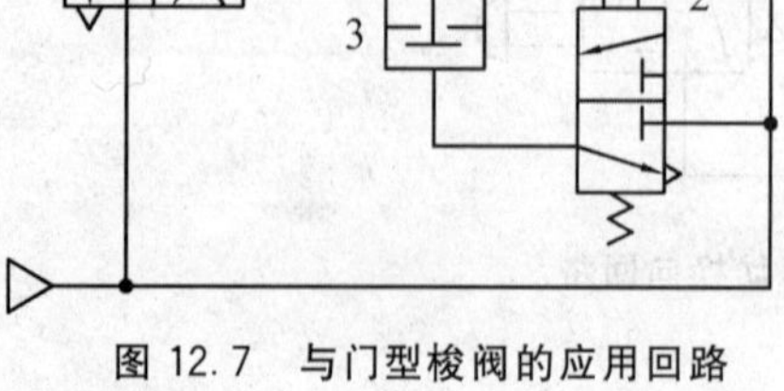

图 12.7 与门型梭阀的应用回路

当 P_1输入时，A 无输出，如图 12.6(a)所示；当 P_2输入时，A 无输出，如图 12.6(b)所示；当两个输入口 P_1和 P_2同时有输入时，A 有输出，如图 12.6(c)所示。

与门型梭阀的图形符号如图 12.6(d)所示。

与门型梭阀应用较广，如用于钻床控制回路中，如图 12.7 所示。只有工件定位信号压下行程阀 1 和工件夹紧信号压下行程阀 2 之后，与门型梭阀 3 才会有输出，使气控阀换向，钻孔缸进给。定位信号和夹紧信号仅有一个时，钻孔缸不会进给。

4. 快速排气阀

快速排气阀是用于给气动元件或装置快速排气的阀，简称快排阀。

通常气缸排气时，气体从气缸经过管路，由换向阀的排气口排出。如果气缸到换向阀的距离较长，而换向阀的排气口又小时，排气时间就较长，气缸运动速度较慢；若采用快速排气阀，则气缸内的气体就能直接由快排阀排向大气，加快气缸的运动速度。

图 12.8 所示是快速排气阀的结构原理图，其中图 12.8(a)所示为结构示意图。当 P 进气时，膜片被压下封住排气孔 O，气流经膜片四周小孔从 A 腔输出，如图 12.8(b)所示；当 P 腔排空时，A 腔压力将膜片顶起，隔断 P、A 通路，A 腔气体经排气孔口 O 迅速排向大气，如图 12.8(c)所示。快速排气阀的图形符号如图 12.8(d)所示。

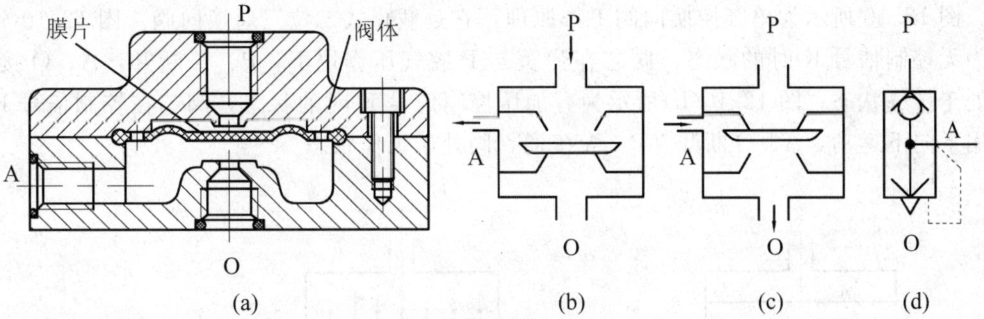

图 12.8　快速排气阀

图 12.9 所示的是快速排气阀的应用。图 12.9(a)所示为快排阀使气缸往复运动加速的回路，把快排阀装在换向阀和气缸之间，使气缸排气时不用通过换向阀而直接排空，可大大提高气缸运动速度。图 12.9(b)所示为快排阀用于气阀的速度控制回路，按下手动阀，由于节流阀的作用，气缸缓慢进气；手动阀复位，气缸中的气体通过快排阀迅速排空，因而缩短了气缸回程时间，提高了生产率。

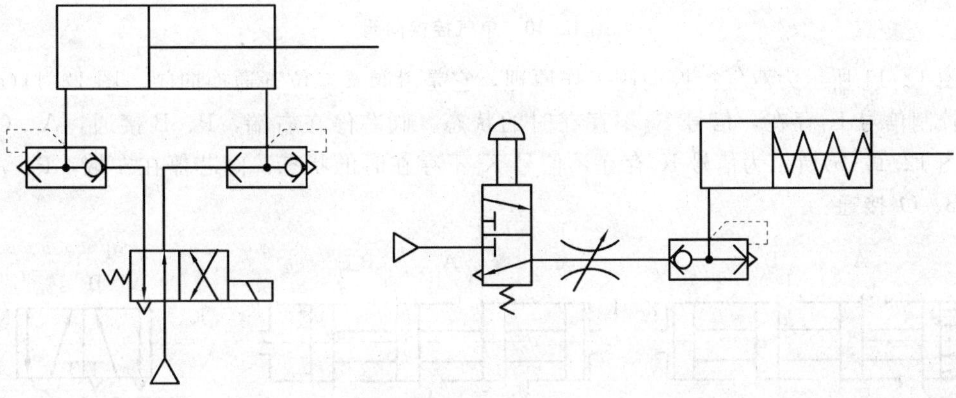

图 12.9　快速排气阀的应用

12.1.2 换向型控制阀

换向型控制阀是指可以改变气流流动方向的控制阀。按控制方式可分为气压控制、电磁控制、人力控制和机械控制；按阀芯结构可分为截止式、滑阀式和膜片式等。

1. 气压控制换向阀

气压控制换向阀利用气体压力使主阀芯运动而使气流改变方向。在易燃、易爆、潮湿、粉尘大、强磁场、高温等恶劣工作环境下，用气压力控制阀芯动作比用电磁力控制要安全可靠。气压控制可分成加压控制、泄压控制、差压控制、延时控制等方式。

1）加压控制

加压控制是指加在阀芯上的控制信号压力值是逐渐上升的控制方式，当气压增加到阀芯的动作压力时，主阀芯换向。它有单气控和双气控两种。

图 12.10 所示为单气控换向阀工作原理，它是截止式二位三通换向阀。图 12.10(a)所示为无控制信号 K 时的状态，阀芯在弹簧与 P 腔气压作用下，P、A 断开，A、O 接通，阀处于排气状态；图 12.10(b)所示为有加压控制信号 K 时的状态，阀芯在控制信号 K 的作用下向下运动，A、O 断开，P、A 接通，阀处于工作状态。

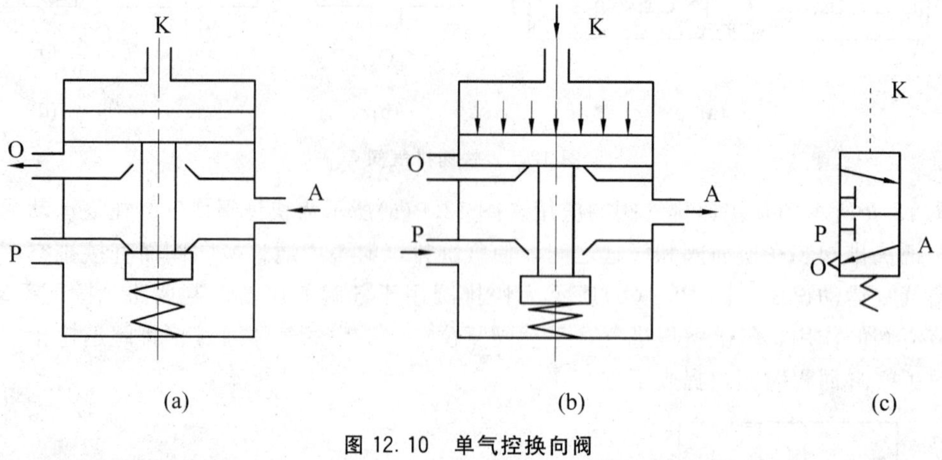

图 12.10 单气控换向阀

图 12.11 所示为双气控换向阀工作原理，它是滑阀式二位五通换向阀。图 12.11(a)所示为控制信号 K_1存在，信号 K_2不存在时的状态，阀芯停在右端，P、B 接通，A、O_1 接通；图 12.11(b)所示为信号 K_2存在，信号 K_1不存在时的状态，阀芯停在左端，P、A 接通，B、O_2接通。

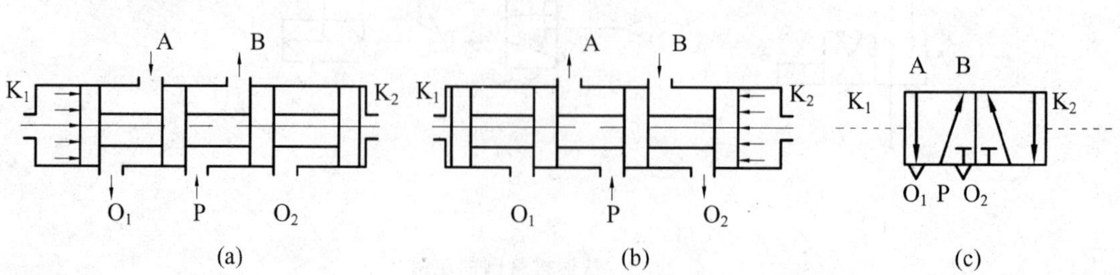

图 12.11 双气控换向阀

2)泄压控制

泄压控制是指加在阀芯上的控制信号的压力值是渐降的控制方式，当压力降至某一值时阀便被切换。泄压控制阀的切换性能不如加压控制阀好。

3) 差压控制

差压控制是利用阀芯两端受气压作用的有效面积不等，在气压作用力的差值作用下，使阀芯动作而换向的控制方式。

图 12.12 所示为二位五通差压控制换向阀的图形符号。当 K 无控制信号时，P 与 A 相通，B 与 O_2 相通；当 K 有控制信号时，P 与 B 相通，A 与 O_1 相通。差压控制的阀芯靠气压复位，不需要复位弹簧。

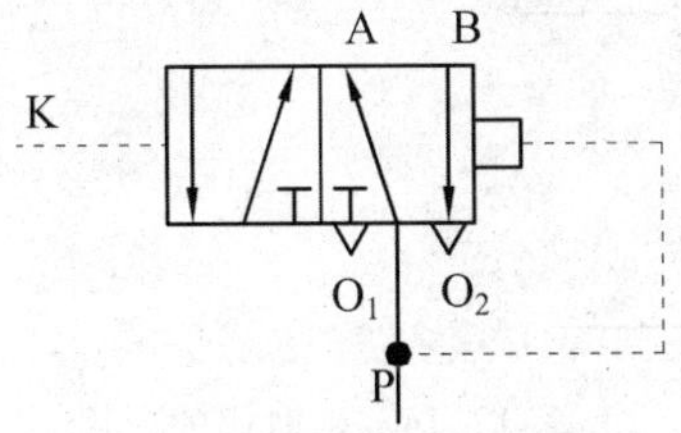

图 12.12　二位五通差压控制换向阀

4)延时控制

延时控制的工作原理是利用气流经过小孔或缝隙被节流后，再向气室内充气，经过一定的时间，当气室内压力升至一定值后，再推动阀芯动作而换向，从而达到信号延迟的目的。

图 12.13 所示为二位三通延时阀，它由延时部分和换向部分两部分组成。其工作原理是：当 K 无控制信号时，P 与 A 断开，A 与 O 相通，A 腔排气；当 K 有控制信号时，控制气流先经可调节流阀，再到气容。由于节流后的气流量较小，气容中气体压力增长缓慢，经过一定时间后，当气容中气体压力上升到某一值时，阀芯换位，使 P 与 A 相通，A 腔有输出。当气控信号消除后，气容中的气体经单向阀迅速排空。调节节流阀开口大小，可调节延时时间的长短。这种阀的延时时间在 0～20s 范围内，常用于易燃、易爆等不允许使用时间继电器的场合。

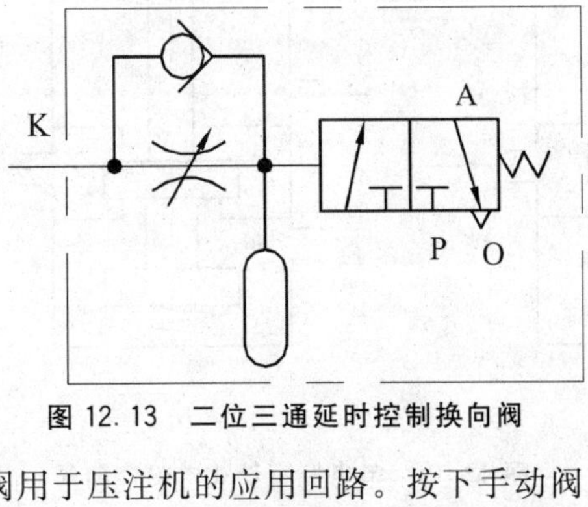

图 12.13　二位三通延时控制换向阀

图 12.14 所示为延时阀用于压注机的应用回路。按下手动阀 A，气缸下压工件，工件受压的时间长短由 B、C、D 组成的延时阀控制。

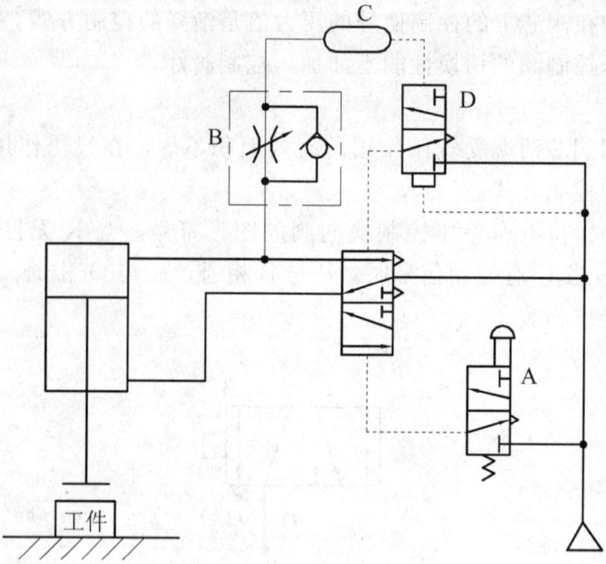

图 12.14 延时阀的应用

2. 电磁控制换向阀

电磁控制换向阀是由电磁铁通电对衔铁产生吸力，利用这个电磁力实现阀的切换以改变气流方向的阀。利用这种阀易于实现电、气联合控制，能实现远距离操作，故得到了广泛的应用。

电磁控制换向阀可分成直动式电磁阀和先导式电磁阀。

1) 直动式电磁换向阀

由电磁铁的衔铁直接推动阀芯换向的气动换向阀称为直动式电磁阀。直动式电磁换向阀有单电控和双电控两种。

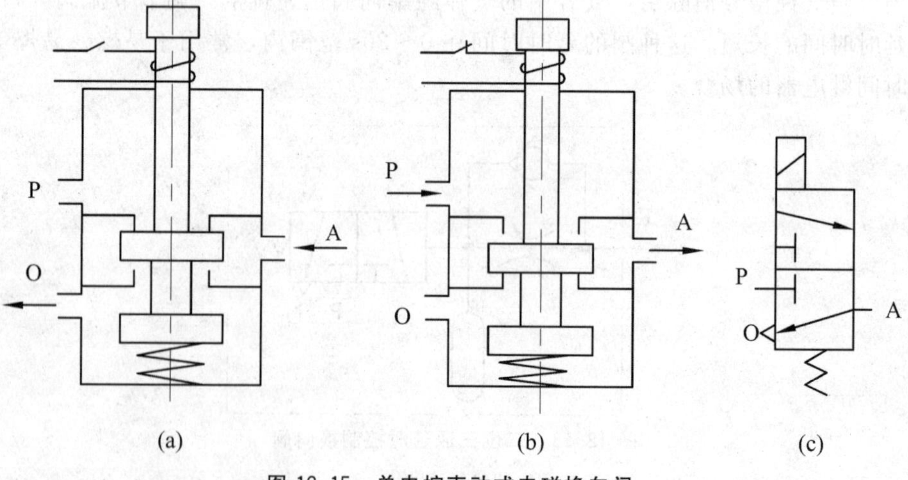

图 12.15 单电控直动式电磁换向阀

图 12.15 所示为单电控直动式电磁阀的动作原理图，它是二位三通电磁阀。图 12.15(a)为电磁铁断电时的状态，阀芯靠弹簧力复位，使 P、A 断开，A、O 接通，阀处于排气状态。

图 12.15(b)所示为电磁铁通电时的状态，电磁铁推动阀芯向下移动，使 P、A 接通，阀处于进气状态。图 12.15(c)所示为该阀的图形符号。

图 12.16 所示为双电控直动式电磁阀的动作原理图，它是二位五通电磁换向阀。如图 12.16(a)所示，电磁铁 1 通电，电磁铁 2 断电时，阀芯 3 被推到右位，A 口有输出，B 口排气；电磁铁 1 断电，阀芯位置不变，即具有记忆能力。如图 12.16(b)所示，电磁铁 2 通电，电磁铁 1 断电时，阀芯被推到左位，B 口有输出，A 口排气；若电磁铁 2 断电，空气通路不变。图 12.16(c)所示为该阀的图形符号。这种阀的两个电磁铁只能交替得电工作，不能同时得电，否则会产生误动作。

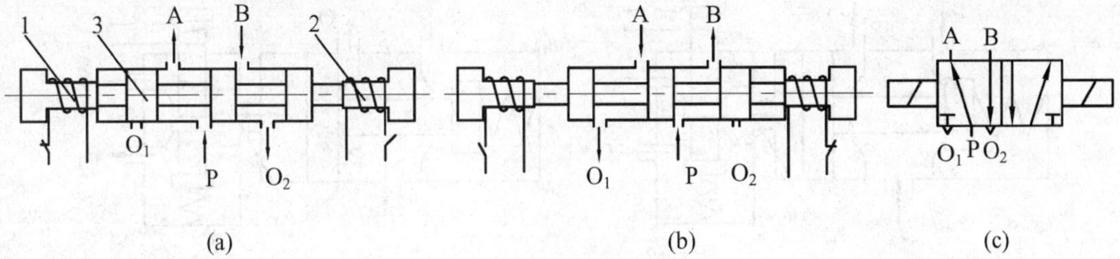

图 12.16 双电控直动式电磁换向阀

2) 先导式电磁换向阀

先导式电磁换向阀由电磁先导阀和主阀两部分组成，电磁先导阀输出先导压力，此先导压力再推动主阀阀芯使阀换向。当阀的通径较大时，若采用直动式，则所需电磁铁要大，体积和电耗都大，为克服这些弱点，宜采用先导式电磁阀。

先导式电磁换向阀按控制方式可分为单电控和双电控方式。按先导压力来源，有内部先导式和外部先导式，它们的图形符号如图 12.17 所示。

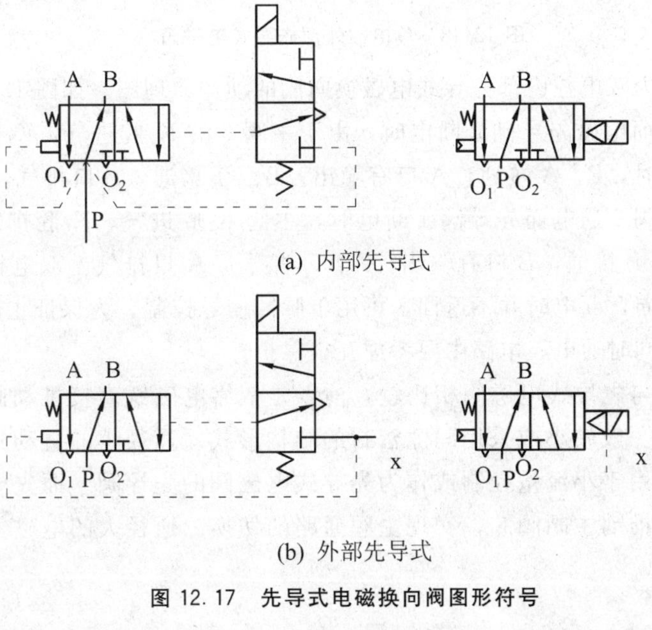

图 12.17 先导式电磁换向阀图形符号

图 12.18 所示为单电控外部先导式电磁换向阀的动作原理。

如图 12.18(a)所示，当电磁先导阀的激磁线圈断电时，先导阀的 x、A_1 口断开，A_1、O_1 口接通，先导阀处于排气状态，此时，主阀阀芯在弹簧和 P 口气压作用下向右移动，将 P、A 断开，A、O 接通，即主阀处于排气状态。如图 12.18(b)所示，当电磁先导阀通电后，使 x、A_1 接通，电磁先导阀处于进气状态，即主阀控制腔 A_1 进气。由于 A_1 腔内气体作用于阀芯上的力大于 P 口气体作用在阀芯上的力与弹簧力之和，因此将活塞推向左边，使 P、A 接通，即主阀处于进气状态。图 12.18(c)所示为单电控外部先导式电磁阀的详细图形符号，图 12.18(d)所示为其简化图形符号。

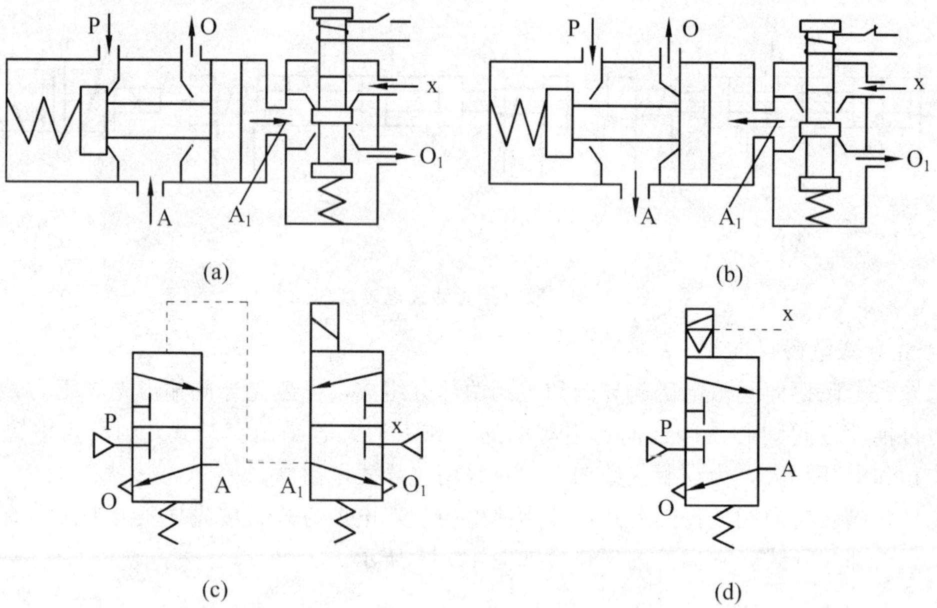

图 12.18　单电控外部先导式电磁阀

图 12.19 所示为双电控内部先导式电磁换向阀的动作原理图。如图 12.19(a)所示，当电磁先导阀 1 通电而电磁先导阀 2 断电时，由于主阀 3 的 K_1 腔进气，K_2 腔排气，使主阀阀芯移到右边。此时，P、A 接通，A 口有输出；B、O_2 接通，B 口排气。如图 12.19(b)所示，当电磁先导阀 2 通电而先导阀 1 断电时，主阀 K_2 腔进气，K_1 腔排气，主阀阀芯移到左边。此时，P、B 接通，B 口有输出；A、O_1 接通，A 口排气。双电控换向阀具有记忆性，即通电时换向，断电时并不返回，可用单脉冲信号控制。为保证主阀正常工作，两个电磁先导阀不能同时通电，电路中要考虑互锁保护。

直动式电磁阀与先导式电磁阀相比较，前者是依靠电磁铁直接推动阀芯，实现阀通路的切换，其通径一般较小或采用间隙密封的结构形式。通径小的直动式电磁阀也常称作微型电磁阀，常用于小流量控制或作为先导式电磁阀的先导阀。而先导式电磁阀是由电磁阀输出的气压推动主阀阀芯，实现主阀通路的切换。通径大的电磁气阀都采用先导式结构。

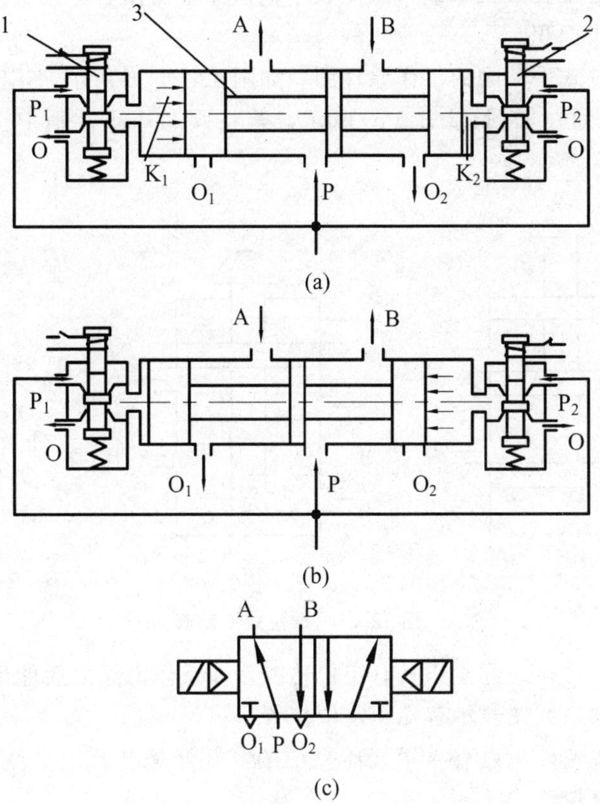

图 12.19 双电控内部先导式电磁阀

3. 人力控制换向阀

人力控制阀与其他控制方式相比，使用频率较低，动作速度较慢。因操作力不大，故阀的通径小、操作灵活，可按人的意志随时改变控制对象的状态，可实现远距离控制。

人力控制阀在手动、半自动和自动控制系统中得到了广泛的应用。在手动气动系统中，一般直接操纵气动执行机构。在半自动和自动系统中多作为信号阀使用。

人力控制阀的主体部分与气控阀类似，按其操纵方式可分为手动阀和脚踏阀两类。

1）手动阀

手动阀的操纵头部结构有多种，如图 12.20 所示，有按钮式、蘑菇头式、旋钮式、拨动式、锁定式等。

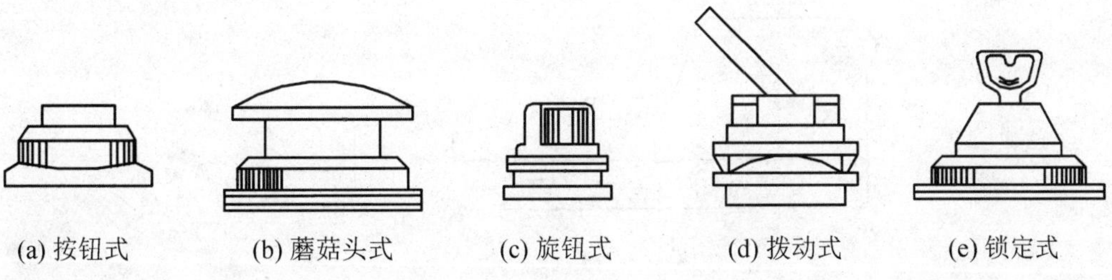

图 12.20 手动阀头部结构

手动阀的操作力不宜太大，故常采用长手柄以减小操作力，或者阀芯采用气压平衡结构，以减小气压作用面积。

图 12.21 是推拉式手动阀的工作原理图。如图 12.21(a)所示，用手拉起阀芯，则 P 与 B 相通，A 与 O_1 相通；如图 12.21(b)所示，若将阀芯压下，则 P 与 A 相通，B 与 O_2 相通。

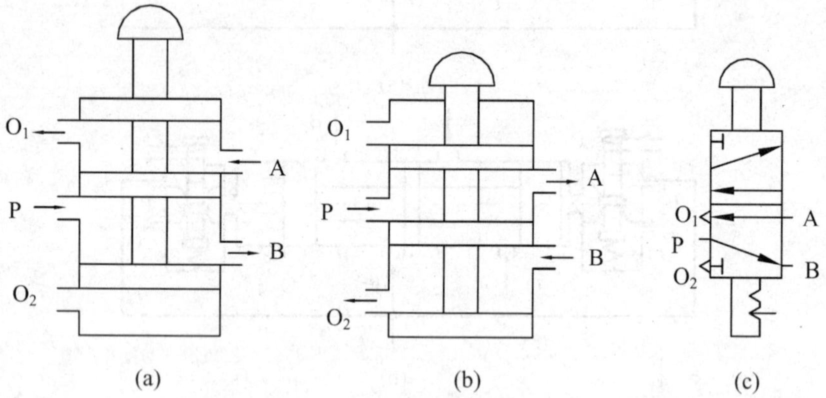

图 12.21　推拉式手动阀

旋钮式、锁式、推拉式等操作具有定位功能，即操作力除去后能保持阀的工作状态不变。图形符号上的缺口数便表示有几个定位位置。

手动阀除弹簧复位外，也有采用气压复位的，好处是具有记忆性，即不加气压信号，阀能保持原位而不复位。

2）脚踏阀

在半自动气控冲床上，由于操作者两只手需要装卸工件，为提高生产效率，用脚踏阀控制供气更为方便，特别是操作者坐着干活的冲床。

脚踏阀有单板脚踏阀和双板脚踏阀两种。单板脚踏阀是脚一踏下便进行切换，脚一离开便恢复到原位，即只有两位式。双板脚踏阀有两位式和三位式之分。两位式的动作是踏下踏板后，脚离开，阀不复位，直到踏下另一踏板后，阀才复位。三位式有 3 个动作位置，脚没有踏下时，两边踏板处于水平位置，为中间状态；踏下任一边的踏板，阀被切换，待脚一离开又立即回复到中位状态。

图 12.22 所示为脚踏阀的结构示意图及头部控制图形符号。

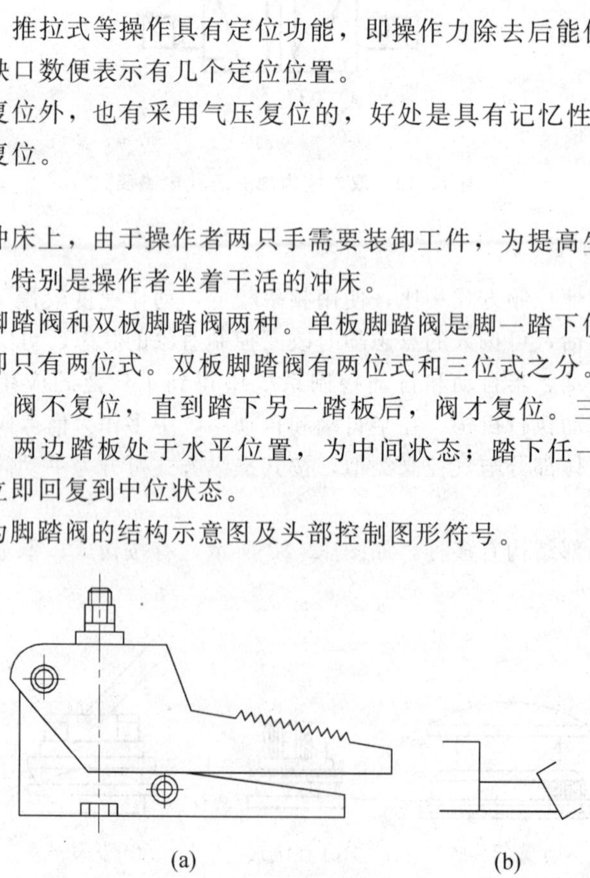

图 12.22　脚踏阀

4. 机械控制换向阀

机械控制换向阀是利用执行机构或其他机构的运动部件，借助凸轮、滚轮、杠杆和撞块等机械外力推动阀芯，实现换向的阀。

如图 12.23 所示，机械控制换向阀按阀芯的头部结构形式来分，常见的有直动圆头式、杠杆滚轮式、可通过滚轮杠杆式、旋转杠杆式、可调杠杆式、弹簧触须式等。

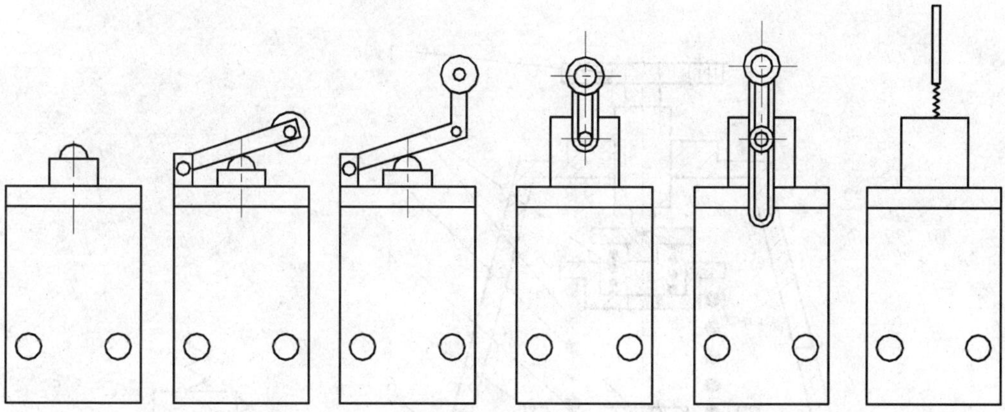

(a) 直动圆头式　(b) 杠杆滚轮式　(c) 可通过滚轮杠杆式　(d) 旋转杠杆式　(e) 可调杠杆式　(f) 弹簧触须式

图 12.23　机械控制阀的头部形式

直动圆头式是由机械力直接推动阀杆的头部使阀进行切换。滚轮式头部结构可以减小阀杆所受的侧向力，杠杆滚轮式可减小阀杆所受的机械力。可通过滚轮杠杆式结构的头部滚轮是可折回的，当机械撞块正向运动时，阀芯被压下，阀换向。撞块走过滚轮，阀芯靠弹簧力返回。撞块返回时，由于头部可折，滚轮折回，阀芯不动，阀不换向。弹簧触须式结构操作力小，常用于计数发信号。

12.2　压力控制阀

压力控制阀是调节和控制压力大小的控制阀，它包括减压阀、安全阀、顺序阀等。

12.2.1　减压阀

减压阀又称调压阀，它可以将较高的空气压力降低且调节到符合使用要求的压力，并保持调后的压力稳定。其他减压装置(如节流阀)虽能降压，但无稳压能力。

减压阀按压力调节方式可分成直动式和先导式。

1. 工作原理

图 12.24 所示为一种常用的直动式减压阀结构原理图。此阀可利用手柄直接调节调压弹簧来改变阀的输出压力。

顺时针旋转手柄 1，则压缩调压弹簧 2，推动膜片 4 下移，膜片又推动阀芯 5 下移，阀口 7 被打开，气流通过阀口后压力降低；与此同时，部分输出气流经反馈导管 6 进入膜片气室，在膜片上产生一个向上的推力，当此推力与弹簧力相平衡时，输出压力便稳定在一定的值。

若输入压力发生波动，例如压力 p_1 瞬时升高，则输出压力 p_2 也随之升高，作用在膜片上的推力增大，膜片上移，向上压缩弹簧，从溢流口 3 有瞬时溢流，并靠复位弹簧 8 及气压力的作用，使阀杆上移，阀门开度减小，节流作用增大，使输出压力 p_2 回降，直到新的平衡为止。重新平衡后的输出压力又基本上恢复至原值。反之，若输入压力瞬时下降，则输出压力也相应下降，膜片下移，阀门开度增大，节流作用减小，输出压力又基本上回升至原值。

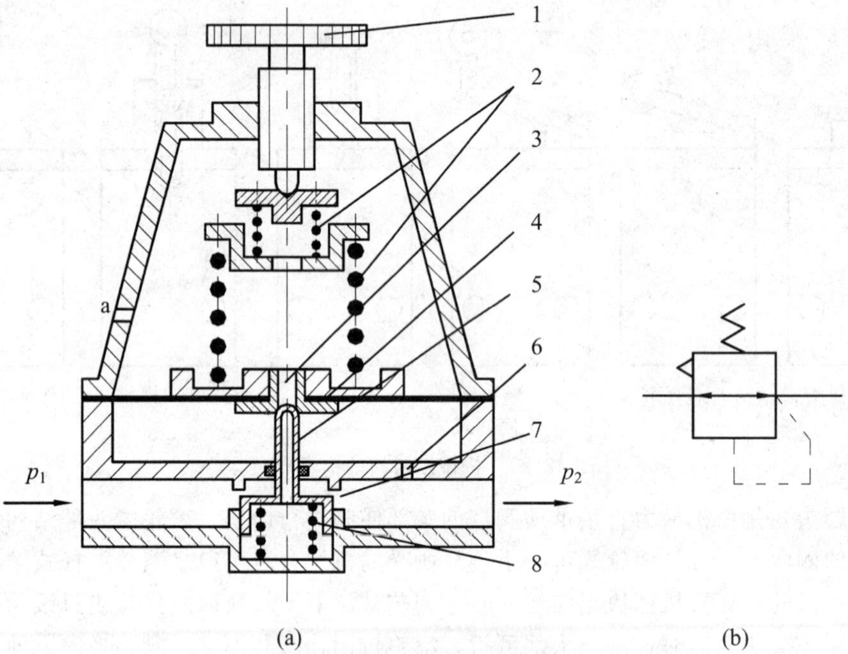

图 12.24　直动式减压阀

1—手柄；2—调压弹簧；3—溢流口；4—膜片；
5—阀芯；6—反馈导管；7—阀口；8—复位弹簧

如输入压力不变，输出流量变化，使输出压力发生波动(增高或降低)时，依靠溢流口的溢流作用和膜片上力的平衡作用推动阀杆，仍能起稳压作用。

逆时针旋转手柄时，压缩弹簧力不断减小，膜片气室中的压缩空气经溢流口不断从排气孔 a 排出，进气阀芯逐渐关闭，直至最后输出压力降为零。

先导式减压阀是使用预先调整好压力的空气来代替直动式调压弹簧进行调压的。其调节原理和主阀部分的结构与直动式减压阀相同。先导式减压阀的调压空气一般是由小型的直动式减压阀供给的。若将这种直动式减压阀装在主阀内部，则称为内部先导式减压阀；若将它装在主阀外部，则称为外部先导式或远程控制减压阀。

2. 溢流结构

减压阀的溢流结构有溢流式、恒量排气式和非溢流式 3 种，如图 12.25 所示。

图 12.25(a)所示为溢流式结构，它有稳定输出压力的作用，当阀的输出压力超过调定值时，气体能从溢流口排出，维持输出压力不变。但由于经常要从溢流孔排出少量气体，在介质为有害气体的气路中，为防止工作场所的空气受污染，应选用非溢流式结构。

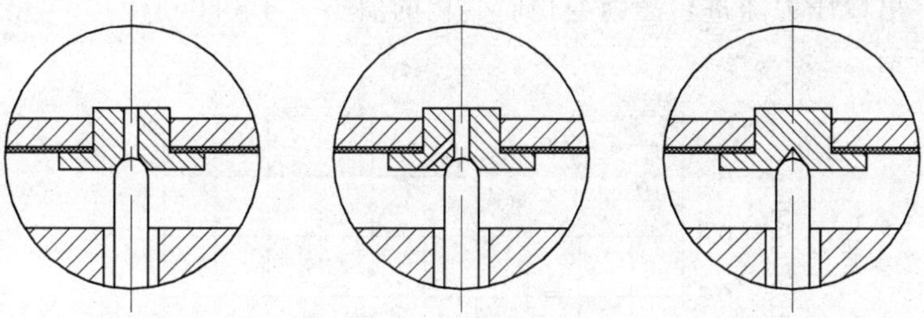

图 12.25　减压阀的溢流结构

图 12.25(b)所示为恒量排气式结构，此阀在工作时，始终有微量气体从溢流阀座上的小孔排出，它能提高减压阀在小流量输出时的稳压性能。

图 12.25(c)所示为非溢流式结构，它与溢流式的区别就是溢流阀座上没有溢流孔。

使用非溢流式减压阀时，要安装一个旁路阀，当需要降低输出压力时，打开旁路阀排出部分气体，直至达到新的调定值，如图 12.26 所示。

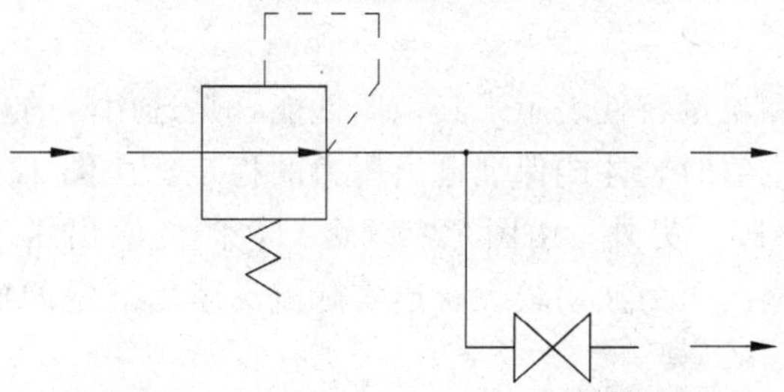

图 12.26　非溢流式减压阀的使用

3. 主要特性

减压阀的主要特性有调压范围、压力特性、流量特性和溢流特性。

1) 调压范围

减压阀输出压力的调节范围称为可调范围。在此压力范围内，要求输出压力能连续稳定地调整，无突跳现象。调压范围主要取决于调压弹簧的刚度。减压阀的输入及最大输出压力间的关系见表 12－2。

表 12－2　减压阀的输入及最大输出压力间的关系

输入压力/MPa	0.16	0.4	0.63	1.0	1.2	1.6	2.5	4.0
最大输出压力/MPa	0.1	0.25	0.4	0.63	0.8	1.0	1.6	2.5

2)压力特性

压力特性是指减压阀在一定输出流量下，输入压力波动对输出压力波动的影响。要求在规定流量下，出口压力随进口压力变化而变化的值不大于0.05MPa。典型的压力特性曲线如图12.27所示。

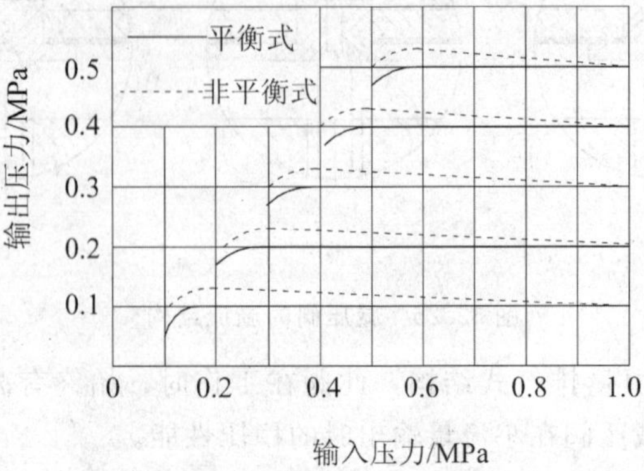

图12.27 压力特性曲线

3)流量特性

流量特性是指减压阀在一定输入压力下，输出流量的变化对输出压力波动的影响。要求输出流量在较大范围内变化时，出口压力的变化越小越好。典型的流量特性曲线如图12.28所示。

减压阀的压力特性和流量特性表示了其稳压性能，是选用阀的重要依据。阀的输出压力只有低于输入压力一定值时，才能保证输出压力的稳定。由图12.27可知，输入压力至少要高于输出压力0.1MPa。另外，由图12.28可知，阀的输出压力越低，受流量的影响越小，但在小流量时，输出压力波动较大。当实际流量超出规定的额定流量时，输出压力将急剧下降。

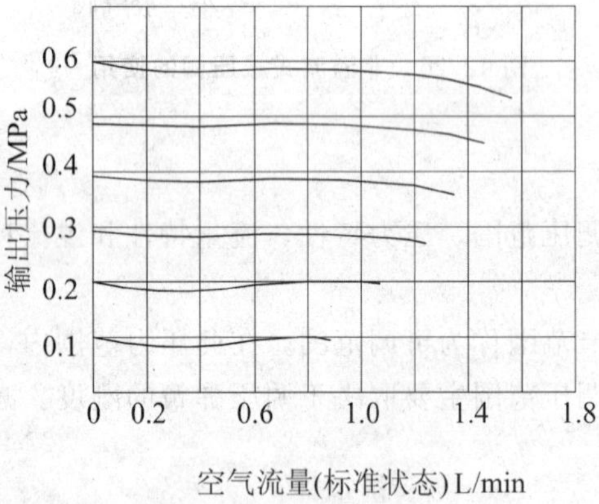

图12.28 流量特性曲线

4)溢流特性

溢流特性是指阀的输出压力超过调定值时，溢流阀口打开，空气从溢流口流出。减压阀的溢流特性表示通过溢流口的溢流流量 q 与输出口的超压压力 Δp($\Delta p = p_2' - p_2$)之间的关系，溢流特性曲线如图12.29所示。特性曲线上的 a 点为减压阀的输出压力调定值 p_2，b 点为溢流口即将打开时的输出压力 p_2'。

4. 减压阀的使用

减压阀的使用过程中应注意以下事项。

(1) 减压阀的进口压力应比最高出口压力大0.1MPa以上。

(2) 安装减压阀时，最好手柄在上，以便于操作。阀体上的箭头方向为气体的流动方向，安装时不要装反。阀体上堵头可拧下来，装上压力表。

(3) 连接管道安装前，要用压缩空气吹净或用酸蚀法将锈屑等清洗干净。

(4) 在减压阀前安装分水滤气器，阀后安装油雾器，以防减压阀中的橡胶件过早变质。

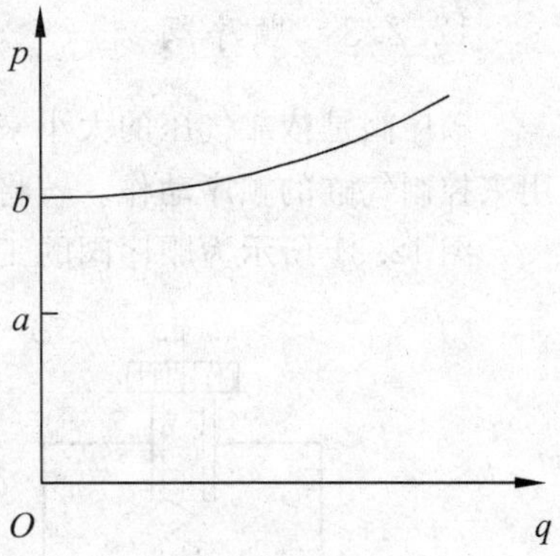

图 12.29　溢流特性

(5) 减压阀不用时，应旋松手柄回零，以免膜片经常受压产生塑性变形。

12.2.2　溢流阀(安全阀)

溢流阀和安全阀在结构和功能方面相类似，有时可以不加以区别。它们的作用是当气动回路和容器中的压力上升到超过调定值时，能自动向外排气，以保持进口压力为调定值。实际上，溢流阀是一种用于维持回路中空气压力恒定的压力控制阀；而安全阀是一种防止系统过载、保证安全的压力控制阀。

安全阀和溢流阀的工作原理是相同的，图 12.30 所示为一种直动式溢流阀的工作原理图。

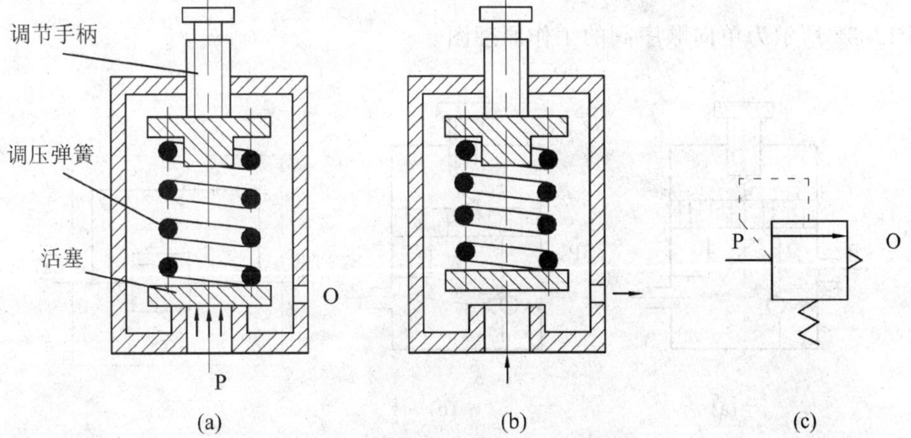

图 12.30　直动式溢流阀的工作原理

图 12.30(a)所示为阀在初始工作位置，预先调整手柄，使调压弹簧压缩，阀门关闭；图 12.30(b)所示为当气压达到给定值时，气体压力将克服预紧弹簧力，活塞上移，开启阀门排气；当系统内压力降至给定压力以下时，阀重新关闭。调节弹簧的预紧力，即可改变阀的开启压力。

溢流阀(安全阀)的直动式和先导式的含义同减压阀。直动式安全阀一般通径较小；先导式安全阀一般用于通径较大或需要远距离控制的场合。

12.2.3 顺序阀

顺序阀是依靠气压的大小来控制气动回路中各元件动作的先后顺序的压力控制阀，常用来控制气缸的顺序动作。若将顺序阀与单向阀并联组装成一体，则称为单向顺序阀。

图 12.31 所示为顺序阀的工作原理图。

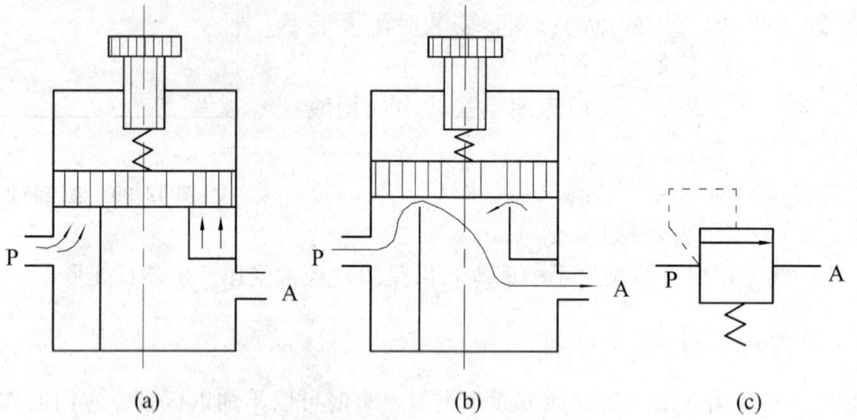

图 12.31 顺序阀的工作原理图

图 12.31(a)中所示为压缩空气从 P 口进入阀后，作用在阀芯下面的环形活塞面积上，当此作用力低于调压弹簧的作用力时，阀关闭。图 12.31(b)所示为当空气压力超过调定的压力值即将阀芯顶起，气压立即作用于阀芯的全面积上，使阀达到全开状态，压缩空气便从 A 口输出。当 P 口的压力低于调定压力时，阀再次关闭。图 12.31(c)所示为顺序阀的图形符号。

图 12.32 所示为单向顺序阀的工作原理图。

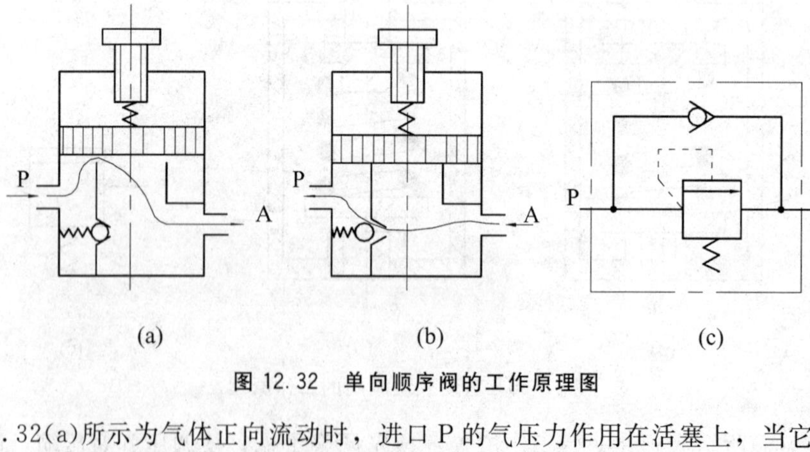

图 12.32 单向顺序阀的工作原理图

图 12.32(a)所示为气体正向流动时，进口 P 的气压力作用在活塞上，当它超过压缩弹簧的预紧力时，活塞被顶开，出口 A 就有输出；单向阀在压力差和弹簧力作用下处关闭状态。图 12.32(b)所示为气体反向流动时，进口变成排气口，出口压力将顶开单向阀，使 A 和排气口接通。调节手柄可改变顺序阀的开启压力。图 12.32(c)所示为单向顺序阀的图形符号。

12.3　流量控制阀

流量控制阀是通过改变阀的通流截面积来实现流量控制的元件。在气动系统中，控制气缸运动速度、控制信号延迟时间、控制油雾器的滴油量、控制缓冲气缸的缓冲能力等都是依靠控制流量来实现的，流量控制阀包括节流阀、单向节流阀、排气节流阀、柔性节流阀等。

1. 节流阀

常用节流阀的节流口形式如图 12.33 所示。对于节流阀调节特性的要求是流量调节范围要大、阀芯的位移量与通过的流量成线性关系。节流阀节流口的形状对调节特性影响较大。

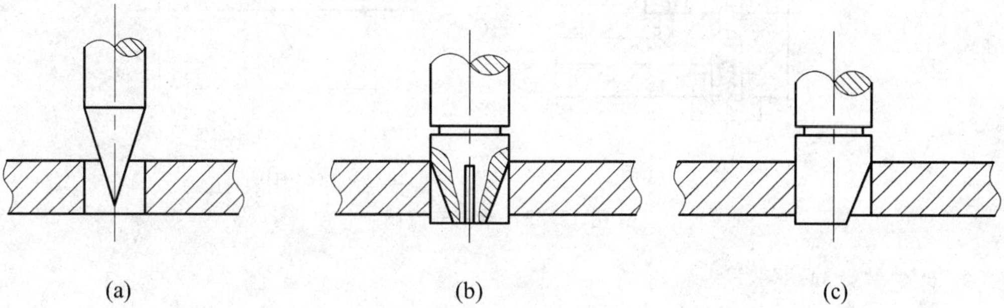

图 12.33　常用节流口形式

图 12.33(a)所示为针阀式节流口，当阀开度较小时，调节比较灵敏，当超过一定开度时，调节流量的灵敏度就差了；图 12.33(b)所示为三角槽形节流口，通流面积与阀芯位移量成线性关系；图 12.33(c)所示为圆柱斜切式节流口，通流面积与阀芯位移量成指数(指数大于 1)关系，能进行小流量精密调节。

图 12.34 所示为节流阀的结构原理及图形符号。当压力气体从 P 口输入时，气流通过节流通道自 A 口输出。旋转阀芯螺杆，就可改变节流口的开度，从而改变阀的流通面积。

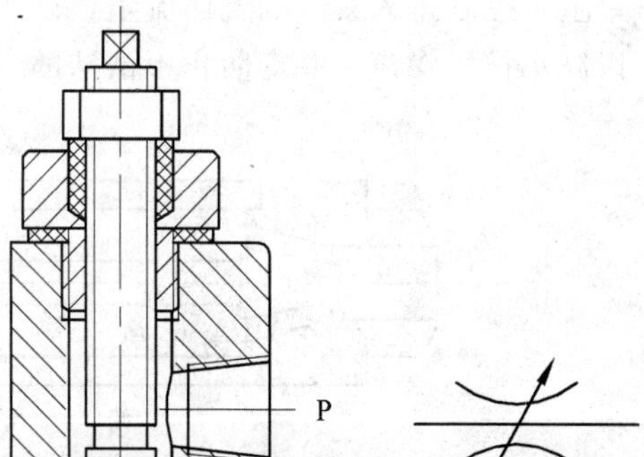

图 12.34　节流阀

2. 单向节流阀

单向节流阀是由单向阀和节流阀并联而成的组合式流量控制阀。该阀常用于控制气缸的运动速度，故也称“速度控制阀”。

图 12.35 是单向节流阀的结构原理图和图形符号。当气流正向流动时(P→A)，单向阀关闭，流量由节流阀控制；反向流动时(A→O)，在气压作用下单向阀被打开，无节流作用。

若用单向节流阀控制气缸的运动速度，安装时该阀应尽量靠近气缸。在回路中安装单向节流阀时不要将方向装反。为了提高气缸运动稳定性，应该按出口节流方式安装单向节流阀。

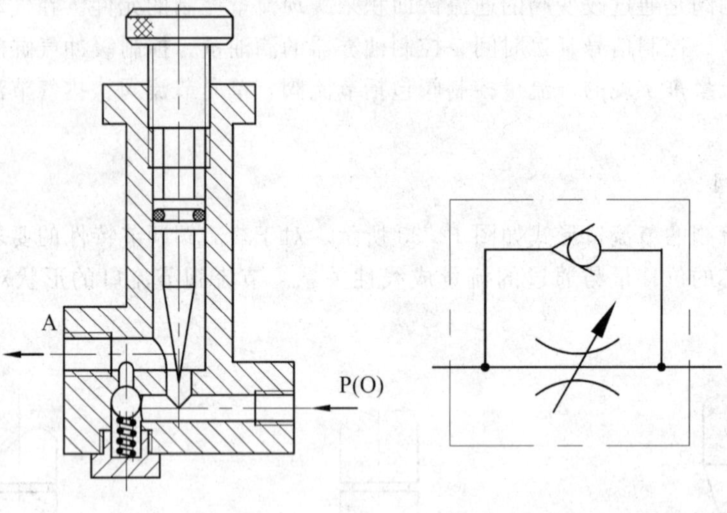

(a)　　(b)

图 12.35　单向节流阀

3. 排气节流阀

图 12.36 是排气节流阀的结构原理图和图形符号。排气节流阀安装在气动装置的排气口上，控制排入大气的气体流量，以改变执行机构的运动速度。排气节流阀常带有消声器以减小排气噪声，并能防止不清洁的气体通过排气孔污染气路中的元件。

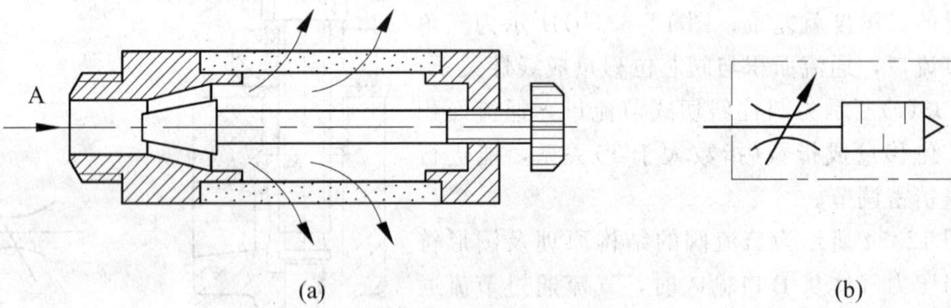

(a)　　(b)

图 12.36　排气节流阀

排气节流阀宜用于在换向阀与气缸之间不能安装速度控制阀的场合。应注意，排气节流阀对换向阀会产生一定的背压，对有些结构形式的换向阀而言，此背压对换向阀的动作灵敏性可能有些影响。

4. 柔性节流阀

图 12.37 所示为柔性节流阀的结构原理，它依靠阀杆夹紧柔韧的橡胶管而产生节流作用，也可以用气体压力来代替阀杆压缩橡胶管。柔性节流阀结构简单，压力降小，动作可靠，对污染不敏感，通常最大工作压力范围为 0.03～0.3MPa。

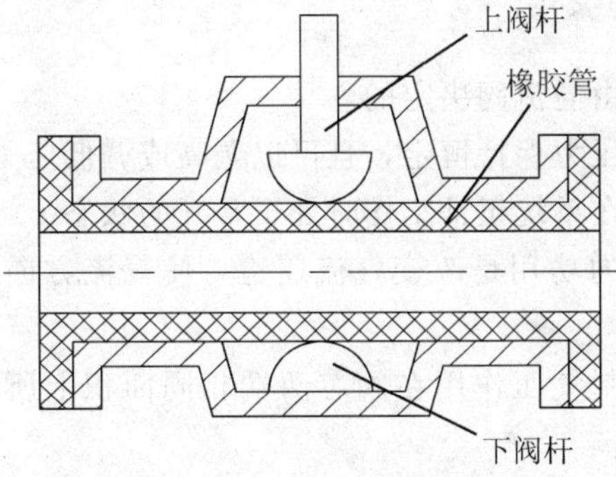

图 12.37　柔性节流阀

5. 使用流量控制阀的注意事项

用流量控制阀控制气缸的运动速度应注意以下几点。

(1) 防止管道中的漏损。有漏损则不能期望有正确的速度控制，低速时更应注意防止漏损。

(2) 要特别注意气缸内表面加工精度和表面粗糙度，尽量减少内表面的摩擦力，这是速度控制不可缺少的条件。在低速场合，往往使用聚四氟乙烯等材料做密封圈。

(3) 要使气缸内表面保持一定的润滑状态。润滑状态一改变，滑动阻力也就改变，速度控制就不可能稳定。

(4) 加在气缸活塞杆上的载荷必须稳定。若这种载荷在行程中途有变化，则速度控制相当困难，甚至成为不可能。在不能消除载荷变化的情况下，必须借助于液压阻尼力，有时也使用平衡锤或连杆等。

(5) 必须注意速度控制阀的位置。原则上流量控制阀应设在气缸管接口附近。使用控制台时常将速度控制阀装在控制台上，远距离控制气缸的速度，但这种方法很难实现完好的速度控制。

12.4　习　题

一、填空题

1. 气动控制阀是气动系统的______元件，根据用途和工作特点不同，控制阀可以分为3类：________、__________、__________控制阀。
2. 压力控制阀按其控制功能可以分为________、________、________。
3. 方向控制阀按其作用特点可分为__________控制阀和__________控制阀两种。
4. 快速排气阀常装在____________和____________之间，它使气缸的排气不通过换向阀而________排出，从而加快了气缸往复运动速度，缩短了工作周期。
5. 排气节流阀与节流阀一样，也是靠调节________来调节阀的流量的，它必须装在执行元件的________处，它不仅能调节执行元件的运动__________，还因为它常带有消声器件，所以也起降低排气____________作用。

二、判断题

1. 气动系统的压力是由溢流阀决定的。 (　　)
2. 通常调压阀的出口压力保持恒定，且可以调高或调低压力值。 (　　)
3. 安全阀即溢流阀，在系统正常工作时处于常开的状态。 (　　)
4. 换向型方向控制阀的功用是改变气流通道，使气流方向发生变化，改变阀芯的运动方向。 (　　)
5. 差压控制是利用控制气压作用在阀芯两端相同面积上所产生的压力差使阀换向的一种方式。 (　　)

三、选择题

1. 以下不属于方向控制阀的是____________。
   A. 与门型梭阀　B. 或门型梭阀　C. 快速排气阀　D. 排气节流阀
2. ____________阀与其他控制方式相比，使用频率较低、动作速度较慢。
   A. 气压控制　B. 电磁控制　C. 人力控制　D. 机械控制
3. “速度控制阀”通常是指____________。
   A. 单向节流阀　B. 调速阀　C. 排气节流阀　D. 快速排气阀
4. 气动系统的调压阀通常是指____________。
   A. 溢流阀　B. 减压阀　C. 安全阀　D. 顺序阀

四、问答题

1. 气动换向阀按控制方式不同可分为哪几种？各有何特点及应用？
2. 直动式和先导式电磁换向阀有何主要区别？
3. 机械控制换向阀按阀芯头部结构形式不同，可分为哪些类型？各有何特点？
4. 简述气动压力控制阀的分类及功用。
5. 气动减压阀有何作用？其溢流结构有哪几种类型？各有何特点？
6. 气动溢流阀和安全阀有何区别与联系？
7. 画出下列阀的图形符号：二位三通双气控加压换向阀，双电控二位五通先导式电磁换向阀，二位二通推拉式手动换向阀，梭阀(或门型)，二位三通延时阀，溢流式减压阀，单向顺序阀，排气节流阀。
8. 用一个单电控二位五通阀、一个单向节流阀和一个快速排气阀设计一个可使双作用气缸慢进-快速返回的控制回路。

第13章 气动辅助元件

教学目标	了解除了冷却、储存、过滤等气源处理元件之外的气动辅助元件，如润滑元件、空气处理组件、消声器、转换器、气动传感器和放大器等元件的结构和功能；了解管道系统的布置原则及注意事项。

引例

图 13.1 所示为一些气动辅助元件图。

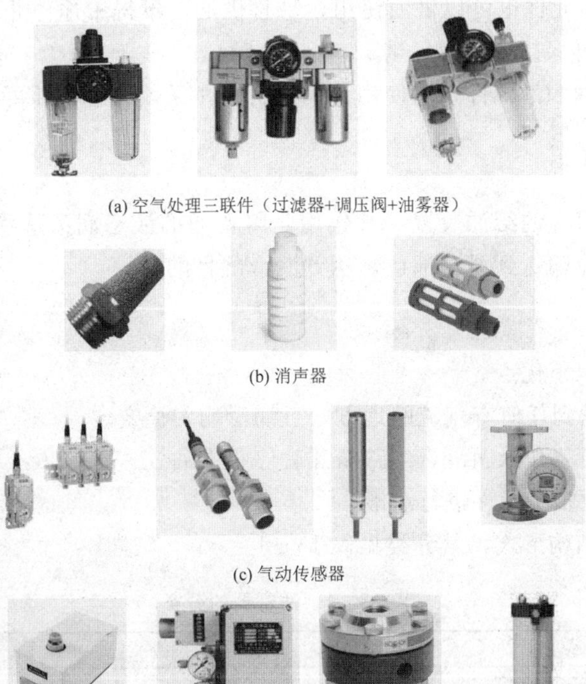

(a) 空气处理三联件（过滤器+调压阀+油雾器）

(b) 消声器

(c) 气动传感器

(d) 气动放大、转换器

图 13.1 气动辅助元件

13.1 润滑元件

气动系统中使用的许多元件和装置都有滑动部分，为使其能正常工作，需要进行润滑。然而，以压缩空气为动力源的气动元件滑动部分都构成了密封气室，不能用普通的方法注油，只能用某种特殊的方法进行润滑。

按工作原理不同，润滑可分为不供油润滑和油雾润滑。

13.1.1 不供油润滑

有些气动应用领域不允许供油润滑，比如食品和卫生领域，因为润滑油油粒子会在食品和药品的包装、输送过程中污染食品和药品。其他类似的问题又如还会影响某些工业原料、化学药品的性质，影响高级喷涂表面及电子元件的表面质量，对工业炉用气有起火的危险，影响气动测量仪的测量准确性等。故目前不供油润滑元件已逐渐普及。

不供油润滑元件内的滑动部位的密封仍用橡胶，密封件采用特殊形状，设有滞留槽，内存润滑剂，以保证密封件的润滑。另外，其他材料也要使用不易生锈的金属材料。

不供油润滑元件的特点是不仅节省了润滑设备和润滑油，改善了工作环境，而且减少了维护工作量，降低了成本，还改善了润滑状况。另外，因润滑效果与通过流量、压力高低、配管状况无关，所以不存在忘记加油造成的危害。但应注意以下几点。

(1) 要防止大量水分进入元件内，以免冲洗掉润滑剂而失去润滑效果。

(2) 大修时，须在密封圈的滞留槽内添加润滑脂。

(3) 不供油润滑元件也可以供油使用，一旦供油，不得中途停止供油，因为油脂被润滑油冲洗掉就不能再保持自润滑。

此外，还有无油润滑元件，它使用自润滑材料，无须润滑剂即可长期工作。

13.1.2 油雾器

油雾器是一种特殊的给油装置，其作用是将普通的液态润滑油滴雾化成细微的油雾，并注入空气，随气流输送到滑动部位，达到润滑的目的。

1. 特点及分类

使用油雾器有以下优点。

(1) 油雾可输送到任何有气流的地方，且润滑均匀稳定。

(2) 气路一接通就开始润滑，气路断开就停止供油。

(3) 可以同时对多个元件进行润滑。

油雾器有多种结构形式，其分类见表 13-1。

表 13-1 油雾器的分类

分类依据	类别
按油雾粒子	油雾式(全量式)、微雾式(选择式)
按节流方式	固定节流式、可变节流式
按给油方式	差压式、强制式

油雾式油雾器也称全量式油雾器，它把雾化后的油雾全部随压缩空气输出，常用于气动系统的润滑。微雾式油雾器也称选择式油雾器，它只把油雾中颗粒度为 2～3μm 的细微油雾随压缩空气输出，以便于长距离的供油润滑。微雾式油雾器又分为工具油雾器和机械油雾器两种。工具油雾器中的压缩空气既用来输送润滑油雾，同时又作为气动装置的动力源，空气流量较大；而机械油雾器中的压缩空气仅用来把油雾输送到润滑部位，空气流量较小。微雾式油雾器常用于气动工具或机械的润滑。

2. 工作原理

图 13.2(a)所示为油雾器的工作原理。假设气流输入压力为 p_1，通过文氏管后压力降为 p_2，当 p_1 和 p_2 的压差 Δp 大于位能 ρgh 时，油被吸上，并被主通道中的高速气流引射出，雾化后从输出口输出。图 13.2(b)所示为油雾器的图形符号。

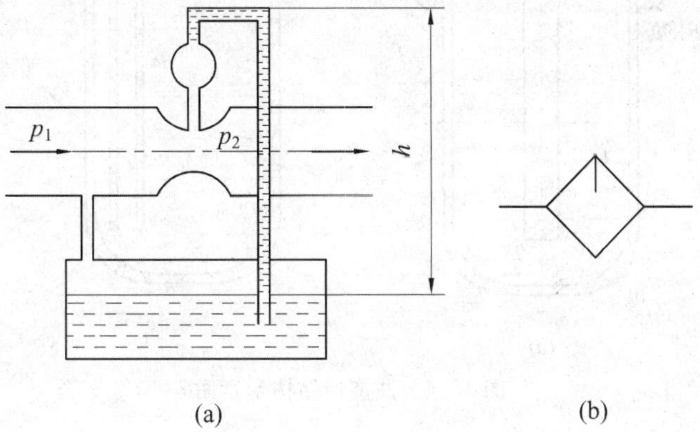

图 13.2　油雾器工作原理

图 13.3 所示为引射现象。当射流从油杯中将油引射出来时，油滴表面压力分布不匀，出现局部低压区(相对来流压力)，此低压力的作用正好与油滴表面张力相反，低压力的作用使油滴膨胀，表面张力的作用使油滴紧缩，当低压力的作用大于油滴表面张力时，油滴膨胀并被撕裂成许多大颗粒油球，油球表面压力分布也存在低压区，同样的道理，较大颗粒的油球又再被撕裂成更小的油珠。这样便使油发生雾化。

由上述分析可知，当引射流体的速度(即来流速度)越高，则油滴表面形成负压越厉害，越易将油滴撕裂，即越易使油雾化。

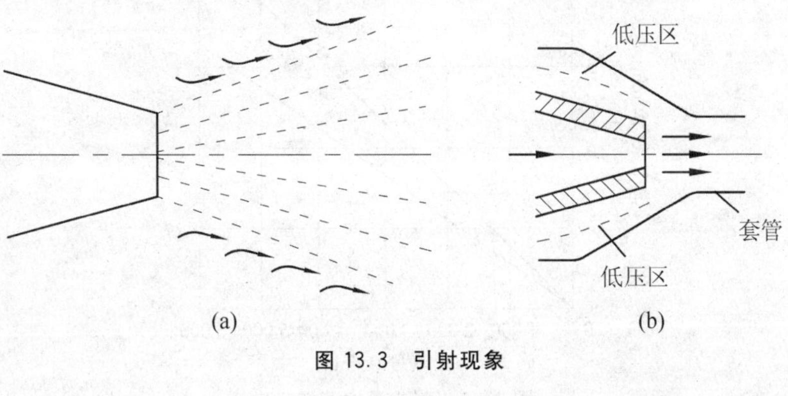

图 13.3　引射现象

3. 结构特点

图 13.4 所示为普通油雾器的结构示意图。

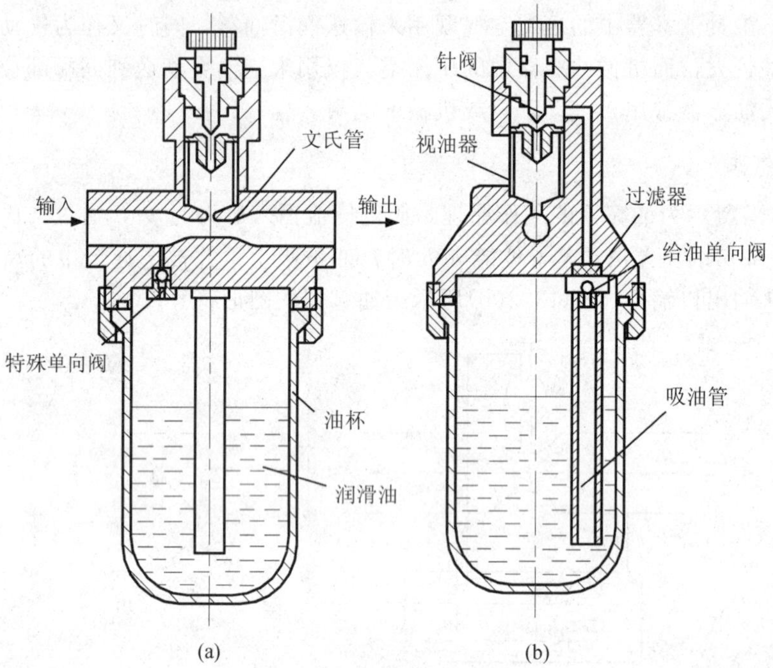

图 13.4 油雾器结构示意图

其工作原理是：压缩空气从入口进入油雾器后，其中绝大部分气流经文氏管，从主管道输出，小部分通过特殊单向阀流入油杯使油面受压。由于气流通过文氏管的高速流动使压力降低，与油面上的气压之间存在着压力差。在此压力下，润滑油经吸油管、给油单向阀和调节油量的针阀，滴入透明的视油器内，并顺着油路被文氏管的气流引射出来，雾化后随气流一同输出。

这种结构油雾器的特点如下。

(1) 用调节针阀的开度来改变滴油量，保持一定的油雾浓度。滴油量根据所使用的空气流量来选择，图 13.5 所示为其推荐值。

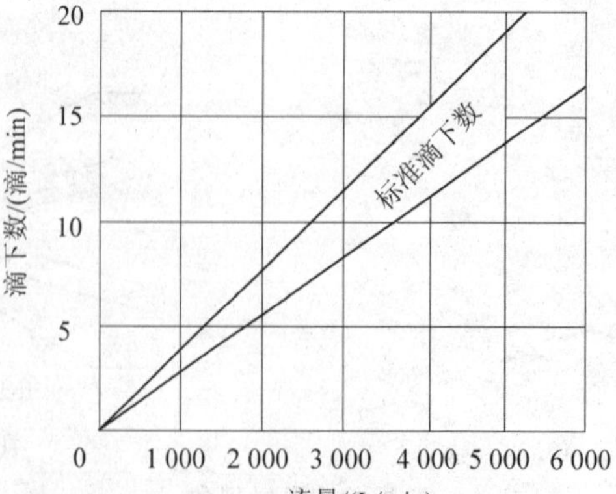

图 13.5 滴油量推荐值

(2)当使用的空气流量改变时，如果不重新调整滴油量，则输出的油雾浓度将起变化。

(3) 能实现在不停气工作状态下向油雾器油杯注油。实现不停气加油的关键零件是特殊单向阀，特殊单向阀的作用如图 13.6 所示。

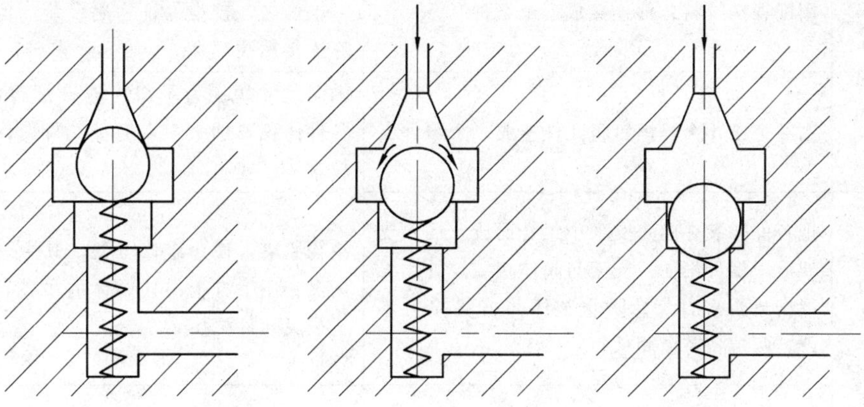

(a)　　(b)　　(c)

图 13.6　特殊单向阀的作用

图 13.6(a)所示为没有气流输入时的情况，阀中的弹簧把钢球顶起，顶住加压通道。

图 13.6(b)所示为正常工作状态，压力气体推开钢球，加压通道畅通，气体进入油杯加压，但刚度足够的弹簧不让钢球完全处于下限位置，而正好处于图示位置。

在图 13.6(c)中，当进行不停气加油时，首先拧松油雾器加油孔的油塞(图中未表示)，使油杯中气压降至大气压。此时单向阀的钢球由中间工作位置被压下，单向阀处于截止状态，压缩空气无法进入油杯，确保油杯内的气压保持为大气压，不至于使油杯中的油液因高压气体流入而从加油孔喷出，从而实现不停气加油。

4. 油雾器的使用

油雾器的使用过程中应注意以下事项。

(1) 油雾器一般安装在分水滤水器、减压阀之后，尽量靠近换向阀，与阀的距离不应超过 5m。

(2) 油雾器和换向阀之间的管道容积应为气缸行程容积的 80%以下，当通道中有节流装置时上述容积比例应减半。

(3) 安装时注意进、出口不能接错，必须垂直设置，不可倒置或倾斜。

(4) 保持正常油面，不应过高或过低。

13.2　空气处理组件

将过滤器、减压阀和油雾器等组合在一起，称为空气处理组件。该组件可缩小外形尺寸，节省空间，便于维修和集中管理。将过滤器和减压阀一体化，称为过滤减压阀。将过滤减压阀和油雾器连成一个组件，称为空气处理二联件。将过滤器、减压阀和油雾器连成一个组件，称为空气处理三联件，也称气动三大件。

二联件和三联件的连接方式见表 13－2。

表 13-2 二联件和三联件的连接方式

连接方式	连接原理	优缺点
管连接	用配管螺纹将各件连接成一个组件	轴向尺寸长。装配时，为保证各件处于同一平面内，较难保证密封。装卸时，易损坏连接螺纹
螺钉连接	用2个或4个长螺钉将几件连成一个组件	轴向尺寸短。为了留出连接螺钉的空间，各件体积要加大。大通径元件，保证密封较难
插入式连接	把各件插装在同一支架中组合而成。插入支架后用螺母吊住。支架与阀体相结合处用O形密封圈密封。为防止阀体与接头接触不严，两端备有紧固螺钉	结构紧凑，使用维修方便。其中一个元件失灵，用手拧下吊住阀体的吊盖，即可卸下失灵元件更换
模块式连接	运用斜面原理，把两个元件拉紧在一起，中间加装密封圈，只须上紧螺钉即可完成装配	安装简易，密封性好，易于标准化，系列化，轴向尺寸略长

13.3 消　声　器

在执行元件完成动作后，压缩空气便经换向阀的排气口排入大气。由于压力较高，一般排气速度接近声速，空气急剧膨胀，引起气体振动，便产生了强烈的排气噪声。噪声的强弱与排气速度、排气量和排气通道的形状有关。排气噪声一般可达80～100dB。这种噪声使工作环境恶化，人体健康受到损害，工作效率降低。所以，一般车间内噪声高于75dB时，都应采取消声措施。

1. 消除噪声的措施

1）吸声

吸声是用吸声材料，如玻璃棉、矿渣棉等装饰在房间内壁或敷设在管道内壁上，将噪声吸收一部分，从而达到降低噪声的目的。

吸声材料能够降低噪声的原因是由于它是一种多孔隙的材料，孔内充满空气，声波射到多孔材料表面，一部分被表面反射，另一部分进入多孔材料内引起细孔和狭缝中空气振动，声能转化为热能被吸收。

2）隔声

隔声指用厚实的材料和结构隔断噪声的传播途径，隔声材料一般为砖、钢板、混凝土等。如用三夹板的隔声量为18dB，一砖厚的墙的隔声量为50dB。

3）隔振

振动是噪声的来源之一，该噪声不仅通过空气向外传播，还通过固体向外传播，一般可以通过涂刷阻尼材料，装弹簧减振器、橡皮、软木等使振动减弱，降低噪声。

4）消声

用装设消声器的方法，使噪声沿通道衰减，而气体仍能自行通过。

2. 消声器的分类

目前使用的消声器种类繁多，常用的有以下类型。

1）吸收型消声器

吸收型消声器通过多孔的吸声材料吸收声音，如图 13.7(a)所示。吸声材料大多使用聚苯乙烯或铜珠烧结。一般情况下，要求通过消声器的气流流速不超过 1m/s，以减小压力损失，提高消声效果。吸收型消声器具有良好的消除中、高频噪声的性能，一般可降低噪声 20dB 以上。图 13.7(b)所示为其图形符号。

2)膨胀干涉型消声器

这种消声器的直径比排气孔径大得多，气流在里面扩散、碰撞、反射、互相干涉，减弱了噪声强度，最后气流通过非吸音材料制成的、开孔较大的多孔外壳排入大气。它主要用来消除中、低频噪声。

3）膨胀干涉吸收型消声器

图 13.8 所示为膨胀干涉吸收型消声器，其消声效果特别好，低频消声 20dB，高频可消声约 50dB。

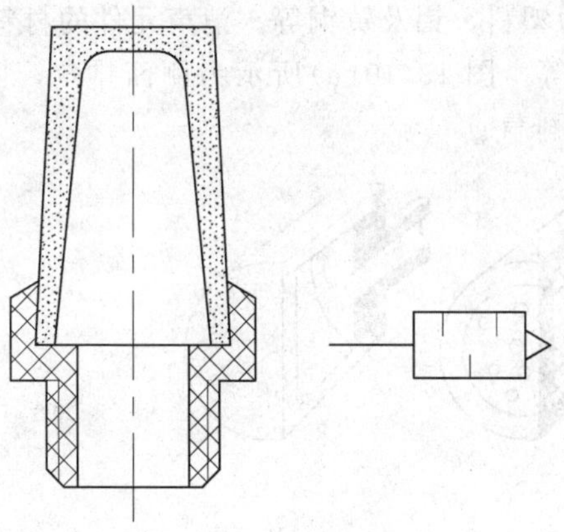

(a)　(b)

图 13.7　吸收型消声器

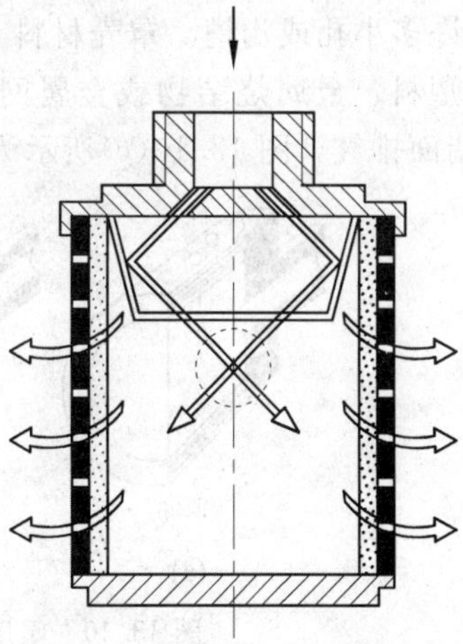

图 13.8　膨胀干涉吸收型消声器

4)集中排气法消声

把排出的气体引导到总排气管(图 13.9)，总排气管的出口可设在室外或地沟内，使工作环境里没有噪声。须注意总排气管的内径应足够大，以免产生不必要的节流。

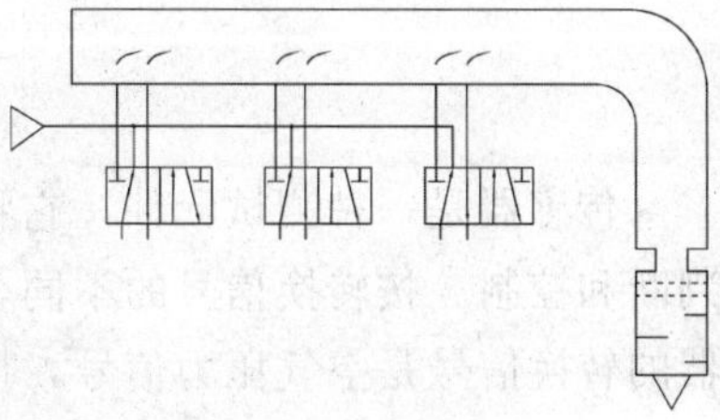

图 13.9　总排气管消声法

3. 消声器的应用

1）压缩机吸入端消声器

对于小型压缩机，可以装入能换气的防声箱内，有明显的降低噪声作用。一般防声箱用薄钢板制成，内壁涂敷阻尼层，再贴上纤维、地毯之类的吸声材料。现在的螺杆式压缩机、滑片式压缩机外形都制成箱形，不但外观设计美观，而且也有消声作用。

2）压缩机输出端消声器

压缩机输出的压缩空气未经处理前有大量的水分、油雾、灰尘等，若直接将消声器安装在压缩机的输出口，对消声器的工作是不利的。消声器安装位置应在气罐之前，即按照压缩机、后冷却器、冷凝水分离器、消声器、气罐的次序安装。对气罐的噪声采用隔音材料遮蔽起来的办法也是经济的。

3）阀用消声器

在气动系统中，压缩空气经换向阀向气缸等执行元件供气；动作完成后，又经换向阀向大气排气。由于阀内的气路复杂而又十分狭窄，压缩空气以近声速的流速从排气口排出，空气急剧膨胀和压力变化产生高频噪声，声音十分刺耳。排气噪声与压力、流量和有效面积等因素有关，阀的排气压力为 0.5MPa 时可达 100dB 以上。而且执行元件速度越高，流量越大，噪声也越大。此时就需要用消声器来降低排气噪声。

阀用消声器一般采用螺纹连接方式，直接安装在阀的排气口上。对于采用集装式连接的控制阀，消声器安装在底板的排气口上。在自动线中也有用集中排气消声的方法，如图 13.9 所示，把每个气动装置的控制阀排气口用排气管集中引入用作消声的长圆筒中排放。长圆筒用钢管制成，内部填装玻璃纤维吸声材料。这种集中排气消声的效果很好，能保持周围环境的宁静。

图 13.10 所示为阀用消声器的结构和排气方式。通常在罩壳中设置了消声元件，并在罩壳上开有许多小孔或沟槽。罩壳材料一般为塑料、铝及黄铜等。消声元件的材料通常为纤维、多孔塑料、金属烧结物或金属网状物等。图 13.10(a)所示为侧面排气，图 13.10(b)所示为端面排气，图 13.10(c)所示为全面排气。

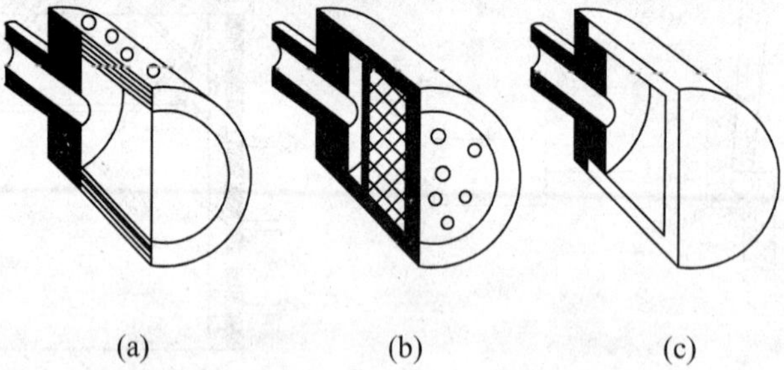

(a)　　(b)　　(c)

图 13.10　阀用消声器的结构和排气方式

13.4　气动传感器

传感器是一种测试元件，它将待测物理量转换成相应的信号，该信号供后续系统进行判断和控制。按转换信号的不同，传感器可分成机械式、光电磁式和气动式等。气动传感器的转换信号是空气压力信号，按检测探头和被测物体是否直接接触，气动传感器可分成接触式(如气动行程阀)和非接触式两种。本节只介绍非接触式气动传感器。

1. 特点及应用

非接触式气动传感器的特点如下。

(1) 适合在恶劣环境下工作。因工作介质是气体，在高温(如铸造、淬火、焊接场合)、易燃、易爆(如化工厂、油漆作业等)条件下能安全可靠地工作，对磁场、声波不敏感。

(2) 因工作介质压力较低，又不与被测对象直接接触，可检测易碎和易变形的对象，如玻璃等。

(3) 可以在黑暗中(如胶片生产线)正常工作，也可在强光环境中工作，可以检测透明或半透明的对象。

(4) 无可动部件，故维修简单，寿命长。

(5) 测量精度较高，如气动量仪能读出 0.5μm 变化量。

(6) 对气压信号大于大气压力的正压传感器，即便是存在大量灰尘的场合也能正常工作。

(7) 对气动控制系统，采用气动传感器避免或减少了信号的转换，减少了信号失真的可能，并使设备简化。

(8) 气动检测反应速度不如电测快。气测信号传输距离较短，负载能力较小，输出匹配较难，工作频率较低，气测模拟元件的线性度较差，气测数字元件的开关特性也不如电子元件好。

(9) 气测输出压力信号往往比较弱，一般须经气动放大器将信号放大才能推动气动控制阀工作。

气动传感器可用于检测尺寸精度、定位精度、计数、纠偏、测距、液位控制、判断(有无物体、有无孔、有无感测指标等)、工件尺寸分选、料位检测等。

2. 工作原理

按工作原理不同，气动传感器有多种，下面介绍主要的几种。

1) 背压式传感器

背压式传感器是利用喷嘴挡板机构的变节流原理构成的。喷嘴挡板机构由喷嘴 2、挡板 1 和恒节流孔 3 等组成，如图 13.11 所示。压力为 p_S的稳压气源经恒节流孔(一般孔径为 0.4mm 左右)至背压室，从喷嘴(一般喷嘴孔径为 0.8～2.5mm)流入大气。背压室内的压力 p_A 是随挡板和喷嘴之间的距离 x 而变化的。

当 $x=0$ 时，$p_A=p_S$；随着 x 的增加，p_A逐渐减小；当 x 增至一定值后，p_A基本上与 x 无关，且降至大气压力附近。

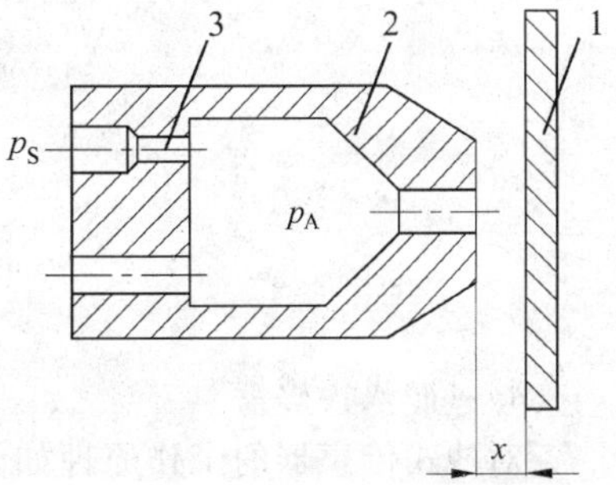

图 13.11　背压式传感器

1—挡板；2—喷嘴；3—恒节流孔

背压式传感器对物体(挡板)的位移变化极为敏感，能分辨 2μm 的微小距离变化，有效检测距离一般在 0.5mm 以内，常用于精密测量。如在气动测量仪中，用来检测零件的尺寸和孔径的同心度、椭圆度等几何参数。

2) 反射式传感器

反射式传感器由同心的圆环状发射管和接收管构成，如图 13.12 所示。压力为 p_S的稳定气源从发射管的环形通道中流出，在喷嘴出口中心区产生一个低压漩涡，使输出的压力 p_A为负压。随着被检测物体的接近，自由射流受阻，负压漩涡消失，部分气流被反射到中间的接收管，输出压力 p_A随 x 的减小而增大。反射式传感器的最大检测距离在 5mm 左右，最小能分辨 0.03mm 的微小距离变化。

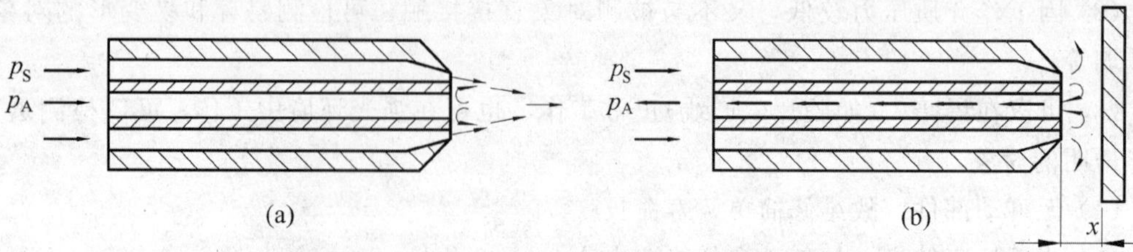

图 13.12 反射式传感器

3)遮断式传感器

遮断式传感器由发射管 1 和接收管 2 组成，如图 13.13 所示。当间隙不被挡板 3 隔断时，接收管有一定的输出压力 p_A；当间隙被物体隔断时，$p_A=0$。当供给压力 p_S 较低(如 0.01MPa)时，发射管内为层流，射出气体也呈层流状态。层流对外界的扰动非常敏感，稍受扰动就成为紊流流动。故用层流型遮断式传感器检测物体的位置具有很高的灵感度，但检测距离不能大于 20mm。若供给压力较高，发射管内为紊流。紊流型遮断式传感器的检测距离可加大，但耗气量也增大，且检测灵敏度不及层流型。遮断式传感器不能在灰尘大的环境中使用。

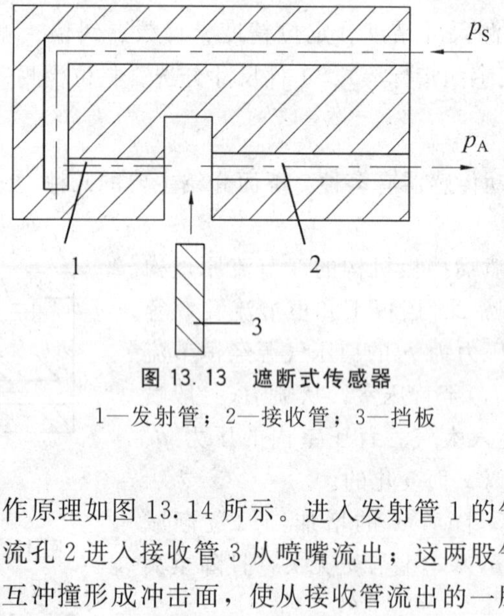

图 13.13 遮断式传感器

1—发射管；2—接收管；3—挡板

4)对冲式传感器

对冲式传感器的工作原理如图 13.14 所示。进入发射管 1 的气流分成两路：一路从发射管流出，另一路经节流孔 2 进入接收管 3 从喷嘴流出；这两股气流都处于层流状态，并在靠近接收管出口处相互冲撞形成冲击面，使从接收管流出的一股气流被阻滞，从而形成

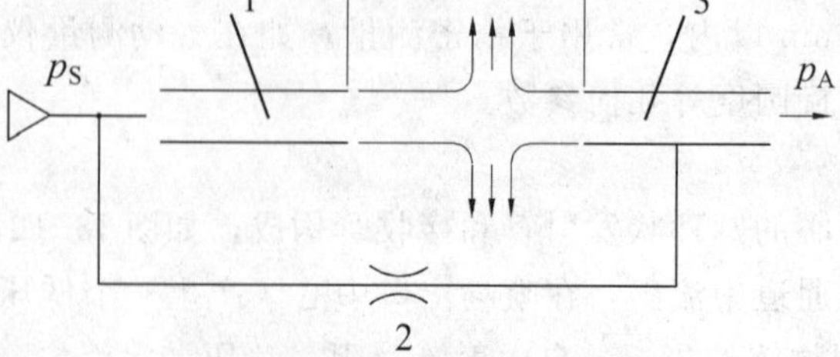

图 13.14 对冲式传感器

1—发射管；2—节流孔；3—接收管

输出压力 p_A。节流孔径越小，冲击面越靠近接收管出口，则检测距离加大。当发射管与接收管之间有物体存在时，主射流受物体阻碍，冲击面消失，接收管内喷流可通畅流出，输出压力 p_A 近似为零。

该传感器的最大检测距离为 50～100mm。超过最大检测距离，则输出压力 p_A 太低，将不足以推动气动放大器工作。

对冲式传感器可以避免遮断式传感器易受灰尘影响的缺点。

3. 应用举例

1）液位控制

图 13.15 所示为液位控制原理图。图 13.15(a)所示为简易液位控制，图 13.15(b)图所示为最低一最高液位控制。

如图 13.15(a)所示，浸没管 1 未被液面浸没时，背压传感器 2 的输出口 A 的输出压力太低，不足以使气动放大器 3 切换，故气-电转换器 4 继续使泵处于工作状态。当液位上升到足以关闭浸没管的出口时，A 口便产生一信号，此信号的压力与液面淹没浸没管的深度及液体的密度成正比，直至上升至与供给压力相同为止。只要浸没管的出口孔被液面淹没，信号压力将一直存在。当该信号压力达到某一值后，气动放大器 3 切换，气-电转换器 4 使泵停止工作。

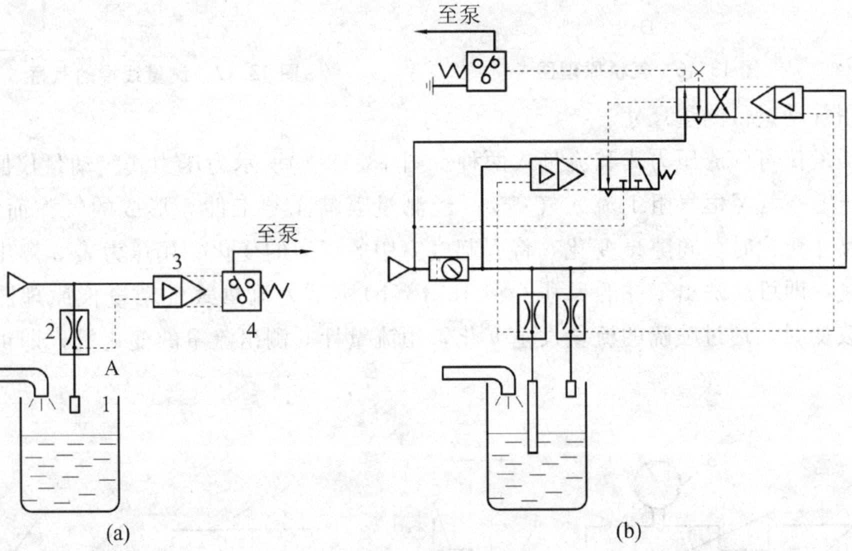

图 13.15　液位控制原理图

浸没管的材料根据液体性质及其温度高低等因素来选取。若液面有波动，可在浸没管底部加装一个缓冲套。一般被测液体的泡沫对气动传感器不起作用，这比电测装置优越。

图 13.15(b)所示的是用两套气动背压传感器组成的回路。当液位升到最高位置时，泵停转；当液位降至最低位置时，泵又启动。

2）气桥原理及其应用

气桥与电桥类似。由 4 个气阻 R_1、R_2、R_3 和 R_4 组成，如图 13.16 所示。气源在 A 点分成两路，一路经由气阻 R_1 和 R_2 到 B 点，另一路经 R_3 和 R_4 到 B 点，在 B 点汇合后再流向下游。通常用差压计来检测 C、D 两点的压差，差压计横跨其上如桥一样，故称气桥。

当A、B两点的压差一定时，适当调节4个气阻，使 $p_C = p_D$，即 $\Delta p=0$，这时称为桥路平衡。当其中任一气阻发生变化，平衡就被破坏，压差 $\Delta p \neq 0$。根据 Δp 的符号及大小，就可测出该气阻值变化的大小。如果这个气阻值对应一个物理量，如温度、浓度、位置和尺寸等，那么，Δp 就表示这些物理量相对于气桥平衡时数值的变化量。因此，用气桥测量是一种比较式测量方式。

应用气桥法可以连续测量生产线、铜丝等的直径，如图13.17所示。测量时，将标准线径的工件送入探头，调节 R_1 或 R_2，使 $\Delta p=0$。当线径变化时，线和孔之间的间隙也随之变化，即 R_4 发生变化，$\Delta p \neq 0$。根据 Δp 的大小，就可知所测线径的大小，压差值 Δp 也可直接送入后续系统处理，进行自动控制。

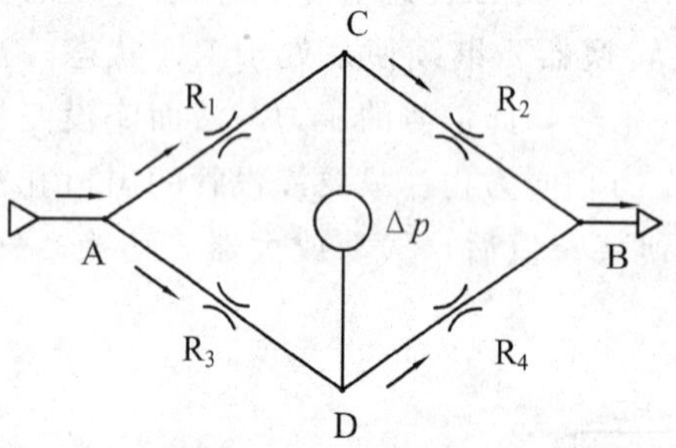

图13.16 气桥原理图

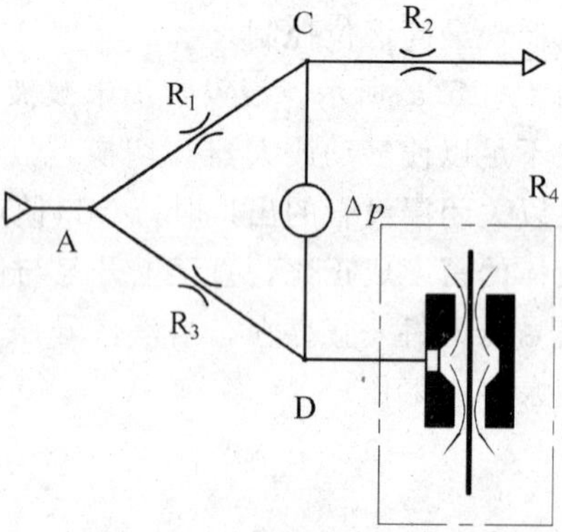

图13.17 测量线径的气桥

3)用气动量仪测量尺寸

气动量仪可分成压力式和流量式两种。图13.18(a)所示为压力式气动量仪原理图。稳压后的压缩空气经恒气阻1流入气室2，经测量喷嘴4与工件5形成的气隙而流向大气。当工件尺寸变化时，间隙 x 变化，将引起气室中的压力的变化。用压力表3测出气室压力的变化量，即可反映出工件的尺寸。图13.18(b)所示为流量式气动量仪原理图。当被测间隙 x 改变时，通过喷嘴的流量发生变化，用流量计6测出流量的变化量，即可测出工件的尺寸。

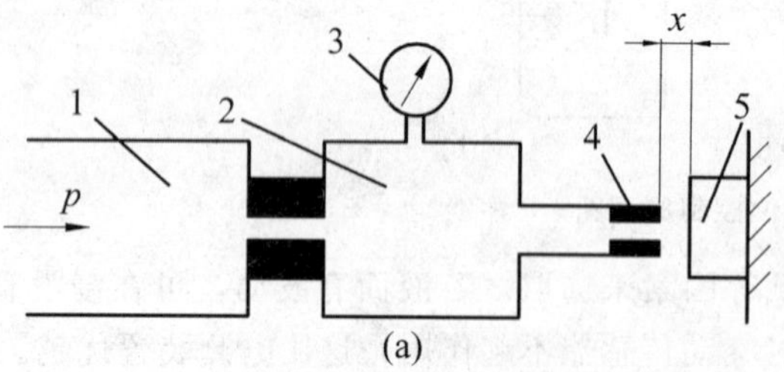

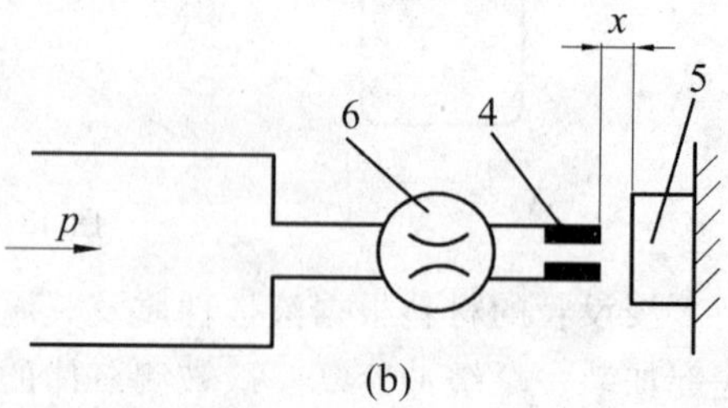

图13.18 气动量仪测量尺寸的工作原理图

4)低压气控跑偏矫正装置

气控放卷跑偏矫正装置在造纸机械、印刷机、刨花板生产线、中密度纤维板生产线、单板干燥机、砂光机、塑料包装生产线上等都有广泛应用。放卷速度可达100m/min，跑偏矫正精度可达±0.1mm。

图 13.19 所示为低压气控跑偏矫正装置的工作原理图。其作用是防止纸卷跑偏，保证收卷端面平齐，分切准确，降低消耗。

当纸边部在传感器准线位置以外时，喷嘴 S_1 与 S_2 的气流相撞，因 $p_{S_1} > p_{S_2}$，S_2 气流受阻，使上气室 1 压力升高，膜片 2 下弯，带动阀芯下移，换向阀 P、B 接通，液压缸活塞杆缩回，带动纸边部向左移动，靠向传感器准线位置。

当纸边部在传感器准线位置时，喷嘴 S_1、S_2 有一半被纸遮住，喷嘴 S_2 的气体一半受 S_1 气流阻挡，另一半沿纸面逸出，液压阀处于中位，保证纸边部仍处于准线位置。

当纸边部在传感器准线位置以内时，喷嘴 S_1 的气流被纸膜挡住，S_2 的气流便顺利逸出，上气室压力降低，下气室与大气相通，弹簧力使膜片上弯，阀芯上移，换向阀 P、A 接通，液压缸活塞杆伸出，带动纸边部向右移动，靠向传感器准线位置。

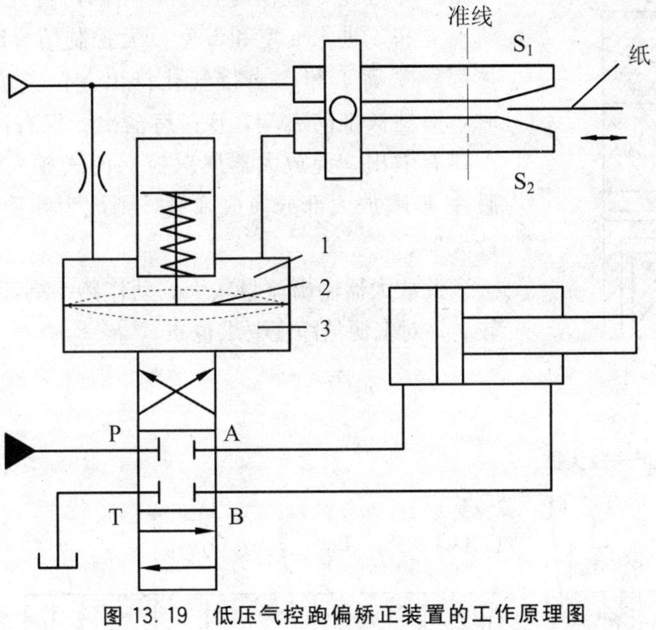

图 13.19　低压气控跑偏矫正装置的工作原理图

13.5　气动放大器

在气动控制系统中，信号感受部分(包括各种传感器)、控制部分和执行部分的气体压力和流量不可能也不必要一致，如气动传感器输出压力为几十至几千 Pa；气阀控制压力一般为 0.1～0.6MPa，气缸工作压力一般为 0.3～0.8MPa，且流量也大得多。这样就需要将低压信号变成高压信号。

利用低压控制信号来获得高压或大流量输出信号的装置被称为气动放大器。

放大器按其结构形式可分成膜片截止式、膜片滑柱式和膜片滑块式等；按其功能可分成单向式(一个控制口、一个输出口)、单控双向式(一个控制口、两个输出口)和双控双向式。有些场合可用它作为控制元件，直接推动执行机构动作。

下面介绍 3 种放大器的工作原理。

1. 膜片截止式放大器

图 13.20 所示为该类放大器的动作原理图。气源进入放大器后分两路。当无控制信号 p_C时，一路气源使阀芯上移，无输出信号 p_O；另一路经过滤片 2 和节流孔 1 从排气口排气。当有控制信号时，上膜片硬芯封住节流孔喷嘴，下膜片上腔气压升高，使阀芯下移，有输出信号。这种气动压力放大器的控制压力 $p_C = 0.6 \sim 1.6\text{kPa}$，输出压力 $p_O = 0.6 \sim 0.8\text{MPa}$。

图 13.20 膜片截止式放大器

2. 膜片滑柱式放大器

它由膜片-喷嘴式放大器和一个二位五通滑阀组成，如图 13.21 所示。气源输入后分成两路，一路直接输出，另一路经导气孔 3 进入滑柱中心孔内，再经滑柱两端的恒节流孔 2 和 4 进入 a 室和 b 室。无控制信号时，a、b 室的气体都经喷嘴 1 和 5 由排气孔排出。仅左边有控制信号 p_C时，滑柱被推向右端，B 口有输出。仅右边有控制信号时，A 口有输出。此放大器属双控双向式放大器，若将一边的膜片-喷嘴放大部分换成弹簧，则成为弹簧复位的单控双向放大器。

此放大器输出流量较大，动作频率高，但制造精度要求较高，对气源洁净度要求也高。

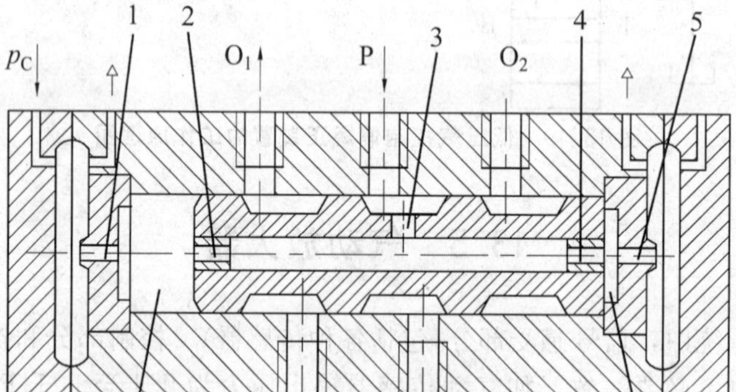

图 13.21 膜片滑柱式放大器

3. 膜片滑块式放大器

它是由两个膜片喷嘴放大器和一个二位四通滑块式换向阀组成的，如图 13.22 所示。在阀芯的中心孔中装有浮动的通针，形成缝隙气阻。换向过程中，通针来回在小孔中移动，气阻不易堵塞。

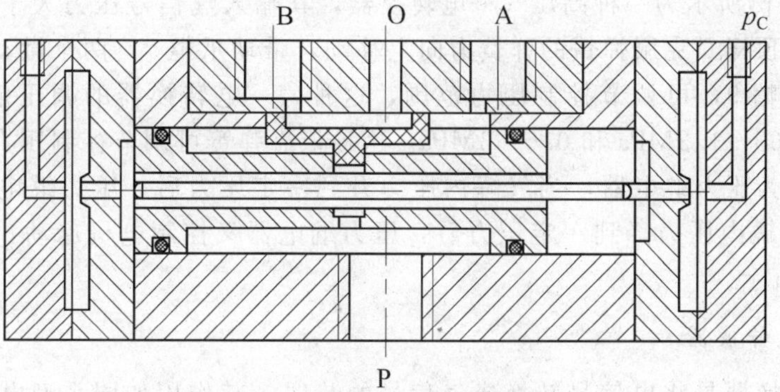

图 13.22 膜片滑块式放大器

13.6 转换器

在气动装置中，控制部分的介质都是气体，但信号传感部分和执行部分可能采用液体和电信号。这样各部分之间就需要能量转换装置——转换器。

1. 气—电转换器

气—电转换器是利用气信号来接通或关断电路的装置。其输入是气信号，输出是电信号。按输入气信号的压力大小不同，它可分为低压和高压气—电转换器。

图 13.23(a)所示为一种低压气—电转换器，其输入气压力小于 0.1MPa。平时阀芯 1 和焊片 4 是断开的，气信号输入后，膜片 2 向上弯曲，带动硬芯上移，与限位螺钉 3 导通，即与焊片导通，调节螺钉可以调节导通气压力的大小。这种气－电转换器一般用来提供信号给指示灯指示气信号的有无，也可以将输出的电信号经过功率放大后带动电力执行机构。

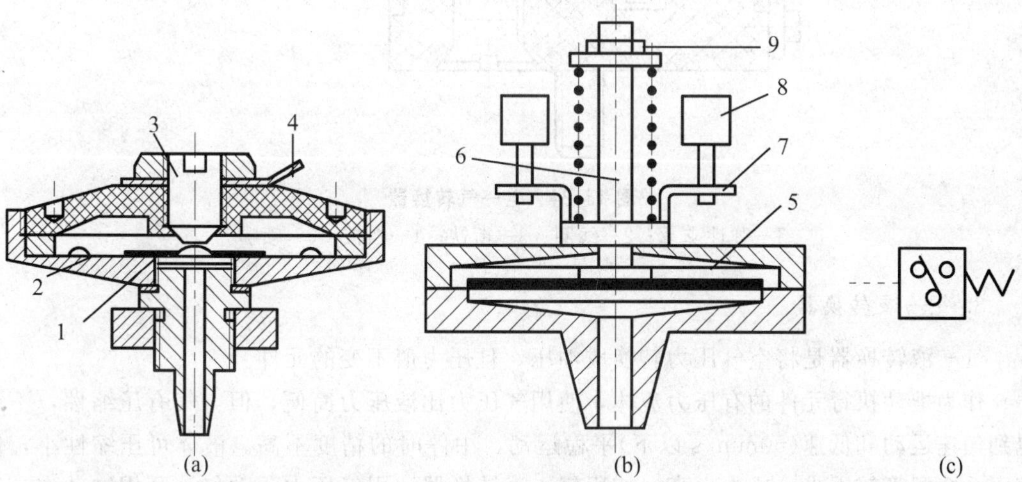

图 13.23 气—电转换器

1—阀芯；2、5—膜片；3—限位螺钉；4—焊片；
6—顶杆；7—爪枢；8—微动开关；9—螺帽

图 13.23(b)所示为一种高压气—电转换器，其输入气信号压力大于 1MPa。膜片 5 受压后，推动顶杆 6 克服弹簧的弹簧力向上移动，带动爪枢 7，两个微动开关 8 发出电信号。旋转螺帽 9，可调节控制压力范围，这种气—电转换器的调压范围有 0.025～0.5MPa，0.065～1.2MPa 和 0.6～3MPa。这种依靠弹簧可调节控制压力范围的气一电转换器也被称为压力继电器，当气罐内压力升到一定压力后，压力继电器控制电机停止工作；当气罐内压力降到一定压力后，压力继电器又控制电机启动，其图形符号如图 13.23(c)所示。

2. 电—气转换器

电—气转换器是将电信号转换成气信号的装置，其作用如同小型电磁阀。

图 13.24 所示为一种低压电—气转换器，线圈 2 不通电时，由于弹性支承 1 的作用，衔铁 3 带动挡板 4 离开喷嘴 5。这样，从气源来的气体绝大部分从喷嘴排向大气，输出端无输出；当线圈通电时，将衔铁吸下，橡皮挡板封住喷嘴，气源的有压气体便从输出端输出。电磁铁的直流电压为 6～12V，电流为 0.1～0.14A；气源压力为 1～10kPa。

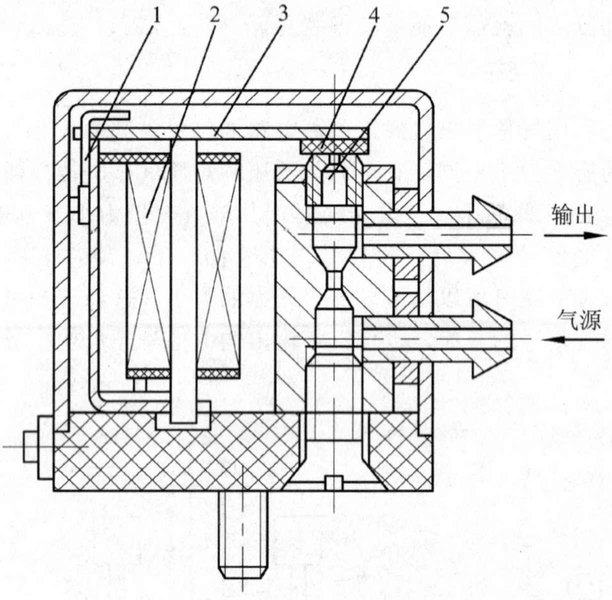

图 13.24 电—气转换器

1—弹性支承；2—线圈；3—衔铁；4—挡板；5—喷嘴

3. 气—液转换器

气—液转换器是将空气压力转换成油压，且压力值不变的元件。

作为推动执行元件的有压力流体，使用气压力比液压力简便，但空气有压缩性，不能得到匀速运动和低速(50mm/s 以下)平稳运动，中停时的精度不高。液体可压缩性小，但液压系统配管较困难，成本也高。使用气—液转换器，用气压力驱动气液联用缸动作，避免了空气可压缩性的缺陷，启动和负载变动时也能得到平稳的运动速度，低速动作时也没有爬行问题。故它最适合于精密稳速输送、中停、急速进给和旋转执行元件的慢速驱动等。

1）工作原理

图 13.25 所示的气液转换器是一个油面处于静压状态的垂直放置的油筒。上部接气源，下部可与液压缸相连。为了防止空气混入油中造成传动的不稳定性，在进气口和出油口处，都安装有缓冲板 2。进气口缓冲板还可防止空气流入时发生冷凝水，防止排气时流出油沫。浮子 4 可防止油、气直接接触，避免空气混入油中。所用油可以是透平油或液压油，油的运动黏度为 40～100mm²/s。

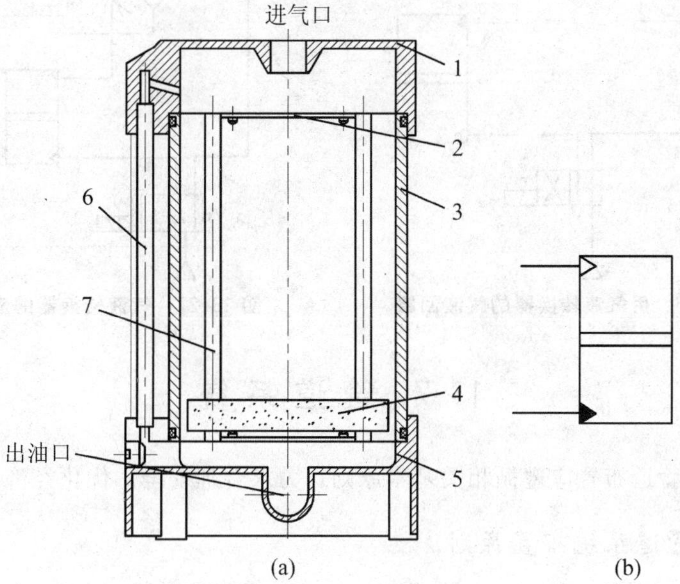

图 13.25　气液转换器

1—头盖；2—缓冲板；3—筒体；4—浮子；5—下盖；6—油位计；7—拉杆

2)应用实例

图 13.26 所示为采用两个气液转换器的气液回路，它可以控制液压缸获得低速平稳的运动，该回路适用于缸速小于 40mm/min 的场合。

图 13.27 所示为气液转换器和各类阀组合而成的气液回路，阀类组合元件有中停阀 4，变速阀 3 和带压力补偿的单向节流阀(5 和 6)等，中停阀和变速阀使用外部先导式，先导压力为 0.3～0.7MPa。

当中停阀和变速阀通电时，如主阀 1 复位，气液联用缸 7 快退；如主阀换向，则气液联用缸快进。当变速阀 3 断电时，则气液联用缸慢进，慢进速度取决于节流阀 5 的开度。若中停阀 4 断电，则气液联用缸中停。

以图 13.27 所示的回路用于钻孔加工为例，气液联用缸快进，使钻头快速接近工件；钻孔时，气液联用缸慢进；钻孔完毕，气液联用缸快速退回；遇到异常，让中停阀断电，实现中停；当钻孔贯通瞬时，由于负载突然减小，为防止钻头飞速伸出，使用了带压力补偿的单向节流阀；当负载突然减小时，气液联用缸有杆腔的压力突增，控制带压力补偿的单向节流阀的开度变小，以维持气液联用缸的速度基本不变，防止钻头飞伸。

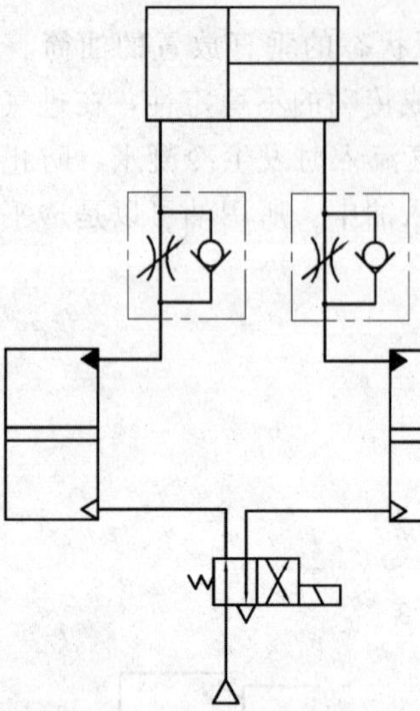

图 13.26 用气液转换器的气液回路

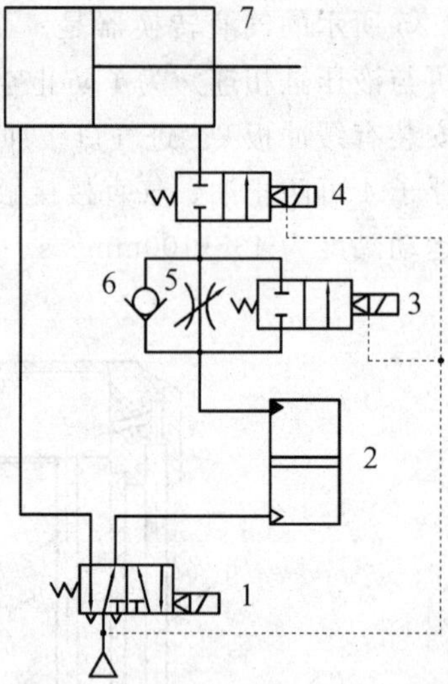

图 13.27 气液转换器的应用回路

13.7 管道系统

气动系统的管道布置应遵循相关基本原则，力求合理安全，优化经济。

13.7.1 管道系统布置原则

1. 按供气压力考虑

在实际应用中，如果只有一种压力要求，则只须设计一种管道供气系统；如有多种压力要求，则其供气方式有以下 3 种。

1）多种压力管道供气系统

多种压力管道供气系统适用于气动设备有多种压力要求，且用气量都比较大的情况。应根据供气压力大小和使用设备的位置，设计几种不同压力的管道供气系统。

2）降压管道供气系统

降压管道供气系统适用于气动设备有多种压力要求，但用气量都不大的情况。应根据最高供气压力设计管道供气系统，气动装置需要的低压利用减压阀降压得到。

3）管道供气与瓶装供气相结合的供气系统

管道供气与瓶装供气相结合的供气系统适用于大多数气动装置都使用低压空气，部分气动装置需用气量不大的高压空气的情况。应根据对低压空气的要求设计管道供气系统，而气量不大的高压空气采用气瓶供气方式来解决。

2. 按供气的空气质量考虑

根据各气动装置对空气质量的不同要求，分别设计成一般供气系统和清洁供气系统。若一般供气量不大，为了减少投资，可用清洁供气代替。若清洁供气系统的用气量不大，可单独设置小型净化干燥装置来解决。

3. 按供气可靠性和经济性考虑

1）单树枝状管网供气系统

图 13.28(a)所示为单树枝状管网供气系统。这种供气系统简单、经济性好，多用于间断供气。阀门Ⅰ、Ⅱ串联在一起是考虑经常使用的阀门Ⅱ万一不能关闭，可关闭阀门Ⅰ。

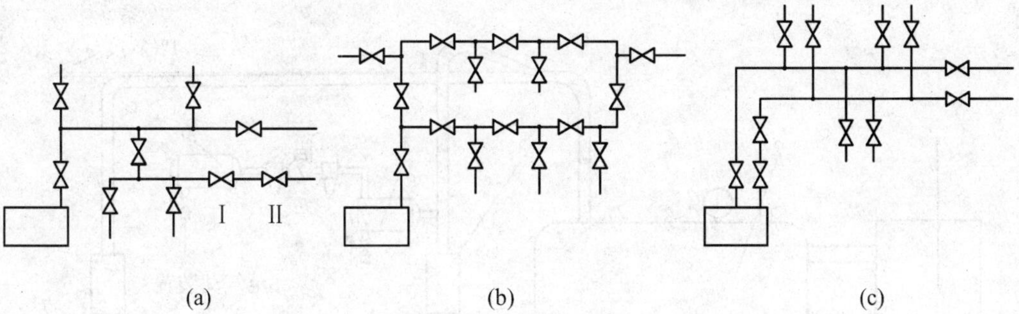

图 13.28 管路系统

2）单环状管网供气系统

图 13.28(b)所示为单环状管网供气系统。这种系统供气可靠性高，压力较稳定。当支管上有一阀门损坏须检修时，将环形管道上的两侧阀门关闭，整个系统仍能继续供气。该系统投资较高，冷凝水会流向各个方向，故应设置较多的自动排水器。

3）双树枝状管网供气系统

图 13.28(c)所示为双树枝状管网供气系统。这种系统能保证所有气动装置不间断供气，它实际上相当于两套单树枝状管网供气系统。

13.7.2 管道布置注意事项

管道布置时应注意以下事项。

(1) 供气管道应按现场实际情况布置，尽量与其他管线(如水管、煤气管、暖气管等)、电线等统一协调布置。

(2) 管道进入用气车间，应根据气动装置对空气质量的要求设置配气容器、截止阀、气动三联件等。

(3) 车间内部压缩空气主干管道应沿墙或柱子架空铺设，其高度不应妨碍运行，又便于检修。管长超过 5m，顺气流方向管道向下坡度为 1%～3%。为避免长管道产生挠度，应在适当部位安装托架。管道支撑不得与管道焊接。

(4) 沿墙或柱子接出的分支管必须在主干管上部采用大角度拐弯后再向下引出。沿墙或柱子的支管在离地面 1.2～1.5m 处接一气源分配器，并在分配器两侧接分支管或管接头，以便用软管接到气动装置上使用。在主干管及支管的最低点，设置集水罐，集水罐下部设置排水器，以便排放污水。

(5) 为便于调整、不停气维修和更换元件，应设置必要的旁通回路和截止阀。

(6) 管道装配前，管道、接头和元件内的流道必须清洗干净，不得有毛刺、铁屑、氧化皮等异物。

(7) 使用钢管时，一定要选用表面镀锌的管子。

(8) 在管路中容易积聚冷凝水的部位，如倾斜管末端、分支管下垂部、储气罐的底部、凹形管道部位等，必须设置冷凝水的排放口或自动排水器。

(9) 主管道入口处应设置主过滤器。从分支管至各气动装置的供气都应设置独立的过滤、减压或油雾装置。

典型管路布置如图 13.29 所示。

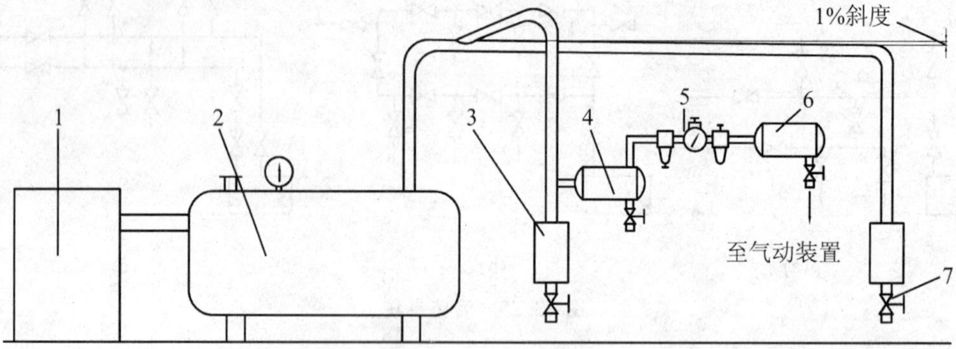

图 13.29 管路布置

1—压缩机；2—储气罐；3—凝液收集管；4—中间储罐；
5—气动三联件；6—系统用储气罐；7—排放阀

13.8 习题

一、填空题

1. 气动系统中使用的许多元件和装置都需要通过特殊的给油装置________进行润滑。
2. 将________、________和________组合在一起，称为空气处理组件。
3. 消除噪声的措施有________、________、________和________等。
4. 传感器是一种________元件，它将待测物理量转换成相应的信号，该信号供后续系统进行判断和控制。
5. 利用低压控制信号来获得高压或大流量输出信号的装置被称为__________。
6. 气—电转换器输入是________信号，输出是__________信号。

二、判断题

1. 为防止油杯中的油液喷出，油雾器必须在停气的情况下进行加油。 (　　)
2. 气动 3 大件组合件又叫空气处理三联件。 (　　)
3. 为了降低排气噪声，必须采用消声器。 (　　)
4. 背压式传感器对物体的位移变化极为敏感，能分辨微小距离变化，常用于精密测量。 (　　)
5. 气—液转换器是将空气压力转换成油压的转换元件，其作用如同电磁阀。 (　　)

三、选择题

1. 以下不属于气源净化装置的是________。
   A. 后冷却器　B. 油雾器　C. 空气过滤器　D. 除油器
2. 气动 3 大件联合使用的正确安装顺序为________。
   A. 油雾器→空气过滤器→减压阀　B. 减压阀→油雾器→空气过滤器
   C. 空气过滤器→减压阀→油雾器　D. 空气过滤器→油雾器→减压阀
3. 为使气动执行元件得到平稳的运动速度，可采用________。
   A. 气—电转换器　B. 电—气转换器　C. 液—气转换器　D. 气—液转换器
4. ________消声效果特别好，低频消声 20dB，高频可消声约 50dB。
   A. 吸收型消声器　B. 膨胀干涉型消声器
   C. 膨胀干涉吸收型消声器　D. 集中排气法消声

四、问答题

1. 为何液压传动无须润滑元件而气压传动则需要？
2. 滤油器和油雾器在功能上有何区别？
3. 简述油雾器的工作原理，并画出其图形符号。
4. 简单说明气动系统噪声大的原因，可采用哪些措施降低噪声？消声器的常用类型有哪些？
5. 什么是气桥？它有何用处？
6. 气动管路系统布置应考虑哪几方面的原则？

第14章 真空元件

教学目标	了解真空发生装置的类型及功用；熟悉真空发生器的工作原理、特点及应用；初步认识真空吸盘、真空用气阀、真空压力开关、真空过滤器等各类真空元件的用处、工作原理、实用价值和注意事项。

引例

图 14.1 所示为一些真空元件及应用实例。

(a)应用实例

(b)真空吸盘

(c)真空发生器

图 14.1 真空元件及应用实例

14.1　真空发生装置

以真空压力为动力源，作为实现自动化的一种手段，已在电子、半导体元件组装、汽车组装、自动搬运机械、轻工机械、食品机械、医疗机械、印刷机械、塑料制品机械、包装机械、锻压机械、机器人等许多方面得到了广泛的应用，如真空包装机械中包装纸的吸附、送标、贴标以及包装袋的开启，电视机的显像管和电子枪的加工、运输、装配及电视机的组装，印刷机械中的检测、印刷纸张的运输，玻璃的搬运和装箱，机器人抓起重物、搬运和装配，真空成型、真空卡盘等。

总之，对任何具有较光滑表面的物体，特别对于非铁、非金属且不适合夹紧的物体，如薄的柔软的纸张、塑料膜、铝箔、易碎的玻璃及其制品、集成电路等微型精密零件，都可使用真空吸附，完成各种作业。

真空压力的形成主要依靠真空发生装置，真空发生装置有真空泵和真空发生器两种。

14.1.1　真空泵

真空泵是吸入口形成负压，排气口直接通大气，对容器进行抽气，以获得真空的机械设备。

图 14.2 所示为采用真空泵的真空回路。

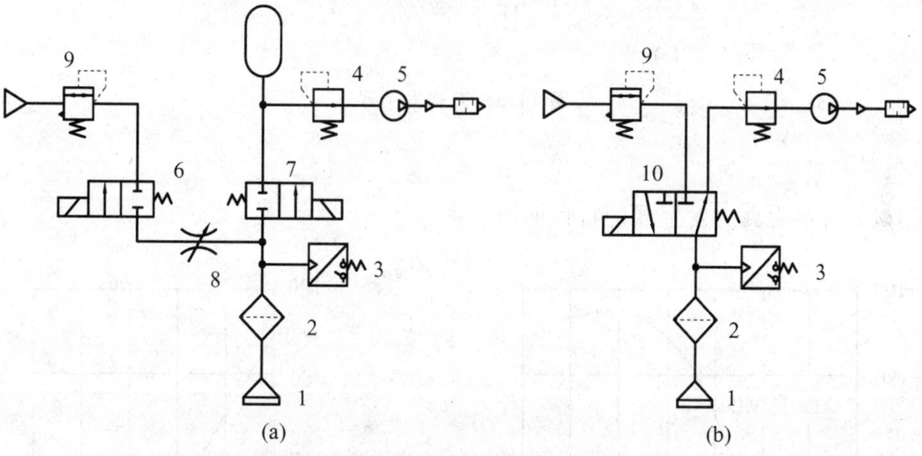

图 14.2　采用真空泵的真空回路

1—吸盘；2—真空过滤器；3—压力开关；4—真空减压阀；5—真空泵；
6—真空破坏阀；7—真空切换阀；8—节流阀；9—减压阀；10—真空选择阀

图 14.2(a)所示为用两个二位二通阀(6、7)控制真空泵 5 完成真空吸起和真空破坏的回路。当真空用电磁阀 7 通电、阀 6 断电时，真空泵 5 产生的真空使吸盘 1 将工件吸起；当阀 7 断电、阀 6 通电时，压缩空气进入吸盘，真空被破坏，吹力使吸盘与工件脱离。

图 14.2(b)所示为用一个二位三通阀控制的真空回路。当真空用电磁阀 10 断电时，真空泵 5 产生真空，工件被吸盘吸起；当阀 10 通电时，压缩空气使工件脱离吸盘。

14.1.2 真空发生器

真空发生器是利用压缩空气通过喷嘴时的高速流动，在喷口处产生一定真空度的气动元件。由于采用真空发生器获取真空容易，因此它的应用十分广泛。

1. 结构原理

图 14.3(a)所示为真空发生器的结构原理，由先收缩后扩张的喷嘴、扩散管和吸附口等组成。压缩空气从输入口供给，在喷嘴两端压差高于一定值后，喷嘴射出超声速射流或近声速射流。由于高速射流的卷吸作用，将扩散腔的空气抽走，使该腔形成真空。在吸附口接上真空吸盘，便可形成一定的吸力，吸起吸吊物。

图 14.3(b)所示为真空发生器的图形符号。

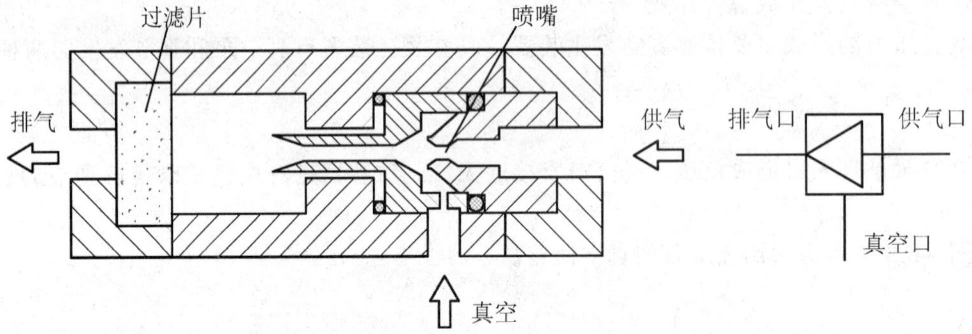

图 14.3 真空发生器

2. 特性曲线

图 14.4 所示为真空发生器的特性曲线。

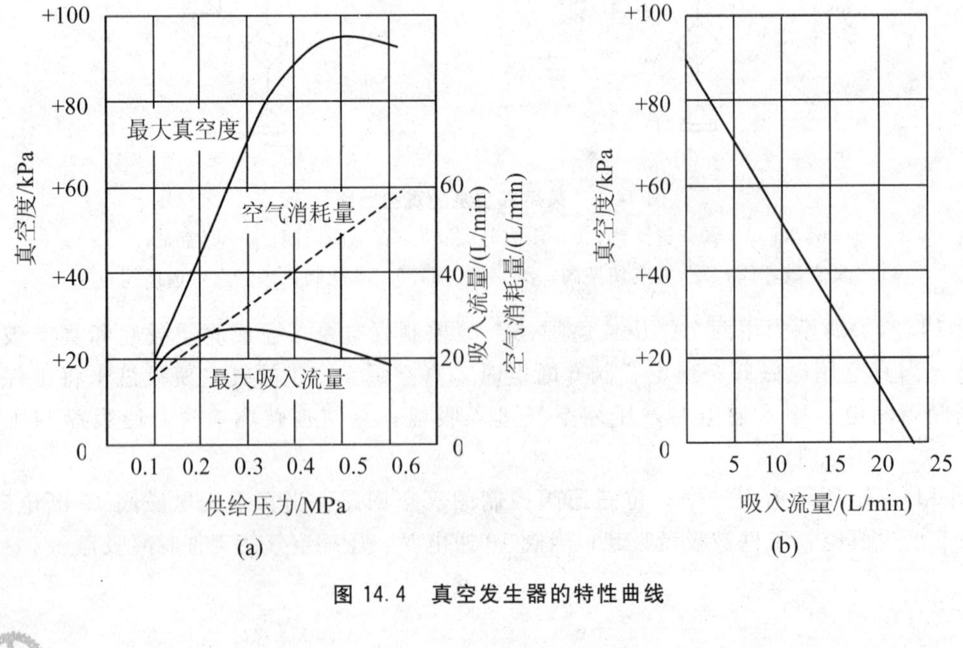

图 14.4 真空发生器的特性曲线

图 14.4(a)表示真空发生器的排气特性曲线。排气特性表示最大真空度、空气消耗量和最大吸入流量三者分别与供给压力之间的关系。最大真空度是指真空口被完全封闭时，真空口内的真空度；空气消耗量是指通过供给喷管的流量(标准状态下)；最大吸入流量是指真空口向大气敞开时从真空口吸入的流量(标准状态下)。

图 14.4(b)表示真空发生器的流量特性曲线。流量特性是指供给压力为 0.45MPa，真空口处于变化的不封闭状态下，吸入流量与真空度之间的关系。

从图 14.4 的排气特性曲线可以看出，当真空口完全封闭时，在某个供给压力下，最大真空度达极限值；当真空口完全向大气敞开时，在某个供给压力下的最大吸入流量达极限值。达到最大真空度的极限值和最大吸入流量的极限值时的供给压力不一定相同。为了获得较大的真空度或较大的吸入流量，真空发生器的供给压力宜处于 0.25～0.6MPa 范围内，最佳使用范围为 0.4～0.45MPa。

真空发生器的使用温度范围为 5～60℃，不得给油工作。

3. 二级真空发生器

图 14.5 所示的真空发生器是设计成二级扩散管形式的二级真空发生器。

采用二级式真空发生器与单级式产生的真空度是相同的，但在低真空度时吸入流量增加约 1 倍，其吸入流量为 q_1+q_2。这样在低真空度的应用场合吸附动作响应快，如用于吸取具有透气性的工件时特别有效。

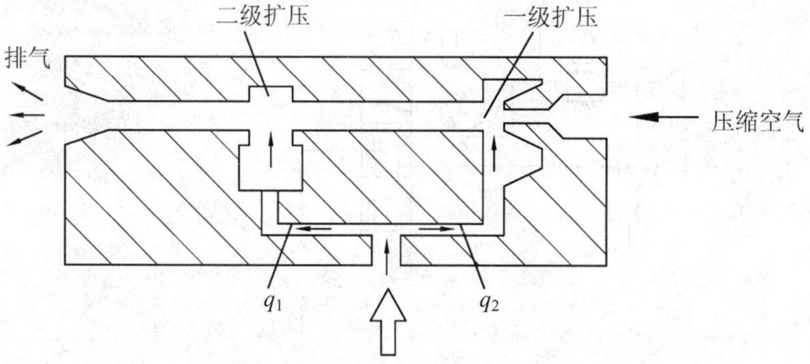

图 14.5　二级真空发生器

4. 吸力计算

真空发生器的吸力可按下式计算。

$$F=pAn/\alpha$$

式中：F —— 吸力(N)；

p —— 真空度(MPa)；

A —— 吸盘的有效面积(m^2)；

n —— 吸盘数量；

α —— 安全系数。

计算吸力时，考虑到吸附动作的响应快慢，真空度一般取最高真空度的 70%～80%。

安全系数与吸盘吸物的受力、状态、吸附表面粗糙度、吸附表面有无油污和吸附物的材质等有关。

如图 14.6(a)所示，水平起吊时，标准吸盘(吸盘头部直杆连接)的安全系数 $\alpha \geqslant 2$；摇头式吸盘、回转式吸盘的 $\alpha \geqslant 4$。

如图 14.6(b)所示，垂直起吊时的安全系数，标准吸盘为 $\alpha \geqslant 4$；摇头式吸盘、回转式吸盘为 $\alpha \geqslant 8$。

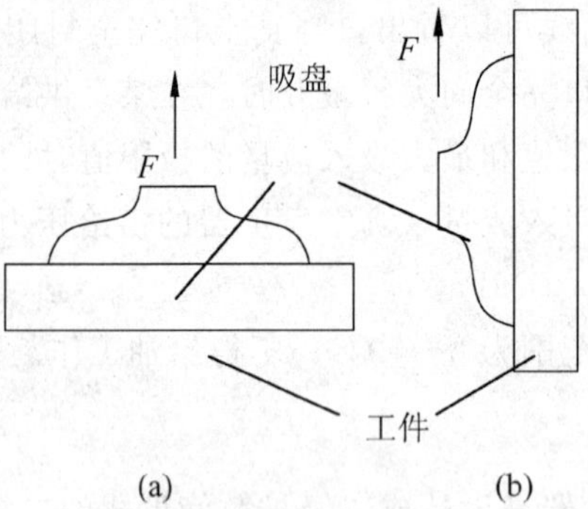

图 14.6 水平吊和垂直吊

5. 真空发生器的应用

图 14.7 所示为采用三位三通阀的联合真空发生器控制真空吸着和真空破坏的回路。

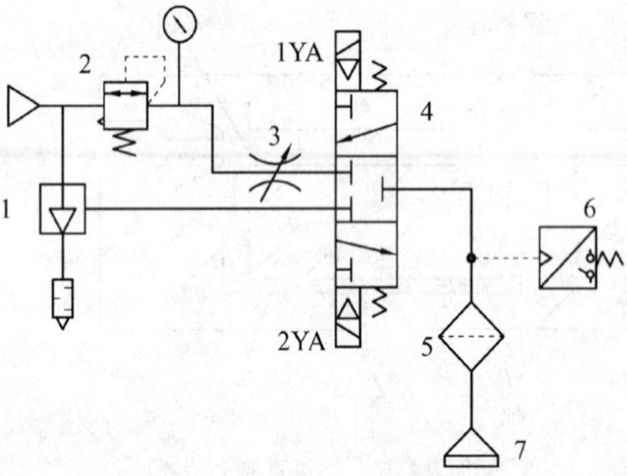

图 14.7 采用真空发生器的真空回路

当三位三通阀 4 的电磁铁 1YA 通电，真空发生器 1 与真空吸盘 7 接通，真空开关 6 检测真空度并发出信号给控制器，吸盘 7 将工件吸起。当三位三通电磁阀不通电时，真空吸着状态能够持续。当三位三通阀 4 的电磁铁 2YA 通电，压缩空气进入真空吸盘，真空被破坏，吹力使吸盘与工件脱离。吹力的大小由减压阀 2 设定，流量由节流阀 3 设定。

采用此回路时应注意配管的泄漏和工件吸着面处的泄漏。

6. 真空发生器与真空泵的特点比较

表 14-1 给出了真空发生器与真空泵的特点及其应用场合，以便选用。

表 14-1 真空发生器与真空泵的比较

项目	真空泵	真空发生器
最大真空度	可达 101.3kPa } 能同时获得大值	可达 88kPa } 不能同时获得大值
吸入量	可以很大	不大
结构	复杂	简单
体积	大	很小
重量	重	很轻
寿命	有可动件，寿命较长	无可动件，寿命长
消耗功率	较大	较大
价格	高	低
安装	不便	方便
维护	需要	不需要
与配套件复合化	困难	容易
真空的产生和解除	慢	快
真空压力脉动	有脉动，需设真空罐	无脉动，不需要设真空罐
应用场合	适合连续、大流量工作，不宜频繁启停，适合集中使用	需供应压缩空气，宜从事流量不大的间歇工作，适合分散使用

14.2 真空吸盘

吸盘是直接吸吊物体的元件。吸盘通常是由橡胶材料与金属骨架压制成型的，制造吸盘所用的各种橡胶材料的性能见表 14-2。

橡胶材料如长时间在高温下工作，则使用寿命将会变短。硅橡胶的使用温度范围较宽，但在湿热条件下工作则性能变差。吸盘的橡胶出现脆裂是橡胶老化的表现，除过度使用的原因外，多由于受热或日光照射所致，故吸盘宜保管在冷暗的室内。

图 14.8 所示为真空吸盘的典型结构。根据工件的形状和大小，可以在安装支架上安装单个或多个真空吸盘。

表 14-2 吸盘橡胶材料的性能

吸盘的橡胶材料	性能															搬运物体
弹性	扯断强度	硬度	压缩永久变形	使用温度/℃	透气性	耐磨性	耐老化性	耐油性	耐酸性	耐碱性	耐溶剂性	耐湿性	耐臭氧	电气绝缘性		
丁腈橡胶	良	可	良	良	−30～120	可	良	差	优	良	良	可	差	良	差	硬壳纸、胶合板、铁板及其他一般工件

续表

吸盘的橡胶材料	性能															搬运物体
弹性	扯断强度	硬度	压缩永久变形	使用温度/℃	透气性	耐磨性	耐老化性	耐油性	耐酸性	耐碱性	耐溶剂性	耐湿性	耐臭氧	电气绝缘性		
聚氨酯橡胶	优	优	良	优	−30～80	优	优	优	优	可$^{+}$	差	差	差	优	良	
硅橡胶	良	差	优	优	−70～230	可	差	良$^{+}$	可	良$^{-}$	优	可	可	良	良	半导体元件、薄工件、金属成型制品、食品类
氟橡胶	可	可	优	良$^{-}$	−10～200	优	良$^{+}$	优	优	优	可$^{-}$	优	优	优		可药品类

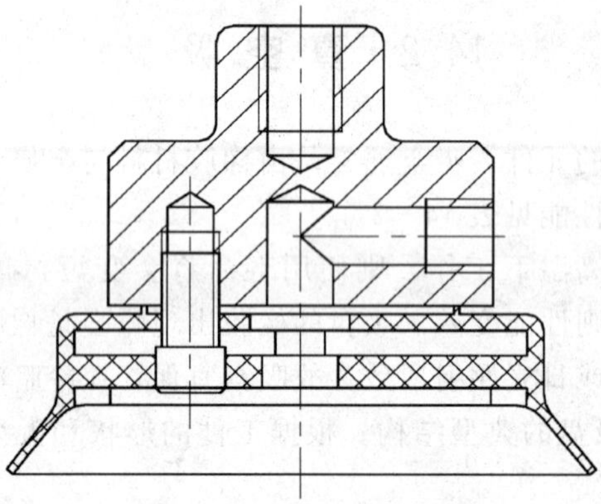

图 14.8 真空吸盘结构

14.3 真空用气阀

1. 减压阀

压力管路中的减压阀(图 14.2 中的元件 9)应使用一般减压阀。真空管路中的减压阀(图 14.2 中的元件 4)应使用真空减压阀。

真空减压阀的动作原理如图 14.9 所示。真空口接真空泵，输出口接负载用的真空罐。

当真空泵工作后，真空口压力降低。顺时针旋转手轮 3，设定弹簧 4 被拉伸，膜片 1 上移，带动给气阀 2 的阀芯抬起，则给气孔 7 打开，输出口与真空口接通。输出真空压力通过反馈孔 6 作用于膜片下腔。当膜片处于力平衡时，输出真空压力便达到一定值，且吸入一定流量。当输出口真空压力上升时，膜片上移。阀的开度加大，则吸入流量增大。当输出口压力接近大气压力时，吸入流量达最大值。反之，当吸入流量逐渐减小至零时，输出口真空压力逐渐下降，直至膜片下移，给气口被关闭，真空压力达最低值。手轮全松，复位弹簧推动给气阀，封住给气口，则输出口和设定弹簧室都与大气相通。

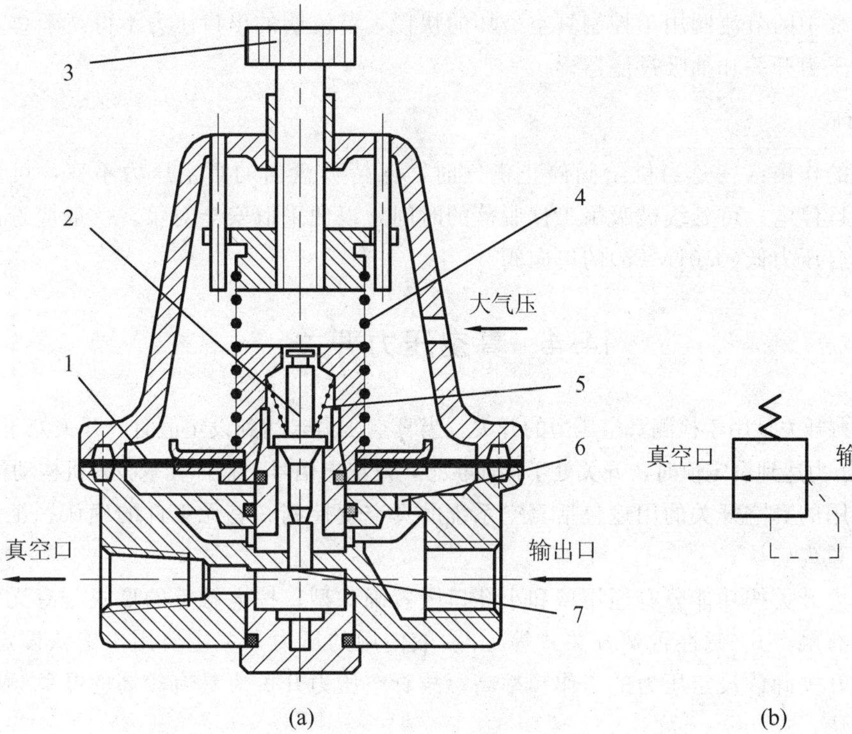

图 14.9　真空减压阀

1—膜片；2—给气阀；3—手轮；4—设定弹簧；
5—复位弹簧；6—反馈孔；7—给气孔

2. 换向阀

使用真空发生器的回路中的换向阀有供给阀和真空破坏阀、真空切换阀和真空选择阀等。

供给阀(图 14.2 中的阀 1)是供给真空发生器压缩空气的阀。真空破坏阀(图 14.2 中的阀 6)是破坏吸盘内的真空状态来使工件脱离吸盘的阀；真空切换阀(图 14.2 中的阀 7)就是接通或断开真空压力源的阀；真空选择阀(图 14.2 中的阀 10)可控制吸盘对工件吸着或脱离，一个阀具有两个功能，以简化回路设计。

供给阀因设置于压力管路中，可选用一般的换向阀。真空破坏阀、真空切换阀和真空选择阀设置于真空回路或存在有真空状态的回路中，故必须选用能在真空压力条件下工作的换向阀。

真空用换向阀要求不泄漏，且不用油雾润滑，故使用截止式和膜片式阀芯结构比较理想，通径大时可使用外部先导式电磁阀；不给油润滑的软质密封滑阀由于其通用性强，也常作为真空用换向阀使用；间隙密封滑阀存在微漏，只宜用于允许存在微漏的真空回路中。

破坏阀和切换阀一般使用二位二通阀，选择阀应使用二位三通阀，使用三位三通阀可节省能量并减少噪声，控制双作用真空气缸应使用二位五通阀。

3. 节流阀

真空系统中的节流阀用于控制真空破坏的快慢，节流阀的出口压力不得高于 0.5MPa，以保护真空压力开关和抽吸过滤器。

4. 单向阀

单向阀的作用：一是当供给阀停止供气时，保持吸盘内的真空压力不变，可节省能量；二是一旦停电，可延缓被吸吊工件脱落的时间，以便采取安全对策。一般应选用流通能力大、开启压力低(0.01MPa)的单向阀。

14.4 真空压力开关

真空压力开关是用于检测真空压力的开关。当真空压力未达到设定值时，开关处于断开状态；当真空压力达到设定值时，开关处于接通状态，发出电信号，指挥真空吸附机构动作。

一般使用的真空开关的用途包括真空系统的真空度控制、有无工件的确认、工件吸着确认和工件脱离确认。

真空压力开关按功能分有通用型和小孔口吸着确认型；按电触点的形式分有无触点式(电子式)和有触点式(磁性舌簧开关式等)。一般使用的压力开关主要用于确认设定压力，但真空压力开关确认设定压力的工作频率高，故真空压力开关应具有较高的开关频率，即响应速度要快。

图 14.10 所示为小孔口吸着确认型真空压力开关的外形，它与吸着孔口的连接方式如图 14.11 所示。

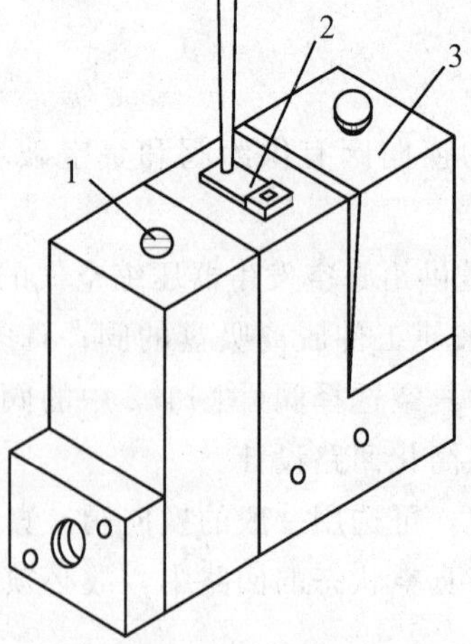

图 14.10 压力开关外形

1—调节用针阀；2—指示灯；3—抽吸过滤器

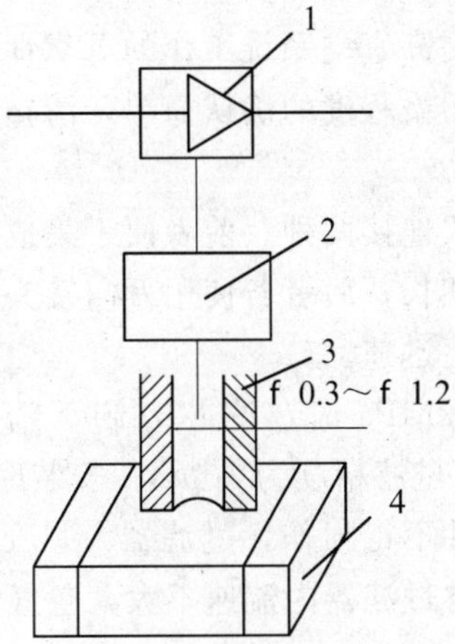

图 14.11　吸着孔口连接

1—真空发生器；2—吸着确认开关；

3—吸着孔口；4—数毫米宽小工件

图 14.12 所示为小孔口吸着确认型真空压力开关的工作原理。图中 S_4 代表吸着孔口的有效截面积，S_2 是可调针阀的有效截面积，S_1 和 S_3 是吸着确认型开关内部的孔径，$S_1=S_3$。

当工件未吸着时，S_4 值较大。调节针阀，即改变 S_2 值大小，使压力传感器两端的压力平衡，即 $p_1=p_2$；当工件被吸着时，$S_4=0$，出现压差（p_1-p_2），可被压力传感器检测出。

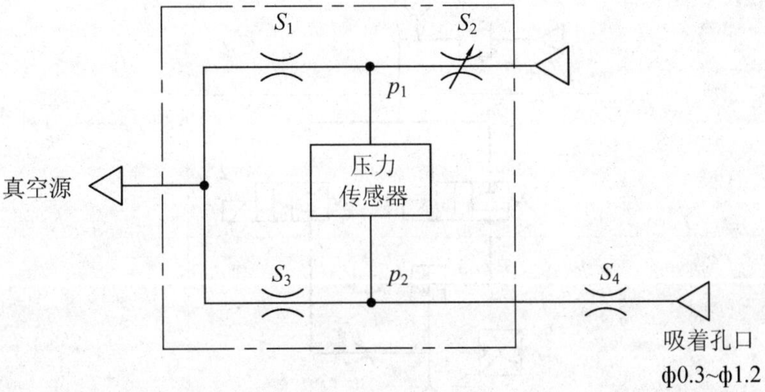

图 14.12　真空压力开关的工作原理

14.5　其他真空元件

1. 真空过滤器

真空过滤器是将从大气中吸入的污染物(主要是尘埃)收集起来，以防止真空系统中的元件受污染而出现故障。吸盘与真空发生器(或真空阀)之间应设置真空过滤器。真空发生器的排气口、真空阀的吸气口(或排气口)和真空泵的排气口也都应装上消声器，这不仅能降低噪声而且能起过滤作用，以提高真空系统工作的可靠性。

对真空过滤器的要求是滤芯污染程度的确认简单，清扫污染物容易，结构紧凑，不致于使真空到达时间增长。

真空过滤器有箱式结构和管式连接两种。前者便于集成化，滤芯呈叠褶形状，故过滤面积大，可通过流量大，使用周期长；后者若使用万向接头，配管可在360°范围内自由安装，若使用快换接头，装卸配管更迅速。

当过滤器两端压降大于0.02MPa时，滤芯应卸下清洗或更换。真空过滤器耐压0.5MPa，滤芯耐压差0.15MPa，过滤精度为30μm。安装时，注意进出口方向不得装反，配管处不得有泄漏，维修时密封件不得损伤，过滤器入口压力不要超过0.5MPa，这可靠调节减压阀和节流阀来保证。真空过滤器内流速不大，空气中的水分不会凝结，故该过滤器无须分水功能。

2. 真空组件

真空组件是将各种真空元件组合起来的多功能元件。

图14.13所示为采用真空发生器组件的回路。典型的真空组件由真空发生器3、真空吸盘7、压力开关5和控制阀1、2、4等构成。当电磁阀1通电后，压缩空气通过真空发生器3，由于气流的高速运动产生真空，真空开关5检测真空度，并发出信号给控制器，吸盘7将工件吸起。当电磁阀1断电，电磁阀2通电时，真空发生器停止工作，真空消失，压缩空气进入真空吸盘，将工件与吸盘吹开。此回路中，过滤器6的作用是防止在抽吸过程中将异物和粉尘吸入发生器。

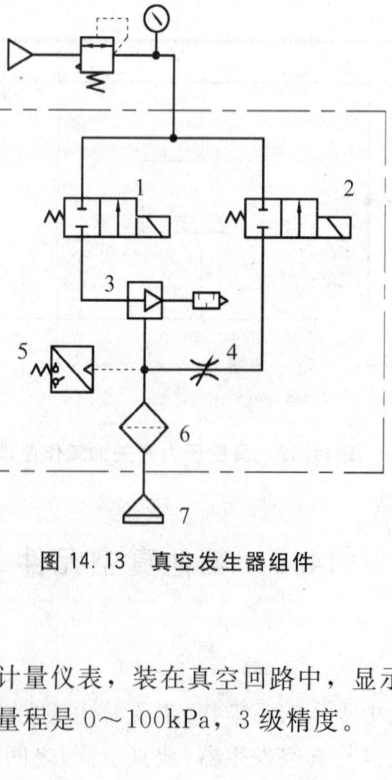

图14.13 真空发生器组件

3. 真空计

真空计是测定真空压力的计量仪表，装在真空回路中，显示真空压力的大小，便于检查和发现问题。常用真空计的量程是0～100kPa，3级精度。

4. 管道及管接头

真空回路中，应选用真空压力下不变形、不变瘪的管子，可使用硬尼龙管、软尼龙管和聚氨酯管，要使用可在真空状态下工作的管接头。

5. 空气处理元件

在真空系统中，处于压力回路中的空气处理元件可使用过滤精度为 5μm 的空气过滤器，过滤精度为 0.3μm 的油雾分离器，出口侧油雾浓度小于 1.0mg/m^3。

6. 真空用气缸

常用的真空用自由安装型气缸具有以下特点。

(1) 它是双作用垫缓冲无给油方形体气缸，有多个安装面可供自由选用，安装精度高。

(2) 活塞杆带导向杆，为杆不回转型缸。

(3) 活塞杆内有通孔，作为真空通路。吸盘安装在活塞杆端部，有螺纹连接式和带倒钩的直接安装式，这样可省去配管，节省空间，结构紧凑。

(4) 真空口有缸盖连接型和活塞杆连接型。前者缸盖及真空口连接管不动，活塞运动，真空口端活塞杆不会伸出缸盖外；后者气缸轻，结构紧凑，缸体固定，活塞杆运动。

(5) 在缸体内可以安装磁性开关。

14.6　使用注意事项

在使用真空发生器时，应注意以下事项。

(1) 供给气源应是净化的、不含油雾的空气。因真空发生器的最小喷嘴喉部直径为 0.5mm，故供气口之前应设置过滤器和油雾分离器。

(2) 真空发生器与吸盘之间的连接管应尽量短，连接管不得承受外力，拧动管接头时要防止连接管被扭变形或造成泄漏。

(3) 真空回路的各连接处及各元件应严格检查，不得向真空系统内部漏气。

(4) 由于各种原因使吸盘内的真空度未达到要求时，为防止被吸吊工件吸吊不牢而跌落，回路中必须设置真空压力开关。吸着电子元件或精密小零件时，应选用小孔口吸着确认型真空压力开关。对于吸吊重工件或搬运危险品的情况，除要设置真空压力开关外，还应设真空计，以便随时监视真空压力的变化，及时处理问题。

(5) 在恶劣环境中工作时，真空压力开关前也应装过滤器。

(6) 为了在停电情况下仍保持一定真空度，以保证安全，对真空泵系统，应设置真空罐。在真空发生器系统、吸盘与真空发生器之间应设置单向阀。供给阀宜使用具有自保持功能的常通型电磁阀。

(7) 真空发生器的供给压力在 0.40～0.45MPa 为最佳，压力过高或过低都会降低真空发生器的性能。

(8) 吸盘宜靠近工件，避免受大的冲击力，以免吸盘过早变形、龟裂和磨耗。

(9) 吸盘的吸着面积要比吸吊工件表面小，以免出现泄漏。

(10) 面积大的板材宜用多个吸盘吸吊，但要合理布置吸盘位置，增强吸吊平稳性，要防止边上的吸盘出现泄漏。为防止板材翘曲，宜选用大口径吸盘。

(11) 吸着高度变化的工件应使用缓冲型吸盘或带回转止动的缓冲型吸盘。

(12) 对有透气性的被吊物，如纸张、泡沫塑料，应使用小口径吸盘。漏气太大，应提高真空吸吊能力，加大气路的有效截面积。

(13) 吸着柔性物，如纸、乙烯薄膜，由于易变形、易皱折，应选用小口径吸盘或带肋吸盘，且真空度宜小。

(14) 一个真空发生器带一个吸盘最理想。若带多个吸盘，其中一个吸盘有泄漏，会减小其他吸盘的吸力。为克服此缺点，可设计成图 14.14 所示那样，每个吸盘都配有真空压力开关。一个吸盘泄漏导致真空度不合要求时，便不能起吊工件。另外，各节流阀也能减少由于一个吸盘的泄漏对其他吸盘的影响。

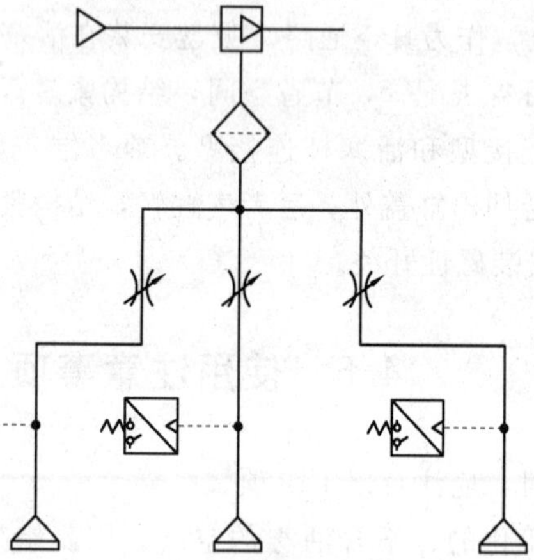

图 14.14　一个真空发生器带多个吸盘

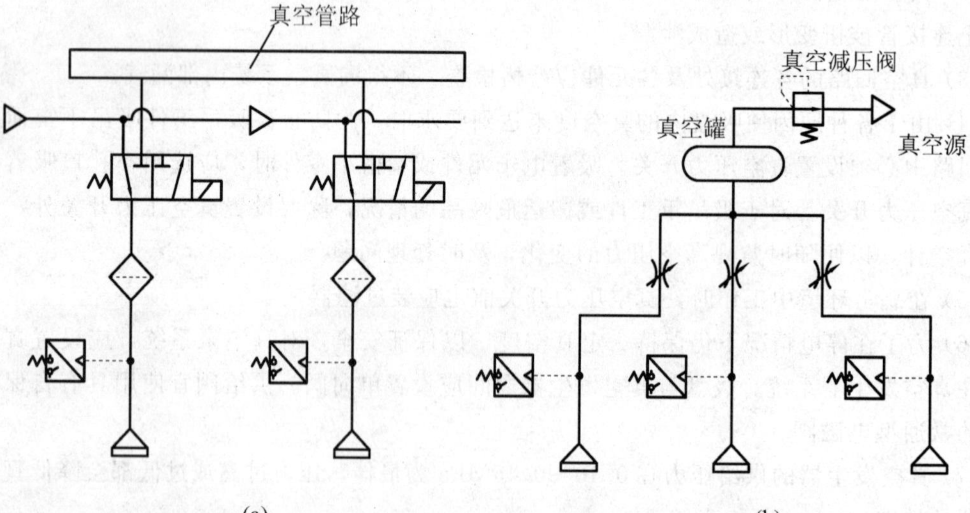

图 14.15　多个吸盘的匹配

(15)对真空泵系统来说，真空管路上一条支线装一个吸盘是理想的，如图14.15(a)所示。若真空管路上要装多个吸盘，由于吸着或未吸着工件的吸盘个数变化或出现泄漏，会引起真空压力源的压力变动，使真空压力开关的设定值不易确定，特别是对小孔口吸着的场合影响更大。为了减少多个吸盘吸吊工件时相互间的影响，可设计成图14.15(b)所示那样的回路。使用真空罐和真空调压阀可提高真空压力的稳定性。必要时，可在每条支路上装真空切换阀。这样当一个吸盘泄漏或未吸着工件时，也不会影响其他吸盘的吸着工作。

14.7　习　　题

一、填空题

1. 真空泵是吸入口形成________，排气口直接通________，对容器进行抽气，以获得________的机械设备。
2. ________是利用压缩空气通过喷嘴时的高速流动，在喷口处产生一定真空度的气动元件。
3. 吸盘是________的元件，它通常是由________与________压制成型的。
4. 真空压力开关是用于检测________的开关。
5. 吸盘与真空发生器(或真空阀)之间应设置________，以便排除从大气中吸入的污染物，防止真空系统中的元件受污染而出现故障。

二、判断题

1. 薄的柔软的纸张、塑料膜、铝箔等具有较光滑表面的物体，可使用吸盘，完成各种作业。（　）
2. 二级式真空发生器的真空度较低，可以吸附较重的物体。（　）
3. 供给阀和真空破坏阀、真空切换阀和真空选择阀均属于换向阀。（　）
4. 真空组件是将各种真空元件组合起来的多功能元件。（　）
5. 真空压力开关和真空计都是用于检测真空压力的计量工具。（　）

三、选择题

1. 以下属于真空执行元件的是________。
   A. 真空吸盘　B. 真空压力开关　C. 真空泵　D. 真空发生器
2. 真空压力的形成主要依靠________。
   A. 真空气缸　B. 真空阀　C. 真空吸盘　D. 真空发生装置
3. 真空系统中的________用于控制真空破坏的快慢。
   A. 减压阀　B. 节流阀　C. 破坏阀　D. 切换阀
4. 一个真空发生器带________个吸盘最理想。
   A. 1　B. 2　C. 3　D. 多

四、问答题

1. 真空技术有何用处?
2. 真空发射装置有哪些类型?简述各自定义。
3. 采用真空发生器的真空回路中常用哪些真空阀?各有何作用?
4. 试绘制真空减压阀和一般减压阀的图形符号,比较它们在回路中的不同用法。
5. 在使用真空发生器的回路中,按换向阀按功能不同可分为哪几种类型?
6. 说明真空压力开关和真空过滤器的主要作用。

第15章 气动回路

教 学 目 标	了解气动系统常用回路的类型及功用，学会选择各种气动元件，并巧妙地把它们组合成气动回路，以实现方向控制、压力控制、速度控制、位置(角度)控制等功能；初步读懂并理解同步回路、缓冲回路、安全保护回路等其他控制回路的元件组成及实际应用。

引例

图 15.1 所示为常用气动回路分类树状图。

- 气动回路
  - 方向控制回路
    - 单作用气缸换向回路
    - 双作用气缸换向回路
    - 差动回路
    - 气动马达换向回路
  - 压力控制回路
    - 气源压力控制回路
    - 工作压力控制回路
    - 双压驱动回路
    - 多级压力控制回路
    - 连续压力控制回路
    - 增压回路
    - 利用串联气缸的多级力控制回路
  - 速度控制回路
    - 单作用气缸速度控制回路
      - 进气节流调速回路
      - 排气节流调速回路
      - 双向调速回路
    - 双作用气缸速度控制回路
      - 进气节流调速回路
      - 排气节流调速回路
      - 快速返回回路
      - 缓冲回路
      - 冲击回路
    - 气液转换速度控制回路
  - 安全保护回路
    - 双手操作回路
    - 过载保护回路
    - 互锁回路
    - 残压排出回路
    - 防止启动冲击回路
    - 防止下落回路
  - 位置控制回路
  - 同步控制回路

图 15.1　常用气动回路分类树状图

15.1 方向控制回路

气动执行元件的换向主要是利用方向控制阀来实现的。方向控制阀按其通路数来分，有二通、三通阀以及四通、五通阀等，利用这些方向控制阀可以构成单作用执行元件和双作用执行元件的各种换向控制回路。

1. 单作用气缸的换向回路

单作用气缸靠气压使活塞杆朝单方向伸出，反向依靠弹簧力或自重等其他外力返回。通常采用二位三通阀、三位三通阀和二位二通阀来实现方向控制。

1）采用二位三通阀控制

图 15.2 所示为采用手控二位三通阀控制的单作用气缸换向回路，此方法适用于气缸缸径较小的场合。图 15.2(a)所示为采用弹簧复位式手控二位三通换向阀的换向回路；当按下按钮后阀进行切换，活塞杆伸出；松开按钮后阀复位，气缸活塞杆靠弹簧力返回。图 15.2(b)所示为采用带定位机构手控二位三通换向阀的换向回路，按下按钮后活塞杆伸出；松开按钮，因阀有定位机构而保持原位，活塞杆仍保持伸出状态，只有把按钮上拨时，二位三通阀才能换向，气缸进行排气，活塞杆返回。

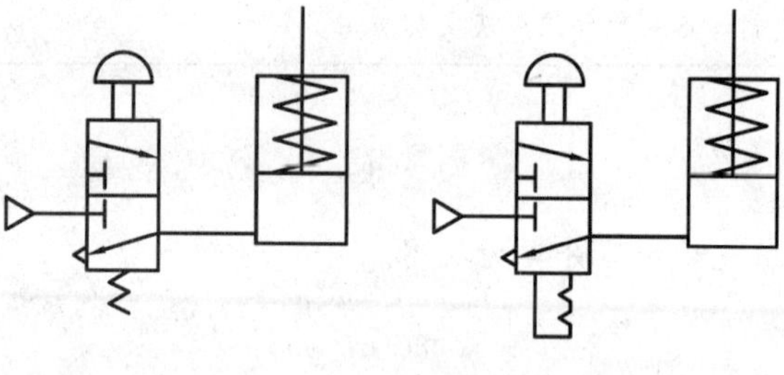

(a) (b)

图 15.2 二位三通阀手动换向回路

图 15.3 所示为采用气控二位三通阀控制的换向回路。当缸径很大时，手控阀的流通能力过小将影响气缸的运动速度。因此，直接控制气缸换向的主控阀须采用通径较大的气控阀 2，图中阀 1 为手动操作阀，阀 1 也可用机控阀代替。

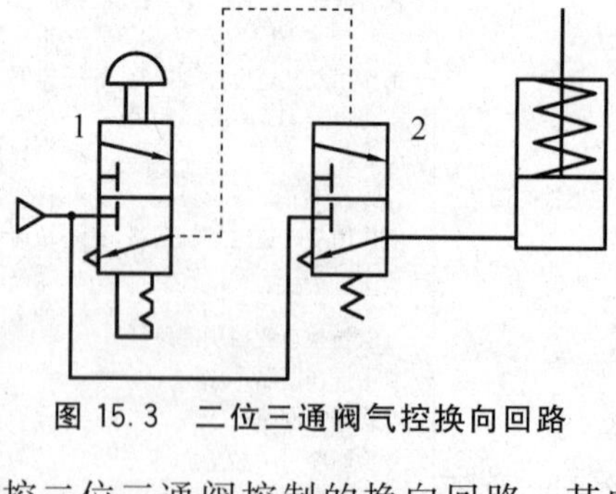

图 15.3 二位三通阀气控换向回路

图 15.4 所示为采用电控二位三通阀控制的换向回路，其中图 15.4(a)所示为采用单电控换向阀的控制回路，此回路如果气缸在伸出时突然断电，则单电控阀将立即复位，气缸返回。图 15.4(b)所示为采用双电控换向阀的控制回路，双电控阀为双稳态阀，具有记

忆功能，当气缸在伸出时突然断电，气缸仍将保持在原来的状态。如果回路需要考虑失电保护控制，则选用双电控阀为好，双电控阀应水平安装。

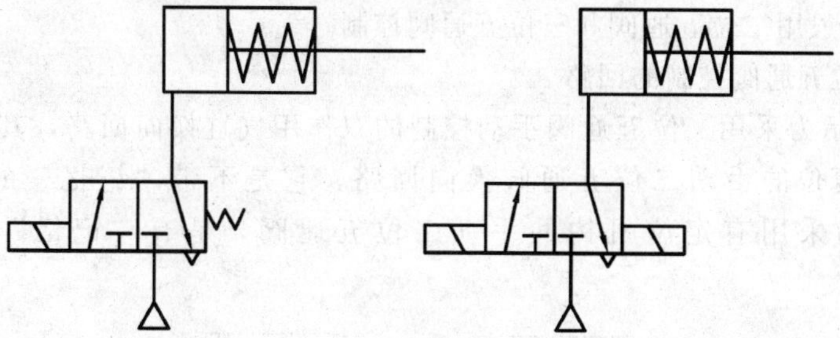

(a)　　(b)

图 15.4　二位三通电控换向回路

图 15.5 所示为采用一个二位三通阀和一个二位二通阀的组合控制回路，该回路能实现单作用气缸的中间停止功能。

2）采用三位三通阀控制

如图 15.6 所示，采用三位三通阀的换向控制回路，能实现活塞杆在行程中途的任意位置停留。不过由于空气的可压缩性原因，其定位精度较差。

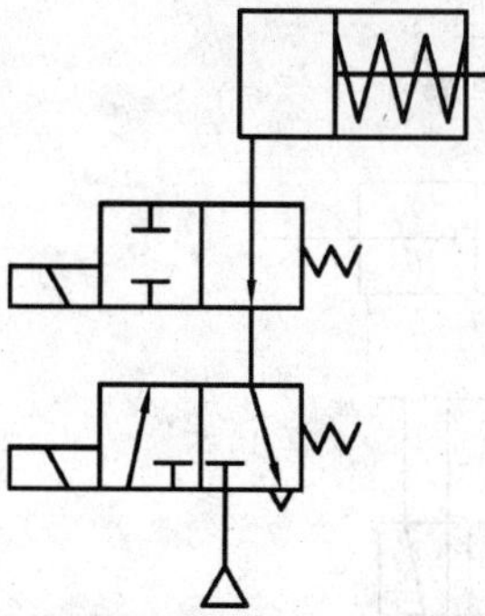

图 15.5　二位二通和二位三通联合电控换向回路

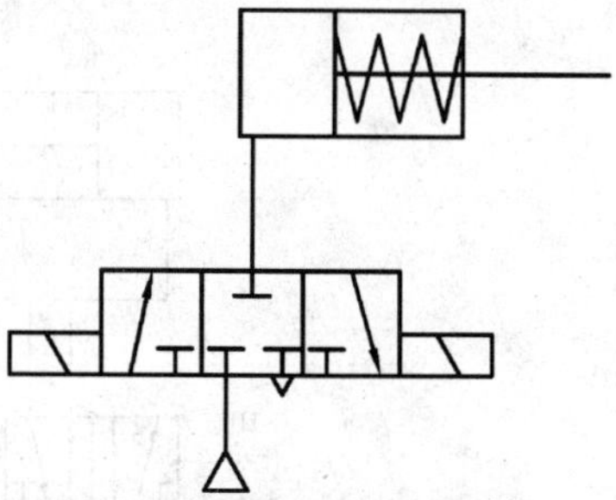

图 15.6　采用三位三通阀的换向回路

3）采用二位二通阀控制

如图 15.7 所示为采用二位二通换向阀的控制回路，对于该回路应注意的问题是两个电磁阀不能同时通电。

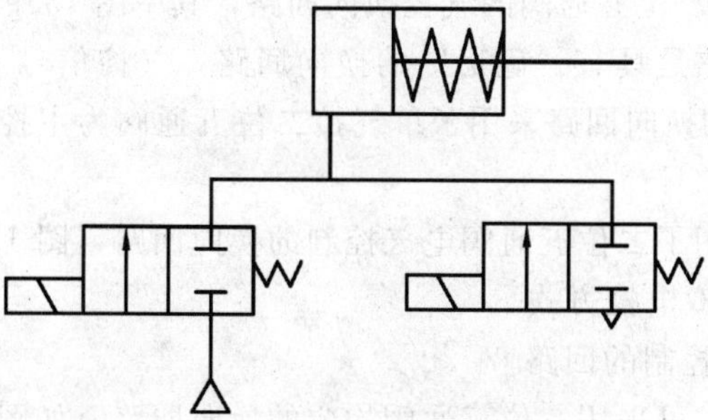

图 15.7　采用二位二通阀的换向回路

2. 双作用气缸的换向回路

双作用气缸的换向回路是指通过控制气缸两腔的供气和排气来实现气缸的伸出和缩回运动的回路，一般用二位五通阀和三位五通阀控制。

1）采用二位五通阀控制的回路

图 15.8 所示为采用二位五通阀手动控制的双作用气缸换向回路，其中图 15.8(a)所示为采用弹簧复位的手动二位五通阀换向回路，它是不带“记忆”的换向回路；图 15.8(b)所示为采用有定位机构的手动二位五通阀，是有“记忆”的手控阀换向回路。

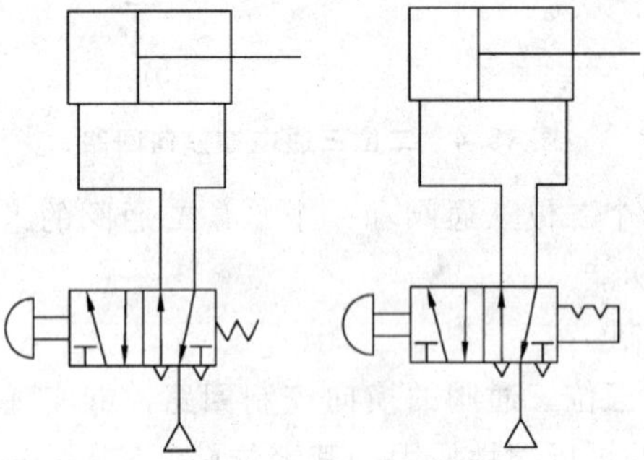

(a) (b)

图 15.8 采用二位五通阀手动换向回路

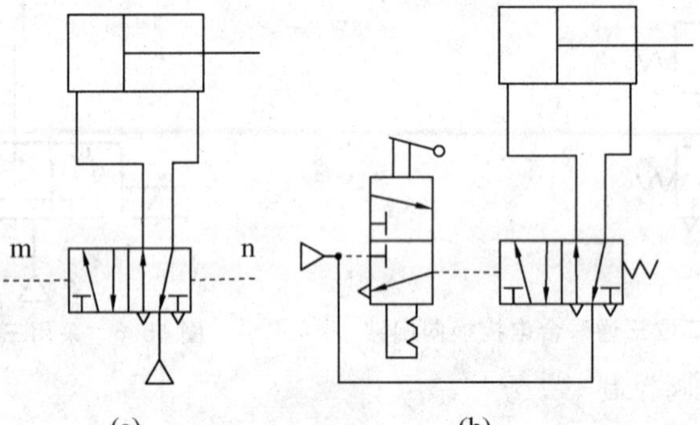

(a) (b)

图 15.9 采用二位五通阀气控换向回路

图 15.9 所示为采用二位五通阀的气控换向回路，其中图 15.9(a)所示回路采用双气控二位五通阀为主控阀，它是具有“记忆”的换向回路，气控信号 m 和 n 由手控阀或机控阀供给；图 15.9(b)中的换向回路采用了单气控二位五通阀为主控阀，由带定位机构的手控二位三通阀提供气控信号。

图 15.10 所示为采用了二位五通阀电气控制的换向回路，图 15.10(a)所示为单电控方式，图 15.10(b)所示为双电控方式。

2）采用三位五通阀控制的回路

当需要中间定位时，可采用三位五通阀构成的换向回路，如图 15.11 所示。

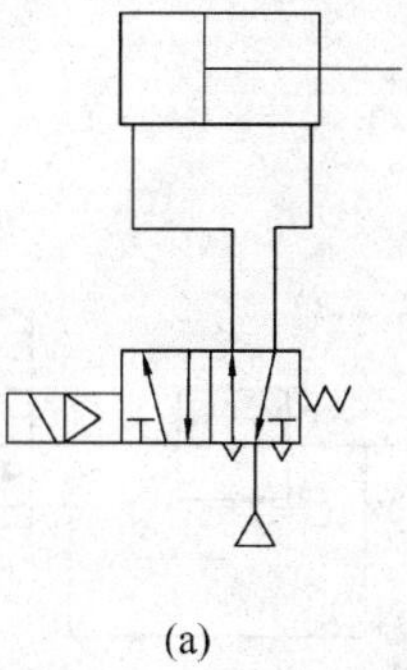

图 15.10 二位五通阀双电控气动换向回路

图 15.11(a)所示为双气控三位五通阀换向回路。当 m 信号输入时换向阀移移至左位，气缸活塞杆伸出；当 n 信号输入时换向阀移至右位，气缸活塞杆缩回；当 m、n 均排气时换向阀回到中位，活塞杆在中途停止运动。由于空气的可压缩性及气缸活塞、活塞杆及其带动的运动部件产生的惯性力，仅用三位五通阀使活塞杆中途停下来，其定位精度不高。

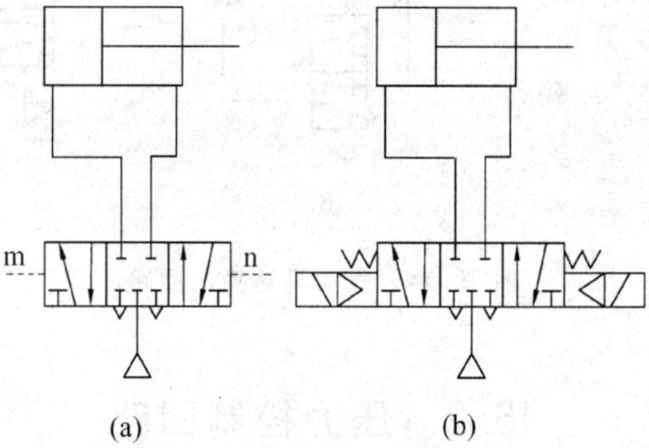

图 15.11 三位五通阀换向回路

图 15.11(b)是用双电控气动三位五通阀组成的换向回路。活塞可在中途停止运动，它用电气控制线路来进行控制。

3) 采用二位三通阀控制的回路

图 15.12 所示的是由两个单控常通式二位三通阀组成的换向回路，活塞在中途可以停止运动。

3. *差动回路*

差动回路是指气缸的两个运动方向采用不同压力供气，从而利用差压进行工作的回路。如图 15.13 所示的是差压式控制回路，活塞上侧有低压 p_2，活塞下侧有高压 p_1，目的是为了减小气缸运动的撞击(如气缸垂直安装)或减少耗气量。

4. *气动马达换向回路*

图 15.14(a)所示为气动马达单方向旋转的回路，采用了二位二通电磁阀来实现转停控制，马达的转速用节流阀来调整。图 15.14(b)和图 15.14(c)所示的回路分别为采用两个二位三通阀和一个三位五通阀来控制气动马达正反转的回路。

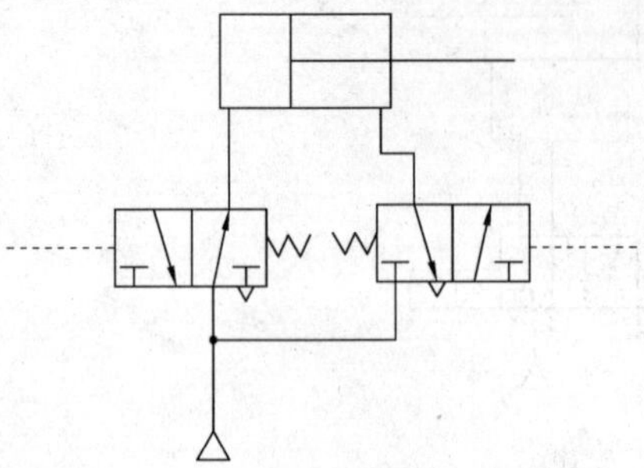

图 15.12　二位三通阀组合换向回路

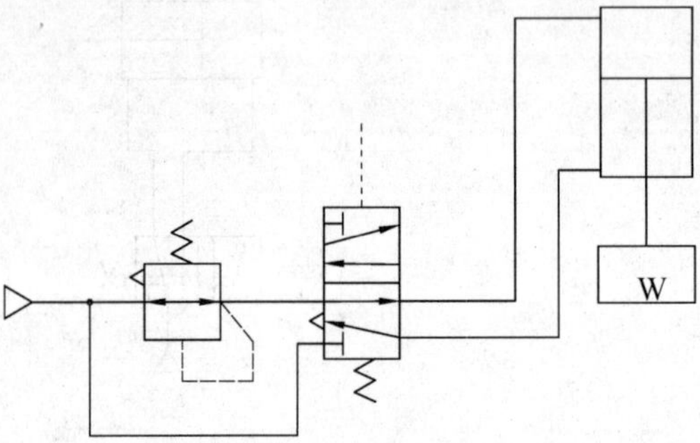

图 15.13　差动回路

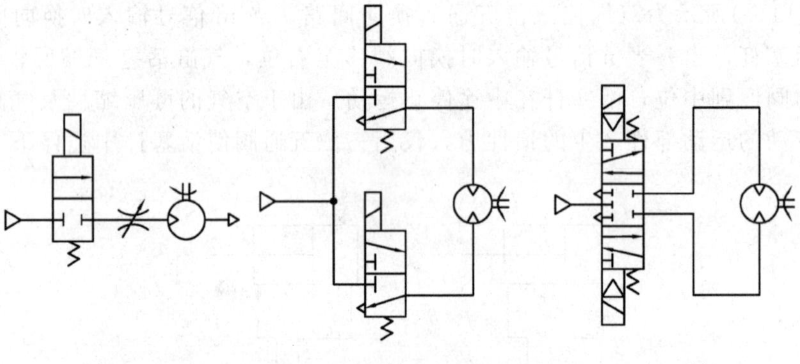

图 15.14　气动马达换向回路

15.2　压力控制回路

在气动系统中，压力控制不仅是维持系统正常工作必须的，而且也是关系到总的经济性、安全性及可靠性的重要因素。压力控制方法通常可分为气源压力控制、工作压力控制、双压驱动、多级压力控制、增压控制等。

1. 气源压力控制回路

气源压力控制回路通常又称为一次压力控制回路，如图 15.15 所示。该回路用于控制压缩空气站的储气罐的输出压力 p_s，使之稳定在一定的压力范围内，既不超过调定的最高压力值，也不低于调定的最低压力值，以保证用户对压力的需求。

图 15.15(a)所示回路的工作原理是：空气压缩机由电动机带动，启动后，压缩空气经单向阀向储气罐 2 内送气，罐内压力上升。当 p_s上升到最大值 p_{max}时，电触点压力表 3 内的指针碰到上触点，即控制中间继电器断电，控制电动机停转，压缩机停止运转，压力不再上升；当压力 p_s下降到最小值 p_{min}时，指针碰到下触点，使中间继电器闭合通电，控制电动机起动和压缩机运转，并向储气罐供气，p_s上升。上下两触点可调。

在图 15.15(b)所示的回路中，用压力继电器(压力开关)4 代替了图 15.14(a)中的电触点压力表 3。压力继电器同样可调节压力的上限值和下限值，这种方法常用于小容量压缩机的控制。该回路中的安全阀 1 的作用是当电触点压力表、压力继电器或电路发生故障而失灵后，导致压缩机不能停止运转，储气罐内压力不断上升，当压力达到调定值时，该安全阀会打开溢流，使 p_s 稳定在调定压力值的范围内。

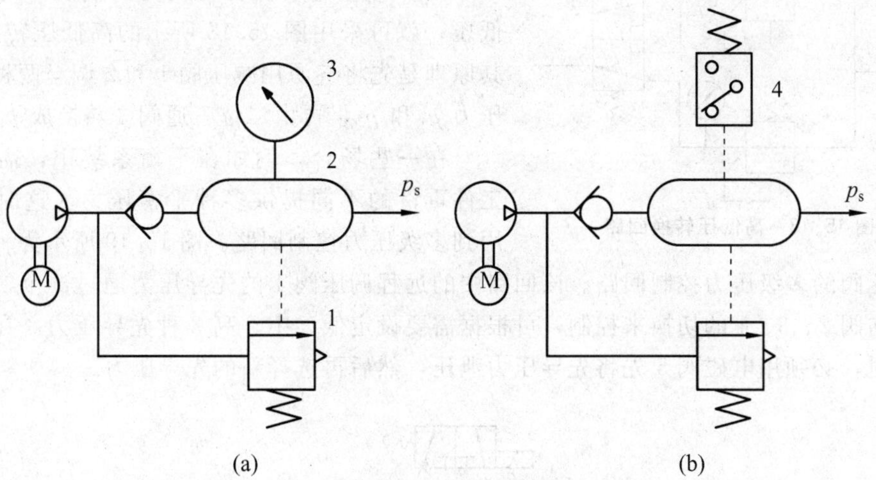

图 15.15　气源压力控制回路

1—安全阀；2—储气罐；3—电触点压力表；4—压力继电器

2. 工作压力控制回路

为了使系统正常工作，保持稳定的性能，以达到安全、可靠、节能等目的，需要对系统工作压力进行控制。

在如图 15.16 所示的压力控制回路中，从压缩空气站一次回路过来的压缩空气，经空气过滤器 1、减压阀 2、油雾器 3 供给气动设备使用，在其过程中，调节减压阀就能得到气动设备所需的工作压力 p。应该指出，这里的油雾器 3 主要用于对气动换向阀和执行元件进行润滑。如果采用无给油润滑气动元件，则不需要油雾器。

3. 双压驱动回路

在气动系统中，有时需要提供两种不同的压力，来驱动双作用气缸在不同方向上的运动。图 15.17 所示为采用带单向减压阀的双压驱动回路。当电磁阀 1 通电时，系统采用正常压力驱动活塞杆伸出，对外做功；当电磁阀 1 断电时，气体经过单向减压阀 2 后，进入气缸有杆腔，以较低的压力驱动气缸缩回，达到节省耗气量的目的。

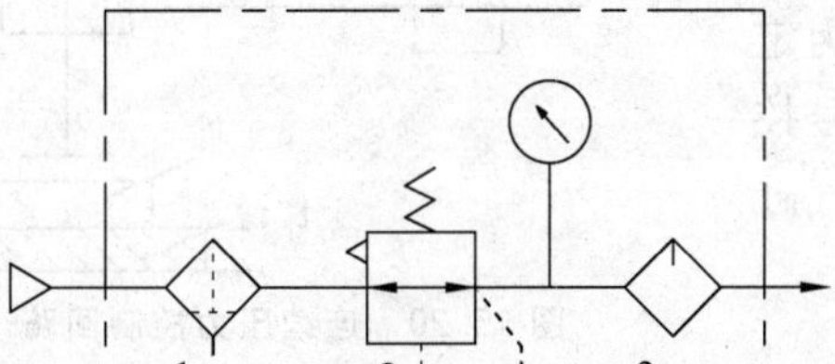

图 15.16　一种工作压力控制回路

1—空气过滤器；2—减压阀；3—油雾器

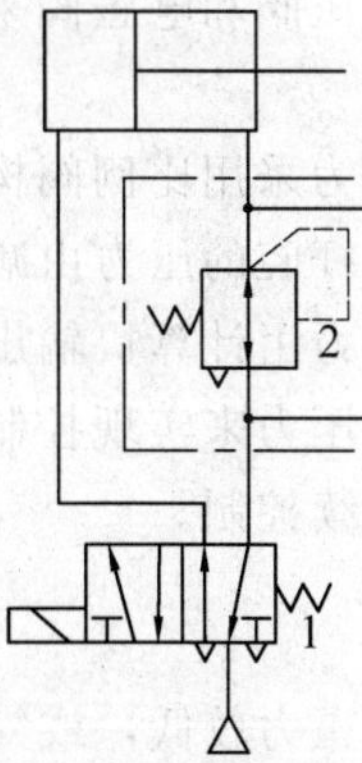

图 15.17　双压驱动回路

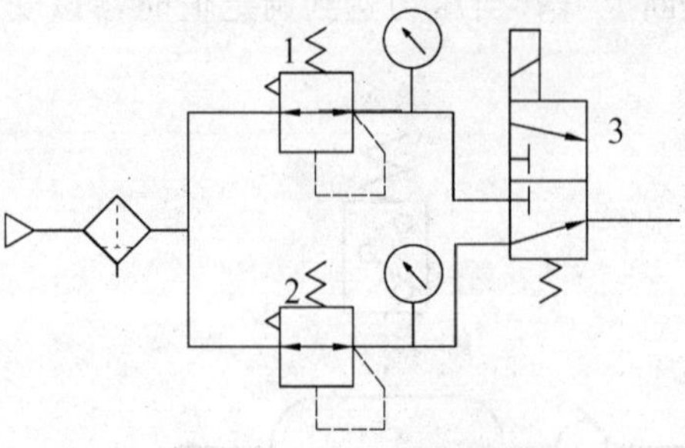

图 15.18　高低压转换回路

4. 多级压力控制回路

如果有些气动设备时而需要高压，时而需要低压，就可采用图 15.18 所示的高低压转换回路。其原理是先将气源用减压阀 1 和 2 调至两种不同的压力 p_1 和 p_2，再由二位三通阀 3 转换成 p_2 和 p_1。

在一些场合，例如在平衡系统中，需要根据工件重量的不同提供多种平衡压力。这时就需要用到多级压力控制回路。图 15.19 所示为一种采用远程调压阀的多级压力控制回路。该回路中的远程调压阀 1 的先导压力通过 3 个二位三通电磁换向阀 2、3、4 的切换来控制，可根据需要设定低、中、高 3 种先导压力。在进行压力切换时，必须用电磁阀 5 先将先导压力泄压，然后再选择新的先导压力。

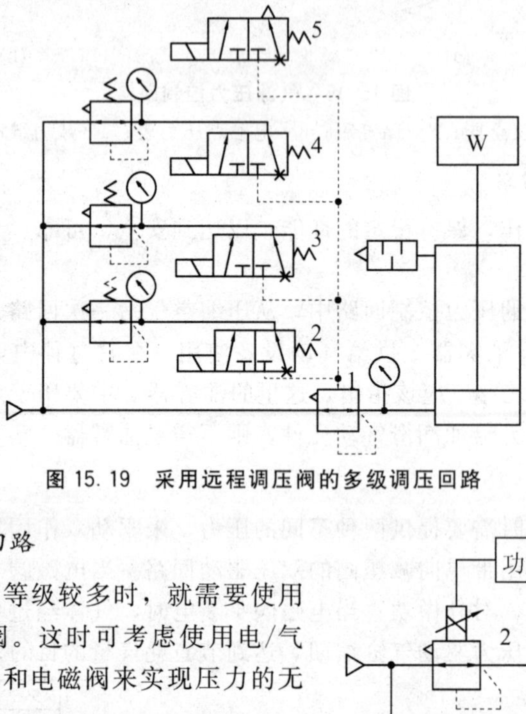

图 15.19　采用远程调压阀的多级调压回路

5. 连续压力控制回路

当需要设定的压力等级较多时，就需要使用较多的减压阀和电磁阀。这时可考虑使用电/气比例压力阀代替减压阀和电磁阀来实现压力的无级控制。

图 15.20 所示为采用比例阀构成的连续压力控制回路。气缸有杆腔的压力由减压阀 1 调为定值，而无杆腔的压力由计算机输出的控制信号控制比例阀 2 的输出压力来实现控制，从而使气缸的输出压力得到连续控制。

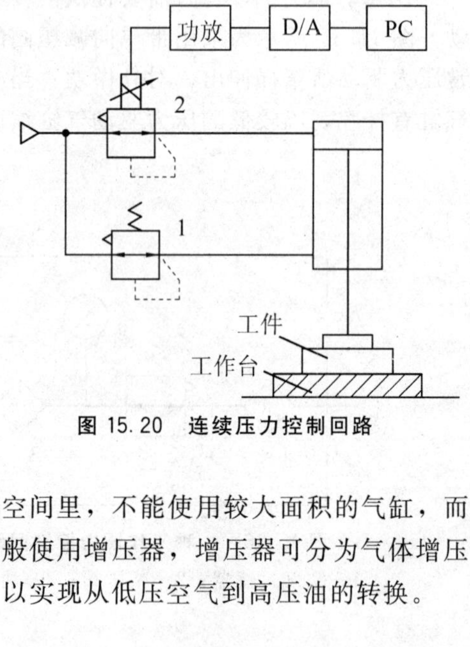

图 15.20　连续压力控制回路

6. 增压回路

当压缩空气的压力较低，或气缸设置在狭窄的空间里，不能使用较大面积的气缸，而又要求很大的输出力时，可采用增压回路。增压一般使用增压器，增压器可分为气体增压器和气液增压器。气液增压器的高压侧用液压油，以实现从低压空气到高压油的转换。

1）采用气体增压器的增压回路

气体增压器是以输入气体压力为驱动源，根据输出压力侧受压面积小于输入压力侧受压面积的原理，得到大于输入压力的增压装置。它可以通过内置换向阀实现连续供给。

图 15.21 所示为采用气体增压器的增压回路。二位五通电磁阀通电，气控信号使二位三通阀换向，经增压器增压后的压缩空气进入气缸无杆腔；二位五通电磁阀断电，气缸在较低的供气压力作用下缩回，可以达到节能的目的。

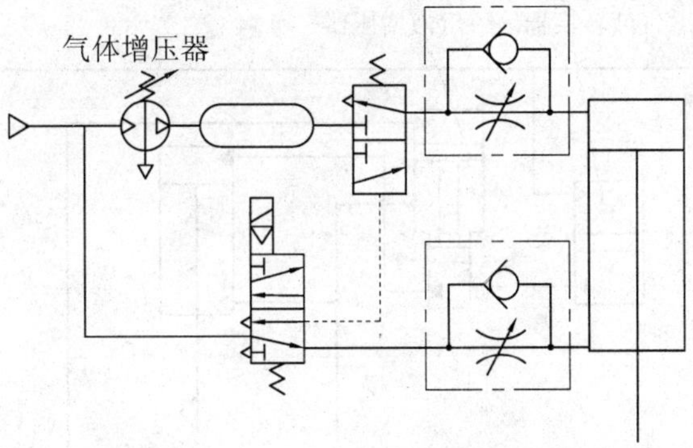

图 15.21 采用气体增压器的增压回路

2)采用气液增压器的夹紧回路

图 15.22 所示为采用气液增压器的夹紧回路。电磁阀左侧通电，对增压器低压侧施加压力，增压器动作，其高压侧产生高压油并供应给工作缸，推动工作缸活塞动作并夹紧工件。电磁阀右侧通电可实现工作缸及增压器回程。使用该增压回路时，油、气关联处密封要好，油路中不得混入空气。

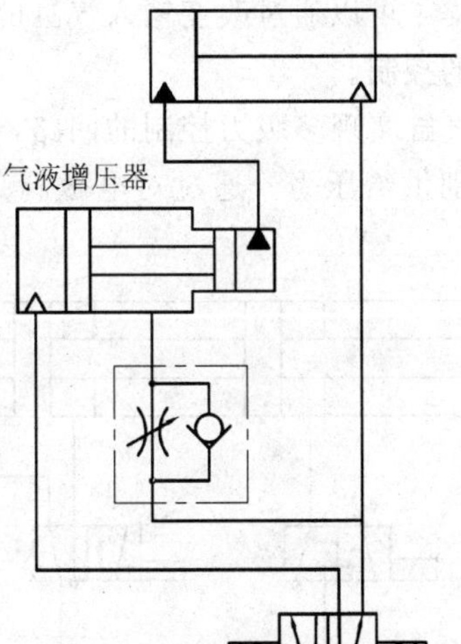

图 15.22 采用气液增压器的夹紧回路

3)采用气液转换的冲压回路

冲压回路主要用于薄板冲床、压配压力机等设备中。由于在实际冲压过程中，往往仅在最后一段行程里做功，其他行程不做功，因而宜采用低压、高压二级回路，无负载时低压，做功时高压。

图 15.23 所示为冲压回路，电磁换向阀通电后，压缩空气进入气液转换器，使工作缸动作。当活塞前进到某一位置，触动三通高低压转换阀时，该阀动作，压缩空气供入增压器，使增压器动作。由于增压器活塞动作，气液转换器到增压器的低压液压回路被切断(由内部结构实现)，高压油作用于工作缸进行冲压做功。当电磁阀复位时，气压作用于增压器及工作缸的回程侧，使之分别回程。

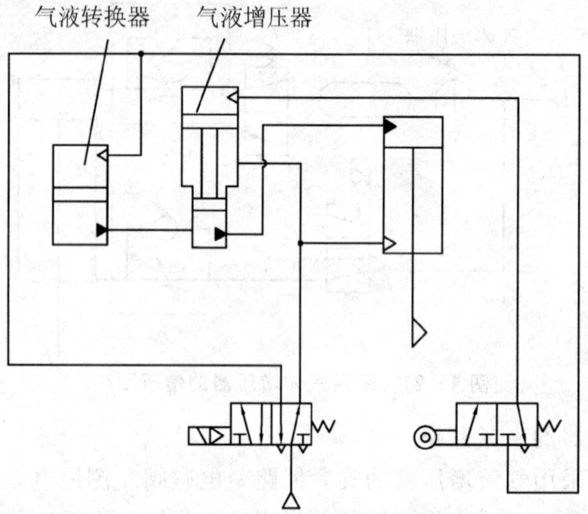

图 15.23　冲压回路

7. 利用串联气缸的多级力控制回路

在气动系统中，力的控制除了可以通过改变输入气缸的工作压力来实现外，还可以通过改变有效作用面积来实现力的控制。

图 15.24 所示为利用串联气缸实现多级力控制的回路，串联气缸的活塞杆上联接有数个活塞，每个活塞的两侧可分别供给压力。通过对电磁阀 1、2、3 的通电个数进行组合，可实现气缸的多级力输出。

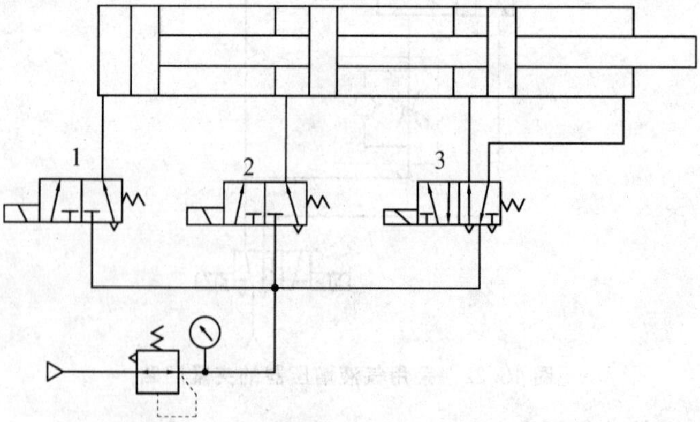

图 15.24　利用串联气缸的多级力控制回路

15.3　速度控制回路

控制气动执行元件运动速度的一般方法是改变气缸进排气管路的阻力。因此，利用流量控制阀来改变进排气管路的有效截面积，即可实现速度控制。

1. 单作用气缸的速度控制回路

1）进气节流调速回路

图 15.25(a)、图 15.25(b)所示的回路分别采用了节流阀和单向节流阀，通过调节节流阀的不同开度，可以实现进气节流调速。气缸活塞杆返回时，由于没有节流，可以快速返回。

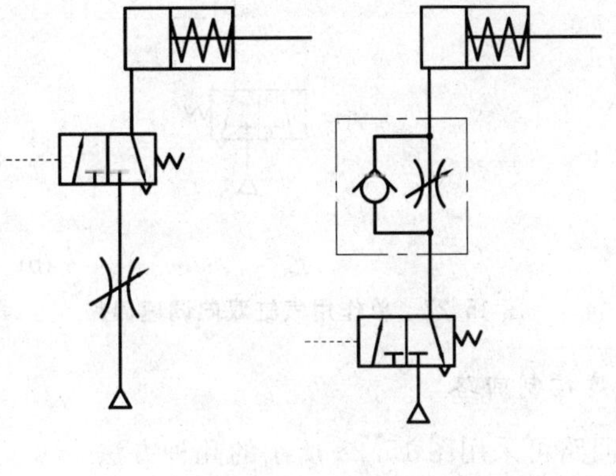

(a)　　(b)

图 15.25　单作用气缸进气节流调速回路

2)排气节流调速回路

如图 15.26 所示的回路均是通过排气节流实现快进—慢退的。

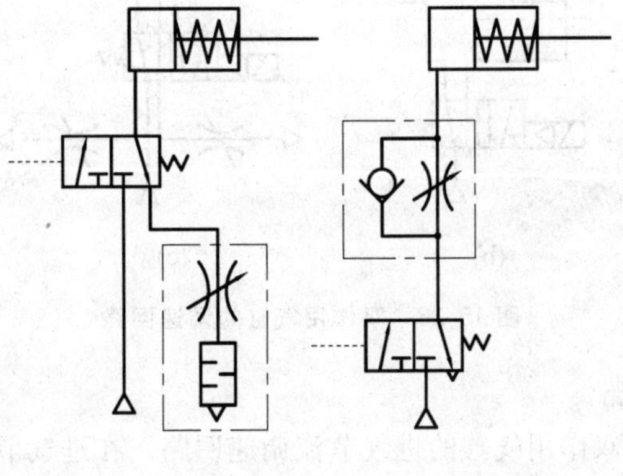

(a)　　(b)

图 15.26　单作用气缸排气节流调速回路

图 15.26(a)中的回路是在排气口设置一个排气节流阀来实现调速的。其优点是安装简单，维修方便；但在管路比较长时，较大的管内容积会对气缸的运行速度产生影响，此时就不宜采用排气节流阀控制。

图 15.26(b)中的回路是换向阀与气缸之间安装了单向节流阀。进气时不节流，活塞杆快速前进；换向阀复位时，由节流阀控制活塞杆的返回速度。这种安装形式不会影响换向阀的性能，工程中多数采用这种回路。

3) 双向调速回路

如图 15.27 所示，此回路是气缸活塞杆伸出和返回都能调速的回路，进、退速度分别由阀 1、2 调节。

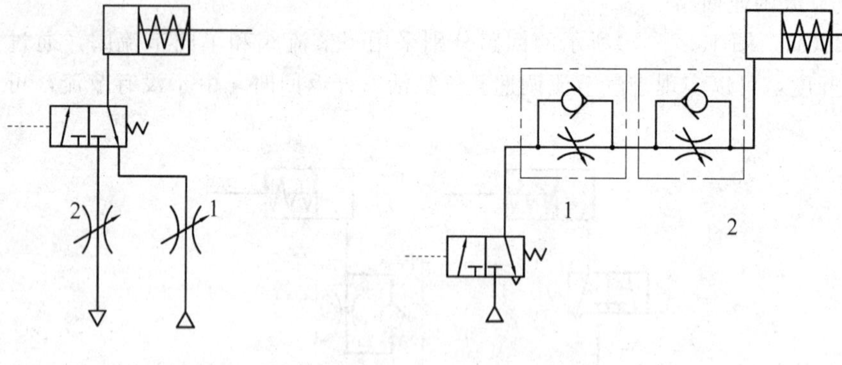

图 15.27　单作用气缸双向调速回路

2. 双作用气缸的速度控制回路

双作用气缸的调速回路可采用图 15.28 所示的几种方法。

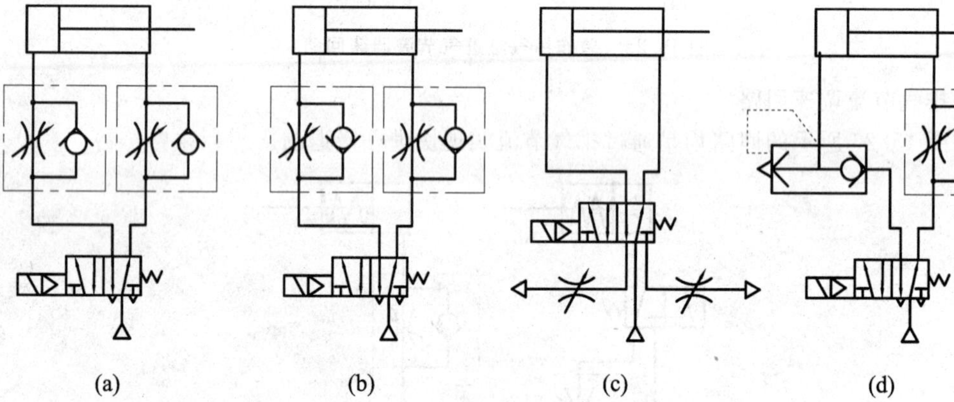

图 15.28　双作用气缸的调速回路

1)进气节流调速回路

图 15.28(a)所示为双作用气缸的进气节流调速回路。在进气节流时，气缸排气腔压力很快降至大气压，而进气腔压力的升高比排气腔压力的降低缓慢。当进气腔压力产生的合力大于活塞静摩擦力时，活塞开始运动。由于动摩擦力小于静摩擦力，所以活塞启动时运动速度较快，进气腔容积急剧增大，由于进气节流限制了供气速度，使得进气腔压力降低，从而容易造成气缸的“爬行”现象。一般来说，进气节流多用于垂直安装的气缸支撑腔的供气回路。

2）排气节流调速回路

图 15.28(b)所示为双作用气缸的排气节流调速回路。在排气节流时，排气腔内可以建立与负载相适应的背压，在负载保持不变或微小变动的条件下，运动比较平稳，调节节流阀的开度即可调节气缸往复运动的速度。从节流阀的开度和速度的比例、初始加速度、缓冲能力等特性来看，双作用气缸一般采用排气节流控制。

图 15.28(c)所示为采用排气节流阀的调速回路。

3）快速返回回路

图 15.28(d)所示为采用快速排气阀的气缸快速返回回路。此回路在气缸返回时的出口安装了快速排气阀，这样可以提高气缸的返回速度。

4）缓冲回路

气缸驱动较大负载高速移动时，会产生很大的动能。将此动能从某一位置开始逐渐减小，逐渐减慢速度，最终使执行元件在指定位置平稳停止的回路称为缓冲回路。

缓冲的方法大多是利用空气的可压缩性，在气缸内设置气压缓冲装置。对于行程短、速度高的情况，气缸内设气压缓冲装置吸收动能比较困难，一般采用液压吸振器，如图 15.29(a)所示；对于运动速度较高、惯性力较大、行程较长的气缸，可采用两个节流阀并联使用的方法，如图 15.29(b)所示。

在图 15.29(b)所示的回路中，节流阀 3 的开度大于节流阀 2 的节流口。当阀 1 通电时，A 腔进气，B 腔的气流经节流阀 3、换向阀 4 从阀 1 排出。调节阀 3 的节流阀开度，可改变活塞杆的前进速度。当活塞杆挡块压下行程终端的行程阀 4 后，阀 4 换向，通路切断，这时 B 腔的余气只能从阀 2 的节流阀排出。如果把阀 2 的节流开度调得很小，则 B 腔内压力猛升，对活塞产生反向作用力，阻止和减小活塞的高速运动，从而达到在行程末端减速和缓冲的目的。根据负载大小调整行程阀 4 的位置，即调整 B 腔的缓冲容积，就可获得较好的缓冲效果。

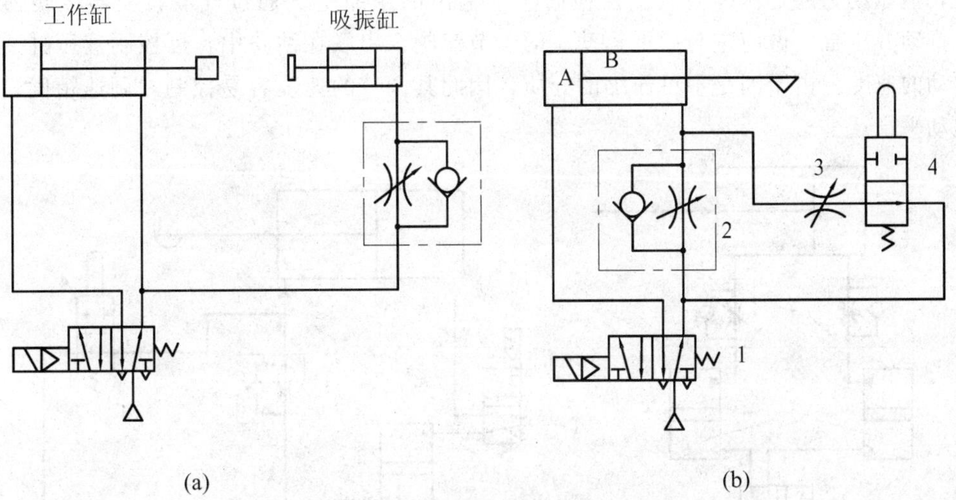

图 15.29　缓冲回路

5)冲击回路

冲击回路是利用气缸的高速运动给工件以冲击的回路。

如图 15.30 所示，此回路由储存压缩空气的储气罐 1、快速排气阀 4 及操纵气缸的换向阀 2、3 等元件组成。气缸在初始状态时，由于机动换向阀处于压下状态，即上位工作，气缸有杆腔通大气。二位五通电磁阀通电后，二位三通气控阀换向，气罐内的压缩空气快速流入冲击气缸，气缸启动，快速排气阀快速排气，活塞以极高的速度运动，活塞的动能可以对工件形成很大的冲击力。使用该回路时，应尽量缩短各元件与气缸之间的距离。

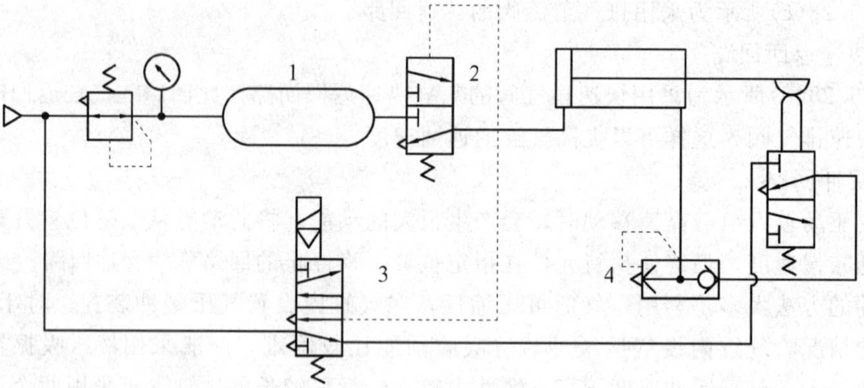

图 15.30　冲击回路

3. 气液转换速度控制回路

由于空气的可压缩性，气缸活塞的速度很难平稳，尤其在负载变化时其速度波动更大。在有些场合，例如机械切削加工中的进给气缸要求速度平稳、加工精确，普通气缸难以满足此要求。为此可使用气液转换器或气液阻尼缸，通过调节油路中的节流阀开度来控制活塞运动的速度，实现低速和平稳的进给运动。

1）采用气液转换器的速度控制回路

图 15.31(a)所示为采用气液转换器的双向调速回路。在该回路中，原来的气缸换成液压缸，但原动力还是压缩空气。由换向阀 1 输出的压缩空气通过气液转换器 2 转换成油压，推动液压缸 4 做前进与后退运动。两个节流阀 3 串联在油路中，可控制液压缸活塞进退运动的速度。由于油是不可压缩的介质，因此其调节的速度容易控制，调速精度高，活塞运动平稳。

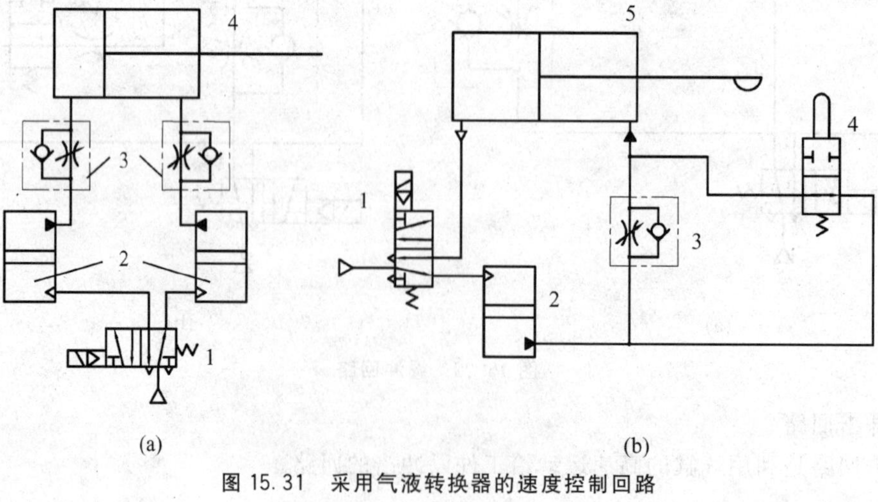

图 15.31　采用气液转换器的速度控制回路

需要注意的是，气液转换器的储油容积应大于液压缸的容积，而且要避免气体混入油中，否则就会影响调速精度与活塞运动的平稳性。

图 15.31(b)所示为采用气液转换器且能实现“快进—慢进—快退”的变速回路。

快进阶段：当换向阀 1 通电时，缸 5 左腔进气，右腔经阀 4 快速排油至气液转换器 2，活塞杆快速前进。

慢进阶段：当活塞杆的挡块压下行程阀 4 后，油路切断，右腔余油只能经阀 3 的节流阀回流到气液转换器 2，因此活塞杆慢速前进，调节节流阀 3 的开度，就可得到所需的进给速度；

快退阶段：当阀 1 复位后，经气液转换器 2，油液经阀 3 迅速流入缸 5 右腔，同时缸左腔的压缩空气迅速从阀 1 排空，使活塞杆快速退回。

这种变速回路常用于金属切削机床上推动刀具进给和退回的驱动缸。行程阀 4 的位置可根据加工工件的长度进行调整。

2）应用气液阻尼缸的速度控制回路

在这种回路中，用气缸传递动力，并由液压缸进行阻尼和稳速，由液压缸和调速机构进行调速。由于调速是在液压缸和油路中进行的，因而调速精度高，运动速度平稳。因此这种调速回路应用广泛，尤其在金属切削机床中用得最多。

图 15.32(a)所示为串联型气液阻尼缸双向调速回路。由换向阀 1 控制气液阻尼缸 2 的活塞杆前进与后退，阀 3 和阀 4 调节活塞杆的进、退速度，油杯 5 起补充回路中少量漏油的作用。

图 15.32(b)所示为并联型气液阻尼缸调速回路。调节连接液压缸两腔回路中设置的节流阀 6，即可实现速度控制，7 为储存液压油的蓄能器。这种回路的优点是比串联型结构紧凑，气液不宜相混；不足之处是如果两缸安装轴线不平行，会由于机械摩擦导致运动速度不平稳。

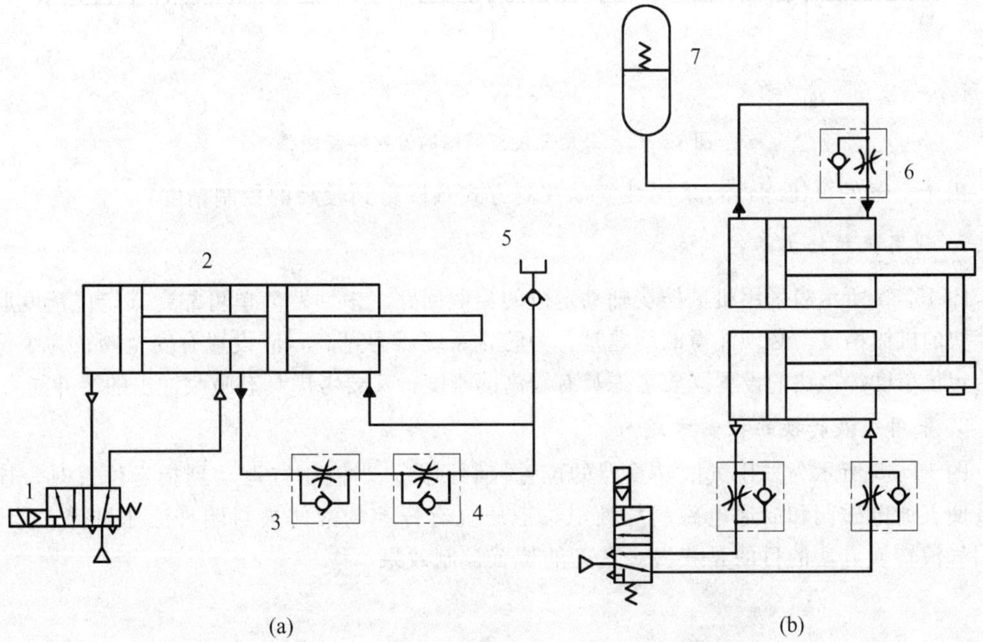

图 15.32 采用气液阻尼缸的速度控制回路

15.4 位置控制回路

在气动系统中，气缸通常只有两个固定的定位点。如果要求气动执行元件在运动过程中的某个中间位置停下来，则要求气动系统具有位置控制功能。常采用的位置控制方式有气压控制方式、机械挡块方式、气液转换方式和制动气缸控制方式等。

1. 采用三位阀的控制方式

图 15.33(a)所示为采用三位五通阀中位封闭式的位置控制回路。当阀处于中位时，气缸两腔的压缩空气被封闭，活塞可以停留在行程中的某一位置。这种回路不允许系统有内泄漏，否则气缸将偏离原停止位置。另外，由于气缸活塞两端作用面积不同，阀处于中位后活塞仍将移动一段距离。

图 15.33(b)所示的回路可以克服上述缺点，因为它在活塞面积较大的一侧和控制阀之间增设了调压阀，调节调压阀的压力，可以使作用在活塞上的合力为零。

图 15.33(c)所示的回路采用了中位加压式三位五通换向阀，适用于活塞两侧作用面积相等的气缸。

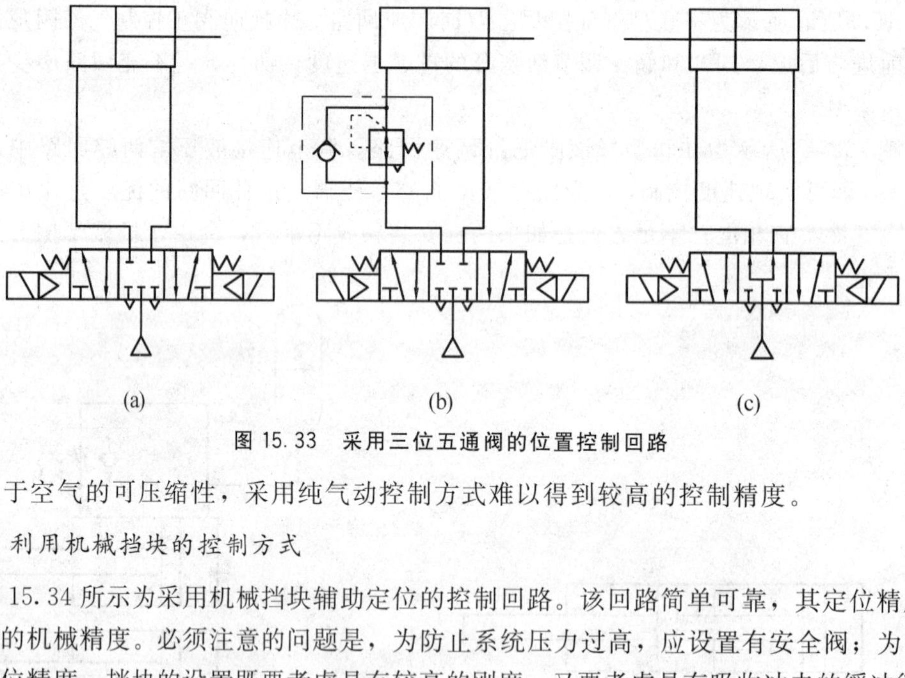

图 15.33 采用三位五通阀的位置控制回路

由于空气的可压缩性，采用纯气动控制方式难以得到较高的控制精度。

2. 利用机械挡块的控制方式

图 15.34 所示为采用机械挡块辅助定位的控制回路。该回路简单可靠，其定位精度取决于挡块的机械精度。必须注意的问题是，为防止系统压力过高，应设置有安全阀；为了保证高的定位精度，挡块的设置既要考虑具有较高的刚度，又要考虑具有吸收冲击的缓冲能力。

3. 采用气液转换的控制方式

图 15.35 所示为采用气液转换器的位置控制回路。当液压缸运动到指定位置时，控制信号使五通电磁阀和二通电磁阀均断电，液压缸有杆腔的液体被封闭，液压缸停止运动。采用气液转换方法的目的是获得高精度的位置控制效果。

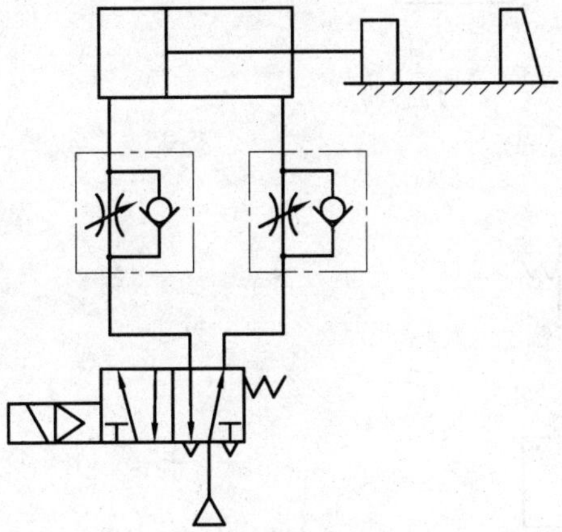

图 15.34　采用机械挡块的位置控制回路

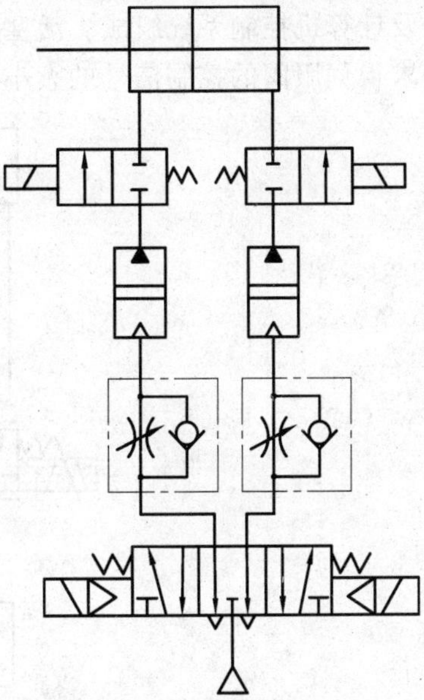

图 15.35　采用气液转换器的位置控制回路

4. 利用制动气缸的控制方式

图 15.36 所示为利用制动气缸实现中间定位控制的回路。在该回路中，三位五通换向阀 1 的中位机能为中位加压型，二位五通阀 2 用来控制制动活塞的动作，利用带单向阀的减压阀 3 来进行负载的压力补偿。当阀 1、2 断电时，气缸在行程中间制动并定位；当阀 2 通电时，制动解除。

5. 采用比例阀、伺服阀的方法

比例阀和伺服阀可连续控制压力或流量的变化，不采用机械式辅助定位也可达到较高精度的位置控制。

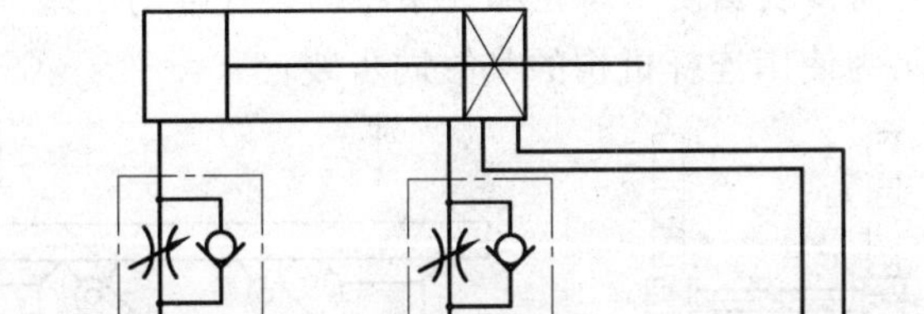

图 15.36　采用制动气缸的位置控制回路

图 15.37 所示为采用流量伺服阀的位置控制回路。该回路由气缸、流量伺服阀、位移

传感器及计算机控制系统组成。活塞位移由位移传感器获得并送入计算机，计算机按一定的算法求得伺服阀的控制信号的大小，从而控制活塞停留在期望的位置上。

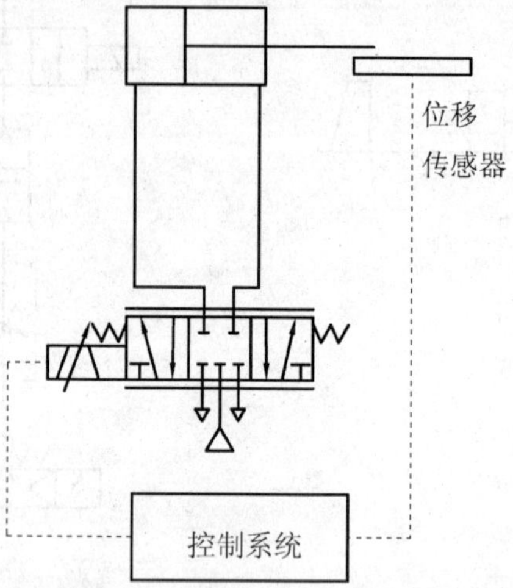

图 15.37 采用流量伺服阀的连续位置控制回路

15.5 同步控制回路

同步控制回路是指驱动两个或多个执行机构以相同的速度移动或在预定的位置同时停止的回路。由于气体的可压缩性及负载的变化等因素，要使它们保持同步并非易事。

为了实现同步，通常采用以下方法。

1. 利用机械连接的同步控制

将两个气缸的活塞杆通过机械结构连接在一起，理论上此方法可以实现最可靠的同步动作。

图 15.38(a)所示的同步装置使用齿轮和齿条将两只气缸的活塞杆连接起来，使其同步动作。图 15.38(b)所示为使用连杆机构的气缸同步装置。

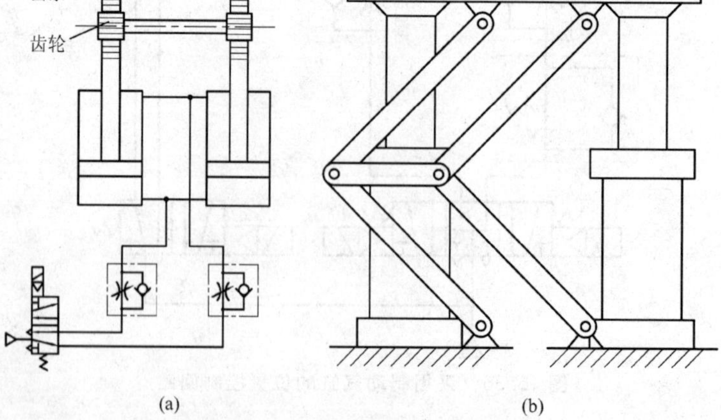

图 15.38 利用机械连接的同步控制

对于机械连接同步控制来说，其缺点是机械误差会影响同步精度，且两个气缸的设置距离不能太大，机构较复杂。

2. 利用节流阀的同步控制回路

图 15.39 所示为采用出口节流调速的同步控制回路。由节流阀 4、6 控制缸 1、2 同步上升，由节流阀 3、5 控制缸 1、2 同步下降。如果气缸缸径相对于负载来说足够大，工作压力足够高的话，用这种同步控制方法则可以取得一定程度的同步效果。

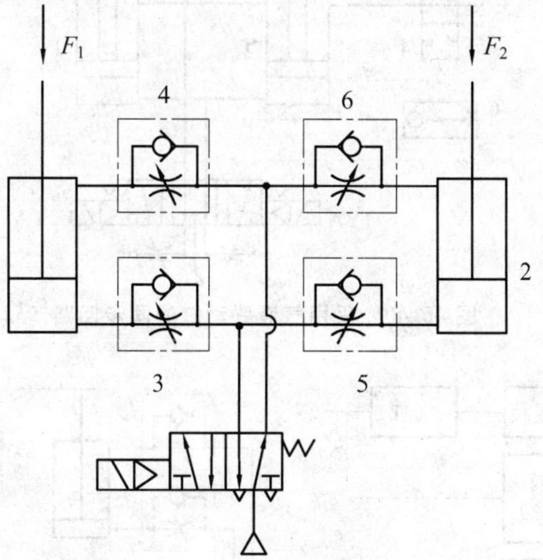

图 15.39　利用节流阀的同步控制回路

上述同步方法是最简单的气缸速度控制方法，但它不能适应负载 F_1 和 F_2 变化较大的场合，即当负载变化时，同步精度要降低。

3. 采用气液联动缸的同步控制回路

对于负载在运动过程中有变化且要求运动平稳的场合，使用气液联动缸可取得较好的效果。

图 15.40 所示为使用两个气缸和液压缸串联而成的气液缸的同步控制回路。图中工作平台上施加了两个不相等的负载 F_1 和 F_2，且要求水平升降。当回路中的电磁阀 7 的 1YA 通电时，阀 7 左位工作，压力气体流入气液缸 1、2 的下腔中，克服负载 F_1 和 F_2 推动活塞上升。此时，在从梭阀 6 来的先导压力的作用下，常开型两通阀 3、4 关闭，使气液缸 1 的油缸上腔的油压入气液缸 2 的油缸下腔，气液缸 2 的油缸上腔的油被压入气液缸 1 的油缸下腔，从而使它们保持同步上升。同样，当电磁阀 7 的 2YA 通电时，可使气液联动缸向下的运动保持同步。

这种上下运动中，由于泄漏造成的液压油不足可在电磁阀不通电的图示状态下从油箱 5 自动补充。为了排出液压缸中的空气，须设置放气塞 8 和 9。

4. 闭环同步控制方法

在开环同步控制方法中，产生的同步误差虽然可以在气缸的行程端点等特殊位置进行修正，但为了实现高精度的同步控制，应采用闭环同步控制方法，在同步动作中连续地对同步误差进行修正。

图 15.41(a)、图 15.41(b)所示分别为反馈同步控制的方块图和气动回路图。

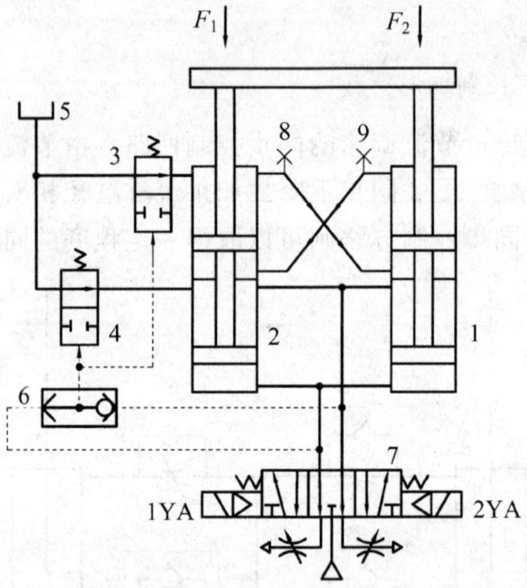

图 15.40 采用气液联动缸的同步回路

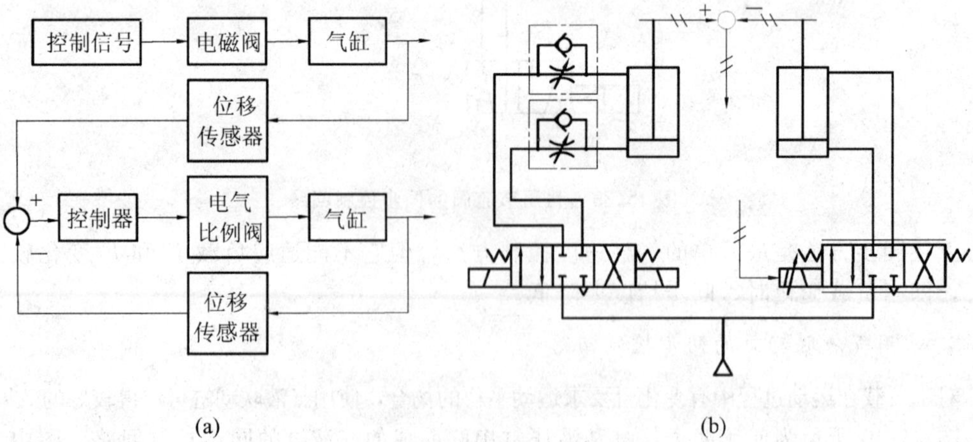

图 15.41 闭环同步控制回路

15.6 安全保护回路

由于气动执行元件的过载、气压的突然降低以及气动执行机构的快速动作等，情况都可能危及操作人员或设备的安全，因此在气动回路中，常常要加入安全回路。

1. 双手操作安全回路

所谓双手操作回路就是使用了两个启动用的手动阀，只有同时按动这两个阀时才动作的回路。这在锻压、冲压设备中常用来避免误动作，以保护操作者的安全及设备的正常工作。

图 15.42(a)所示的回路需要双手同时按下手动阀时，才能切换主阀，气缸活塞才能下落并锻、冲工件。实际上给主阀的控制信号相当于阀 1、2 相“与”的信号。如阀 1(或 2)的弹簧折断不能复位，此时单独按下一个手动阀，气缸活塞也可以下落，所以此回路并不十分安全。

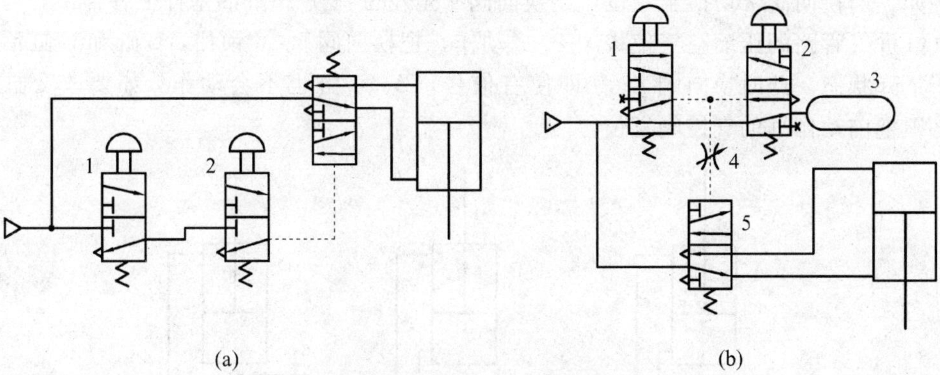

图 15.42　双手操作安全回路

在图 15.42(b)所示的回路中，当双手同时按下手动阀时，气罐 3 中预先充满的压缩空气经节流阀 4，延迟一定时间后切换阀 5，活塞才能落下。如果双手不同时按下手动阀，或因其中任一个手动阀弹簧折断不能复位，气罐 3 中的压缩空气都将通过手动阀 1 的排气口排空，不足以建立起控制压力，因此阀 5 不能被切换，活塞也不能下落。所以此回路比上述回路更为安全。

2. 过载保护回路

当活塞杆在伸出途中遇到故障或其他原因使气缸过载时，活塞能自动返回的回路称为过载保护回路。

如图 15.43 所示的是过载保护回路。按下手动换向阀 1，使二位五通换向阀 2 处于左位，活塞右移前进，正常运行时，挡块压下行程阀 5 后，活塞自动返回；当活塞运行中途遇到障碍物 6 时，气缸左腔压力升高超过预定值时，顺序阀 3 打开，控制气体可经梭阀 4 将主控阀切换至右位(图示位置)，使活塞缩回，气缸左腔压缩空气经阀 2 排掉，可以防止系统过载。

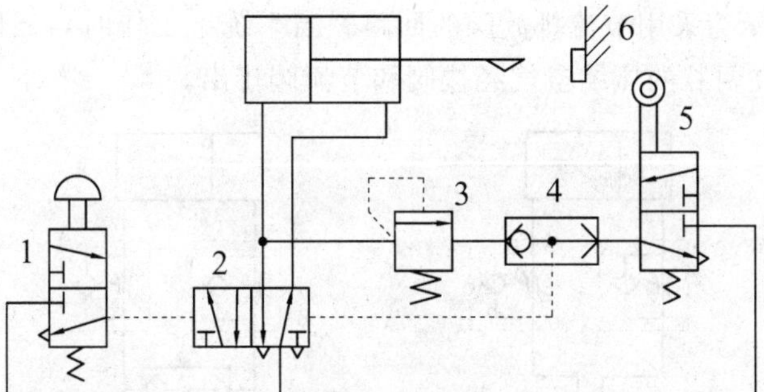

图 15.43　过载保护回路

3. 互锁回路

图 15.44 所示为互锁回路。该回路能防止各气缸的活塞同时动作，而保证只有一个活塞动作。该回路的技术要点是利用了梭阀 1、2、3 及换向阀 4、5、6 进行互锁。

例如，当换向阀 7 切换至左位，则换向阀 4 至左位，使 A 缸活塞杆上移伸出。与此同时，气缸进气管路的压缩空气使梭阀 1、2 动作，把换向阀 5、6 锁住，B 缸和 C 缸活塞杆均处于下降状态。此时换向阀 8、9 即使有信号，B、C 缸也不会动作。如要改变缸的动作，必须把前动作缸的气控阀复位。

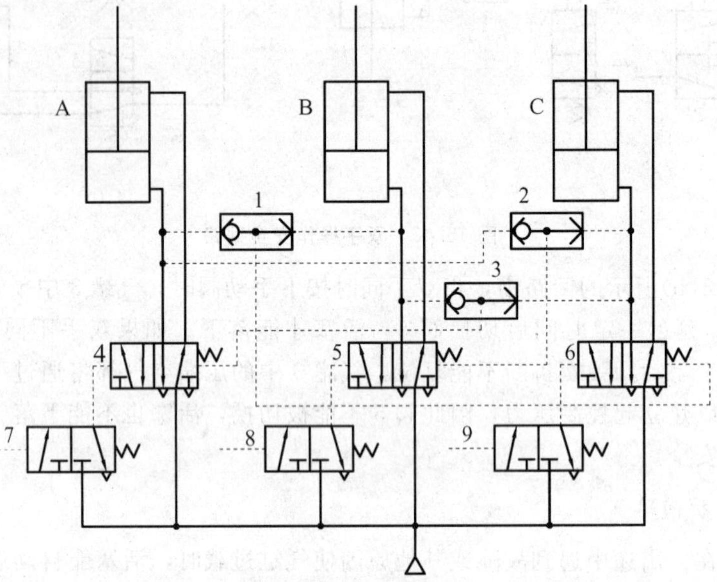

图 15.44 互锁回路

4. 残压排出回路

气动系统工作停止后，在系统内残留有一定量的压缩空气，这对系统的维护造成了很多不便，严重时可能发生伤亡事故。

图 15.45(a)所示为采用三通残压排放阀的回路，在系统维修或气缸动作异常时，气缸内的压缩空气经三通阀排出，气缸在外力的作用下可以任意移动。

图 15.45(b)所示为采用节流排放阀的回路。当系统不工作时，三位五通阀处于中位。将节流阀打开，气缸两腔的压缩空气经梭阀和节流阀排出。

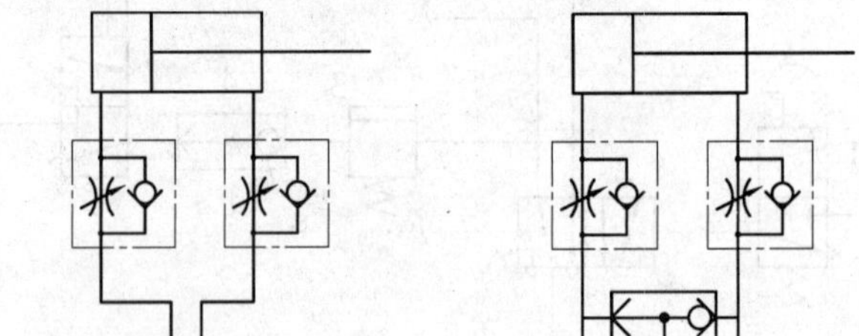

(a) (b)

图 15.45 残压排出回路

5. 防止启动冲出回路

在进行气动系统设计时，应充分考虑气缸启动时的安全问题。当气缸有杆腔的压力为大气压时，气缸在启动时容易发生始动冲出现象，会造成设备的损坏。

图 15.46(a)所示为使用了中位加压机能三位五通电磁阀的防止启动冲出回路。当气缸为单活塞杆气缸时，由于气缸有杆腔和无杆腔的压力作用面积不同，因此应考虑电磁阀处于中位时，使气缸两侧的压力保持平衡。这样气缸在启动时就能保证排气侧有背压，不会以很快的速度冲出。

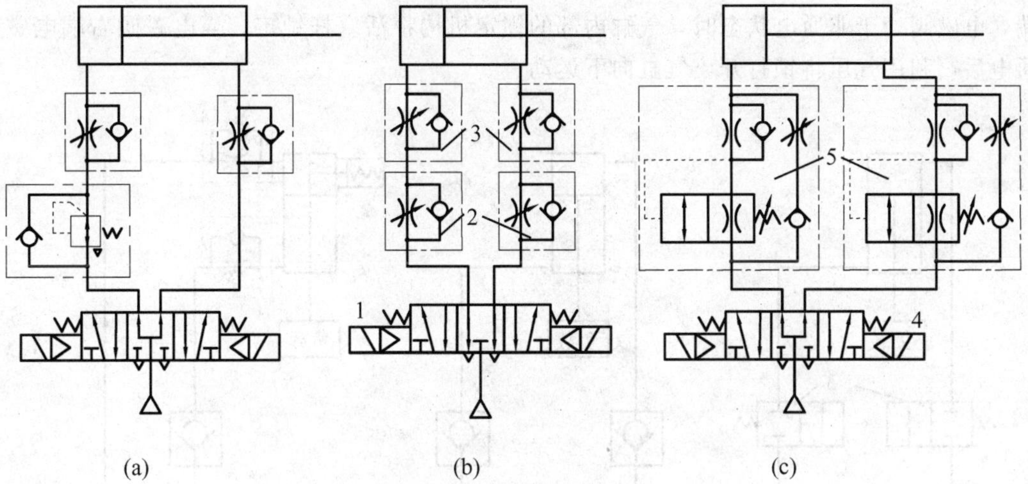

图 15.46 防止启动冲出回路

图 15.46(b)所示为采用进气节流调速的防止启动冲出回路。当五通电磁阀 1 断电时，气缸两腔都泄压；启动时，利用节流阀 3 的进口节流调速功能防止启动冲出。由于进口节流调速的调速特性较差，因此在气缸的出口侧还串联了一个出口节流阀 2，用来改善启动后的调速特性。需要注意进口节流阀 3 和出口节流阀 2 的安装顺序，进口节流阀 3 应靠近气缸。

由于进气节流调速的调速特性较差，因此希望在气缸启动后，完全消除进口节流调速阀的影响，只使用出口节流来进行速度控制。专用的防止启动冲出阀就是为此而开发出来的。

图 15.46(c)所示为采用了防止启动冲出阀(即复合速度控制阀 5)的防止启动冲出回路。此回路在正常驱动时为出口节流调速，但在气缸内没有压力的状态下启动时将切换为进口节流调速，以达到防止启动冲出的目的。

例如，当三位五通电磁阀 4 左端电磁铁通电后，阀 5 中的二通阀处于右位，压缩空气经固定节流口向气缸无杆腔供气，气缸活塞杆低速伸出。当气缸无杆腔压力达到一定值时，二通阀切换到左位，变为正常的出口节流速度控制。

6. 防止下落回路

气缸在垂直使用且带有负载的场合如果突然停电或停气，气缸将会在负载重力的作用下伸出，为了保证安全，通常应考虑加设防止落下机构。

图 15.47(a)所示为采用了两个二位二通气控阀的防止下落回路。当三位五通电磁阀 1 左端电磁铁通电时，压缩空气经梭阀 2 作用在两个二通气控阀 3 上，使它们换向，气缸向

下运动。同理，当电磁阀右端电磁铁通电时，气缸向上运动。当电磁阀不通电时，加在二通气控阀上的气控信号消失，二通气控阀复位，气缸两腔的气体被封闭，气缸保持在原位置。

图 15.47(b)所示为采用气控单向阀的防止下落回路。当三位五通电磁阀左端电磁铁通电后，压缩空气一路进入气缸无杆腔，另一路将右侧的气控单向阀打开，使气缸有杆腔的气体经由单向阀排出。当电磁阀不通电时，加在气控单向阀上的气控信号消失，气缸两腔的气体被封闭，气缸保持在原位置。

图 15.47(c)所示为采用了行程末端锁定气缸的防止下落回路。当气缸上升至行程末端，电磁阀处于非通电状态时，气缸内部的锁定机构将活塞杆锁定；当电磁阀右端电磁铁通电后，利用气压将锁打开，气缸向下运动。

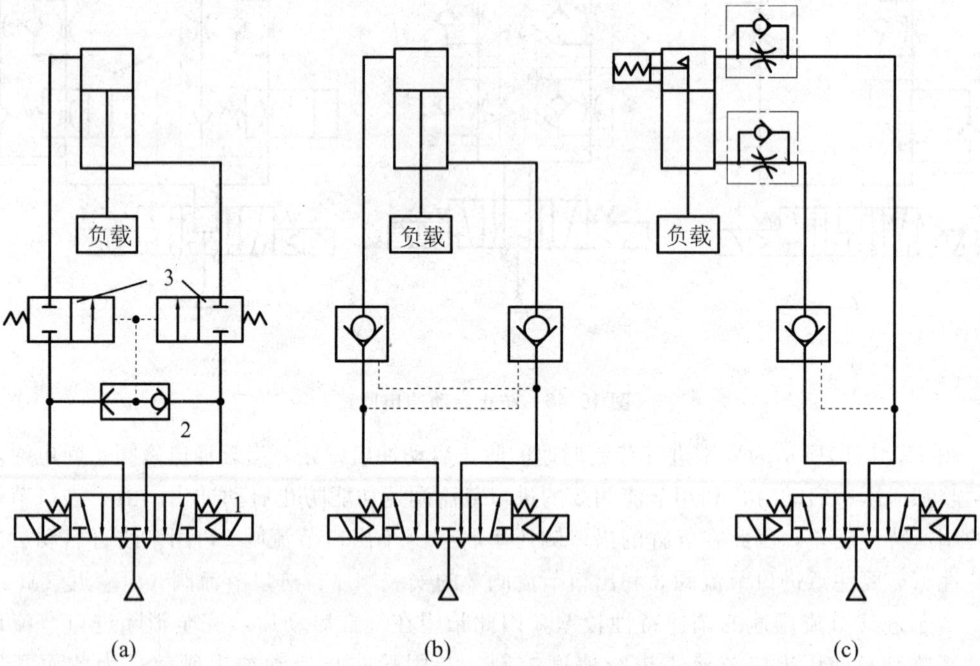

图 15.47　防止下落回路

15.7　习　题

一、填空题

1. 气动回路按功能不同，可以分为________、________、________和________等基本类型，另外还有________、________、________等几种其他控制回路。
2. ________可以构成单作用执行元件和双作用执行元件的各种换向控制回路。
3. 压力控制方法通常可分为________压力控制、________压力控制、________压力控制、________压力控制、________控制等。
4. 速度控制回路是利用________来改变进排气管路的有效截面积，以实现速度控制的。

5. 如果要求气动执行元件在运动过程中的某个中间位置停下来，则要求气动系统应具有________控制功能。

6. ________是指驱动两个或多个执行机构以相同的速度移动或在预定的位置同时停止的回路。

7. 在气动系统中，加入安全回路的目的是为了保证________的安全。

二、判断题

1. 当需要中间定位时，可采用三位五通阀构成的换向回路。（　　）
2. 气动系统的差动回路可以实现快速运动。（　　）
3. 一次压力控制回路通常是指气源压力控制回路。（　　）
4. 减压阀是各种压力控制回路的主要核心元件。（　　）
5. 为了提高速度平稳性、加工精确性，可通过气液转换器或气液阻尼缸实现。（　　）
6. 采用闭环同步控制方法，可以实现高精度的同步控制。（　　）
7. 互锁回路的作用是防止气缸动作而相互锁紧。（　　）

三、选择题

1. 以下不属于压力控制回路的是________。

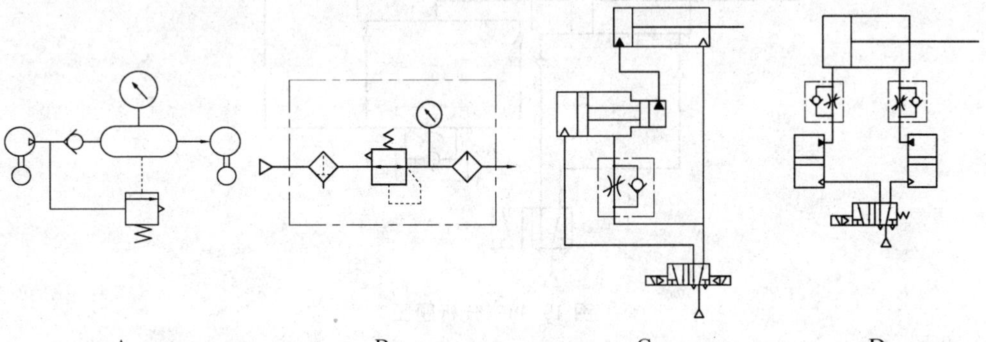

A　　B　　C　　D

2. 在气动系统中，有时需要提供两种不同压力，来驱动双作用气缸在不同方向上的运动，这时可采用________。

A. 双作用气缸回路　　B. 双压驱动回路

C. 双向速度回路　　D. 双动控制回路

3. 残压排出回路属于________回路。

A. 压力控制　　B. 安全保护　　C. 调压　　D. 减压

4. 气液联动速度控制回路常用元件是________。

A. 液气转换器　　B. 气液阻尼缸　　C. 气液阀　　D. 气液增压缸

四、问答题

1. 单作用气缸和双作用气缸的换向回路的主要区别是什么？
2. 欲使双作用气缸自动换向，且在任意位置停止，可选择哪些换向阀？试画出回路图。

3. 何谓差动回路？用一个二位三通阀控制一个单杆双作用气缸，试设计此差动回路。

4. 双级压力控制回路和双向驱动回路有何区别？

5. 气动系统的增压回路的主要核心元件是什么？简述其增压原理。

6. 速度控制回路中主要采用哪几种流量控制阀？进、排气节流调速回路有何区别？

7. 何谓缓冲回路？常用方法有哪些？

8. 气液转换速度控制回路有何优越性？其核心元件是什么？

9. 如果要求气动执行元件在运动过程中的某个中间位置停下来，则要求气动系统具有何功能？常采用哪些方式进行控制？

10. 利用节流阀的同步控制回路有何局限性？如何改进？

五、分析题

说明图 15.48 所示气动系统中各组成元件的名称及作用，分析回路工作特点，比较进退速度快慢。

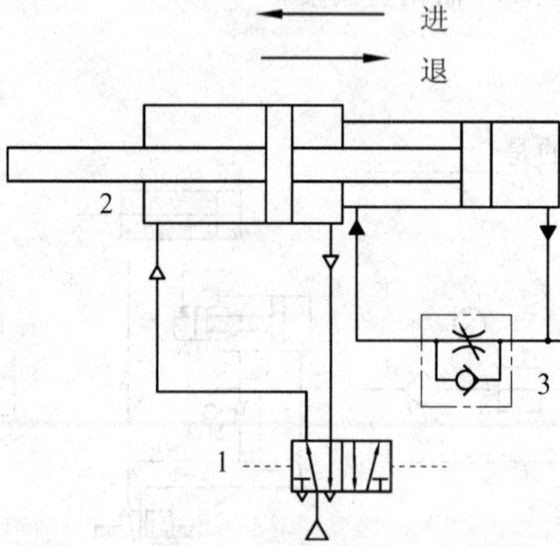

图 15.48　分析题图

第16章 典型气动系统

教学目标	了解典型气动系统的设计与应用情况，认识组成气动系统的元件及其功用，掌握气动系统的控制方法和工作原理；通过企业应用实例，理解全气动控制、电气控制、电气液联合控制方式在气动系统中的不同应用特点。

引例

气动技术以其独特的优点广泛应用于机床行业、汽车制造业、电子半导体制造业、食品饮料行业、生命科学领域，实现了生产、包装自动化，如图16-1所示为几个典型气动系统实例。

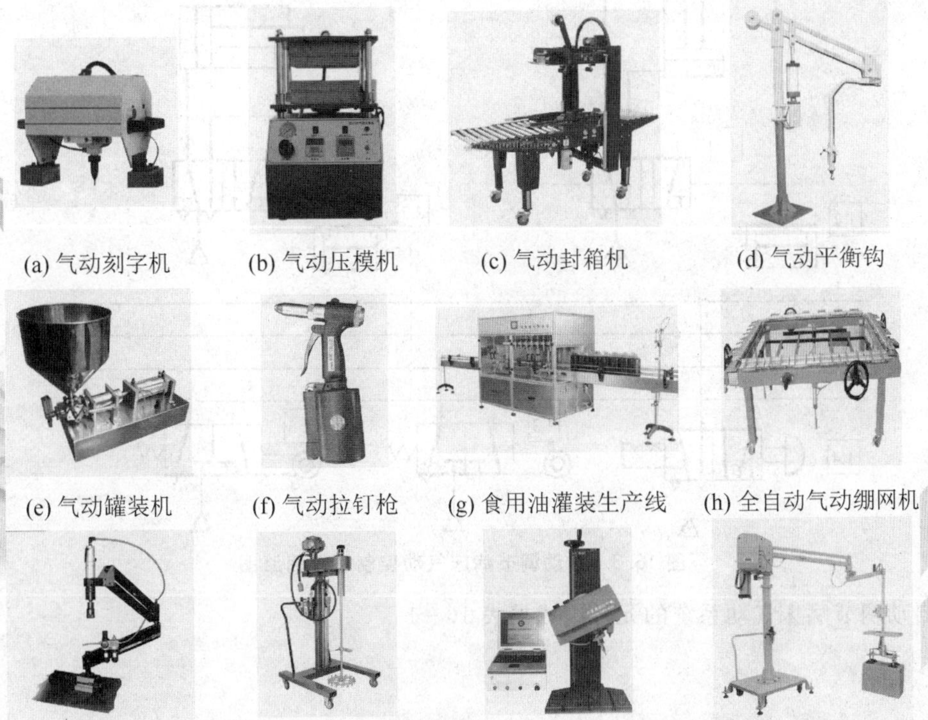

(a) 气动刻字机　(b) 气动压模机　(c) 气动封箱机　(d) 气动平衡钩
(e) 气动罐装机　(f) 气动拉钉枪　(g) 食用油灌装生产线　(h) 全自动气动绷网机
(i) 气动攻丝机　(j) 气动搅拌机　(k) 气动打标机　(l) 气动助力机械手

图16.1　典型气动系统

16.1 全气动控制系统的典型实例

图 16.2(a)所示为某医院的自动调节病床。这种病床专门为一些行动不便，特别是大小便需要有人照料的病人设计的。在这种病床上，病人只须轻轻按下一个按钮，便桶就可以移至方便病人使用的合适位置，用完后病人只须松开按钮，便桶就可以移回原位，图 16.2(b)所示为其动作示意图。

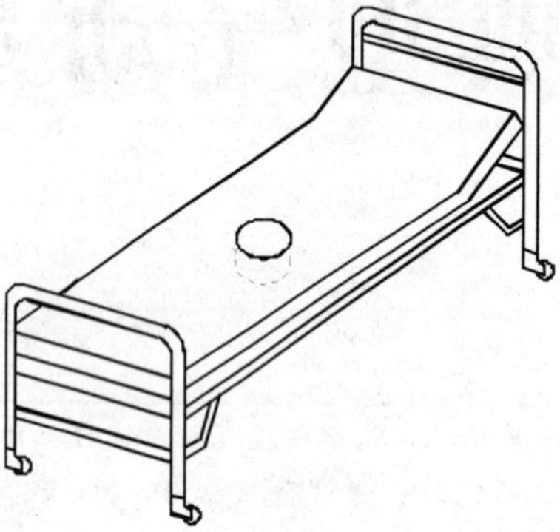

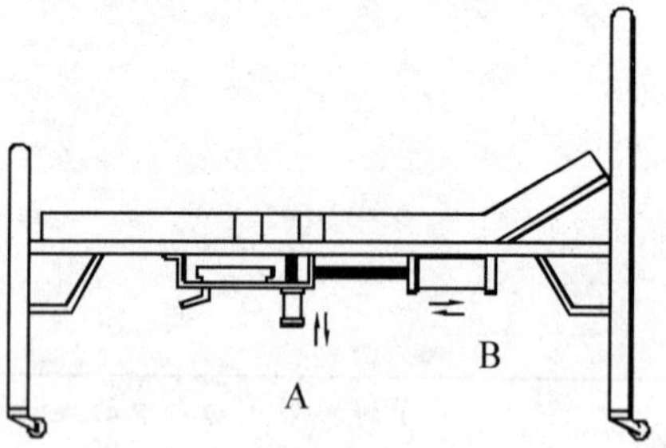

图 16.2 自动调节病床

图 16.3 所示为自动调节病床的气动控制系统。该系统由两个气缸控制，垂直气缸 A 使可动床垫移开或复位，水平气缸 B 使便桶水平移动到位或复位。

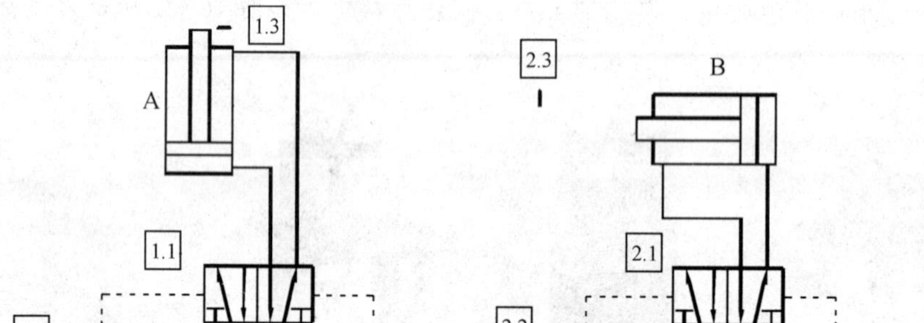

图 16.3 自动调节病床气动控制系统回路图

自动调节病床气动系统的元件组成见表 16－1。

表 16-1 设备元件表

标号	名称类型	标号	名称类型
A	双作用气缸	B	双作用气缸
1.1	双气控二位五通换向阀	2.1	双气控二位五通换向阀
1.2	“与”门型梭阀	2.2	“与”门型梭阀
1.3	二位三通滚轮杆行程阀	2.3	二位三通滚轮杆行程阀
1.4	二位五通手动换向阀	—	—

两缸的动作顺序要求是：当病人按下手动阀[1.4]按钮时，气缸A的活塞杆向下后退，可动床垫移开；退到底后，气缸B向右后退，便桶到位；当病人松开按钮[1.4]时，气缸B向左前进，便桶复位后，气缸A上升，床垫复位。

图16.4所示为该系统的位移步骤。图中横轴表示时间步序，纵轴表示动作位移(气缸的伸缩行程)，控制信号与各步骤动作之间的关系如下。

(1) 初始位置：气缸A和气缸B的活塞杆初始位置均处于伸出状态。

(2) 步骤1～2：按下手动阀[1.4]的按钮使其切换至左位，气控阀[1.1]换至右位，气缸A向下后退。此时气缸B的活塞杆仍处于初始位置，停止不动。气缸A退到底后，压下行程阀[1.3]。

(2) 步骤2～3：按下阀[1.4]和压下阀[1.3]的信号通过“与”门阀[2.2]使气控阀[2.1]换至左位，气缸B向右后退。

(4) 步骤3～4：拉起手动阀[1.4]使其切换至右位，气控阀[2.1]换至右位，气缸B向左伸出。此时气缸A停止不动。气缸B进到底后，压下行程阀[2.3]。

(5) 步骤4～5：拉起阀[1.4]和压下阀[2.3]，信号通过“与”门阀[1.2]使气控阀[1.1]换至左位，气缸A向上伸出。

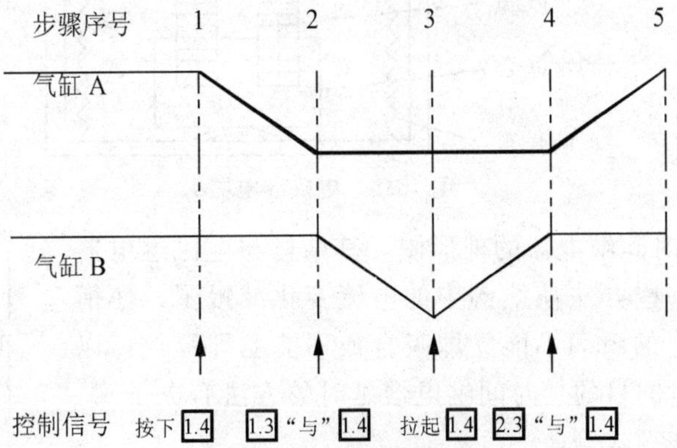

图16.4 位移步骤图

16.2 继电器控制气动系统的设计应用

16.2.1 概述

继电器控制系统是用继电器、行程开关、转换开关等有触点低压电器构成的电器控制系统。

继电器控制系统的特点是动作状态比较清楚，但系统线路比较复杂，变更控制过程以及扩展比较困难，灵活性和通用性较差，主要适用于小规模的气动顺序控制系统。

继电器控制电路中使用的主要元件为继电器。继电器有很多种，如电磁继电器、时间继电器、干簧继电器和热继电器等。

图 16.5 所示为电磁继电器的结构原理图，它是一种最常用的继电器，主要由固定铁心、可动铁心(衔铁)、线圈、返回弹簧、固定触点和可动触点等组成。

当线圈中通以规定的电压或电流后，衔铁就会在电磁吸力的作用下克服弹簧拉力，使常闭触点(a 触点)断开，常开触点(b 触点)闭合；线圈失电后，电磁力消失，衔铁在返回弹簧的作用下返回原位，使常闭触点闭合，常开触点断开。

电磁继电器根据线圈中流过的电流种类分为直流继电器和交流继电器。交流继电器的铁心和衔铁一般多用硅钢片，以减小涡流；直流继电器的铁心和衔铁则多用铸钢。电磁继电器也可按线圈的多少分为电流式和电压式。圈数多电流小的为电压式，圈数少电流大的则为电流式。

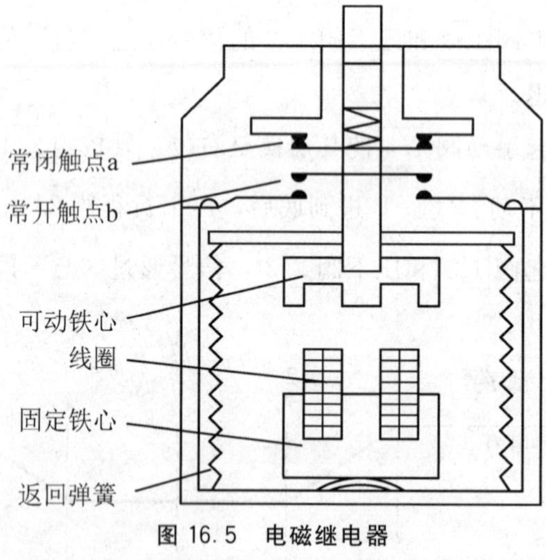

图 16.5 电磁继电器

图 16.6 所示为时间继电器的外形图，其结构与电磁继电器类似，只是采用了一些办法使线圈中的电流变化减慢了，使衔铁在线圈通电或断电的瞬间不能立即吸合或不能立即释放，以达到使衔铁动作延时的目的。时间继电器延时的方法有电子式、短路铜套涡流式、气囊式等。

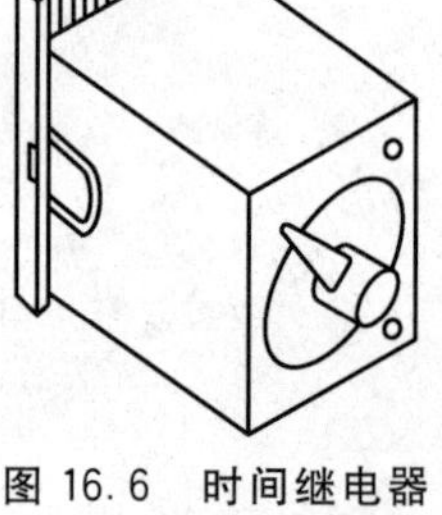

图 16.6 时间继电器

16.2.2 继电器梯形图

梯形图是利用电器元件符号进行顺序控制系统设计的最常用的一种方法。其特点是与电/气操作原理图相呼应，比较直观，图 16.7 所示为梯形图的一个示例。

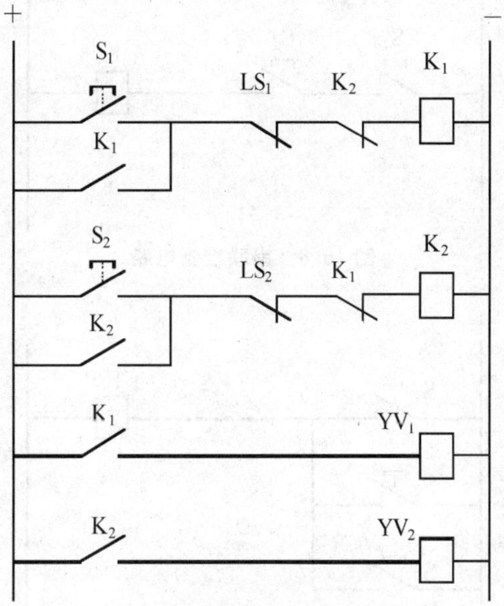

图 16.7 继电器梯形图示例

(1)一个梯形图网络由多个梯级组成，每个输出元素(继电器线圈等)可构成一个梯级。

(2) 每个梯级可由多个支路组成，每个支路最右边的元素通常是输出元素。

(3) 梯形图从上至下按行绘制，两侧的竖线类似电器控制图的电源线，称做母线。

(4) 每一行从左至右，左侧总是安排输入触点，并且把并联触点多的支路靠近左端。

(5) 各元件均用图形符号表示，并按动作顺序画出。

(6) 各元件的图形符号均表示未操作时的状态。

(7) 在元件的图形符号旁要注上字母符号。

(8) 没有必要将接线端子和接线关系真实地表示出来。

16.2.3 常用继电器控制电路

在气动顺序控制系统中，利用各种电器元件构成的控制电路是多种多样的，但不管系统多么复杂，其电路都是由一些基本的控制电路组成的。

1. 串联电路

如图 16.8 所示为串联电路，它由两个起动按钮 S_1 和 S_2 串联后控制继电器 K 动作，此串联电路实际上属于逻辑“与”电路。它可用于安全操作系统，例如，一台设备为了防止误操作，保证生产安全，就可以安装两个起动按钮，操作者必须同时按下两个起动按钮时，设备才能开始运行。

2. 并联电路

图 16.9 所示为并联电路也称为逻辑“或”电路，一般用于要求在一条自动化生产线

上的多个操作点可以进行作业的场合，操作时只须按下起动按钮 S_1、S_2 和 S_3 中的任一个，继电器 K 均可实现动作。

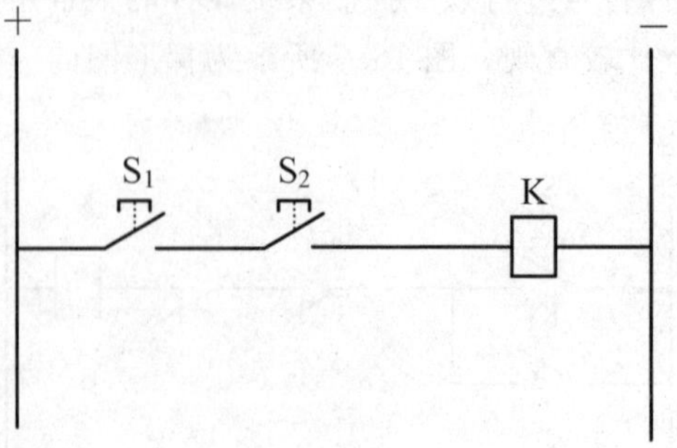

图 16.8 串联控制电路

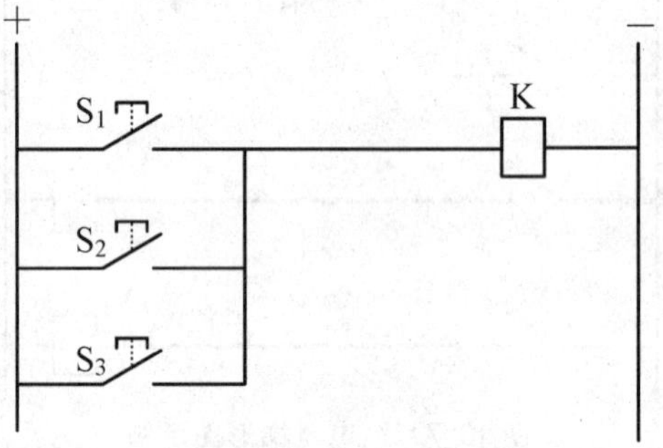

图 16.9 并联控制电路

3. 自保持电路

自保持电路也称为记忆电路，图 16.10 中列举了两种自保持电路。

图 16.10(a)所示为停止优先自保持电路。图中的按钮 S_1 按一下即会放开，发出的是一个短信号。但由于继电器 K 的常开触点 K 和开关 S_1 并联，当松开 S_1 后，继电器 K 也会通过常开触点 K 继续保持得电状态，使继电器 K 获得“记忆”。图中 S_2 是用来解除自保持状态的按钮，并且因为当 S_1 和 S_2 同时按下时，S_2 先切断电路，S_1 按下是无效的，因此这种电路也称停止优先自保持电路。

图 16.10(b)所示为起动优先自保持电路。在这种电路中，当 S_1 和 S_2 同时按下时，S_1 使继电器 K 动作，S_2 无效，因此这种电路被称为起动优先自保持电路。

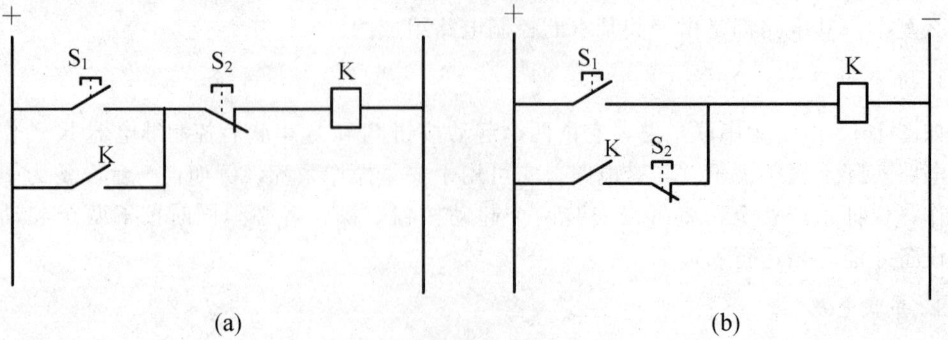

图 16.10 自保持电路

4. 延时电路

随着自动化设备的功能和工序越来越复杂，各工序之间需要按一定的时间紧密配合，各工序时间要求可在一定范围内调节，这需要利用延时电路来实现。延时控制分为延时闭合和延时断开两种。

图 16.11(a)所示为延时闭合电路。当按下起动开关 S_1 后，时间继电器 KT 开始计时，经过设定的时间后，时间继电器触点接通，电灯 H 亮。放开 S_1，时间继电器触点 KT 立刻断开，电灯 H 熄灭。

图 16.11(b)所示为延时断开电路。当按下起动按钮 S_1 时，时间继电器触点 KT 也同时接通，电灯 H 点亮。当放开 S_1 时，时间继电器开始计时，到规定时间后，时间继电器触点 KT 才断开，电灯 H 熄灭。

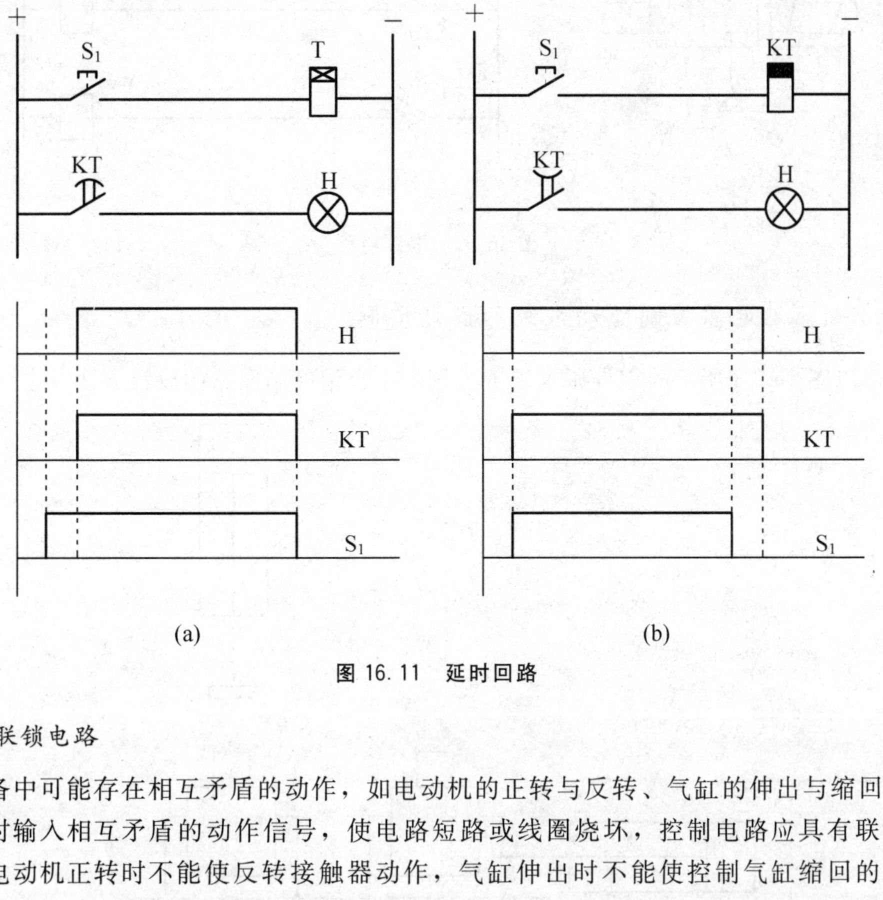

图 16.11　延时回路

5. 联锁电路

设备中可能存在相互矛盾的动作，如电动机的正转与反转、气缸的伸出与缩回。为了防止同时输入相互矛盾的动作信号，使电路短路或线圈烧坏，控制电路应具有联锁的功能。即电动机正转时不能使反转接触器动作，气缸伸出时不能使控制气缸缩回的电磁铁通电。

图 16.12(a)所示为双电磁铁中位封闭式三位五通换向阀控制的气缸往复回路。图 16.12(b)所示为具有互锁功能的控制电路。将继电器 K_1 的常闭触点加到第 2 行上，将继电器 K_2 的常闭触点加到第 1 行上，这样就保证了继电器 K_1 被励磁时继电器 K_2 不会被励磁；反之，继电器 K_2 被励磁时继电器 K_1 不会被励磁。

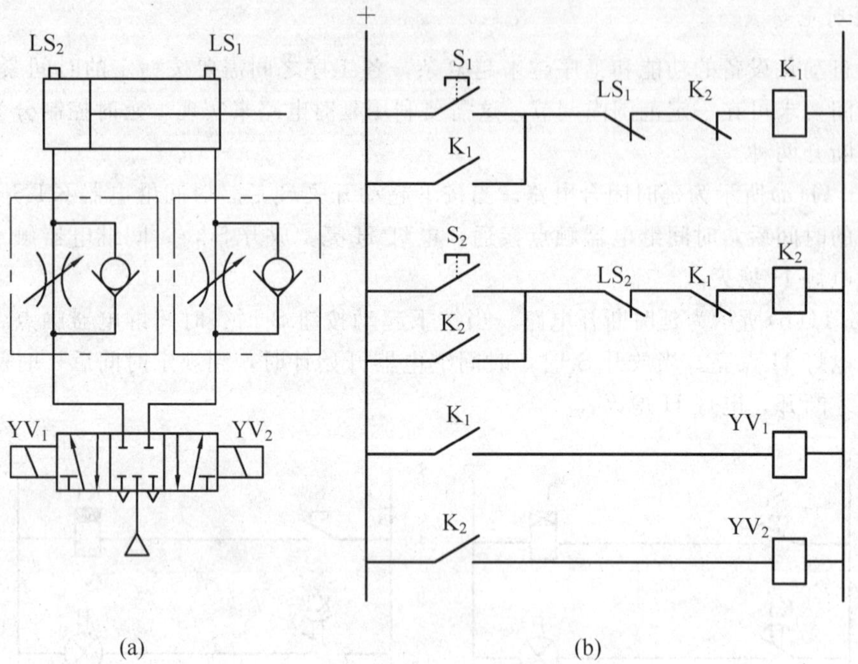

图 16.12 联锁电路

16.2.4 继电器控制气动系统的设计举例

下面以图 16.13 所示的零件压入装置为例，来介绍控制回路的设计方法。

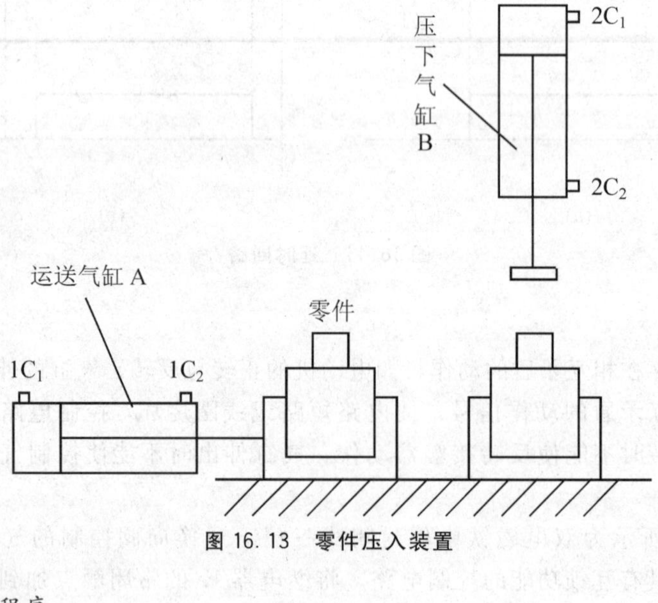

图 16.13 零件压入装置

1. 编制工作程序

首先按顺序列出各个必要的动作，具体如下。

(1) 将工件放在运送台上。

(2) 按下按钮开关后，运送气缸 A 伸出。

(3) 运送台到达行程末端时，压下气缸 B 下降，将零件压入。

(4) 在零件压入状态保持 T 秒。

(5) 压入结束后，压下气缸 B 上升。

(6) 压下气缸到达最高处后，运送气缸 A 后退。

2. 绘制位移步骤图

将两个气缸的顺序动作用位移步骤图表示，如图 16.14 所示。从图中可知，该程序共有 5 个顺序动作：气缸 A 伸出→气缸 B 伸出→延时 T→气缸 B 缩回→气缸 A 缩回。

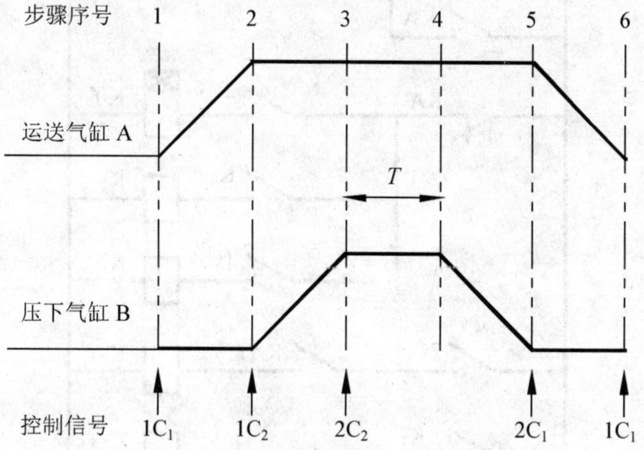

图 16.14 零件压入装置的位移步骤图

3. 绘制气动回路图

图 16.15 所示为零件压入装置的气动回路图，其中运送气缸采用双电控阀控制，压下气缸采用单电控阀控制。

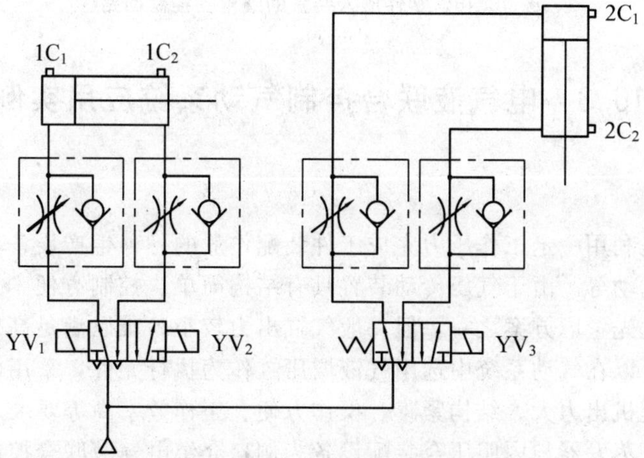

图 16.15 零件压入装置的气动回路图

4. 绘制继电器控制电路梯形图

图 16.16 所示为在零件压入装置中常用的控制回路，这是用一个继电器控制一个电磁铁线圈的继电器控制回路。

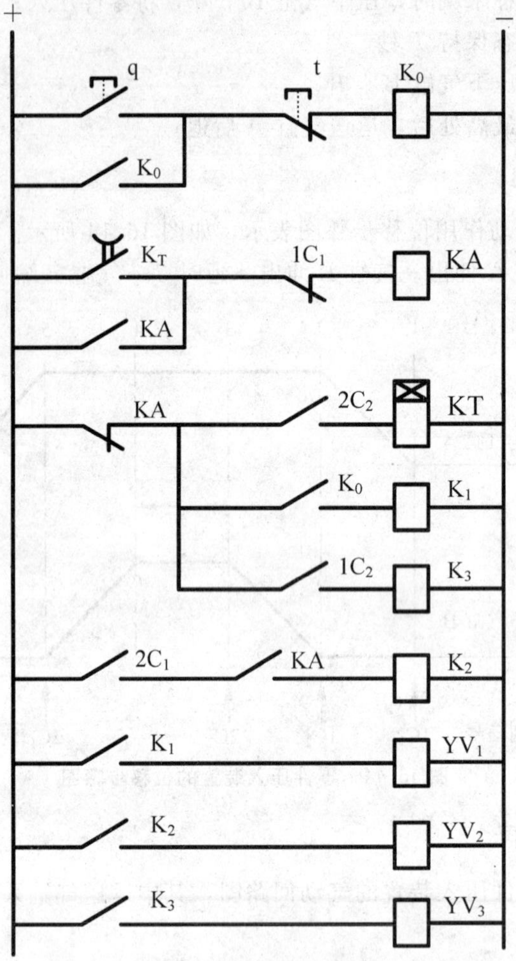

图 16.16 零件压入装置的继电器控制回路

16.3 电气液联合控制气动系统应用实例

1. 概述

压合装配机是利用一定工作压力完成工件装配作业的一种生产设备，常用的驱动方式有机械、液压、气动等。由于气压传动装置具有结构简单、控制方便、无污染、价格低等优点，通常作为优先考虑方案之一，但一般气缸出力较小，难以满足高压装配的要求。为了解决该问题，可以在气动系统中选用气液增压缸作为执行元件，采用电气液联合控制方式，满足压合装配机出力大、结构紧凑、操作方便、工作效率高等要求。

现以某冰箱厂蒸发器与内胆压合装配设备为例，介绍电气液联合控制压合装配机的设计方案。

2. 系统组成

冰箱厂在制作冰箱过程中需要将蒸发器与内胆压合，由于冰箱内胆结构尺寸较大，内胆和蒸发器装配时不但有定位要求，而且装配压合作用力需达到3t，并保压一段时间。为了实现该设备高出力、多动作、自动化操作为主等要求，现设计由多个执行元件组成的气动系统，图 16.17 所示为压合装配机实图，图 16.18 所示为气动系统原理图。该系统由完成压合的气液增压缸 A、内胆定位阻挡气缸 B、蒸发器定位气缸 C、提升内胆的顶板气缸 D 和支承内胆的插板气缸 E 组成，各气缸的运动方向由电控换向阀控制，运动速度由单向节流阀调节。气源供气压力达 0.6～0.7MPa，主要气动元件选用 MARTO 和 SMC 产品，各气缸的型号规格分别为：缸 A（MPT63－200－20－3T），气缸 B（CP95SDB40－100），气缸 C（CP95SDB40 － 75 － Z73L），气 缸 D（CP95SDB80 － 500 － Z73L），气 缸 E（CP95SDB50－75－Z73L）。

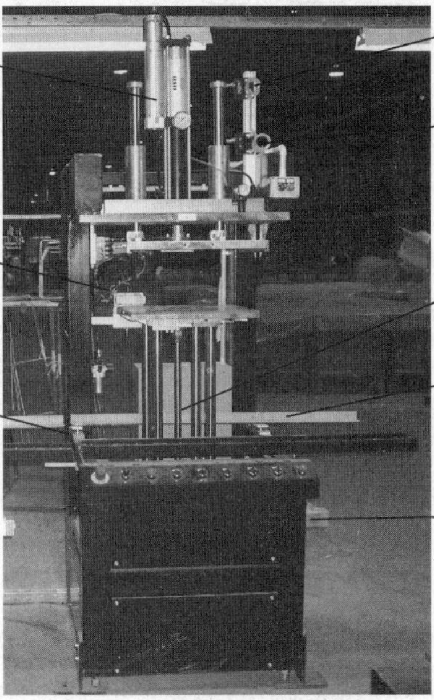

图 16.17　压合装配机实图

3. 工作原理

1）气液增压缸工作过程

气液增压缸 A 的结构组成及工作原理如图 16.19 所示，这种气液增压缸将液压缸和增压器结合成为一体式，其缸内有增压活塞 1 和工作活塞 2 两套活塞组件，缸筒上设有 4 个气口，a_1、a_2、a_3 和 a_4，工作部件可以实现 3 个行程。

(1) 空行程。如图 16.18 和图 16.19(a)所示，当电磁铁 7YA 通电时，换向阀 4 左位工作，缸 A 的 a_2、a_3 进气，a_1、a_4 排气，活塞 1 向上缩回，活塞 2 快速向下带动工作部件实现空运行。

(2) 增压行程。如图 16.18 和图 16.19(b)所示，当电磁铁 7YA 和 8YA 同时通电时，阀 4 和阀 5 同时左位工作，缸 A 的 a_1、a_3 进气，a_2、a_4 排气，活塞 1 下行，使活塞 2 上腔压力增大，活塞 2 继续下行，并输出大推力，工作部件完成压合装配动作。

增压原理：设增压活塞 1 的上腔输入压缩空气压力 p_1，增压活塞直径 D_1，工作活塞直径 D_2，活塞杆直径 d_1，根据力平衡原理，可以推导其输出力 F 的计算公式为

$$F=\frac{\pi}{4}p_1\left(\frac{D_1D_2}{d_1}\right)^2$$

当输入一定压力的压缩空气时，即使输入压缩空气压力 p_1 不大，但只要增大 D_1、D_2，减小 d_1，则可以使气液增压缸的输出力 F 增大数十倍。

(3) 返回行程。如图 16.18 和图 16.19(c)所示，当电磁铁 7YA 和 8YA 同时断电时，阀 4 和阀 5 右位工作，缸 A 的 a_2、a_4 进气，a_1、a_3 排气，活塞 1、2 同时向上运动，工作部件处于返回复位状态。

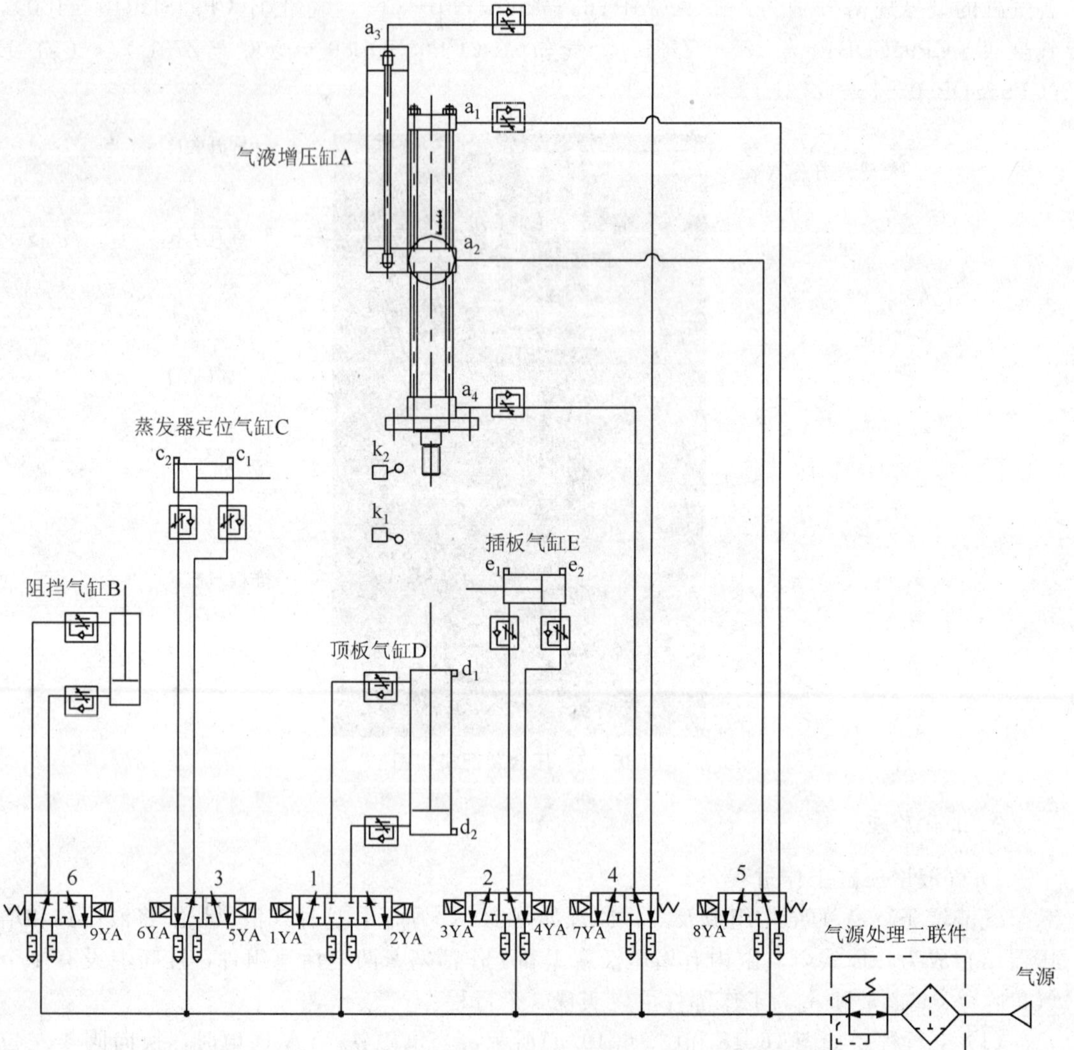

图 16.18　气动系统原理图

052)阻挡气缸伸缩运动

阻挡气缸用于限定内胆左右方向的定位，它由单电控二位五通换向阀 6 控制，该阀的电磁铁 9YA 由光电感传感器和 PLC 控制。当 9YA 断电时，该阀处于常态位(左位)，阻挡气缸 B 活塞保持向上伸出状态，当冰箱内胆沿图 16.18 所示的导向槽被推入时，阻挡气缸 B 限制其前行，起限位作用；当 9YA 通电时，阀 6 右位工作，阻挡气缸 B 活塞向下缩回。由于阻挡气缸 B 活塞伸出时间远长于缩回时间，所以选用弹簧复位式单电控阀控制。

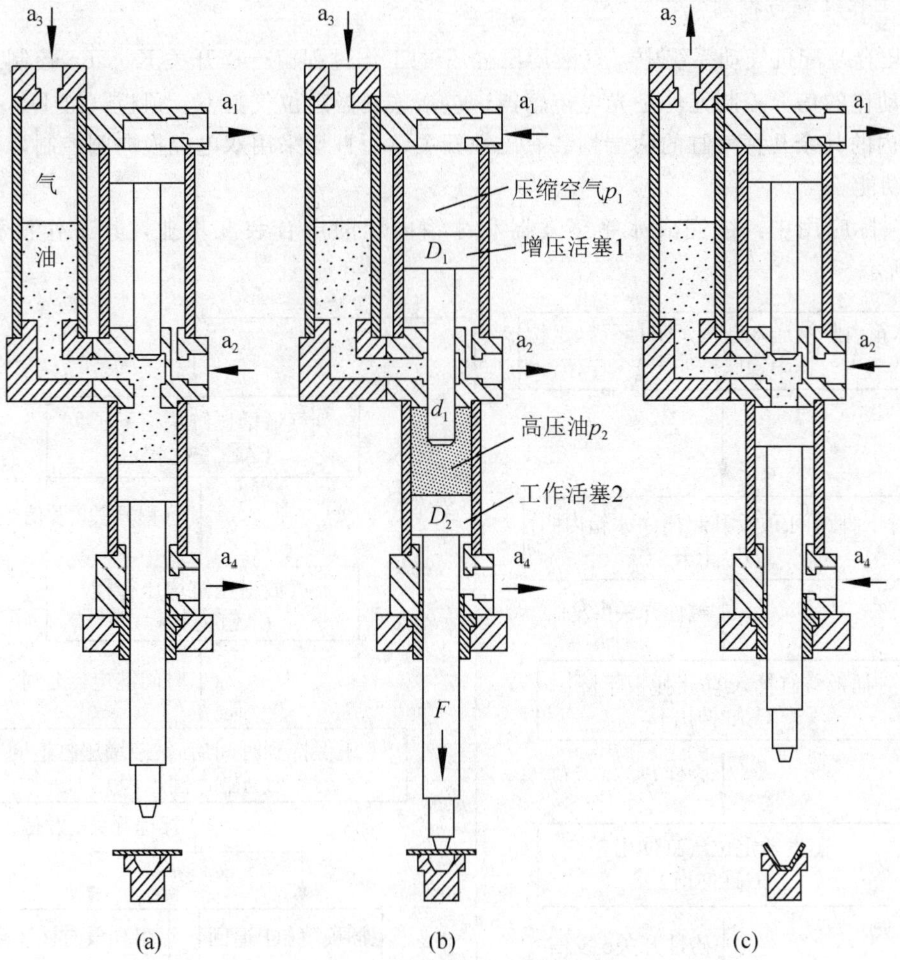

图 16.19　气液增压缸结构原理图

3）顶板气缸升降运动

当冰箱内胆传送到位后，需要由顶板气缸 D 驱动顶板上升，以便托住内胆。此处，采用三位五通双电控换向阀进行控制，当 2YA 通电时，顶板上升，托住内胆；当 1YA 通电时，顶板下降，顶板脱离内胆；当 1YA、2YA 都断电时，顶板可以停留在任意位置，以便在紧急情况下停止动作，确保安全可靠。

4）插板气缸伸缩运动

在顶板上升托住冰箱内胆的同时，为了防止受压后顶板下落，所以设计了插板气缸 E，该气缸由双电控二位五通换向阀 2 控制。3YA 通电，插板伸出，插入顶板底部，防止托板下降；4YA 通电，插板退回。

5）蒸发器定位气缸进退运动

蒸发器定位气缸 C 的进退运动由双电控二位五通换向阀 3 控制。当 5YA 通电时，气缸活塞向外前进，实现蒸发器的定位；当 6YA 通电时，气缸活塞向内退回，使定位元件离开蒸发器，避免压合装配过程中的碰撞，防止定位元件和蒸发器之间发生摩擦磨损。

4. 工作过程与控制

在压合装配机气动系统中，气液增压缸 A 的工作过程由行程开关 K_1、K_2 控制；阻挡气缸 B 动作的信号控制元件是光电传感器；包括蒸发器定位气缸 C、顶板气缸 D、插板气缸 E 在内的其余几种气缸的两端均装有磁性开关，而且均采用双电控换向阀控制，具有断电保持功能。

在实际应用中，欲完成冰箱蒸发器和冰箱内胆的压合装配作业，其工作流程如图 16.20 所示。

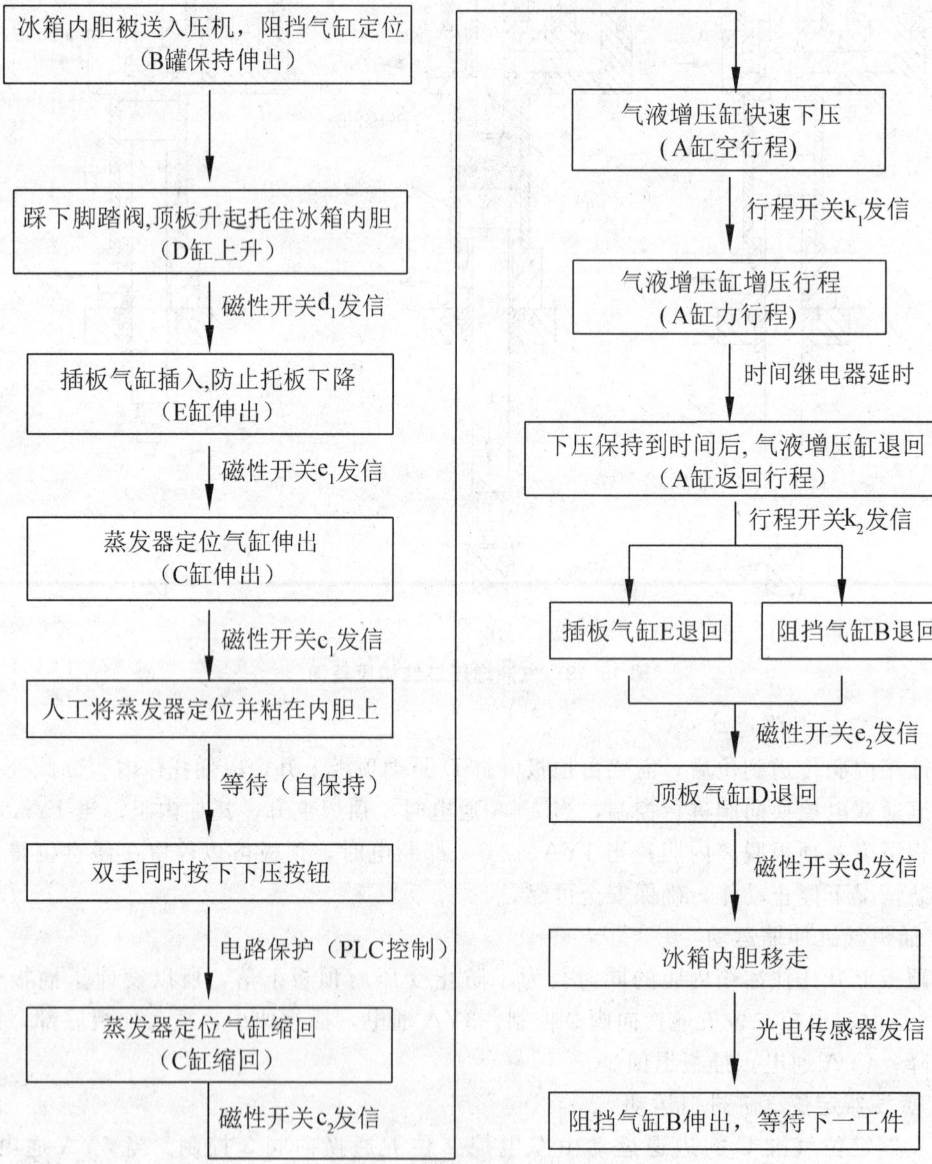

图 16.20 压合装配机工作流程

与压合装配机气动执行元件动作顺序相对应的各电磁铁的工作状态见表 16－2。压合装配机的动作程序由 PLC 控制，工作可靠，控制方便。

表 16-2　压合装配机电磁铁动作顺序表

动作程序	1YA	2YA	3YA	4YA	5YA	6YA	7YA	8YA	9YA
阻挡气缸 B 伸出	−	−	−	−	−	−	−	−	−
顶板气缸 D 上升	+	−	−	−	−	−	−	−	−
插板气缸 E 伸出	−	−	+	−	−	−	−	−	−
蒸发器定位气缸 C 伸出	−	−	−	−	+	−	−	−	−
蒸发器定位气缸 C 缩回	−	−	−	−	−	+	−	−	−
气液增压缸 A 空行程	−	−	−	−	−	−	+	−	−
气液增压缸 A 增力行程	−	−	−	−	−	−	+	+	−
保压一段时间	−	−	−	−	−	−	+	+	−
气液增压缸 A 返回	−	−	−	−	−	−	−	−	−
阻挡气缸 B、插板气缸 E 退回	−	−	−	+	−	−	−	−	+
顶板气缸 D 退回	−	+	−	−	−	−	−	−	−

注："＋"表示电磁铁通电，"－"表示电磁铁断电。

实践证明，该设备投入生产后，采用电气液结合控制方式具有以下明显的优点。

(1) 以压缩空气为动力源，装置简单，环境清洁，保养方便，成本低。

(2) 速度比液压传动快，比气压传动稳定。

(3) 压合作用力可达油压之高出力，非纯气压可达到。

(4) PLC 控制多缸顺序动作，自动化程度高，调试方便，电气箱结构紧凑。

16.4　习　　题

一、填空题

1. 继电器控制系统是用________、________、________等有触点低压电器构成的电器控制系统。
2. 继电器控制系统的特点是动作状态比较清楚，但系统线路比较复杂，变更控制过程及扩展比较困难，灵活性和通用性较差，主要适用于________的气动顺序控制系统。
3. 以压缩空气为动力源，要求输出较稳定运动和高出力时，可以选择________作为执行元件。

二、判断题

1. 继电器控制电路中使用的主要元件为电磁继电器。　（　　）
2. 梯形图是利用气动元件符号进行顺序控制系统设计的最常用的一种方法。　（　　）
3. 在气动顺序控制系统中，不管系统多么复杂，其电路都是由一些基本的控制电路组成的。　（　　）

4. 全气动控制方式是一种从控制到操作全部采用气动元件来实现的一种控制方式，该系统无须控制电路，使用比较方便。 ( )

三、选择题

1. 全气动系统中不属于其主要控制元件的是________。
A. 启动阀　B. 梭阀　C. 延时阀　D. 时间继电器
2. 气液增压缸的输出力大小与________的平方成反比。
A. 压缩空气压力　B. 增压活塞直径　C. 工作活塞直径　D. 增压活塞杆直径
3. ________是顺序控制系统的核心部分。
A. 指令部分　B. 控制器　C. 操作部分　D. 执行机构

四、问答题

1. 全气动顺序控制系统主要采用哪些控制元件以实现顺序动作的?
2. 继电器控制气动系统的电路主要由哪些基本控制电路组成?
3. 简述电气液联合控制气动系统的优越性。

第17章 气动系统的使用与维护

教学目标	了解气动系统使用与维护的基本知识；掌握常见故障诊断与排除的方法，以便在实际工作中能解决实际问题。

引例

TH5840加工中心气动系统出现故障，如何诊断与维修？现举例说明。

[例17-1] 刀柄和主轴的故障维修

故障现象：加工中心换刀时，主轴锥孔吹气，把含有铁锈的水分子吹出，并附着在主轴锥孔和刀柄上。刀柄和主轴接触不良。

分析及处理过程：故障产生的原因是压缩空气中含有水分。如采用空气干燥机，使用干燥后的压缩空气问题即可解决。若受条件限制，没有空气干燥机，也可在主轴锥孔吹气的管路上进行两次分水过滤，设置自动放水装置，并对气路中的相关零件进行防锈处理，故障即可排除。

[例17-2] 松刀动作缓慢的故障维修

故障现象：加工中心换刀时，主轴松刀动作缓慢。

分析及处理过程：分析气动控制原理图，主轴松刀动作缓慢的原因有：①气动系统压力太低或流量不足；②机床主轴拉刀系统有故障，如碟型弹簧破损等；③主轴松刀气缸有故障。根据分析，首先检查气动系统的压力，压力表显示气压为0.6MPa，压力正常，将机床操作转为手动，手动控制主轴松刀，发现系统压力下降明显，气缸的活塞杆缓慢伸出，故判定气缸内部漏气。拆下气缸，打开端盖，压出活塞和活塞环，发现密封环破损，气缸内壁拉毛。更换新的气缸后，故障排除。

[例17-3] 变速无法实现的故障维修

故障现象：加工中心换挡变速时，变速气缸不动作，无法变速。

分析及处理过程：根据气动控制原理图进行分析，变速气缸不动作的原因有：①气动系统压力太低或流量不足；②气动换向阀未得电或换向阀有故障；③变速气缸有故障。根据分析，首先检查气动系统的压力，压力表显示气压为0.6MPa，压力正常；检查换向阀电磁铁已带电，用手动换向阀，变速气缸动作，故判定气动换向阀有故障。拆下气动换向阀，检查发现有污物卡住阀心。进行清洗后，重新装好，故障排除。

17.1 维护保养

气动设备如果不注意维护保养，就会频繁发生故障或过早损坏，使其使用寿命大大降低，因此必须进行及时的维护保养工作。在对气动装置进行维护保养时，应针对发现的事故苗头及时采取措施，这样可减少和防止故障的发生，延长元件和系统的使用寿命。

气动系统维护保养工作的中心任务如下。

(1) 保证供给气动系统清洁干燥的压缩空气。

(2) 保证气动系统的气密性。

(3) 保证使油雾润滑元件得到必要的润滑。

(4) 保证气动元件和系统在规定的工作条件(如使用压力、电压等)下工作和运转，以保证气动执行机构按预定的要求进行工作。

维护工作可以分为经常性维护工作和定期维护工作。维护工作应有记录，以利于以后的故障诊断和处理。

1. 经常性维护工作

日常维护工作是指每天必须进行的维护工作，主要包括冷凝水排放、检查润滑油和空压机系统的管理等。

1) 冷凝水排放

冷凝水排放涉及整个气动系统，从空压机、后冷却器、气罐、管道系统直到各处的空气过滤器、干燥器和自动排水器等。在作业结束时，应当将各处的冷凝水排放掉，以防夜间温度低于0℃时导致冷凝水结冰。由于夜间管道内温度下降，会进一步析出冷凝水，故气动装置在每天运转前，也应将冷凝水排出。并要注意察看自动排水器是否工作正常，水杯内不应存水过量。

2) 检查润滑油

在气动装置运转时，应检查油雾器的滴油量是否符合要求，油色是否正常，即油中不要混入灰尘和水分。

3) 空压机系统的管理

空压机系统的日常管理工作是：检查空压机系统是否向后冷却器供给了冷却水(指水冷式)；检查空压机是否有异常声音和异常发热现象，检查润滑油位是否正常。

2. 定期性维护工作

定期维护工作是可以在每周、每月或每季度进行的维护工作。

1) 每周维护工作

每周维护工作的主要内容是漏气检查和油雾器管理，目的是及早地发现事故的苗头。

(1) 漏气检查：漏气检查应在白天车间休息的空闲时间或下班后进行。这时气动装置已停止工作，车间内噪声小，但管道内还有一定的空气压力，可根据漏气的声音便可知何处存在泄漏。严重泄漏处必须立即处理，如软管破裂，连接处严重松动等；其他泄漏应做好记录。泄漏的原因见表17-1。

表 17－1　泄漏的部位和原因

泄漏部位	泄漏原因
管子、管头连接处	连接部位松动
软管	软管破裂或被拉脱
空气过滤器	灰尘嵌入，水杯龟裂
油雾器	密封垫不良，针阀阀座损伤，针阀未紧固，油杯龟裂
减压阀	紧固螺钉松动，灰尘嵌入溢流阀座使阀杆动作不良，膜片破裂
换向阀	密封不良，螺钉松动，弹簧折断或损伤，灰尘嵌入
安全阀	压力调整不符合要求，弹簧折断，灰尘嵌入，密封圈损坏
排气阀	灰尘嵌入，密封圈损坏
气缸	密封圈磨损，活塞杆损伤，螺钉松动

(2)油雾器管理：油雾器最好选用一周补油一次规格的产品。补油时，要注意油量减少的情况。若耗油量太少，应重新调整滴油量；调整后滴油量仍少或不滴油，应检查油雾器进出口是否装反，油道是否堵塞，所选油雾器的规格是否合适。

2) 每月或每季度的维护工作

每月或每季度的维护工作应比每日和每周的维护工作更仔细，但仍限于外部能够检查的范围。维护工作的主要内容详见表 17－2。

表 17－2　每月或每季度的维护工作内容

元件	维护内容
减压阀	当系统的压力为零时，观察压力表的指针能否回零；旋转手柄，压力可否调整
安全阀	使压力高于设定压力，观察安全阀能否溢流
换向阀	检查排气口油雾喷出量，有无冷凝水排出，有无漏气
电磁阀	检查电磁线圈的温升、阀的切换动作是否正常
速度控制阀	调节节流阀开度，能否对气缸进行速度控制或对其他元件进行流量控制
自动排水器	能否自动排水，手动操作装置能否正常动作
过滤器	过滤器两侧压差是否超过允许压降
压力开关	在最高和最低的设定压力下，观察压力开关能否正常接通和断开
压力表	观察各处压力表指示值是否在规定范围内
空压机	入口过滤器网眼是否堵塞
气缸	检查气缸运动是否平稳，速度和循环周期有无明显变化，气缸安装架是否有松动和异常变形，活塞杆连接有无松动，活塞杆部位有无漏气，活塞杆表面有无锈蚀、划伤和磨损

17.2 故障诊断与排除

17.2.1 故障种类

由于故障发生的时期不同，故障的内容和原因也不同。因此，可将故障分为初期故障、突发故障和老化故障。

1. 初期故障

在调试阶段和开始运转后的两三个月内发生的故障称为初期故障。其产生的原因如下。

(1) 元件加工、装配不良。如元件内孔的研磨不符合要求，零件毛刺未清除干净，安装不清洁，零件装错、装反，装配时对中不良，紧固螺钉拧紧力矩不恰当，零件材质不符合要求，外购零件(如密封圈、弹簧)质量差等。

(2) 设计失误。设计元件时，对零件的材料选用不当，加工工艺要求不合理，对元件的特点、性能和功能了解不够，造成设计回路时元件选用不当。设计的空气处理系统不能满足气动元件和系统的要求，回路设计出现错误。

(3) 安装不符合要求。安装时，元件及管道内吹洗不干净，使灰尘、密封材料碎片等杂质混入，造成气动系统故障，安装气缸时存在偏载。没有采取有效的管道防松、防震动措施。

(4) 维护管理不善。如未及时排放冷凝水，未及时给油雾器补油等。

2. 突发故障

系统在稳定运行时期内突然发生的故障称为突发故障。例如，油杯和水杯都是用聚碳酸酯材料制成的，如它们在有机溶剂的雾气中工作，就有可能突然破裂；空气或管路中残留的杂质混入元件内部，突然使相对运动件卡死；弹簧突然折断，软管突然爆裂，电磁线圈突然烧毁；突然停电造成回路误动作等。

有些突发故障是有先兆的。如排出的空气中出现杂质和水分，表明过滤器已失效，应及时查明原因并予以排除，以免酿成突发故障。但有些突发故障是无法预测的，只能采取安全保护措施加以防范，或准备一些易损件的备件，以备及时更换失效的元件。

3. 老化故障

个别或少数元件达到使用寿命后发生的故障称为老化故障。参照系统中各元件的生产日期、开始使用日期、使用的频繁程度以及已经出现的某些征兆，如声音反常、泄漏越来越严重、气缸运动不平稳等现象，大致预测老化故障的发生期限是有可能的。

17.2.2 常见故障分析及排除

在气动系统的维护过程中，常见故障都有其产生原因和相应排除方法。了解和掌握这些故障现象及其原因和排除方法，可以协助维护人员快速解决问题。本小节将逐一列举介绍。

1. 气压异常

气动系统的气压异常故障见表 17－3。

表 17-3 气动系统压力异常的故障及排除

故障现象	产生原因	排除方法
气路无气压	气动回路中的开关阀、启动阀、速度控制阀等未打开	予以开启
	换向阀未换向	查明原因后排除
	管路扭曲、压扁	纠正或更换管路
	滤芯堵塞或冻结	更换滤芯
	介质或环境温度太低，造成管路冻结	及时清除冷凝水，增设除水设备
供压不足	耗气量太大，空压机输出流量不足	选择流量合适的空压机或增设一定容积的气罐
	空压机活塞环等磨损	更换零件
	漏气严重	更换损坏的密封件或软管，紧固管接头及螺钉
	减压阀输出压力低	调节减压阀至使用压力
	速度控制阀开度太小	将速度控制阀打开到合适开度
	管路细长或管接头选用不当	重新设计管路，加粗管径，选用流通能力大的管接头及气阀
	各支路流量匹配不合理	改善各支路流量匹配性能，采用环形管道供气
异常高压	因外部振动冲击产生冲击压力	在适当部位安装安全阀或压力继电器
	减压阀损坏	更换

2. 气动控制阀的故障

气动控制阀的常见故障有减压阀故障、溢流阀故障、换向阀故障等，下面将分别说明。

表 17-4 所示的是减压阀的故障及其排除方法。

表 17-4 减压阀的故障及排除

故障现象	产生原因	排除方法
阀体漏气	密封件损坏	更换密封件
	弹簧松弛	调紧弹簧
压力调不高	调压弹簧断裂	更换弹簧
	膜片撕裂	更换膜片
	阀口径太小	换阀
	阀下部积存冷凝水	排除积水
	阀内混入异物	清洗阀

续表

故障现象	产生原因	排除方法
压力调不低，出口压力升高	复位弹簧损坏	更换弹簧
	阀杆变形	更换阀杆
	阀座处有异物、伤痕，阀芯上密封垫剥离	清洗阀和过滤器，调换密封圈
输出压力波动大或变化不均匀	减压阀通径或进出口配管通径选小了，当输出流量变动大时，输出压力波动大	根据最大输出流量选用阀或配管通径
	进气阀芯或阀座间导向不良	更换阀芯或修复
	弹簧的弹力减弱，弹簧错位	更换弹簧
	耗气量变化使阀频繁启闭引起阀的共振	尽量稳定耗气量
溢流孔处向外漏气	溢流阀座有伤痕	更换溢流阀座
	膜片破裂	更换膜片
	出口侧压力意外升高	检查输出侧回路
溢流口不溢流	溢流阀座孔堵塞	清洗检查阀及过滤器
	溢流孔座橡胶垫太软	更换橡胶垫

溢流阀的故障及排除方法见表 17－5。

表 17－5　溢流阀的故障及排除

故障现象	产生原因	排除方法
压力超过调定值，但不溢流	阀内部孔堵塞，导向部分进入杂质	清洗阀
压力阀虽没有超过调定值，但溢流口处却已有气体溢出	阀内进入杂质	清洗阀
	膜片破裂	更换膜片
	阀座损坏	调换阀座
	调压弹簧损坏	更换弹簧
溢流时发生振动	压力上升慢，溢流阀放出流量多	出口处安装针阀，微调溢流量，使其与压力上升量匹配
	从气源到溢流阀之间被节流，阀前部压力上升慢	增大气源到溢流阀的管道通径
阀体和阀盖处漏气	膜片破裂	更换膜片
	密封件损坏	更换密封件
压力调不高	弹簧损坏	更换弹簧
	膜片破裂	更换膜片

换向阀的故障及排除方法见表 17－6。

表 17-6　换向阀的故障及排除

故障现象	产生原因	排除方法
不能换向	阀的滑动阻力大，润滑不良	进行润滑
	密封圈变形，摩擦力增大	更换密封圈
	杂质卡住滑动部分	清除杂质
	弹簧损坏	调换弹簧
	膜片破裂	更换膜片
	阀操纵力太小	检查阀的操纵部分
	阀芯锈蚀	调换阀或阀芯
	阀芯另一端有背压(放气小孔被堵)	清洗阀
	配合太紧	重新装配
电磁铁有蜂鸣声	铁心吸合面上有脏物或生锈	清除脏物或锈屑
	活动铁心的铆钉脱落，铁心叠层分开不能吸合	更换活动铁心
	杂质进入铁心的滑动部分，使铁心不能紧密接触	清除进入电磁铁内的杂质
	短路环损坏	更换固定铁心
	弹簧太硬或卡死	调整或更换弹簧
	电压低于额定电压	调整电压到规定值
	外部导线拉得太紧	使用有富余长度的引线
线圈烧毁	环境温度高	按规定温度范围使用
	换向过于频繁	改用高频阀
	吸引时电流过大，温度升高，绝缘破坏短路	用气控阀代替电磁阀
	杂质夹在阀和铁心之间，活动铁心不能吸合	清除杂质
	线圈电压不合适	使用正常电源电压，使用符合电压的线圈
阀漏气	密封件磨损、尺寸不合适、扭曲或歪斜	更换密封件、正确安装
	弹簧失效	更换弹簧

3. 气动执行元件的故障

气动执行元件的故障主要是气缸故障，见表 17-7。

表 17-7 气缸的故障及排除

故障现象		产生原因	排除方法
气缸漏气	活塞杆处	导向套、活塞杆密封圈磨损	更换导向套和密封圈
		活塞杆有伤痕、腐蚀	更换活塞杆，清除冷凝水
		活塞杆和导向套的配合处有杂质	去除杂质，安装防尘圈
	缸体与端盖处	密封圈损坏	更换密封圈
		固定螺钉松动	紧固螺钉
	缓冲阀处	密封圈损坏	更换密封圈
	活塞两侧串气	活塞密封圈损坏	更换密封圈
		活塞被卡住	重新安装，消除活塞的偏载
		活塞配合面有缺陷	更换零件
		杂质挤入密封面	除去杂质
气缸不动作		外负载太大	提高压力或加大缸径
		有横向载荷	使用导轨消除
		安装不同轴	保证导向装置的滑动面与气缸轴线平行
		活塞杆或缸筒因锈蚀、损伤而卡住	更换并检查排污装置及润滑状况
		润滑不良	检查给油量、油雾器规格和安装
		混入冷凝水、油泥、灰尘而使运动阻力增大	检查气源处理系统是否符合要求
		混入灰尘等杂质，造成气缸卡住	注意防尘
气缸动作不平稳		外负载变动大	提高使用压力或增大缸径
		气压不足	见表 17-3
		空气中含有杂质	检查气源处理系统是否符合要求
		润滑不良	检查油雾器是否正常工作
气缸爬行		低于最低使用压力	提高使用压力
		气缸内泄漏大	排除泄漏
		回路中耗气量变化大	增设气罐
		负载太大	增大缸径
气缸走走停停		限位开关失控	更换开关
		继电器接点已到使用寿命	更换
		接线不良	检查并拧紧接线螺钉
		电插头接触不良	插紧或更换
		电磁阀换向动作不良	更换
		气液缸的油中混入空气	除去油中的空气

续表

故障现象	产生原因	排除方法
气缸动作速度太快	没有速度控制阀	增设速度控制阀
	速度控制阀尺寸不合适	选择调节范围合适的阀
	回路设计不合理	使用气液阻尼缸或气液转换器来控制低速运动
气缸动作速度太慢	气压不足	提高压力
	负载过大	提高使用压力或增大缸径
	速度控制阀开度太小	调整速度控制阀的开度
	供气量不足	查明气源与气缸之间节流太大的元件，更换大通径的元件或使用快排阀让气缸迅速排气
	气缸摩擦力增大	改善润滑条件
	缸筒或活塞密封圈损伤	更换
气缸行程终端存在冲击现象	无缓冲措施	增设合适的缓冲措施
	缓冲密封圈密封性差	更换密封圈
	缓冲节流阀松动、损伤	调整锁定、更换
	缓冲能力不足	重新设计缓冲机构
气液联用缸内产生气泡	因漏油造成油量不足	解决漏油，补足油量
	油路中节流最大处出现气蚀	防止节流过大
	油中未加消泡剂	加消泡剂

4. 气动辅件的故障

气动辅件的故障主要有空气过滤器故障、油雾器故障、排气口和消声器故障以及密封圈损坏等。下面通过表17－8～表17－11来进行说明。

表17－8　空气过滤器的故障及排除

故障现象	产生原因	排除方法
漏气	排水阀自动排水失灵	修理或更换
	密封不良	更换密封件
压力降太大	滤芯过滤精度太高	更换过滤精度合适的滤芯
	滤芯网眼堵塞	用净化液清洗滤芯
	过滤器的公称流量小	更换公称流量大的过滤器
从输出端流出冷凝水	未及时排除冷凝水	定期排水或安装自动排水器
	自动排水器发生故障	修理或更换
	超出过滤器的流量范围	在适当流量范围内使用或更换大规格的过滤器

续表

故障现象	产生原因	排除方法
输出端出现异物	过滤器滤芯破损	更换滤芯
	滤芯密封不严	更换滤芯密封垫
	错用有机溶剂清洗滤芯	改用清洁的热水或煤油清洗
塑料水杯破损	在有机溶剂的环境中使用	使用不受有机溶剂侵蚀的材料
	空压机输出某种焦油	更换空压机润滑油或用金属杯
	对塑料有害的物质被空压机吸入	用金属杯

表 17-9 油雾器的故障及排除

故障现象	产生原因	排除方法
不滴油或滴油量太小	油雾器装反了	改变安装方向
	通往油杯的空气通道堵塞，油杯未加压	检查修理，加大空气通道
	油道堵塞，节流阀未开启或开度不够	修理，调节节流阀开度
	通过流量小，压差不足以形成油滴	更换合适规格的油雾器
	油黏度太大	换油
	气流短时间间歇流动，来不及滴油	使用强制给油方式
油滴数无法减少	节流阀开度太大，节流阀失效	调至合理开度，更换节流阀
油杯破损	在有机溶剂的环境中使用	选用金属杯
	空压机输出某种焦油	更换空压机润滑油或用金属杯
漏气	油杯破裂	更换油杯
	密封不良	检修密封
	观察玻璃破损	更换观察玻璃

表 17-10 排气口和消声器的故障及排除

故障现象	产生原因	排除方法
有冷凝水排出	忘记排放各处的冷凝水	每天排放各处冷凝水，确认自动排水器能正常工作
	后冷却器能力不足	加大冷却水量，重新选型
	空压机进气口潮湿或淋入雨水	调整空压机位置，避免雨水淋入
	缺少除水设备	增设后冷却器、干燥器、过滤器等必要的除水设备
	除水设备太靠近空压机，无法保证大量水分呈液态，不便排出	除水设备应远离空压机
	压缩机油黏度低，冷凝水多	选用合适的压缩机油
	环境温度低于干燥器的露点	提高环境温度或重新选择干燥器
	瞬时耗气量太大，节流处温度下降太大	提高除水装置的除水能力

续表

故障现象	产生原因	排除方法
有灰尘排出	从空压机入口和排气口混入灰尘等	空压机吸气口装过滤器，排气口装消声器或洁净器，灰尘多时加保护罩
	系统内部产生锈屑、金属末和密封材料粉末	元件及配管应使用不生锈耐腐蚀的材料，保证良好润滑条件
	安装维修时混入灰尘	安装维修时应防止铁屑、灰尘等杂质混入，安装完应用压缩空气充分吹洗干净
有油雾喷出	油雾器离气缸太远，油雾达不到气缸，阀换向时油雾便排出	油雾器尽量靠近需润滑的元件，提高其安装位置，选用微雾型油雾器
	一个油雾器供应多个气缸，很难均匀输入各气缸，多出的油雾便排出	改成一个油雾器只供应一个气缸
	油雾器的规格、品种选用不当，油雾送不到气缸	选用与气量相适应的油雾器规格

表 17-11 密封圈损坏及解决办法

故障现象	产生原因	解决办法
挤出	压力过高	避免高压
	间隙过大	重新设计
	沟槽不合适	重新设计
	放入的状态不良	重新装配
老化	温度过高，低温硬化，自然老化	更换密封圈
扭转	有横向载荷	消除横向载荷
表面损伤	摩擦损耗	检查空气质量、密封圈质量、表面加工精度
	润滑不良	改善润滑条件
膨胀	与润滑油不相容	换润滑油或更换密封圈材质
损坏粘着变形	压力过高	检查使用条件、安装尺寸、密封圈材质
	润滑不良	
	安装不良	

17.3 维修工作

气动系统中各类元件的使用寿命差别较大，像换向阀、气缸等有相对滑动部件的元件，其使用寿命较短。而许多辅助元件由于可动部件少，使用寿命就长些。各种过滤器的使用寿命主要取决于滤芯寿命，这与气源处理后空气的质量关系很大。像急停开关这种不经常动作的阀，要保证其动作可靠性，就必须定期进行维护。因此，气动系统的维修周期只能根据系统的使用频度、气动装置的重要性和日常维护、定期维护的状况来确定。一般是每年大修一次。

维修之前，应根据产品样本和使用说明书预先了解该元件的作用、工作原理和内部零件的运动状况。必要时，应参考维修手册。在拆卸之前应根据故障的类型来判断和估计哪一部分问题较多。

维修时，对日常工作中经常出问题的地方要彻底解决。对重要部位的元件、经常出问题的元件和接近其使用寿命的元件，宜按原样换成一个新元件。新元件通气口的保护塞在使用时才取下来。许多元件内仅仅是少量零件损伤，如密封圈、弹簧等，为了节省经费，这些零件只要更换一下就可以。

拆卸前，应清扫元件和装置上的灰尘，保持环境清洁。同时要注意必须切断电源和气源，确认压缩空气已全部排出后方能拆卸。仅关闭截止阀，系统中不一定已无压缩空气，因有时压缩空气被堵截在某个部位，所以必须认真分析并检查各个部位，并设法将余压排尽，如观察压力表是否回零，调节电磁先导阀的手动调节杆排气等。

拆卸时，要慢慢松动每个螺钉，以防元件或管道内有残压。一面拆卸，一面逐个检查零件是否正常，而且应该以组件为单位进行。滑动部分的零件要认真检查，要注意各处密封圈和密封垫的磨损、损伤和变形情况。要注意节流孔、喷嘴和滤芯的堵塞情况。要检查塑料和玻璃制品是否有裂纹或损伤。拆卸下来的零件要按组件顺序排列，并注意零件的安装方向，以便于今后装配。

更换的零件必须保证质量，锈蚀、损伤、老化的元件不得再用。必须根据使用环境和工作条件来选定密封件，以保证元件的气密性和工作的稳定性。

拆下来准备再用的零件应放在清洗液中清洗。不得用汽油等有机溶剂清洗橡胶件、塑料件，可以使用优质煤油清洗。

零件清洗后，不准用棉丝、化纤品擦干，最好用干燥的清洁空气吹干。然后涂上润滑脂，以组件为单位进行装配。注意不要漏装密封件，不要将零件装反。螺钉拧紧力矩应均匀，力矩大小应合理。

安装密封件时应注意：有方向的密封圈不得装反，密封圈不得扭曲。为了容易安装，可在密封圈上涂敷润滑脂。要保持密封件清洁，防止棉丝、纤维、切屑末、灰尘等附着在密封件上。安装时，应防止沟槽的棱角处、横孔处碰伤密封件(棱角应倒圆)。还要注意塑料类密封件几乎不能伸长，橡胶材料密封件也不要过度拉伸，以免产生永久变形。在安装带密封圈的部件时，注意不要碰伤密封圈。螺纹部分通过密封圈的，可在螺纹上卷上薄膜或使用插入用工具。活塞插入缸筒等筒壁上开孔的元件时，孔端部应倒角。配管时，应注意不要将灰尘、密封材料碎片等异物带入管内。装配好的元件要进行通气试验。通气时应缓慢升压到规定压力，并保证升压过程中气压达到规定压力都不漏气。

检修后的元件一定要试验其动作情况。譬如对气缸，开始将其缓冲装置的节流部分调到最小。然后调节速度控制阀使气缸以非常慢的速度移动，逐渐打开节流阀，使气缸达到规定速度。这样便可检查气阀、气缸的装配质量是否合乎要求。若气缸在最低工作压力下动作不灵活，必须仔细检查安装情况。

17.4　习　　题

一、填空题

1. 对于一套气动设备，如果不注意维护保养工作，就会________。
2. 气动系统常见故障可分为________故障、________故障和________故障三大类。
3. 气动系统的维修周期只能根据________来确定。一般安排是每隔________时间，大修________次。

二、判断题

1. 日常维护工作主要包括冷凝水排放、检查润滑油和空压机系统的管理等。（　　）
2. 每周维护工作的主要内容是漏气检查和油雾器管理。（　　）
3. 在调试阶段和开始运转的二、三个月内发生的故障称为突发故障。（　　）
4. 阀体漏气可能是弹簧松弛的缘故，可以采用张紧弹簧的措施。（　　）

三、选择题

1. 气缸不动作的原因可能是________。
   A. 杂质挤入密封面　　B. 活塞配合面有缺陷
   C. 密封圈损坏　　D. 润滑不良
2. ________不属于气压异常故障。
   A. 气路无气压　　B. 供压不足
   C. 异常高压　　D. 阀体漏气
3. 气缸密封件损坏可能导致________。
   A. 气缸不动作　　B. 供压不足
   C. 压力调不高　　D. 气缸动作速度太慢

四、问答题

1. 为什么气动元件和气动控制系统需要维护保养？维护保养工作的中心任务是什么？
2. 经常性维护工作通常包括哪几项内容？
3. 减压阀常见故障有哪些？如何排除？
4. 换向阀不能换向的原因是什么？如何排除？
5. 气液联用缸内产生气泡有何不良后果？如何避免？
6. 气缸漏气可能产生在哪些部位？如何解决？
7. 油雾器不滴油的原因有哪些？如何使油雾器滴油正常？
8. 简述气动系统维修工作的重要性和必要性。

第18章 气动实训项目

教学目标	通过气动实践项目，加强对气动元件及电气动回路实际应用的感性认识；通过实验课题分析、实验方案选择、电气线路连接、实验验证等过程，巩固气动理论与实践的综合知识，锻炼综合实践应用能力。

引例

如图18.1所示为气动实验设备。

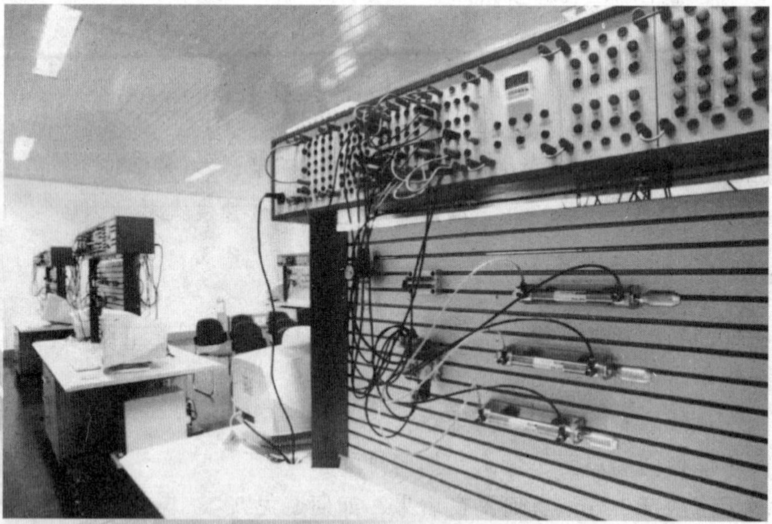

图18.1 气动实验设备

项目1 单作用气缸的直接控制(全气动)

1. 实验目的

(1) 掌握单作用气缸的使用。

(2) 了解单作用气缸的直接启动。
(3) 掌握二位三通按钮阀的使用。
(4) 掌握调理装置与多路接口器的使用。

2. 实验要求

(1) 画出位移步骤图。
(2) 根据实验说明，设计和画出系统回路图。
(3) 选择所需的元件。
(4) 将选用的元件固定在安装板上，最好是按回路图来排列放置元件。
(5) 在压缩空气关掉的情况下，连接气动系统。
(6) 通压缩空气，并看运行是否正确(校验)。
(7) 拆卸气动系统，并将元件放好。

3. 实验说明

(1) 按下按钮开关，单作用气缸的活塞杆向前运动。
(2) 松开按钮开关，活塞杆返回。

4. 实验解答

位移步骤图如图 18.2 所示。

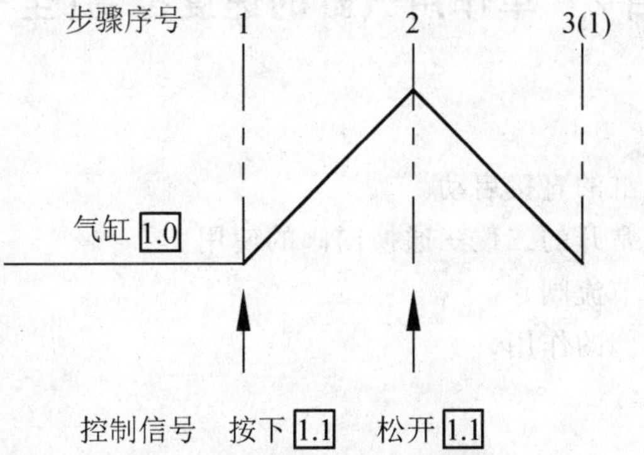

图 18.2　项目 1 位移步骤图

气动回路图如图 18.3 所示。

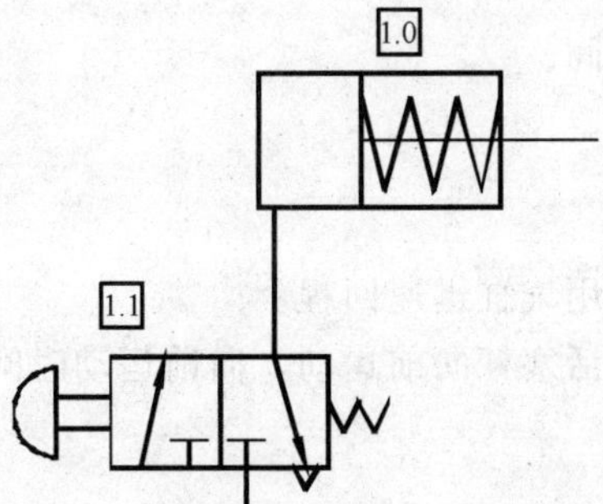

图 18.3　项目 1 气动回路图

设备元件见表 18-1。

表 18-1　设备元件表 1

标　号	名称类型
1.0	单作用气缸
1.1	二位三通按钮阀

解答说明：

初始位置：气缸和阀的初始位置可以在回路图上确定，气缸[1.0]的弹簧使活塞位于尾端，气缸中的空气通过二位三通控制阀[1.1]排出。

步骤 1～2：按下按钮开关使二位三通控制阀开通，空气被压送到气缸活塞后部，活塞向前运动；如果继续按着按钮开关，活塞杆将保持在前端位置。

步骤 2～3：松开按钮阀开关，气缸中的空气通过二位三通控制阀[1.1]排出。弹簧力使活塞返回初始位置。

注意：如果按钮开关只是短暂地按下即松开，活塞杆将仅仅向前运动一段距离马上退回。

项目 2　单作用气缸的速度控制(全气动)

1. 实验目的

(1) 了解单作用气缸的直接启动。

(2) 掌握静止位置常开的二位三通换向阀的使用。

(3) 学会调节单向节流阀。

(4) 了解快速排气阀的作用。

2. 实验要求

(1) 画出位移步骤图。

(2) 设计并画出气动回路图。

(3) 检验其功能。

(4) 用节流阀调节冲程时间。

(5) 拆卸，并将元件放好。

3. 实验说明

(1) 按下按钮开关使单作用气缸迅速回程。

(2) 当松开按钮开关后，活塞杆向前运动，向前运动时间 $t=0.9$s。

4. 实验解答

位移步骤图如图 18.4 所示。

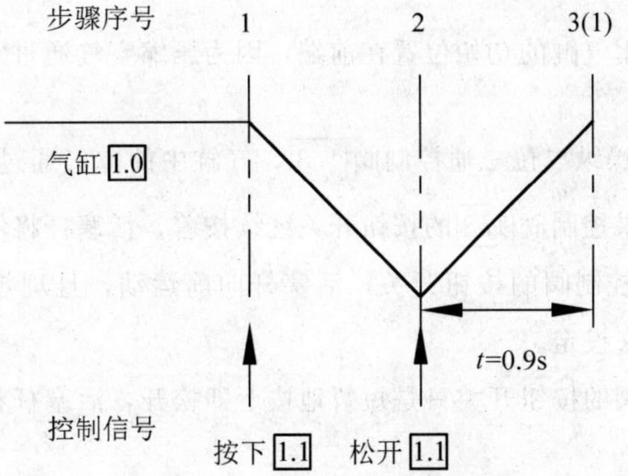

图 18.4 项目 2 位移步骤图

气动回路图如图 18.5 所示。

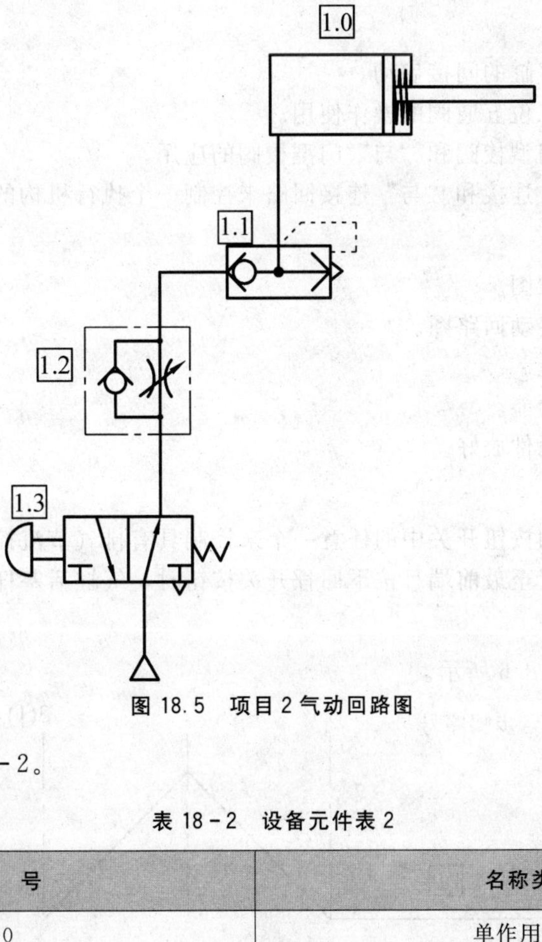

图 18.5 项目 2 气动回路图

设备元件见表 18-2。

表 18-2 设备元件表 2

标　　号	名称类型
1.0	单作用气缸
1.1	快速排气阀
1.2	单向节流阀
1.3	二位三通按钮阀

解答说明：

初始位置：单作用气缸的初始位置在前端，因为压缩空气通过常开的二位三通控制阀施加于气缸了。

步骤1～2：通过操纵二位三通控制阀[1.3]，气缸中的空气通过快速排气阀[1.1]排出，活塞杆迅速回程。如果控制阀[1.3]的按钮开关继续按着，活塞杆将停留在尾部位置。

步骤2～3：松开控制阀的按钮开关，活塞杆向前运动，且理想时间是0.9s，可通过调节单向节流阀[1.2]来设定。

注意：如果控制阀的按钮开关只是短暂地按下即松开，活塞杆将仅退缩回一段距离就又伸出了。

项目3　逻辑控制回路(全气动)

1. 实验目的

(1) 了解双作用气缸的间接启动。

(2) 掌握双气控二位五通阀的操作使用。

(3) 掌握“或”门型梭阀和“与”门型梭阀的应用。

(4) 掌握用“或”连接和“与”连接回路来控制一个执行机构的动作。

2. 实验要求

(1) 画出位移步骤图。

(2) 设计并画出气动回路图。

(3) 连接气动系统。

(4) 校核系统的功能。

(5) 拆卸，并将元件放好。

3. 实验说明

(1) 通过两个起动按钮开关中的任意一个来控制具有排气节流控制的气缸向前运动。

(2) 当活塞杆运行至最前端且按下回程开关按钮时，气缸活塞杆迅速回程。

4. 实验解答

位移步骤图如图18.6所示。

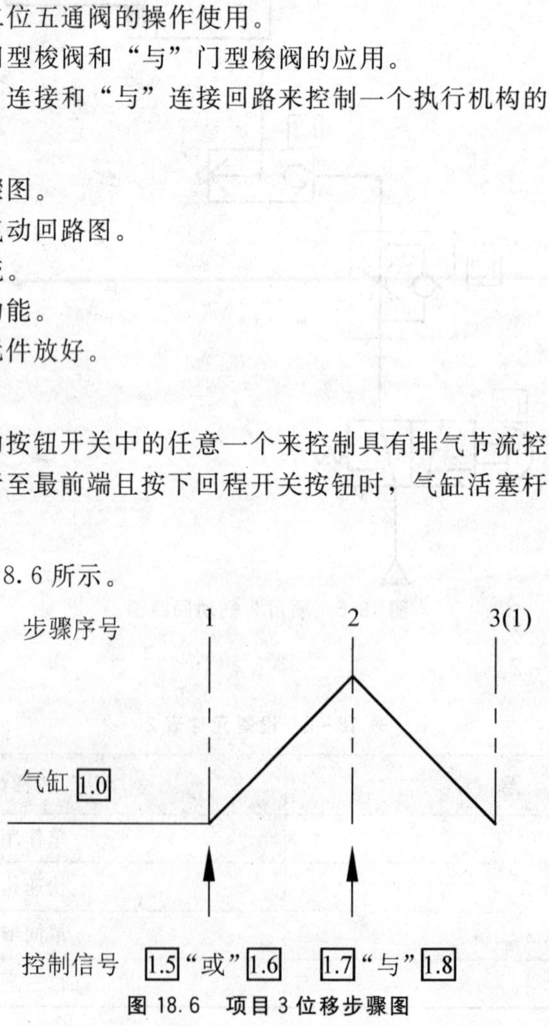

图18.6　项目3位移步骤图

气动回路图如图 18.7 所示。

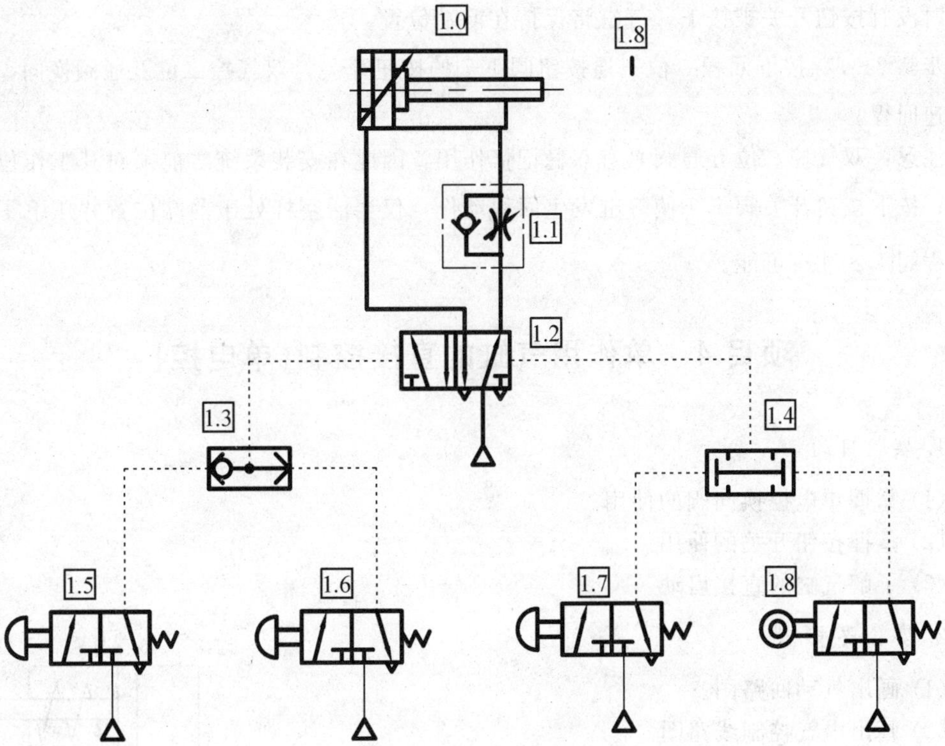

图 18.7　项目 3 气动回路图

设备元件见表 18－3。

表 18－3　设备元件表 3

标　　号	名称类型
1.0	双作用气缸
1.1	单向节流阀
1.2	双气控二位五通换向阀
1.3	“或”门型梭阀
1.4	“与”门型梭阀
1.5～1.7	二位三通按钮阀
1.8	二位三通滚轮杆行程换向阀

解答说明：

初始位置：气缸 1.0 的活塞杆的初始位置在尾端。设双气控二位五通阀 1.2 将压缩空气送入气缸的活塞杆这一端，则另一端的空气被排出。

步骤 1～2：作为信号输入的两个二位三通手控制阀 1.5 和 1.6 只要至少有一个的按钮开关按下了，通过“或”门阀 1.3 就能使双气控二位五通阀动作，气缸活塞杆由于排气节流阀[1.1]的作用缓慢地向前运动。当达到前端位置时，活塞杆压下滚轮杆行程阀[1.8]，如果这时没有按钮开关被按下，气缸将保持在前端位置。

步骤2～3：按下回程二位三通按钮阀[1.7]的按钮开关，双气控二位五通阀换向，活塞杆迅速回程。

注意：双气控二位五通阀具有双稳记忆作用，因此在安装系统之前须对其工作位进行校核；按下按钮开关阀[1.7]使气缸发生回程动作，仅当活塞杆处于前端位置并压下了滚轮杆行程阀[1.8]才有可能。

项目4　单作用气缸的直接控制(单电控)

1. 实验目的

(1) 掌握单电控换向阀的使用。
(2) 掌握按钮开关的使用。
(3) 了解气缸的直接启动。

2. 实验要求

(1) 画出气动回路图。
(2) 画出电气控制线路图。
(3) 检查运行过程。

3. 实验说明

(1) 按下按钮开关，气缸的活塞杆向前伸出。
(2) 松开按钮开关，活塞杆回复到气缸的末端。

4. 实验解答

气动回路图如图18.8所示。

气动设备元件见表18-4。

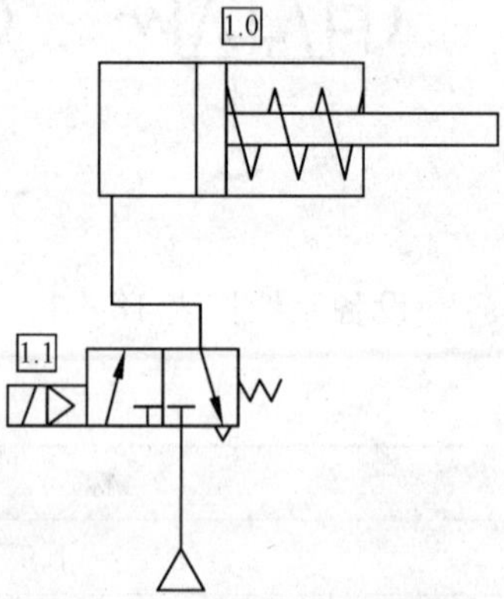

图18.8　项目4气动回路图

表18-4　气动设备元件表1

标　　号	元件名称
1.0	单作用气缸
1.1	二位五通阀单电控换向阀(先导式)

电气控制线路图如图18.9所示

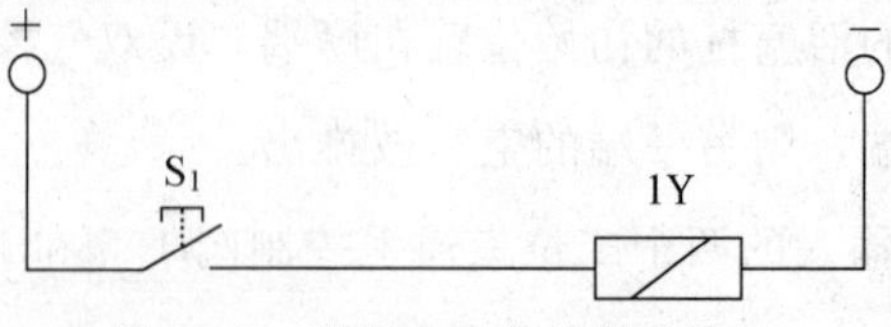

图18.9　项目4电气控制线路图

电气设备元件见表 18-5。

表 18-5 电气设备元件表 1

标　号	元件名称
S_1	按钮开关
1Y	电磁线圈

解答说明：

(1) 按下开关 S_1，电磁线圈 1Y 的回路接通，二位三通电磁阀开启，气缸的活塞杆向前运动，直到前端。

(2) 松开按钮开关 S_1，电磁线圈 1Y 的回路断开，二位三通电磁阀回到初始位置，活塞杆退回到气缸的末端。

项目 5 双作用气缸的间接控制(双电控)

1. 实验目的

(1) 掌握双电控换向阀的使用。

(2) 掌握继电器的使用。

(3) 了解气缸的间接启动。

2. 实验要求

(1) 画出气动回路图。

(2) 画出电气控制线路图。

(3) 组成气动和电气回路并运行。

(4) 检查运行过程。

3. 实验说明

(1) 按下一个按钮开关，气缸活塞杆向前伸出。

(2) 按下另一个按钮开关，活塞杆回复到气缸末端。

4. 实验解答

气动回路图如图 18.10 所示。

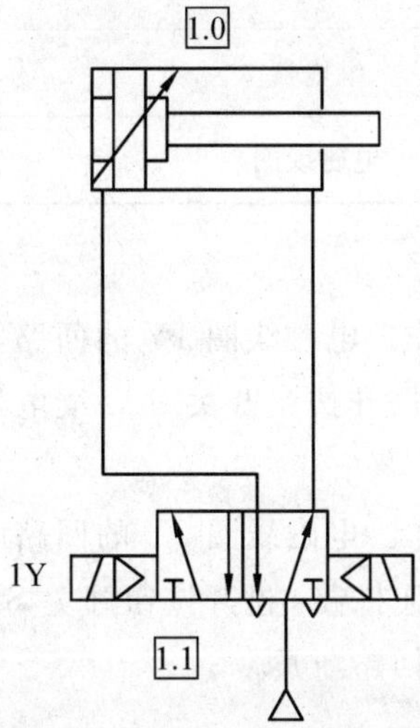

图 18.10 项目 5 气动回路图

气动设备元件见表 18-6。

表 18-6 气动设备元件表 2

标　号	元件名称
1.0	双作用气缸
1.1	二位五通双电控换向阀

电气控制线路图如图 18.11 所示。

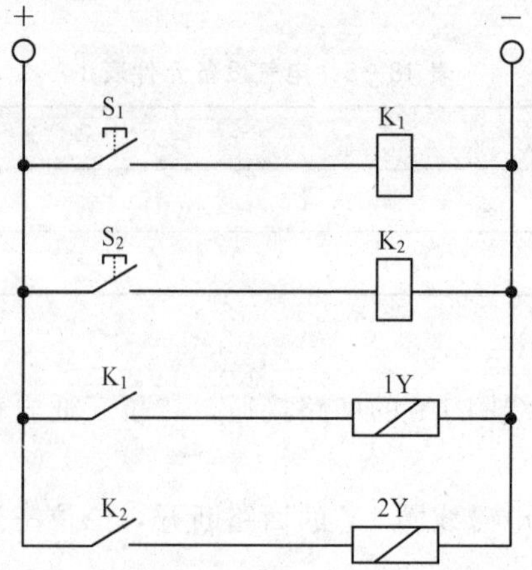

图 18.11　项目 5 电气控制线路图

电气设备元件见表 18－7。

表 18－7　电气设备元件表 2

标　　号	元件名称
S_1、S_2	按钮开关
K_1、K_2	继电器
1Y、2Y	电磁线圈

解答说明：

(1) 按下按钮开关 S_1，继电器 K_1 的回路闭合，触点 K_1 动作。电磁线圈 1Y 的回路闭合，二位五通电磁阀开启，双作用气缸的活塞杆运动至前端。松开按钮开关 S_1，继电器 K_1 的回路打开，触头回到静止位置，电磁线圈 1Y 的回路断开。

(2) 按下按钮开关 S_2，继电器 K_2 的回路闭合，触点 K_2 动作。电磁线圈 2Y 的回路闭合，二位五通电磁阀回到初始位置，双作用气缸的活塞杆退回到末端。松开按钮开关 S_2，继电器 K_2 的回路断开，触点 K_2 回到静止位置，电磁线圈 2Y 的回路断开。

项目 6　双作用气缸的逻辑“与”控制(直接控制)

1. 实验目的

(1) 掌握“与”逻辑输入信号的应用。

(2) 掌握气缸的直接控制。

2. 实验要求

(1) 画出气动回路图。

(2) 画出电气控制线路图。

(3)组成气动和电气回路并运行。

(4) 检查运行过程。

3. 实验说明

(1) 按下两个按钮开关，气缸活塞杆向前伸出。

(2) 松开一个或两个按钮开关，活塞杆回复到气缸末端。

4. 实验解答

气动回路图如图 18.12 所示。

气动设备元件见表 18-8。

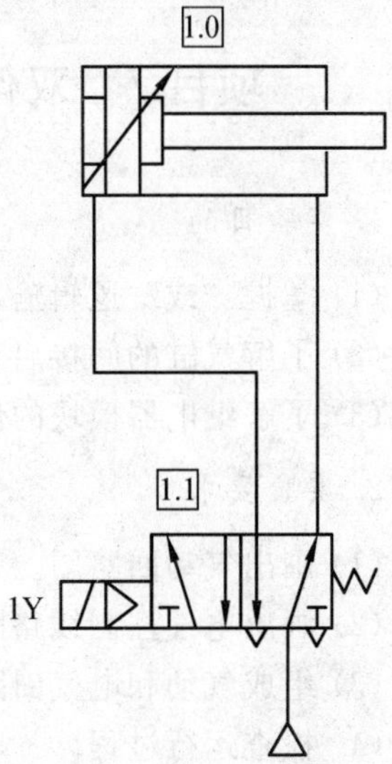

图 18.12 项目 6 气动回路图

表 18-8 气动设备元件表 3

标　　号	元件名称
1.0	双作用气缸
1.1	二位五通单电控换向阀

电气控制线路图如图 18.13 所示。

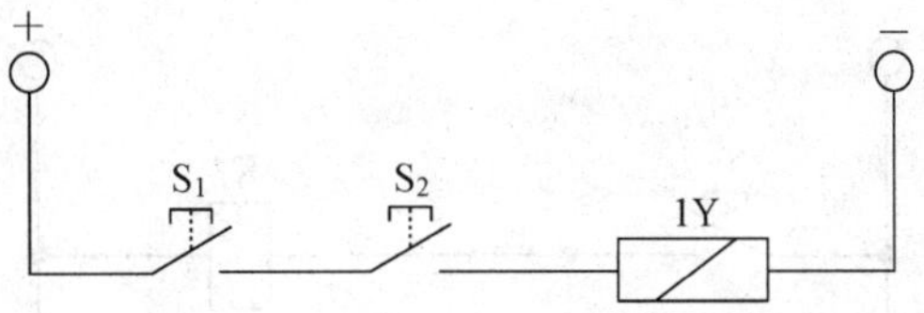

图 18.13 项目 6 电气控制线路图

电气设备元件见表 18-9。

表 18-9 电气设备元件表 3

标　　号	元件名称
S_1、S_2	按钮开关
1Y	电磁线圈

解答说明：

(1) 按下按钮开关 S_1 和 S_2，电磁线圈 1Y 的回路闭合，二位五通电磁阀被开启，双作用气缸的活塞杆运动至前端。

(2) 松开按钮开关 S_1 和 S_2，电磁线圈 1Y 的回路断开，二位五通电磁阀在反弹弹簧作用下回到初始位置，双作用气缸的活塞杆退回到末端。

项目7　双作用气缸的逻辑“或”控制(间接控制)

1. 实验目的

(1) 掌握“或”逻辑输入信号的应用。

(2) 了解气缸的间接启动。

(3) 了解继电器模块的使用。

2. 实验要求

(1) 画出气动回路图。

(2) 画出电气控制线路图。

(3) 组成气动和电气回路并运行。

(4) 检查运行过程。

3. 实验说明

(1) 按下两个按钮开关中的任意一个，气缸活塞杆向前伸出。

(2) 松开这个按钮开关，活塞杆回复到气缸末端。

4. 实验解答

气动回路图与图18.12所示回路相同。

电气控制线路图如图18.14所示。

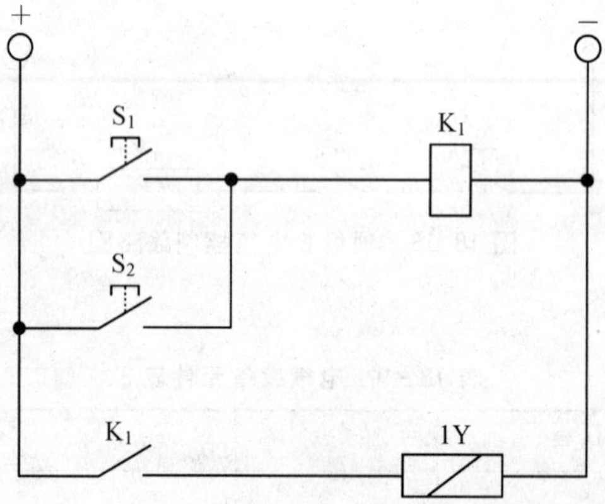

图18.14　项目7电气控制线路图

电气设备元件见表18-10。

表18-10　电气设备元件表4

标　　号	元件名称
S_1、S_2	按钮开关
K_1	继电器
1Y	电磁线圈

解答说明：

(1) 按下按钮开关 S_1 或 S_2，电磁线圈 1Y 的回路闭合，二位五通电磁阀开启，双作用气缸的活塞杆运动至前端。

(2) 松开按钮开关 S_1 和 S_2，电磁线圈 1Y 的回路断开，二位五通电磁阀在反弹弹簧作用下回到静止位置，双作用气缸的活塞杆退回到末端。

项目 8 双作用气缸的自锁电路实验(断开优先)

1. 实验目的

(1) 掌握断开优先的自锁电路。

(2) 了解继电器模块的使用。

2. 实验要求

(1) 画出气动回路图。

(2) 画出电气控制线路图。

(3) 组成气动和电气回路并运行。

(4) 检查运行过程。

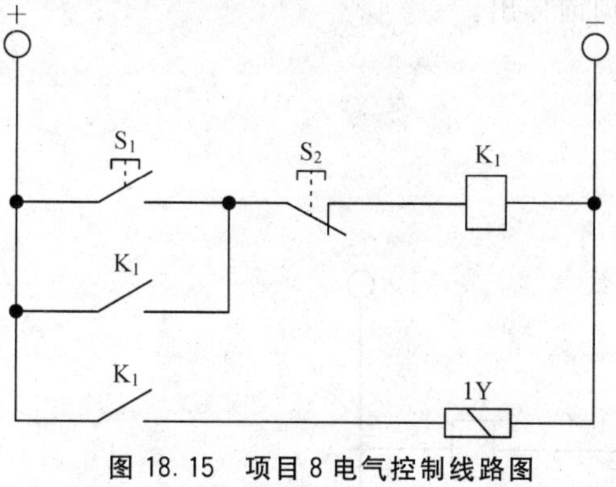

图 18.15 项目 8 电气控制线路图

3. 实验说明

(1) 按下一个按钮开关，气缸活塞杆向前伸出，按下另一个按钮开关，则气缸活塞杆回到初始位置。

(2) 若同时按下两个按钮，气缸的活塞杆不动。

4. 实验解答

气动回路图与图 18.12 所示回路相同。

电气控制线路图如图 18.15 所示。

电气设备元件见表 18－11。

表 18－11 电气设备元件表 5

标　　号	元件名称
S_1、S_2	按钮开关
K_1	继电器
1Y	电磁线圈

解答说明：

(1) 通过按下按钮开关 S_1(常开)，使继电器 K_1 的回路因按钮开关 S_2 未动作(常闭)而闭合，触点 K_1 动作。松开按钮开关 S_1(常开)后，具有触点 K_1 的自锁电路使继电器 K_1 的回路仍然闭合。触点 K_1 所在的电磁线圈 1Y 的回路接通，二位五通电磁阀开启，双作用气缸的活塞杆运动至前端。

(2) 按下按钮 S_2(常闭)使继电器 K_1 的回路断开，触点 K_1 回到静止位置，电磁线圈 1Y 的回路断开，二位五通电磁阀由于反弹弹簧作用回到初始位置，双作用气缸的活塞杆退回到末端。

项目9　双作用气缸的自锁电路实验(导通优先)

1. 实验目的

掌握导通优先的自锁回路的应用。

2. 实验要求

(1) 画出气动回路图。

(2) 画出电气控制线路图。

(3) 组成气动和电气回路并运行。

(4) 检查运行过程。

3. 实验说明

(1) 按下一个按钮开关，气缸活塞杆向前伸出，按下另一个按钮开关，则气缸活塞杆回到气缸末端。

(2) 若同时按下两个按钮，气缸的活塞杆仍向前伸出。

4. 实验解答

气动回路图与图 18.12 所示回路相同。

电气控制线路图如图 18.16 所示。

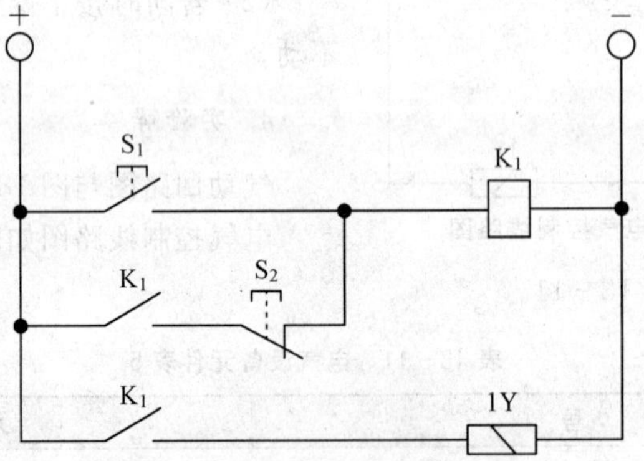

图 18.16　项目 9 电气控制线路图

电气设备元件见表 18－12。

表 18－12　电气设备元件表 6

标　　号	元件名称
S_1、S_2	按钮开关
K_1	继电器
1Y	电磁线圈

解答说明：

(1) 按下按钮开关 S_1(常开)，继电器 K_1 的回路闭合，触点 K_1 动作。在未使用按钮开关 S_2(常闭)的情况下，松开按钮开关 S_1(常开)后，带触点 K_1 的自锁电路使继电器 K_1 的回路仍然闭合。带触点 K_1 的电磁线圈 1Y 的回路闭合，二位五通电磁阀开启，双作用气缸的活塞杆运动至前端。

(2) 按下按钮 S_2，继电器 K_1 的回路断开，触点 K_1 回到静止位置，电磁线圈 1Y 的回路断开，二位五通电磁阀回到初始位置，双作用气缸的活塞杆运动到末端。

项目 10　双作用气缸往返运动控制(接触式)

1. 实验目的

(1) 掌握电信号行程开关的使用。

(2) 了解气缸的间接控制。

(3) 熟悉双电控二位五通阀的双稳记忆作用。

2. 实验要求

(1) 画出气动回路图。

(2) 画出电气控制线路图。

(3) 组成气动和电气回路并运行。

(4) 检查运行过程。

3. 实验说明

(1) 按下控制开关，气缸活塞杆做往返运动。

(2) 再按一次这个控制开关则气缸活塞杆停止运行。

4. 实验解答

气动回路图如图 18.17 所示

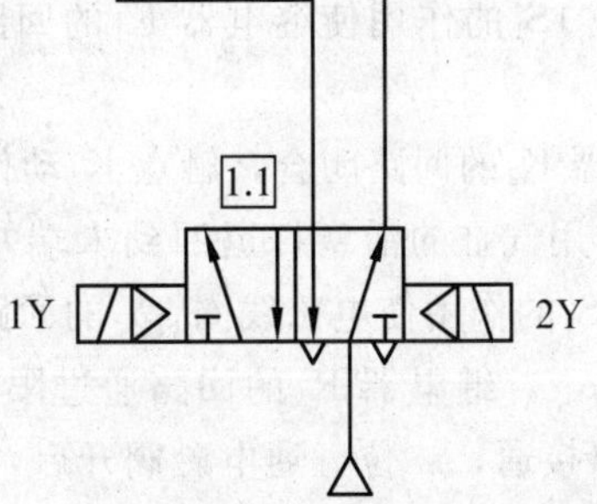

图 18.17　项目 10 气动回路图

气动设备元件见表 18－13。

表 18－13　气动设备元件表 4

标　　号	元件名称
1.0	双作用气缸
1.1	二位五通双电控换向阀

电气控制线路图如图 18.18 所示。

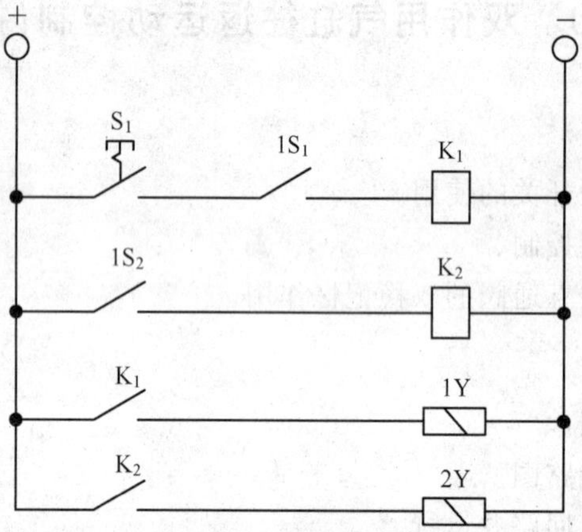

图 18.18　项目 10 电气控制线路图

电气设备元件见表 18－14。

表 18－14　电气设备元件表 7

标号	元件名称
S_1	按钮开关
$1S_1$、$1S_2$	限位开关
K_1、K_2	继电器
1Y、2Y	电磁线圈

解答说明：

(1) 通过启动控制开关 S_1，使继电器 K_1 的回路闭合，触点 K_1 动作，电磁线圈 1Y 的回路接通，二位五通电磁阀开启，双作用气缸的活塞杆运动至前端并使限位开关 $1S_2$ 闭合。活塞杆离开末端后，通过限位开关 $1S_1$ 的作用使继电器 K_1 的回路断开，触点 K_1 回到静止位置。

(2) 通过限位开关 $1S_2$ 使继电器 K_2 的回路闭合，触点 K_2 动作，电磁线圈 2Y 闭合，二位五通电磁阀回到初始位置，双作用气缸的活塞杆退回到末端并使限位开关 $1S_1$ 闭合。活塞杆离开前端后，由于限位开关 $1S_2$ 的作用使电磁线圈 2Y 的回路断开。

(3) 在控制开关 S_1 导通的情况下，继电器 K_1 的回路通过限位开关 $1S_2$ 的作用而闭合，触点 K_1 动作，电磁线圈 1Y 的回路接通，二位五通电磁阀开启，双作用气缸的活塞杆重新运动至前端。如此循环动作，直至再按下控制开关 S_1，继电器 K_1 的回路断开，运行停止。

项目 11 双作用气缸往返运动控制(非接触)

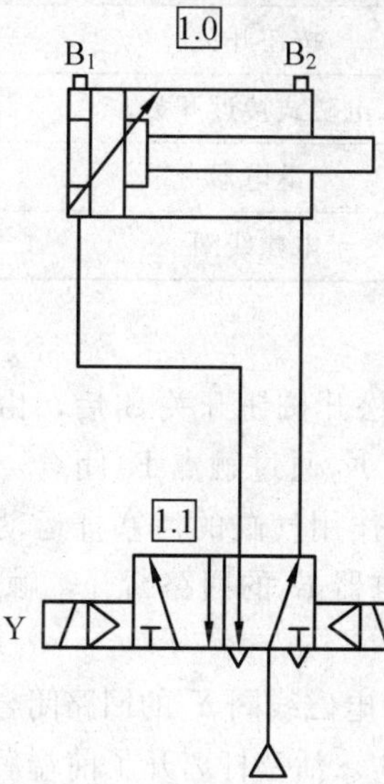

图 18.19 项目 11 气动回路图

1. 实验目的

(1) 掌握自锁电路控制。

(2) 掌握非接触型接近开关的使用。

2. 实验要求

(1) 画出气动回路图。

(2) 画出电气控制线路图。

(3) 组成气动和电气回路并运行。

(4) 检查运行过程。

3. 实验说明

(1) 按下一个按钮开关，气缸活塞杆往返运动。

(2) 按下另一个开关则停止运行。

4. 实验解答

气动回路图如图 18.19 所示。

气动设备元件见表 18-15。

表 18-15 气动设备元件表 5

标 号	元件名称
1.0	双作用气缸
1.1	二位五通双电控换向阀

电气控制线路图如图 18.20 所示。

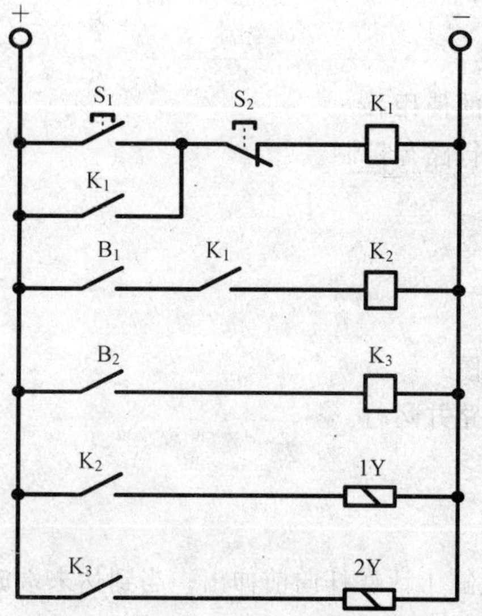

图 18.20 项目 11 电气控制线路图

电气设备元件见表18-16。

表18-16 电气设备元件表8

标　　号	元件名称
S_1、S_2	按钮开关
B_1、B_2	电磁式接近开关
K_1、K_2、K_3	继电器
1Y、2Y	电磁线圈

解答说明：

(1) 按下开关 S_1 使继电器 K_1 的回路闭合，触点 K_1 动作。松开按钮开关 S_1 后，由于触点 K_1 所在的自锁电路使得继电器 K_1 的回路仍然闭合。继电器 K_2 通过触点 K_1 闭合，触点 K_2 动作。电磁线圈1Y的回路闭合，二位五通电磁阀开启。双作用气缸的活塞杆运动至前端并接通传感器 B_2。活塞杆离开了末端后，由传感器 B_1 使继电器 K_2 的回路断开，触点 K_2 回到静止位置。电磁线圈1Y的回路断开。

(2) 通过传感器 B_2 使继电器 K_3 的回路接通，触点 K_3 动作，电磁线圈 Y_2 的回路闭合，二位五通电磁阀返回初始状态，活塞杆运动至末端并接通传感器 B_1。活塞杆离开了前端后，由传感器 B_2 使继电器 K_3 的回路断开，触点 K_3 回到静止位置。电磁线圈2Y的回路断开。

(3) 继电器 K_2 的回路通过传感器 B_1 接通，触点 K_2 动作，电磁线圈1Y闭合，二位五通电磁阀开启，双作用气缸的活塞杆重新运动到前端。

(4) 如此循环动作，直至按下另一按钮 S_2(常闭)使继电器 K_2 的回路断开，触点 K_1 回到静止位置。

项目12　双缸顺序控制

1. 实验目的

(1) 掌握自锁电路控制。
(2) 掌握各种接近开关的使用。
(3) 掌握用边界条件实行路径控制。

2. 实验要求

(1) 画出位移步骤图。
(2) 画出气动回路图。
(3) 画出电气控制线路图。
(4) 组成气动和电气回路并运行。
(5) 检查运行过程。

3. 实验说明

按下一个按钮开关，气缸1活塞杆向前伸出；当到达末端时，气缸2的活塞杆向前伸出，同时气缸1回缩复位；气缸2活塞杆到达末端后，自动回缩复位。

4. 实验解答

位移步骤图如图 18.21 所示。

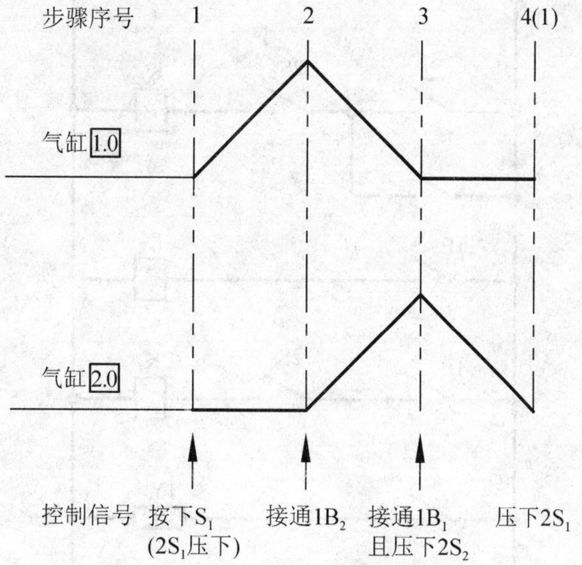

图 18.21　项目 12 位移步骤图

气动回路图如图 18.22 所示。

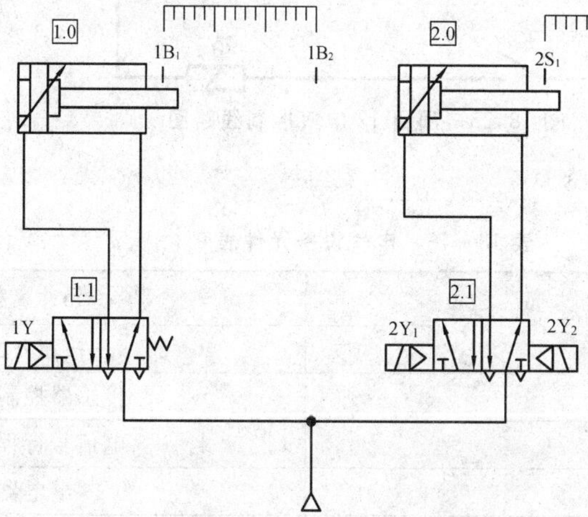

图 18.22　项目 12 气动回路图

气动设备元件见表 18－17。

表 18－17　气动设备元件表 6

标　号	元件名称
1.0	双作用气缸 1
1.1	二位五通单电控换向阀
2.0	双作用气缸 2
2.1	二位五通双电控换向阀

电气控制线路图如图 18.23 所示。

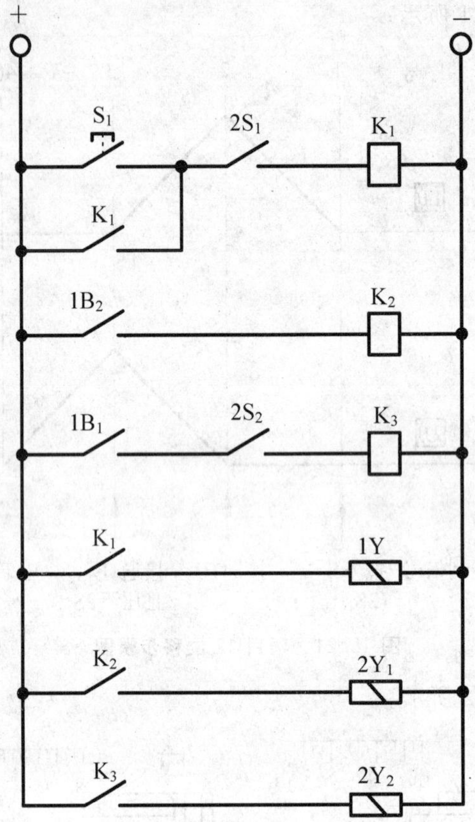

图 18.23　项目 12 电气控制线路图

电气设备元件见表 18-18。

表 18-18　电气设备元件表 9

标　　号	元件名称
S_1	按钮开关
$1B_1$、$1B_2$	传感器控制开关
$2S_1$、$2S_2$	电信号行程开关
K_1、K_2、K_3	继电器
1Y、$2Y_1$、$2Y_2$	电磁线圈

解答说明：

步骤 1～2：通过按下按钮开关 S_1 使继电器 K_1 的回路闭合，触点组 K_1 动作。开关 S_1 松开后，通过 K_1 的自锁回路使继电器 K_1 的回路仍然闭合。通过触点 K_1 使电磁线圈 1Y 的回路闭合，二位五通电磁阀 1.1 换至左位。气缸 1.0 的活塞杆运动到前端并接通传感器 $1B_2$。

步骤 2～3：继电器 K_2 的回路闭合，触点 K_2 动作，电磁线圈 $2Y_1$ 的回路闭合，二位五通电磁阀 2.1 换至左位，气缸 2.0 的活塞杆运动至前端并作用于限位开关 $2S_2$。活塞杆离开了末端后，通过限位开关 $2S_1$ 使继电器 K_1 的回路断开，触点 K_1 回到静止位置。电磁线圈 1Y 的回路断开，二位五通电磁阀1.1回到初始右位，气缸1.0的活塞杆运动至末端并接通传感器 $1B_1$。

步骤 3～4：气缸1.0离开了前端后，传感器 $1B_2$ 使继电器 K_2 的回路断开，触点 K_2 回到静止位置。电磁线圈 $2Y_1$ 的回路断开。传感器 $1B_1$ 使继电器 K_3 的回路闭合，触点 K_3 动作。电磁线圈 $2Y_2$ 的回路闭合，二位五通电磁阀2.1回到初始右位。气缸2.0的活塞杆向后运动至末端。继电器 K_3 的回路由于限位开关 $2S_2$ 而断开，触点 K_3 回到静止位置，电磁线圈 $2Y_2$ 的回路断开。

附录

附录1　液压图形符号(GB/T 786.1—2009)

附表1-1　连接和管接头等基本符号

名称	符号	名称	符号
工作管路		控制管路	
软管管路		组合元件框线	
连接管路		交叉管路	
封闭管路或接口	⊥	液压管路内堵头	×
流体流动路径	↑	旋转管接头	

附表1-2　控制机构

名称	符号	名称	符号
带有定位装置的推或拉控制机构	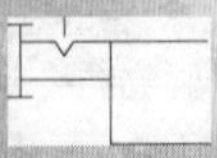	弹簧复位控制	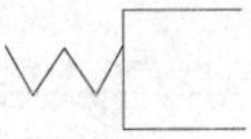
杠杆控制机构	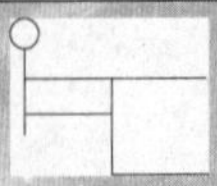	滚轮杠杆控制机构	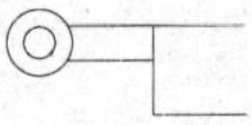
具有可调行程限制装置的顶杆控制机构	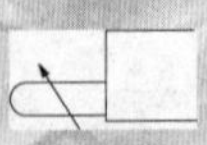	用作单方向行程操纵的滚轮杠杆控制机构	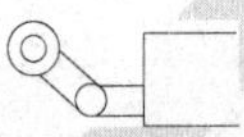

续表

名称	符号	名称	符号
踏板控制机构	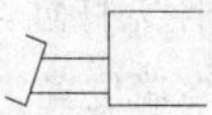	使用步进电机的控制机构	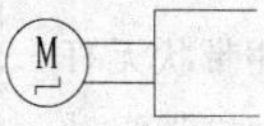
单作用电磁铁控制	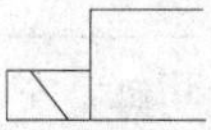	双作用电气控制机构	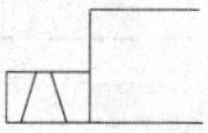
单作用电磁铁连续控制	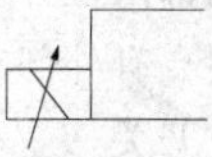	电气操纵的液压先导控制机构	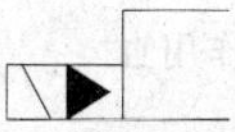

附表 1-3 液压泵、液压马达和液压缸

名称	符号	名称	符号
变量泵	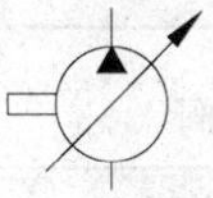	双向流动，带外泄油路单向旋转的变量泵	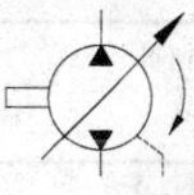
双向变量泵或马达单元，双向流动，带外泄油路，双向旋转	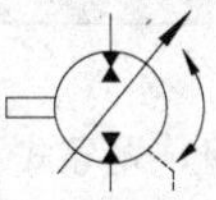	单向旋转的定量液压泵或马达	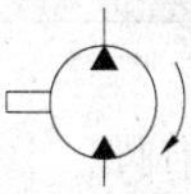
限制摆动角度，双向流动的摆动执行器	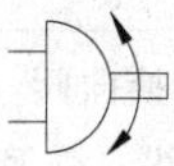	单作用的半摆动执行器或旋转驱动	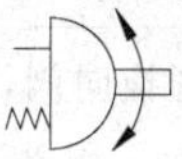
机械或液压伺服控制的变量泵	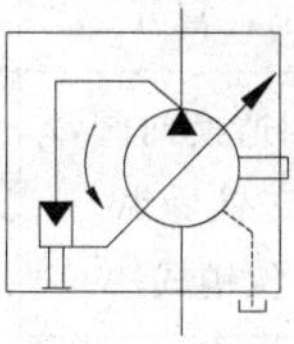	电液伺服控制的变量液压泵	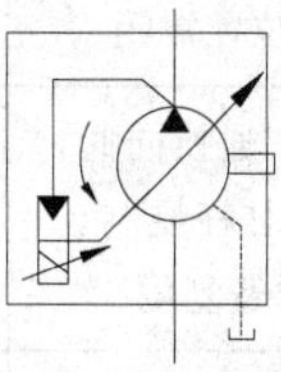
带两极压力或流量控制的变量泵	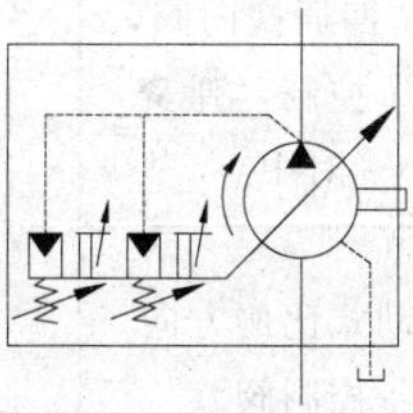	连续增压器，将气体压力 p_1 转换为较高液体压力 p_2	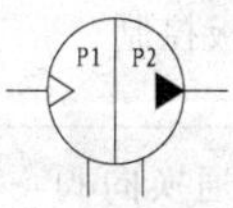
单作用单杆缸，靠弹簧力返回行程	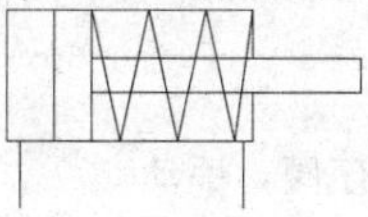	双作用单杆缸	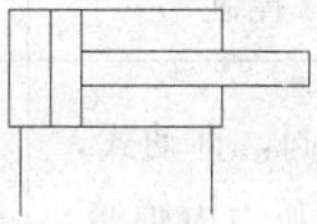
双作用双杆缸，活塞杆直径不同，双侧缓冲，右侧带调节	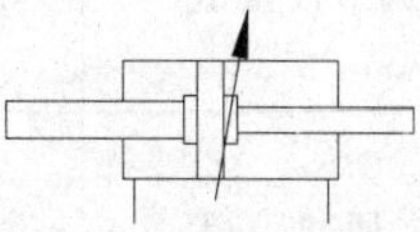	单作用缸，柱塞缸	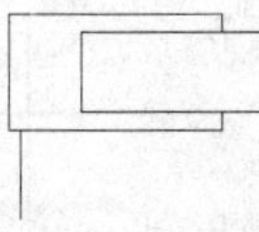
单作用伸缩缸	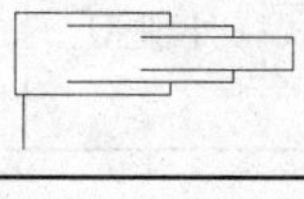	双作用伸缩缸	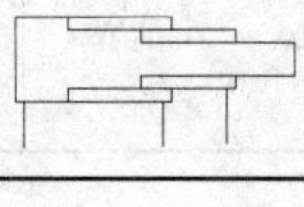

续表

名称	符号	名称	符号
双作用带状无杆缸，两端带缓冲	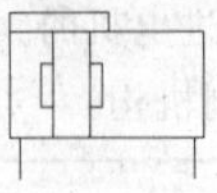	双作用磁性无杆缸，仅右边终端位置切换	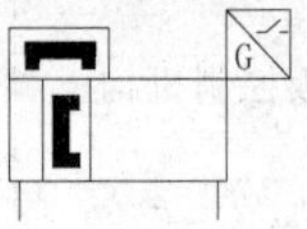
行程两端定位的双作用缸	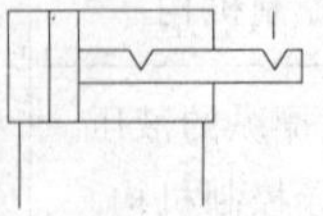	双杆双作用缸，左终点带内部限位开关，右终点有外部限位开关	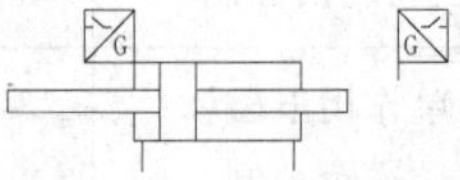
单作用压力介质转换器	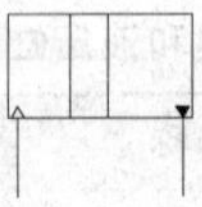	单作用增压器	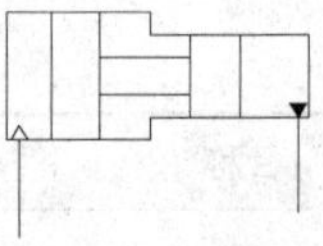

附表 1-4　液压控制阀

名称	符号	名称	符号
单向阀		双单向阀，先导式	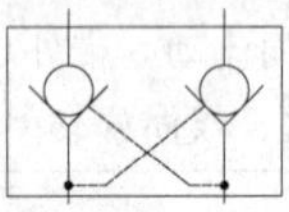
二位二通换向阀，推压控制，弹簧复位，常闭	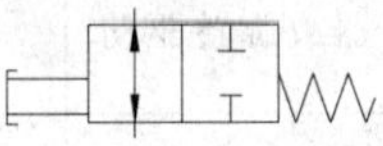	二位二通换向阀，电磁铁操纵，弹簧复位，常开	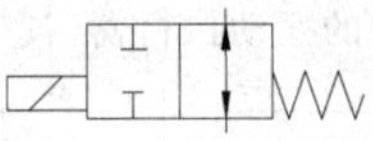
二位三通换向阀，滚轮杠杆控制，弹簧复位	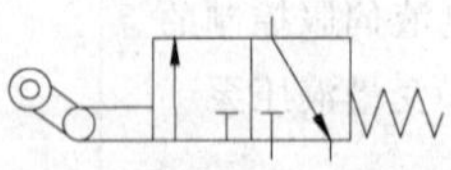	二位四通换向阀，双电磁铁操纵，定位销式	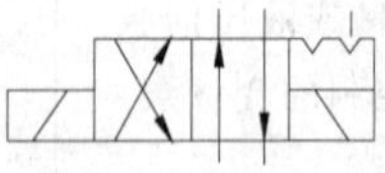
二位五通换向阀，踏板控制	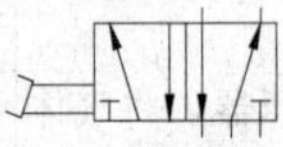	三位四通换向阀，液压控制，弹簧对中	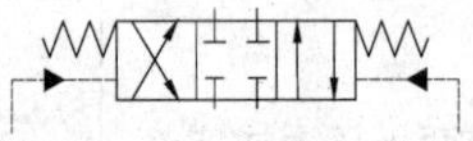
三位五通换向阀，定位销式，杠杆控制	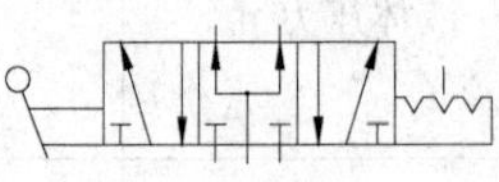	直动式比例方向控制阀	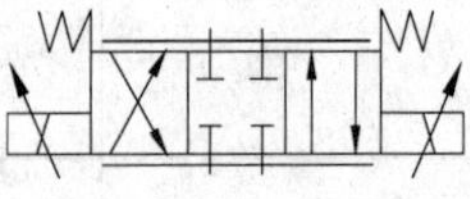
溢流阀，直动式，开启压力由弹簧调节	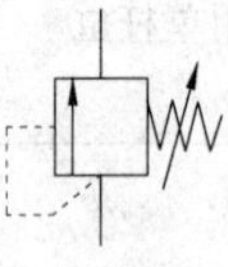	顺序阀，手动调节设定值	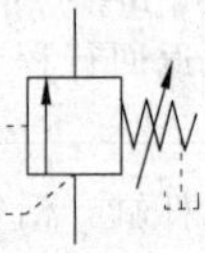
二通减压阀，直动式，外泄型	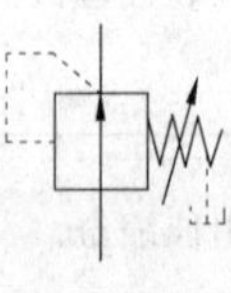	二通减压阀，先导式，外泄型	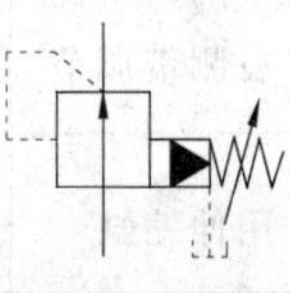

续表

名称	符号	名称	符号
电磁溢流阀，先导式，电气操纵预设定压力	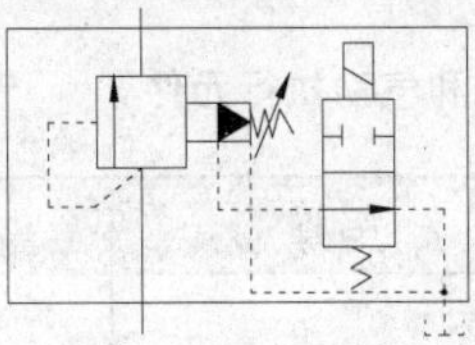	顺序阀，带有旁通阀	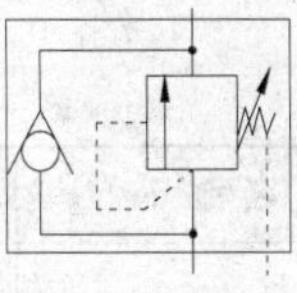
可调节流量控制阀		可调节流量控制阀，单向自由流动	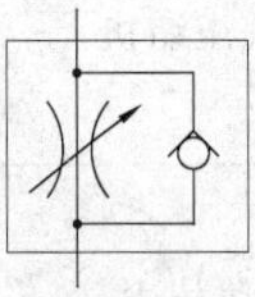
分流器，将输入流量分成两路输出	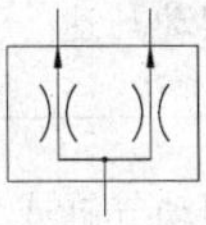	集流阀，保持两路输入流量相互恒定	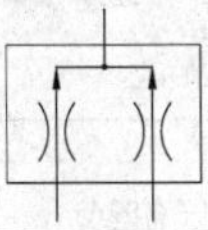
滚轮柱塞操纵的弹簧复位式流量控制阀	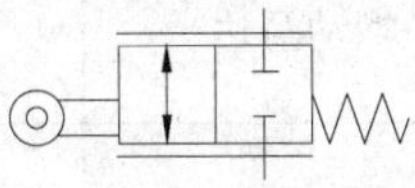	直控式比例流量控制阀	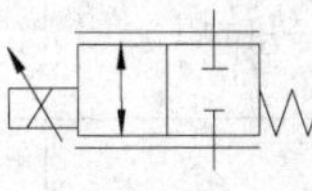

附表 1-5　液压辅助元件

名称	符号	名称	符号
液压源		过滤器	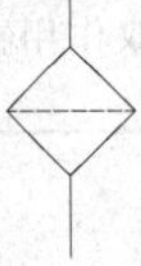
带压力表的过滤器	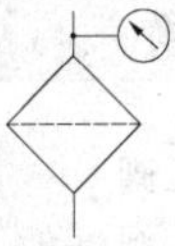	带附属磁性滤芯的过滤器	
带旁路节流的过滤器	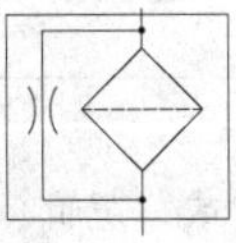	带旁路单向阀的过滤器	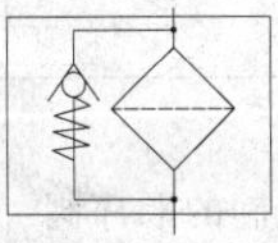
压力计		冷却器	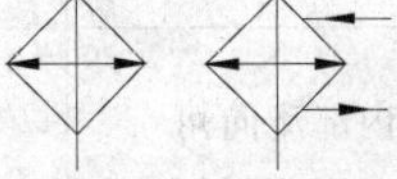 一般符号　液体冷却
流量计		加热器	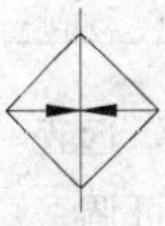
隔膜式充气蓄能器	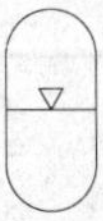	温度调节器	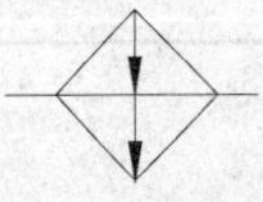

附录2　气动图形符号(GB/T 786.1—2009)

附表 2－1　空气压缩机和气动执行元件

名称	符号	名称	符号
空气压缩机	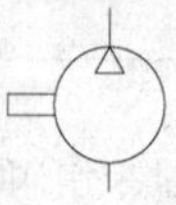	真空泵	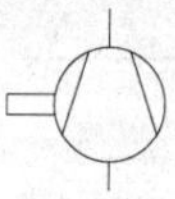
气动马达	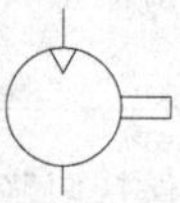	变方向定流量双向摆动马达	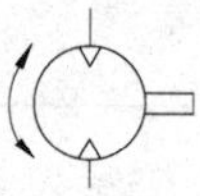
摆动气缸或摆动马达	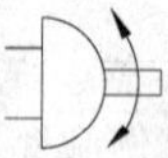	单作用摆动气缸或摆动马达	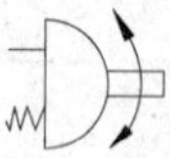
带行程限制器的双作用膜片缸	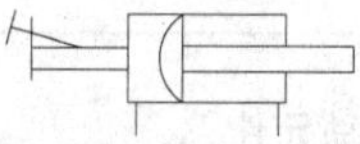	永磁活塞双作用夹具	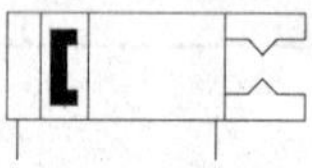
半回转线性驱动，永磁活塞双作用缸	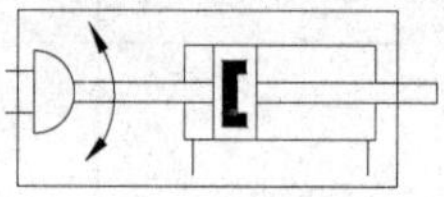	永磁活塞单作用夹具	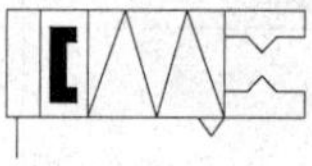

附表 2－2　气动控制元件

名称	符号	名称	符号
直动式溢流阀	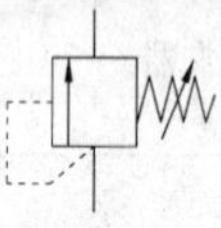	双压阀（“与”逻辑）	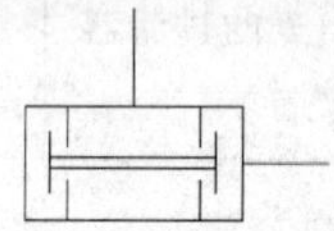
外部控制的顺序阀	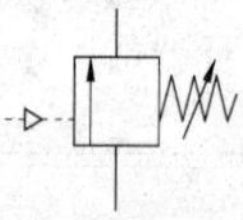	梭阀（“或”逻辑）	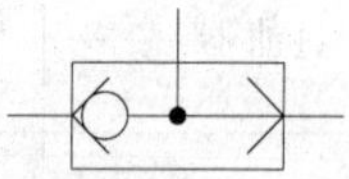
内部流向可逆调压阀	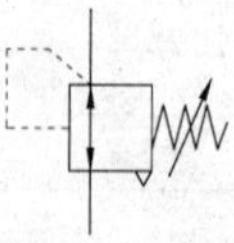	快速排气阀	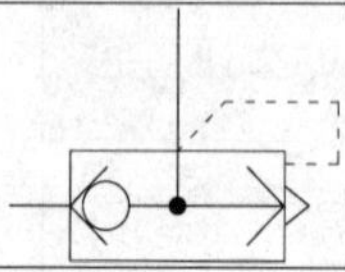
调压阀，远程先导可调	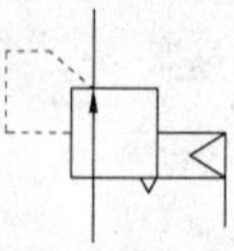	流量控制阀，流量可调	

附表 2-3 气动辅助元件

名称	符号	名称	符号
气压源	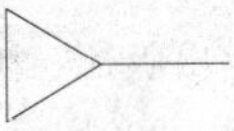	带双单向阀快换接头	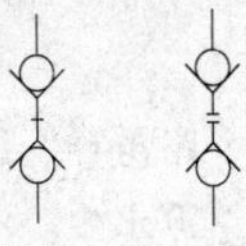 连接状态 断开状态
不带单向阀快换接头	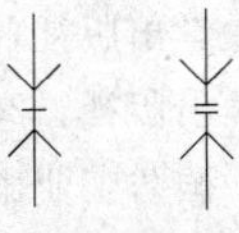 连接状态 断开状态	气罐	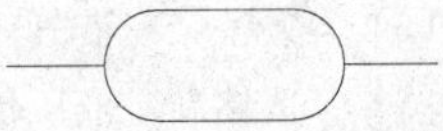
手动排水流体分离器	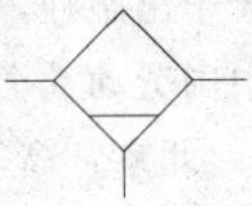	自动排水流体分离器	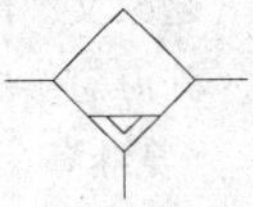
带手动排水分离器的过滤器	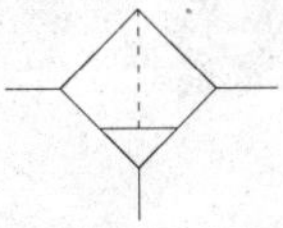	吸附式过滤器	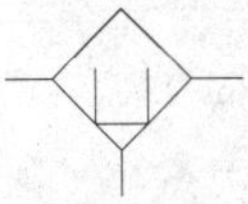
油雾分离器	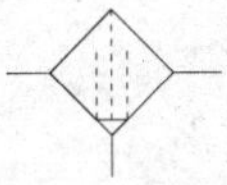	空气干燥器	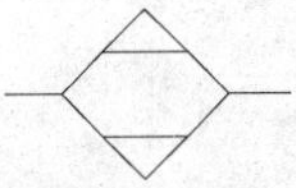
油雾器	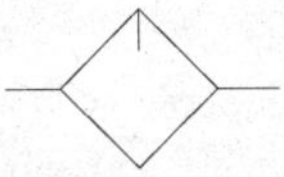	手动排水式油雾器	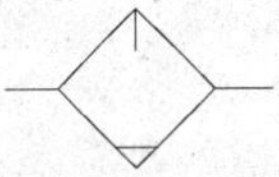
真空发生器	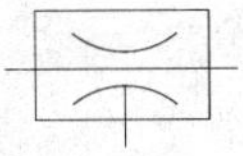	吸盘	

参考文献

[1] 路甬祥．液压气动技术手册［M］．北京：机械工业出版社，2002.

[2] 徐永生．液压与气动［M］．北京：高等教育出版社，2001.

[3] 袁承训．液压与气压传动［M］．北京：机械工业出版社，1995.

[4] 陈奎生．液压与气压传动［M］．武汉：武汉理工大学出版社，2001.

[5] 袁子荣．液气压传动与控制［M］．重庆：重庆大学出版社，2002.

[6] 贾铭新．液压传动与控制解难和练习［M］．北京：国防工业出版社，2003.

[7] SMC(中国)有限公司．现代实用气动技术［M］．北京：机械工业出版社，2004.

[8] 赵家文．液压与气动应用技术［M］．苏州：苏州大学出版社，2004.

[9] 陈海魁．机械基础(液压传动部分)［M］．北京：中国劳动社会保障出版社，2001.

[10] 姜继海，宋锦春，高常识．液压与气压传动［M］．北京：高等教育出版社，2002.

北京大学出版社高职高专机电系列规划教材

序号	书号	书名	编著者	定价	出版日期
机械类基础课					
1	978-7-301-10464-2	工程力学	余学进	18.00	2008.1 第3次印刷
2	978-7-301-13653-9	工程力学	武昭晖	25.00	2011.2 第3次印刷
3	978-7-301-13655-3	工程制图	马立克	32.00	2008.8
4	978-7-301-13654-6	工程制图习题集	马立克	25.00	2008.8
5	978-7-301-13574-7	机械制造基础	徐从清	32.00	2012.7 第3次印刷
6	978-7-301-13573-0	机械设计基础	朱凤芹	32.00	2008.8
7	978-7-301-13656-0	机械设计基础	时忠明	25.00	2012.7 第3次印刷
8	978-7-301-13662-1	机械制造技术	宁广庆	42.00	2010.11 第2次印刷
9	978-7-301-19848-3	机械制造综合设计及实训	裘俊彦	37.00	2013.4
10	978-7-301-19297-9	机械制造工艺及夹具设计	徐　勇	28.00	2011.8
11	978-7-301-13260-9	机械制图	徐　萍	32.00	2009.8 第2次印刷
12	978-7-301-13263-0	机械制图习题集	吴景淑	40.00	2009.10 第2次印刷
13	978-7-301-18357-1	机械制图	徐连孝	27.00	2012.9 第2次印刷
14	978-7-301-18143-0	机械制图习题集	徐连孝	20.00	2013.4 第2次印刷
15	978-7-301-15692-6	机械制图	吴百中	26.00	2012.7 第2次印刷
16	978-7-301-22916-3	机械图样的识读与绘制	刘永强	36.00	2013.8
17	978-7-301-23354-2	AutoCAD 应用项目化实训教程	王利华	42.00	2014.1
18	978-7-301-17122-6	AutoCAD 机械绘图项目教程	张海鹏	36.00	2013.8 第3次印刷
19	978-7-301-17573-6	AutoCAD 机械绘图基础教程	王长忠	32.00	2013.8 第2次印刷
20	978-7-301-19010-4	AutoCAD 机械绘图基础教程与实训(第2版)	欧阳全会	36.00	2014.1 第3次印刷
21	978-7-301-17609-2	液压传动	龚肖新	22.00	2010.8
22	978-7-301-20752-9	液压传动与气动技术(第2版)	曹建东	40.00	2014.1 第2次印刷
23	978-7-301-13582-2	液压与气压传动技术	袁　广	24.00	2013.8 第5次印刷
24	978-7-301-19436-2	公差与测量技术	余　键	25.00	2011.9
25	978-7-5038-4861-2	公差配合与测量技术	南秀蓉	23.00	2011.12 第4次印刷
26	978-7-301-19374-7	公差配合与技术测量	庄佃霞	26.00	2013.8 第2次印刷
27	978-7-301-13652-2	金工实训	柴增田	22.00	2013.1 第4次印刷
28	978-7-301-13651-5	金属工艺学	柴增田	27.00	2011.6 第2次印刷
29	978-7-301-17608-5	机械加工工艺编制	于爱武	45.00	2012.2 第2次印刷
30	978-7-301-21988-1	普通机床的检修与维护	宋亚林	33.00	2013.1
31	978-7-5038-4869-8	设备状态监测与故障诊断技术	林英志	22.00	2011.8 第3次印刷
32	978-7-301-22116-7	机械工程专业英语图解教程(第2版)	朱派龙	48.00	2013.9
33	978-7-301-23198-2	生产现场管理	金建华	38.00	2013.9
数控技术类					
1	978-7-301-17707-5	零件加工信息分析	谢　蕾	46.00	2010.8
2	978-7-301-17148-6	普通机床零件加工	杨雪青	26.00	2013.8 第2次印刷
3	978-7-301-17679-5	机械零件数控加工	李　文	38.00	2010.8
4	978-7-301-13659-1	CAD/CAM 实体造型教程与实训 (Pro/ENGINEER 版)	诸小丽	38.00	2012.1 第3次印刷

序号	书号	书名	编著者	定价	出版日期
5	978-7-301-17557-6	CAD/CAM 数控编程项目教程(UG 版)	慕 灿	45.00	2012.4 第 2 次印刷
6	978-7-5038-4865-0	CAD/CAM 数控编程与实训(CAXA 版)	刘玉春	27.00	2011.2 第 3 次印刷
7	978-7-301-21873-0	CAD/CAM 数控编程项目教程(CAXA 版)	刘玉春	42.00	2013.3
8	978-7-301-13261-6	微机原理及接口技术(数控专业)	程 艳	32.00	2008.1
9	978-7-5038-4866-7	数控技术应用基础	宋建武	22.00	2010.7 第 2 次印刷
10	978-7-301-13262-3	实用数控编程与操作	钱东东	32.00	2013.8 第 4 次印刷
11	978-7-301-14470-1	数控编程与操作	刘瑞已	29.00	2011.2 第 2 次印刷
12	978-7-301-20312-5	数控编程与加工项目教程	周晓宏	42.00	2012.3
13	978-7-301-20945-5	数控铣削技术	陈晓罗	42.00	2012.7
14	978-7-301-21053-6	数控车削技术	王军红	28.00	2012.8
15	978-7-301-17398-5	数控加工技术项目教程	李东君	48.00	2010.8
16	978-7-301-21119-9	数控机床及其维护	黄应勇	38.00	2012.8
17	978-7-301-20002-5	数控机床故障诊断与维修	陈学军	38.00	2012.1
模具设计与制造类					
1	978-7-301-13258-6	塑模设计与制造	晏志华	38.00	2007.8
2	978-7-301-18471-4	冲压工艺与模具设计	张 芳	39.00	2011.3
3	978-7-301-19933-6	冷冲压工艺与模具设计	刘洪贤	32.00	2012.1
4	978-7-301-20414-6	Pro/ENGINEER Wildfire 产品设计项目教程	罗 武	31.00	2012.5
5	978-7-301-16448-8	Pro/ENGINEER Wildfire 设计实训教程	吴志清	38.00	2012.8
6	978-7-301-22678-0	模具专业英语图解教程	李东君	22.00	2013.7
电气自动化类					
1	978-7-301-18519-3	电工技术应用	孙建领	26.00	2011.3
2	978-7-301-17569-9	电工电子技术项目教程	杨德明	32.00	2012.4 第 2 次印刷
3	978-7-301-22546-2	电工技能实训教程	韩亚军	22.00	2013.6
4	978-7-301-22923-1	电工技术项目教程	徐超明	38.00	2013.8
5	978-7-301-12390-4	电力电子技术	梁南丁	29.00	2010.7 第 2 次印刷
6	978-7-301-17730-3	电力电子技术	崔 红	23.00	2010.9
7	978-7-301-12182-5	电工电子技术	李艳新	29.00	2007.8
8	978-7-301-19525-3	电工电子技术	倪 涛	38.00	2011.9
9	978-7-301-12392-8	电工与电子技术基础	卢菊洪	28.00	2007.9
10	978-7-301-16830-1	维修电工技能与实训	陈学平	37.00	2010.7
11	978-7-301-12180-1	单片机开发应用技术	李国兴	21.00	2010.9 第 2 次印刷
12	978-7-301-20000-1	单片机应用技术教程	罗国荣	40.00	2012.2
13	978-7-301-21055-0	单片机应用项目化教程	顾亚文	32.00	2012.8
14	978-7-301-17489-0	单片机原理及应用	陈高锋	32.00	2012.9
15	978-7-301-22390-1	单片机开发与实践教程	宋玲玲	24.00	2013.6
16	978-7-301-17958-1	单片机开发入门及应用实例	熊华波	30.00	2011.1
17	978-7-301-16898-1	单片机设计应用与仿真	陆旭明	26.00	2012.4 第 2 次印刷
18	978-7-301-19302-0	基于汇编语言的单片机仿真教程与实训	张秀国	32.00	2011.8
19	978-7-301-12181-8	自动控制原理与应用	梁南丁	23.00	2012.1 第 3 次印刷
20	978-7-301-19638-0	电气控制与 PLC 应用技术	郭 燕	24.00	2012.1

序号	书号	书名	编著者	定价	出版日期
21	978-7-301-18622-0	PLC 与变频器控制系统设计与调试	姜永华	34.00	2011.6
22	978-7-301-19272-6	电气控制与 PLC 程序设计(松下系列)	姜秀玲	36.00	2011.8
23	978-7-301-12383-6	电气控制与 PLC(西门子系列)	李　伟	26.00	2012.3 第 2 次印刷
24	978-7-301-18188-1	可编程控制器应用技术项目教程(西门子)	崔维群	38.00	2013.6 第 2 次印刷
25	978-7-301-23432-7	机电传动控制项目教程	杨德明	40.00	2014.1
26	978-7-301-12382-9	电气控制及 PLC 应用(三菱系列)	华满香	24.00	2012.5 第 2 次印刷
27	978-7-301-14469-5	可编程控制器原理及应用（三菱机型）	张玉华	24.00	2009.3
28	978-7-301-22315-4	低压电气控制安装与调试实训教程	张　郭	24.00	2013.4
29	978-7-301-22672-8	机电设备控制基础	王本轶	32.00	2013.7
30	978-7-301-18770-8	电机应用技术	郭宝宁	33.00	2011.5
31	978-7-301-17324-4	电机控制与应用	魏润仙	34.00	2010.8
32	978-7-301-21269-1	电机控制与实践	徐　锋	34.00	2012.9
33	978-7-301-12389-8	电机与拖动	梁南丁	32.00	2011.12 第 2 次印刷
34	978-7-301-18630-5	电机与电力拖动	孙英伟	33.00	2011.3
35	978-7-301-16770-0	电机拖动与应用实训教程	任娟平	36.00	2012.11
36	978-7-301-22632-2	机床电气控制与维修	崔兴艳	28.00	2013.7
37	978-7-301-22917-0	机床电气控制与 PLC 技术	林盛昌	36.00	2013.8
38	978-7-301-18470-7	传感器检测技术及应用	王晓敏	35.00	2012.7 第 2 次印刷
39	978-7-301-20654-6	自动生产线调试与维护	吴有明	28.00	2013.1
40	978-7-301-21239-4	自动生产线安装与调试实训教程	周　洋	30.00	2012.9
41	978-7-301-19319-8	电力系统自动装置	王　伟	24.00	2011.8
42	978-7-301-18852-1	机电专业英语	戴正阳	28.00	2013.8 第 2 次印刷